그린디자인의 이해

그린디자인의 이해

옥상조경을 중심으로

지은이 김수봉 / **발행일** 2012년 8월 24일

펴낸이 신일희 / **펴낸곳** 계명대학교출판부

주소 대구광역시 달서구 달구벌대로 1095 / **전화** 053) 580-6233 / **팩스** 053) 580-6235

출판등록 1970. 9. 1(제347-1998-1호) / **홈페이지** www.kmupress.com

정가 35,000원 / **ISBN** 978-89-7585-598-6 93540

An Introduction to Green Design

그린디자인의 이해

옥상조경을 중심으로

김수봉 지음

계명대학교 출판부

인간과 자연을 화해시키는 방법 **머리말**

근대를 '해방적근대'와 '기술적 근대'로 구분했던 뉴욕 주립대학의 사회학자 임마누엘 월러스틴에 따르면 원래 서구가 추구했던 근대의 첫 번째 지향점이면서 본질적인 지향점은 폭력적 권위로부터의 해방과 개인의 자유, 그리고 공동체적 평등의 실현이었다. 이를 '해방적 근대'라고 부른다. 그러나 다른 한편 서구의 근대는, 자연에 대한 합리적인 지배와 이를 위한 기술 중심적인 세계관을 추구했다. 즉 자연의 한계에서 벗어나는 인간의 힘을 보여주자는 것이었다. 이를 '기술적 근대'라고 한다.[1] 조경이 탄생하던 19세기에는 새로운 테크노로지인 기계가 산업 안에 파고드는 소위 산업화의 영향으로 정치, 경제적인 면에서 뿐만 아니라 사회적이고 문화적인 면에서도 과거 유럽 사회가 지녀온 방식과는 전혀 다른 차원의 삶의 양식을 출현 시켰다. 즉 산업사회의 진전은 당연히 생활환경의 변화를 촉진시키고 정신공간과 사고감각의 양식을 변용시켰다. 그리고 왕족과 귀족을 대신하여 새롭게 사회의 주역으로 등장한 부르주아 계층은 시민사회를 형성해 가면서 과거의 전통들과 단절된 그들 고유의 새로운 미학을 확립하고자 하였으며 이를 뒷받침한 것이 바로 기계화된 대량생산방식이었다. 당시 유럽 내에서 진보적인 아방가르드 미술가들과 예술가들은 사회변화에 부응하면서 새로운 사회에 적합한 예술형식을 탐색하기 시작하였고 이러한 과정에서 모던 디자인이 탄생하게 되었다. 이러한 변화들 중 영국의 미술공예운동 등을 비롯하여 19세기에 시작된 모던 디자인은 한마디로 말해 디자인이라고 하는 언어를 통하여 사람들의 생활이나 환경을 어떻게 변혁하고, 어떠한 사회를 실현 할 것인가라는 문제의식을 가진 프로젝트였다.[2] 근대 디자인이 탄생했던 19세기 산업혁명 이후 20세기 이후 급속한 과학기

1_ 우리의 근대는 '해방적'이기 보다는 '기술적 근대'에 치중하지 않았나 생각된다. 서양의 근대를 통하여 조경을 그리고 디자인을 이해하기는 어렵지가 않다. 그러나 우리나라에도 근대는 있었는가? 조경 혹은 디자인분야에서 근대(modern, 근대성(modernity), 근대주의(modernism) 등의 단어 등이 과연 어떻게 그 개념이 이해되고 정의되어 왔는지? 아울러 서구와는 다른 역사적 배경과 경험을 가지고, 기형적이고 압축적인 근대화 과정을 거친 우리에게 전통-근대-탈근대라는 시간적인 구분이 과연 유효한가? 조경과 근대가 밀접한 관련이 있다면 과연 우리나라의 조경은 과연 근대적인가? 혹은 디자인적인가? 라는 질문은 여전히 유효하다고 하겠다.

2_ 카와사키 히로시지음, 20세기의 디자인, 강현주, 최선녀 옮김, 서울하우스, 16쪽.

술의 발달과 함께 인구의 급증, 도시화 그리고 공업화 등으로 인류의 생활터전인 환경이 크게 위협받고 있다. 또한 환경을 외면한 경제개발 정책은 미래에 인류의 생존기반 자체를 허물어 버릴 것이라는 환경위기의식이 점차 고조되고 있으며, 환경문제는 지구적인 관심으로 등장했다. 왜냐하면 오염물질과 에너지의 방출로 인한 오염의 규모와 패턴, 그리고 규칙적인 흐름, 기상학·수문학적인 리듬 등을 고려했을 때 국가적인 차원의 정치문제를 넘어 세계화되고 있기 때문이다. 예컨대 대기 중에 이산화탄소와 염화불화탄소 그리고 메탄 등을 증가시킴으로써 성층권의 오존층이 파괴되고 지구온난화 현상을 발생시키는가하면, 발전소와 제련소에서 발생되는 황산과 질산 등과 같은 산화물질이 용해되어서 대기로 증발해 산성비가 되어 국경을 넘어 다른 곳에 뿌려지고 있으며, 원유유출로 인해 해양으로 오염이 이동하는 등 기존의 국지적이던 환경문제가 지구전체의 문제로 확대되어 가고 있다.

따라서 환경문제는 별개 문제들의 단순한 혼합물이 아니라 문제 간에 상호 연결된 복합체로 파악될 수 있으며, 그 구조의 특징을 살펴보면 대체로 다음과 같은 몇 가지의 특성을 지니고 있다. 이러한 환경의 특성에 관한 이해는 미래세대를 위한 지속가능한 개발을 위하여 조경 및 건축 관련 디자이너가 반드시 숙지해야 할 내용이라고 생각한다. 나는 디자이너들이 이 환경의 특성을 잘 이해하는 것이 그린 디자인의 출발점이라고 본다.

먼저 환경문제는 상호작용하는 여러 변수들에 의해 발생하므로 상호간에 인과관계가 성립되어 문제해결을 더욱 어렵게 하고, 또한 이러한 문제들끼리 상승작용을 일으켜 그 심각성을 더해 가며, 상승작용은 오염의 경우에 뚜렷하게 나타나는데, 각 오염물질은 서로 화학반응을 일으켜 더 큰 문제를 유발하기도 한다. 우리는 이를 환경의 상호관련성이라고 한다. 자동차디자인의 과정을 잘 살펴보면 이러한 특성을 잘 이해할 수 있을 것이다.

다음으로 오늘날 환경문제는 어느 한 지역, 한 국가만의 문제가 아니라 범지구적, 국제간의 문제이며 '개방체계'적인 환경의 특성에 따라 공간적으로 광범위한 영향권을 형성한다. 이는 환경의 특성 중 광역성이다. 봄철 흔히 발생하는 황사는 그 좋은 예이다.

세 번째의 환경의 특성은 시차성이라고 부르는데 이는 환경문제의 발생과 이로 인한 영향이 현실적으로 나타나게 되는 데는 상당한 시차가 존재하게 되는 경우가 많다. 인간의 인체는 오염을 반응하는 시간이 느리기 때문에 심한 경우에는 원상태로 회복될 수 없을 정도로 악화된 연후에 영향을 발견하는 일이 허다하다. 그 예로서, 미국의 러브커넬사건은 유해폐기물을 매립한 후 30~40년이 지난 후에 그 피해가 발생하였으며, 일본의 공해병으로 알려진 미나마따병과 이따이이따이병도 오랜 기간동안 배출된 오염물질의 영향이었던 것이다.

탄력성과 비가역성은 또 다른 환경의 특성 중 하나이다. 즉 환경문제는 일종의 용수철과도 같다. 어느 정도의 환경악화는 환경이 갖는 자체정화 능력 즉, 자정작용에 의하여 쉽게 원상으로 회복된다. 그러나 환경의 자정능력을 초과하는 많은 오염물질량이 유입되면 자정능력 범위를 초과하여 충분한 자정작용이 불가능해진다는 것이다. 마지막으로 가장 중요한 환경의 특성은 엔트로피 증가인데 간단히 엔트로피의 증가라 함은 『사용가능한 에너지(Available energy)』가 『사용 불가능한 에너지(Unavailable energy)』의 상태로 변하는 현상을 말한다. 그러므로 엔트로피 증가는 사용 가능한 에너지 즉 자원의 감소를 뜻하며, 환경에서 무슨 일이 일어날 때마다 얼마간의 에너지는 사용 불가능한 에너지로 끝이 난다. 이런 사용 불가능한 에너지가 바로 「환경 오염」을 뜻한다고 할 수 있다. 대기오염, 수질오염, 쓰레기의 발생은 모두 엔트로피증가를 뜻한다. 환경 오염은 엔트로피증가에 대한 또 다른 이름이라고도 할 수 있으며 사용 불가능한 에너지에 대한 척도가 될 수 있다.

이러한 배경 하에서 그린디자인의 탄생은 자원절약과 엔트로피를 줄이기 위한 디자인이며 동시에 오늘을 살아가는 디자이너의 윤리다. 이는 근대프로젝트였던 디자인의 탄생에서는 전혀 고려되지 않았던 문제이며, 그로 인하여 야기된 도시와 지구의 환경문제를 우리는 눈으로 보고 몸으로 체험하고 있다.

이 책의 내용은 전적으로 저자가 조경디자인 관련 교육을 하고 있기 때문에 조경디자인 프로세스와 오늘날 도시환경문제를 해결하기 위한 시도로서 옥상조경 프로젝트를 중심으로 그린디자인을 해석하였음을 양해 바란다. 그러나 학생들이 그린디자인을 이해하는 데는 무리가 없을 것이라고 기대한다.

부디 독자들이 그린디자인[3]의 올바른 이해를 통하여 인간과 자연을 화해시키는 방법을 배울 수 있게 되기를 기대한다.

2012년 6월 김수봉

3_ http://www.egreenprojects.com/green-design-projects/ 이 사이트의 여러 가지 그린디자인의 예를 참고 바란다.

감사의 글

이 책이 나오기까지 도움을 주신 많은 분들께 감사드리며 특히 아래의 분들께 특별한 고마움을 전합니다.

〈그린디자인〉에 대한 영감과 지혜를 준 생태조경학과 그리고 실내환경디자인학과 2010학번 & 11학번 학생들.

이 책을 〈그린디자인〉교재로서의 역할을 가능하게 해주신 건축학대학 김종영학장님과 건축대학 교수님들.

책을 편집하느라 고생한 〈녹지환경디자인연구실〉 제자들 특히 수고한 김서웅조교선생.

책의 출판을 맡아주신 계명대학교출판부 관계자 분들.

그리고 나의 가족들.

차 례

그린의 이해 I

1. 환경의 개념

1) 환경의 정의

우리가 생활하고 있는 환경(環境)의 개념은 매우 포괄적이다. 환경은 그 원어 milieu(불어), environment(영어), 그리고 Umgebung(독어) 등이 상징하는 것과 같이 우선 생물을 폐쇄적인 것으로 보고 이것을 둘러싸고 있는 것, 그 입지적인 것 또는 매체적인 것, 즉 생물을 둘러싸고 있는 외위(外圍) 가운데 생물의 생활에 영향을 미치는 모든 것을 말한다. 다시 말해서 환경이란 생물의 생활을 영위하는 공간 즉 모든 생물이 사는 서식처이며, 또한 영향을 주는 생활권을 의미한다. 이러한 환경의 개념은 집단, 공동체, 그리고 사회개념의 형성과정을 연구하는데 필수적인 것이며 따라서 환경이라는 용어는 물리, 화학, 생물학뿐만 아니라 의학, 심리학, 지리학, 사회학 그리고 생태학 등에서 자주 사용되며, 또한 기타의 부분에서도 일반적으로 널리 쓰이고 있다.

따라서 넓은 의미로 환경이란 어떤 주체를 둘러싸고 주체에게 영향을 미치는 유형과 무형의 객체의 총체라고 할 수 있다.

사람을 주체로 하는 경우 환경이란 인간과 인간의 다양한 활동을 둘러싸고 있는 주위의 상태를 말하며 주체가 환경에 의하여 받는 영향은 일반적으로 대단히 복잡하다.

어떤 생물이든지 주어진 환경 아래에서 생활을 영위하고 있기 때문에 환경 없이 생명은 존재할 수가 없다. 따라서 생명체의 생명현상은 그 환경조건에 지배된다고 볼 수 있다.

지구상에서 중요한 환경요인에는 기후, 토양, 암석, 생물 등과 같은 자연적인 환경요인과 어떠한 방법으로든지 생물에 영향을 미치는 인위적인 환경요인이 있는데 이러한 여러 요인의 집합을 환경이라고 볼 수 있다.

일본의 생태학자인 쓰기야마(杉山惠一)선생은 환경을 생태학적관점에서 자연환경과 인위적(인공)환경으로 나누었다. 그에 따르면 생태학에서 어떤 생물 개체를 둘러싸고 있는 실체를 통틀어 '환경'이라고 한다. 환경은 본래 모든 자연적 요소로 구성되어 있었다. 그런데 여기에 인간이 등장하면서 달라졌다. 인간은 자연환경 속에서 자신의 생활에 보다 편리한 별개의 환경을 만들어 내었는데 그것을 우리는 인위적환경이라고 부른다. 그러나 이 인공환경은 절대 자연환경과 독립하여서는 존재 할 수 없다고 하였다.

우리나라의 환경정책기본법에서는 〈그림 1-1〉과 같이 『환경』을 자연환경과 생활환경으로 분류하고 있고, 자연환경(Natural Environment)은 지하, 지표, 해양 및 지상의 모든 생물과 이들을 둘러싸고 있는 비생물적인 것을 포함한 자연을 총칭하며, 생활환경(Living Environment)은 대기, 물, 폐기물, 소음·진동, 악취 등을 우리들의 일상생활과 관련되는 환경으로 정의하고 있다.

즉 환경은 생물이 살고 있는 모든 것을 통칭하는 말로써 앞에 붙는 용어에 따라 의미가 다양하다. 가령 인간이란 말이 사용되면 인간환경(Human Environment), 자연이란 말이 사용되면 자연환경(Natural Environment), 도시란 말이 오면 도시환경(Urban Environment) 등으로 많은 뜻을 내포하고 있다고 하겠다.

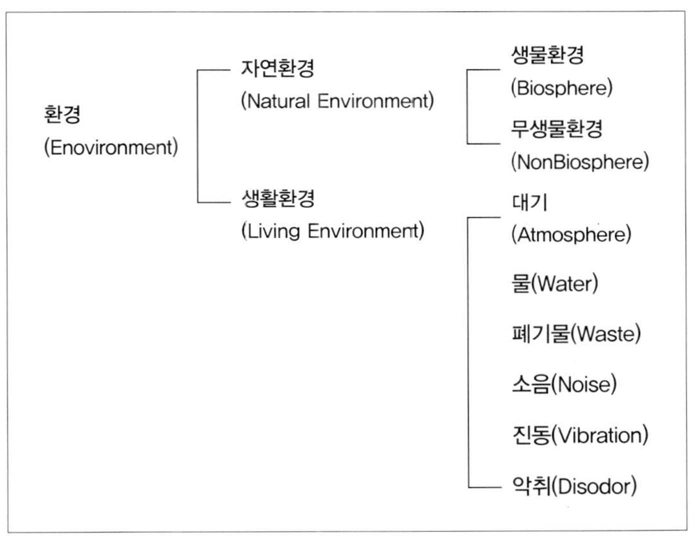

〈그림 1-1〉
환경정책기본법에 의한 환경의 분류

한편 인간주위의 환경은 자연환경과 사회환경 등으로 나눌 수 도 있다.

〈표 1-1〉 자연환경과 사회환경

1. 자연환경 (1) 이화학적 환경 : 공기(기온, 기습, 기류, 기압, 매연, 가스, 공기조성, 공기이온), 물(강수, 수량, 수질, 지표수, 지하수), 토지(지온, 지균, 토지조성), 빛(광선, 자외선, 적외선, 방사선), 소리(음향, 소음, 잡음) (2) 생물학적 환경 : 설치류(rodents), 모기, 파리 등 유해곤충과 절지동물, 병원미생물
2. 사회환경(넓은 의미) (1) 인위적 환경 : 의복, 식생활, 주택, 위생시설, 도시, 농촌, 산업, 직업, 수송 (2) 사회적 환경(좁은 의미) : 정치, 경제, 종교, 교육, 인구

자연환경은 대기·물·토양·지형·지질·광물자원 등 무생물적인 이화학적 환경과 식물·동물·미생물 등 모든 생물을 포함하는 생물학적인 환경을 의미하며, 넓은 의미의 사회환경은 도시의 공공시설과 건물·역사적 문화재·문화·교육시설·산업시설·교통시설·주거시설·체육·레크레이션 시설·농작물 등 인위적인 환경과 정치·경제·종교·교육 등 좁은 의미의 사회적 환경을 포함한다.

이 중 환경관리의 대상은 위에서 좁은 의미의 사회적 환경을 제외한 나머지 자연환경과 인위적인 환경을 대상으로 한다.

또한 인간 주위의 환경은 자연환경·물리적 인공환경·사회적 환경으로 구분하기도 하고 자연환경·생활환경·사회경제적 환경으로 구분하기도 한다.

자연환경과 물리적 환경은 물리적 형태로 다분히 가시적인 점에서 공통적이고, 물리적 환경과 사회적 환경은 인간에 의해서 조형되었다는 점에서 공통성이 있다. 이 중 자연환경이 가장 기본적인 환경문제의 대상이 되고 사회생활에 필요한 도로·공원·교육 및 의료시설·상하수도 등 인공환경도 그 대상이 된다. 이와 같이 사회적 가치는 없을지라도 인류가 수년간에 걸쳐 쌓아온 역사적·문화적 유산 등의 물리적 환경도 환경의 소재에서 제외할 수 없게 되었다.

유엔인간환경선언에서는 사회환경에 관한 내용을 포괄하고 있으나 정치체계·행정체계·경제체계·사회체계·문화체계·과학기술체계 등과 같은 사회환경은 환경정책에서 다룰 수 없으므로 이러한 사회환경을 제외한 생활환경을 환경정책의 주요 대상으로 삼고 있다.

인간은 환경 속에서 가장 강력한 작용을 하는 하나의 개체군이다. 이러한 인간은 자연계의 구성부분인 동시에 인공계와 사회계라는 새로운 환경을 창출하는 동물의 한 종이기도 하다. 또한, 인간은 자기가 속해 있는 자연계뿐만 아니라 스스로 조성해 놓은 환경으로부터 영향을 받는다. 〈그림 1-2〉와 같이 환경과 인간은 직접, 간접으로 상호작용을 한다. 즉, 인간이 환경에 영향을 주기도 하고 환경의 영향을 받기도 한다.

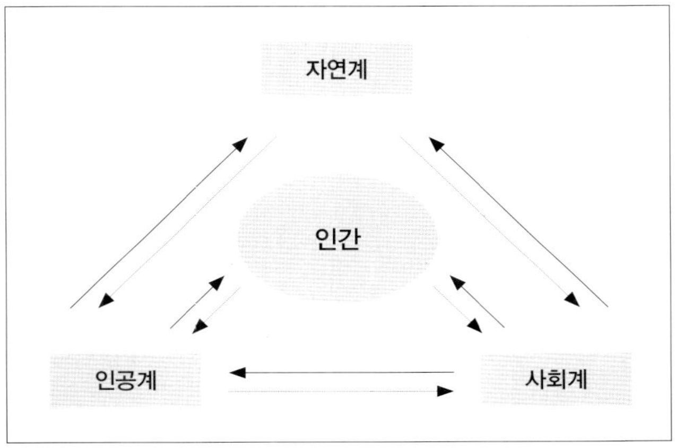

〈그림 1-2〉 인간과 환경의 관계

우리 인간은 동·식물과 더불어 생태계의 한 종으로서 환경의 창조물임과 동시에 형성자이며 생태계의 한 개체로서 환경문제를 일으킨 원인자인 동시에 환경문제를 책임지고 해결하지 않으면 안 될 유일한 존재다.

2) 환경을 보는 시각 환경관

인간은 무한한 우주의 생태계 속에서 가장 강력한 영향을 미침과 동시에 자기가 속해 있는 자연계뿐만 아니라 그가 스스로 조성해 놓은 인공적 환경으로부터 영향을 받는다. 즉 인간은 그의 생존을 영위하기 위하여 자연으로부터 무수한 동·식물을 채취하는 동시에 자연자원을 편리한대로 이용함으로써 자연계의 형태와 속성을 변화시킨다. 인구의 증가와 기업활동의 급증 등으로 야기되는 환경파괴와 오염은 생태계의 기능을 교란시키며, 한번 자기조절기능을 상실한 자연계의 균형관계가 회복되는데는 오랜 세월이 소요된다. 자연상태가 인간에 의해 보다 아름답게 장식되기도 하고, 야생의 동·식물이 인간의 조절에 의하여 순화되기도 한다.

한편, 자연환경이 인간에게 주는 영향은 우선 인구의 증가를 제한하고 인간활동의 영역과 형태를 제약한다. 자연자원의 유한성과 생태계의 형평성은 무한한 욕망을 억제하려는 인간의 의지와 노력을 유발시킨다. 그리고 토지와 자원의 부족은 인간사회 내에서의 경쟁심을 초래한다. 그러므로 자연환경은 인간의 사고와 행동을 결정하는 범위가 될 수도 있다.

따라서 환경문제는 인간활동에 의해서 초래되고, 인간활동은 인간의 환경관에 의해 결정된다고 하겠다. 환경은 인간에게 떠한 영향을 끼치며, 인간은 환경 속에서 어떠한 존재인가? 또, 환경 속에서 인간은 어떠한 역할을 해야 하는가? 즉, 환경과 인간과의 관계를 어떻게 볼 것인가 하는 물음에 대한 견해 또는 관점을 환경관이라고 하는데, 이는 인류의 역사와 함께 바뀌어 왔다. 환경관은 근본적으로 철학의 변화와 그 맥을 같이 해 왔다고 하겠다.

인간 삶의 본질을 깨닫고자 하는 철학은 환경과의 관계 속에서 자신의 생명을 유지해야 하는 인간의 삶의 기본 조건 때문에 결국 환경관과 연결되지 않을 수 없다고 하겠다.

(1) 서양의 환경관

서양의 환경관은 고대 그리스의 자연 철학[1]에 그 바탕을 두고 있다. 고대 자연 철학은 자연을 완벽한 조화와 균형을 이루고 있는 합리적인 실체로 인식하고 신과 동일시하고 있다. 따라서 인간도 이러한 자연 법칙에 순응해야 한다고 믿고 있었다.

1_ 그리스 자연철학의 기초에는 자연계의 질서에 대한 그리스인의 강한 신념이 있었다. 그리하여 그들은 자연의 통일성과 합리성을 추구하였다. 탈레스를 비롯한 이오니아 자연철학자들은 그러한 신념에서 우주의 구성요소라는 대문제에 과감히 도전하였다. 그들의 사변(思辨)은 대담하고 참신했으나, 실제적인 관찰을 소홀히 하였다. 거기에는 경솔한 소신이나 궤변도 있으나, 이 대담한 우주의 개괄화는 전반적으로 과학에서 진보의 가능성을 내포한 올바른 통찰이었다.(출처: 네이버 백과사전) 탈레스(기원전 640?~546?)의 주장: 물이 만물의 근원이라 주장, 엠페도클레스(기원전 490?~430?)의 주장: 불, 공기, 물, 흙이 만물의 근원이라 주장. 불, 공기, 물, 흙으로 가볍다 주장했으며, 이 4원소설은 오랜 시간동안 지속되었다. 아리스토텔레스(기원전 384~322)의 주장: 지상에는 4원소가 운동하지만, 우주에는 완전한 물질(현자의 돌) 즉 5원소가 등장하고, 4원소는 각각 다른 특성을 가지고 있고 이중 1개라도 바뀌면 다른 원소가 된다.

그러나 과학 혁명에 의해 근대 과학의 출현은 인간에게 기계론적인 환경관을 심어주었다. 즉, 자연은 시계와 같이 정교하게 움직이는 기계와 같으며, 인간이 그 작동 원리를 알기만 하면 인간을 위해 자연은 무한히 이용될 수 있다고 생각하였다.

신의 위치에 있던 자연은 인간의 뜻대로 움직이는 기계로 전락했으며, 이러한 사상은 산업 혁명을 거치면서 자연의 착취와 파괴를 낳았다.

저명한 미국의 사회학자 이매뉴얼 월러스틴(Immanuel Maurice Wallerstein)에 따르면 원래 서구가 추구했던 근대의 첫 번째 지향점이면서 본질적인 지향점은 폭력적 권위로부터 해방과 개인의 자유, 그리고 공동체적 평등의 실현이었다고 한다. 그는 이를 〈해방적 근대〉라고 했다. 그러나 다른 한편 서구의 근대는, 자연에 대한 합리적 지배와 이를 위한 기술 중심적 세계관을 추구했다. 즉 자연의 한계로부터 벗어나는 인간의 힘을 보여주자는 것이었다. 이를 〈기술적 근대〉라고 부른다. 하지만 19세기후반과 20세기를 거쳐 오면서 서양인들은 이 두 가지 성격의 〈근대〉지향이 서로 화해할 수 없을 만큼 충돌한다는 것을 깨닫게 되었으며, 이러한 상호모순에 인하여 생긴 것 문제 중의 하나가 환경오염문제라고 하겠다.

(2) 동양의 환경관

동양의 환경관은 자연과 인간이 서로 유기적으로 얽혀 있다는 전체론적 견해다. 동양에서는 자연이 인간에게 내려 준 것을 인간의 본성이라 하고, 인간의 본성에 따르는 것을 도(道)라 하였으며, 이 도를 배우는 것을 교육이라 하겼다. 즉, 동양철학에서는 자연의 이치를 깨달음이 곧 삶의 이치를 깨닫는 것이라 생각하였다.

그러나 현재 대부분의 동양 지역은 이러한 전통적 환경관을 무시한 채 서양의 합리적·기계적 환경관에 바탕을 둔 과학과 기술의 발전을 가속화시킴으로써 환경문제에 직면하고 있다. 이러한 합리적·기계론적인 환경관의 바탕에는 근대를 특징짓는 자본주의가 자리를 잡고 있다. 이 자본주의는 인류가 창조한 다른 여러 문명이 그 나름대로 소중하게 여겨온 가치들과 삶의 원리들을 주변부로 밀어내거나 압살하여 오늘날 지배적인 문명의 위치를 구축하였다. 그러나 이제부터라도 자본주의 문명을 반성하고 새로운 문명과 세계관을 모색하는 현 시점에서 지금까지 변방에 머무르거나 망각되거나 무시되어온 자본주의 이외의 여러 문명을 재평가하고 그것들이 간직하고 있는 원리나 관점에서 무엇인가를 배워야 할 것이다. 특히 우리는 우리의 과거 문명과 전통적 사상을 통해 선조들의 〈생태적 지혜〉에 관해 많은 것을 배워야 할 때다.

(3) 환경관의 변화

환경에 대한 태도는 산업혁명의 진전과 함께 많은 사람들이 서구적인 환경관을 갖게 되었다. 그리고 과학기술과 산업이 발달함에 따라 더 많은 자원이 필요하여 석탄, 석유 등 각종 지하자원의 사용이 급격히 증가하였다. 농업의 발달은 과거보다 훨씬 적은 수의 인력으로도 많은 사람들을 부양할 수 있게 해주었고, 산업의 발달은 사람들을 농촌에서의 도시로 모여들게 하여 도시화가 진전되었다. 도시에서 소비되는 거의 모든 물자는 주변 지역이나 멀리 떨어진 농촌, 삼림, 저수지 또는 광산 등에서 공급되고, 도시에서는 그만큼 많은 오염물질과 각종 폐기물을 생산하게 되었다.

오늘날 우리는 산업이 고도로 발달하고 자유경쟁적 경제 체제 사회에서 살고 있으며, 산업의 발달, 도시화, 물질적 풍요로움에 대한 이기적 태도 등으로 환경문제가 발생했다.

산업혁명 이후의 급격한 과학기술의 발달과 이에 따른 공업화, 산업화 그리고 인구증가에 따른 부산물로 인한 자정작용을 훨씬 상회하는 대량의 오염물질을 배출·누적시켰다. 이 때문에 지구상의 오염은 급속히 악화되어 멀지 않은 장래에 인간의 생존 그 자체까지 위협받게 되었다.

유한한 자연 중에서 인간이 무한하게 이를 파괴하는 생산과 소비를 계속한다면 지구상의 인간의 운명은 자명해진다. 오늘날 세계 각지에서 일어나고 있는 환경오염사건들은 장래 인류와 지구를 위협하고 있다. 따라서 오염문제를 단순히 국지적인 문제로서 아니라 지구적인 문제로 파악하는 것은 이러한 위기를 인식함에서만 가능한 것이다.

쾌적한 환경을 이룩하기 위해서는 물자와 에너지 사용의 증가율을 줄여 환경의 균형을 유지하고, 물자를 재활용해야 한다. 이보다 더욱 중요한 것은 우리가 환경을 지배할 수 있다는 생각을 버리고 우리 역시 환경의 일부분이라는 태도를 갖는 것이 무엇보다 중요하다. 이는 환경관의 일대 전환이라고 해도 좋을 것이다. 특히, 산업혁명 이후의 물질문명 위주의 가치관에서 자연을 중시하는 동양적 환경관의 접목이 요청된다고 하겠다.

현재 자연을 도구로 보는 서양에서는 최근 이에 대한 반동으로 환경보호운동이 거세게 일고 있으며, 그린피스(Greenpeace)가 그 대표적인 단체 중의 하나다. 반면 자연을 소중히 여기던 동양에서는 서양의 발달된 과학기술을 여과 없이 단시일 내에 받아들이는 과정에서 과학기술이 우리 자연에 미치는 해악을 생각해 볼 여유도 없었으며, 그 대표적인 사례가 1991년의 낙동강 페놀사건이었다. 이 시점에서 중요한 것은 지구는 하나밖에 없는 우리 인간들의 보금자리임을 명심하여 이를 지키고 가꾸는데 각별한 주의와 관심을 가져야 할 것이다.

3) 환경윤리

(1) 환경윤리의 등장배경

인류의 시작으로부터 지금에 이르기까지 인간과 환경과의 상호작용은 지속되고 있다. 이러한 상호작용은 인간의 과학기술의 발달에 따라 변화를 거듭하고 있으며, 인간이 환경에 끼치는 영향은 확대되고 있다. 이로 인해 환경에 주는 부하(負荷)는 일시적이고 지역적인 수준을 넘어서 나라에서 나라로 전파되고 자손에게 대물림의 수준으로까지 확대되고 있다. 이러한 상호작용의 불균형은 인류가 화석연료를 사용하면서부터 급속히 진행되기 시작했다. 인류가 살아온 장대한 역사 속에서 불과 몇 세기만에 인류의 인구는 순식간에 몇 곱절로 증가하게 되었다. 이로 인해 자연자원은 파괴되고 고갈되어 가고 있으며, 수많은 생물들이 멸종되고 유독 물질들은 축적되어 미래세대의 삶까지 위협하고 있는 실정이다. 오늘날 지구환경을 위협하는 문제들로는 오존층파괴, 지구온난화, 사막화 그리고 환경호르몬 등 이루 말로 열거하기가 힘들 정도다.

이러한 현시점에서 인간은 환경에 대한 윤리학적·철학적 문제를 고려하지 않을 수 없게 되었다. 많은 이들은 21세기를 개발과 환경사이의 상호의존과 공존공생 이라는 범지구적 변화로 규명되어지는 새로운 시대에 접어들었다고 믿고 있다. 이러한 시기에 진입함에 있어서 우리가 직면한 가장 중요한 과제 중의 하나는 이 지구상에서 환경과 인간과의 관계에 관한 올바른 철학적·윤리적 자의식을 가지고 지적으로 관리하는 것이라고 볼 수 있겠다. 이러한 과제를 잘 풀어나가기 위해서는 새로운 환경윤리가 반드시 포함되어야한다. 자연주의 사상가이자 실천가인 알도 레오폴드(Aldo Leopold)는 그의 글 「토지윤리 The Land Ethics」에서 환경문제는 그 자체가 원래 철학적이므로, 환경개혁에 대해 큰 희망을 가지기 위해서는 철학적 해결책이 필요함을 역설하기도 했다.

(2) 환경윤리의 개념

환경윤리에 관해 언급하기 전에 倫理(윤리)에 대해 알아보자.[2]

윤리란 철학의 한 분야다. '윤리(ethics)'란 말은 관습을 의미하는 그리스어 'ethos'에서 나왔다. 이러한 의미에서 윤리는 관습적 행동의 지침이 되는 일반적인 신념, 태도, 혹은 표준을 가리킨다. 어떤 사회이든 자기 나름의 고유한 윤리를 갖는다. 그리스 철학에서부터 철학적 윤리학은 관습적인 것을 옳은 것으로 받아들이는 것을 거부했다. 철학의 분과로서 윤리학은 기존 관습에 대한 합리적인 비판작업을 수행해 왔다. 이러한 윤리는 공동체나, 교회, 사회나 직업 같은 집단에 의해 공유되는 가치기준의 집합이며, 윤리적으로 행동한다는 것은 그 집단의 가치기준에 따라 행동하는 것을 말한다. 도덕은 윤리문제에 관한 일정 문화의 지배적인 감정을 반영하기 때문에 윤리와는 다르다. 예를 들어 모든 문화에서 사람을 죽인다는 것은 두말할 것도 없이 비윤리적이다. 그러나 국가 간 전쟁 시 적을 죽이는 것은 아주 당연하게 받아들인다. 따라서 윤리적으로 볼 때 사람을 죽이는 행위가 틀린 것이라고 해도 이 경우에 사람을 죽이는 것은 도덕적인 행위가 된다. 전쟁을 치른 모든 국가는 그들이 행한 전쟁은 도덕적으로 문제가 없다고 한다.

최근 인문과학의 경향은 응용분야에 대한 관심이 증대되고 있으며, 특히 철학분야에서도 응용 부문에 큰 관심을 모으고 있다. 여기에서 언급하고자하는 환경윤리는 응용윤리학의 한 분야로서 환경에 대한 책임의 도덕적 기초를 탐구하는 분야라 할 수 있다. 환경과 관련된 윤리적 문제는 다른 윤리적인 문제들과는 다르다. 일반적으로 환경윤리는 인간과 자연환경과의 도덕적 관계에 대한 체계를 설명하는 것이라 할 수 있다. 환경윤리학은 도덕규범을 통해 인간의 자연에 대한 행위를 통제하고 제한시킬 수 있다. 그러나 무조건적으로 인간의 자연에 대한 행위를 통제하고 제한하는 것이 아니

2_ J.R. 데자르뎅 지음/김명식 옮김(1999), 환경윤리, 서울: 자작나무.

라 인간이 자연에 대해 어떠한 책임을 져야하는지 설명할 수 있어야 하며 책임의 정당성을 입증할 수 있어야 한다.

이러한 자연과 인간의 관계에 관해 다양한 환경이론들이 제시되었으며 그 이론들에 관해 언급해보도록 하겠다.[3]

그 첫 번째 이론은 인간중심주의(anthropocentric)다. 환경에 대한 인간중심주의는 모든 환경에 대한 책임감은 오직 인간의 이해관계에 좌우된다는 것이다. 이러한 가정은 인간만이 유일하게 도덕적으로 중요하며 인간이 바로 도덕의 기준이며, 결정권자라는데 그 기반을 두고 있다. 왜냐하면 환경은 인간의 삶을 윤택하게 하고 인간의 생존에 필수적이기 때문에 인간의 이해관계를 우선 시하여 기인한 간접적인 의무, 즉 환경을 우선적으로 고려하여 느끼는 의무의 개념이 아니라 인간의 필요에 의해 느끼는 의무만을 가진다. 이것은 지구가 인간의 삶을 지탱하기 위해 환경적으로 건강하고 친근하게 존재해야한다는 것을 의미하며, 인간의 삶이 지속적으로 윤택하기 위해서는 지구의 아름다움과 자연자원이 보전되어야하는 간접적 의무를 포함하고 있다. 일부사람들은 우리들의 간접적인 의무는 우리가 환경으로부터 받는 직접적인 혜택과 우리의 미래세대가 받게 될 이익 모두를 고려하여 성립한다고 주장한다. 그러나 다른 부류의 사람들은 아직 존재하고 있지도 않는 우리의 미래세대는 과거 죽은 사람들이 가지고 있는 환경에 대한 권리만큼도 가지고 있지 않다고 보고 있다. 이렇게 다른 견해를 가지고 있는 두 집단이지만 환경에 대한 가치기준은 오직 인간의 이익에 두고 있다.

환경의 도덕적 책임감에 대한 그 두 번째 이론은 생물중심주의(biocentric)다. 생물중심이론은 넓은 의미에서 모든 형태의 생명체는 반드시 존재해야할 권리를 가진다는 것이다. 생물중심주의자들은 생명체의 가치에 대한 평가를 어떠한 기준에 따라 위로부터 그 순서를 정하기도 한다. 예를 들어 소수이지만 일부의 사람들은 식물보다는 동물을 보호해야할 책임이 더 크다고 믿고 있다. 다른 이들은 다양한 생물 종의 권리는 인간에게 어떠한 해를 주느냐에 달려있다고 생각한다. 그들은 모기나 쥐와 같은 사람에게 해로운 종들을 죽이는 것이 전혀 나쁘지 않다고 한다. 또 어떤 이들은 각각의 생물 종

3_ 김종욱 외(2001). 환경과학개론. 서울: 북스힐.

뿐만 아니라 하찮게 보기 쉬운 개개의 유기체들도 존재해야할 권리가 있다고 한다. 일부 동물의 권리를 옹호하는 단체에 종사하는 사람들은 식물보다는 동물에게 더 많은 가치를 부여하고 있다. 이처럼 인간의 행위로 인한 멸종과 죽음의 위기에서 어떤 형태의 종 혹은 개체를 보호해야만 하는가를 결정해야한다. 이러한 상황에서 일관된 방침을 끌어내는 것과 윤리적으로 모순되지 않는 방안을 찾아내는 것은 현실적으로 어려운 일일 것이다.

세 번째 이론은 생태중심주의(ecocentric)라고 불리는 것인데 이는 인간의 이해관계에 대한 간섭 없이 환경 그 자체가 도덕의 직접적인 대상이 된다. 생태중심주의에서는 환경이 직접적인 권리를 가지며, 도덕적으로 개개의 특질이 부여되었기 때문에 환경은 직접적인 의무와 고유한 가치를 지닌다. 즉 환경은 그 자체가 인간과 도덕적인 면에서 동격으로 취급된다. 이 이론에 따르면 인간은 생태계에서 더 이상 정복자가 아니며 어떠한 우선권도 가질 수 없고 훼손 또한 불가능하며 모든 생물과 동등한 지위를 부여받게 된다. 즉 과거 자연에 대한 우선권을 가지지 않았던 원시상태의 모습과 유사한 상태라 할 수 있겠다.

전통적인 정치·국가의 경계의 의미가 희미해지고 범지구적으로 옮겨감에 따라, 다양한 환경에 대한 사고와 윤리가 발전되어가고 있다. 요즘 환경윤리에 관해 나타나고 있는 몇몇 새로운 사고는 인간은 자연의 일부이며, 자연의 개별적인 부분들은 서로 독립적이라는 사고에 기초하고 있다. 자연 공동체에서는 개개의 윤택한 삶과 종간의 유대를 통해 삶의 윤택함이 함께 엮어져 모두의 삶을 기름지게 한다. 현재 세계는 환경의 영역, 국가, 혹은 개인을 떠나 자연을 존중하고 지구를 지키고 또한 지구의 생명지원 체계를 보호하고 제3세계국가와 미래세대를 돌보기 위하여 근본적인 환경 윤리적 책임감을 가져야한다는 인식이 증가하고 있다.

(3) 지구적 환경윤리

미래를 향한 가장 중요한 질문 중의 하나는 "세계의 모든 국가들이 정치적인 견해의 차를 무릅쓰고라도 환경문제를 위해 공동으로 행동을 취할 수 있는가?"일 것이다. 1972년 스웨덴의 스톡홀름에서 열린 유엔환경회의는 그 올바른 방향을 향한 첫 걸음

이었다. 이 회의를 통해 유엔환경계획(UNEP)가 창설되었고, 이 기구에서 세계의 주요환경문제가 논의되었다. 두 번째 환경회의는 브라질의 리우에서 개최되었다. 이는 스톡홀름회의 20주년 기념하고 아울러 그 정신을 계승하기 위하여 새로운 국제적인 문제를 다루었다. 1977년 일본의 교토에서는 기후변화협약에 관한 회의가 개최되었다. 지구에 살고 있는 하나의 종으로서 우리는 이러한 기구와 회의를 통하여 우리 공동의 환경문제를 해결하기 위하여 노력하고 있으며 이러한 노력을 통하여 지구적인 환경윤리를 획득할 수 있을 것이다.

① 스톡홀름 인간환경회의

1972년 6월 5일, 스웨덴 스톡홀름서 열린 제1차 UN인간환경회(United Nations Conference on the Human Environment, UNCHE)는 당시의 보통 세계인들이 보기엔 아주 생소한 모임이었다. 이 회담이 열렸던 당시는 동서냉전시대로서 양 진영이 핵무기경쟁을 벌이고 있었다. "환경 회의"라는 명칭도 새로운 것이었지만, 이런 낯선 주제 모임에 114개 국 1,200여명이나 되는 대표들이 참가했다는 것도 그랬다. 11일 간에 걸친 회의는 그나마 논란으로 정회를 거듭했다. 회의장 앞은 반전론자들, 공해-오염 피해자들, 고래 남획 근절을 요구하는 젊은이들의 데모로 어수선했다. 그러나 자연에 관한 인간의 인식 체계를 근본적으로 바꾼 계기가 됐다는 점에서 훗날 학자들은 이 모임을 코페르니쿠스의 지동설에 비유했다.

〈그림 1-3〉
1972년 스톡홀름 UN인간환경회의(UNCHE) 회의 모습

20세기는 과학기술의 시대이자 석유문명의 시대였다. 200년 전 싹 튼 산업혁명의 꽃을 피우고자 20세기의 사람들은 자연과 거기서 나올 수 있는 에너지를 아낌없이 써버렸다. 그러나 20세기 후반에 접어들 기 시작하면서 이 같은 자연 낭비에 제동이 걸리기 시작했다. 특히 70년대 들어 세계인들은 이상하게 불길한 자연 현상들을 잇달아 경험했다. 만년설과 빙하가 전 세계적으로 15%나 증가했다. 그린란드에서는 100년만의 최저 온도가 기록됐다. 모스크바에는 수세기이래 최악의 가뭄이 들었고, 미국은 일련의 극심한 홍수를 겪었다. 일부 선각자들은 이 같은 현상이 인간의 탐욕스런 공업화가 빚은 자연파괴의 결과라는 점을 경고하기 시작했다. 스톡홀름에서 인간환경회의가 처음 열리고 여기에 114개국이나 되는 나라의 대표들이 참석한 것은 사람들이 환경문제의 절박함을 깨달은 결과였다

환경 운동의 초기 역사에서 기념비적 역할을 한 것은 1962년 미국 여성 해양생물학자 레이첼 카슨이 출간한 「침묵의 봄 Silent Spring」이었다.[4] 이 책에 따르면 미시간 주의 이스트랜싱市는 느릅나무를 갉아먹는 딱정벌레를 박멸시키고자 나무에 DDT를 살포했다. 가을에 나뭇잎이 땅에 떨어지자 벌레들이 그 나뭇잎을 먹었다. 봄에 다시 돌아온 울새들이 이 벌레들을 잡아먹었다. 그리고 1주일도 못돼 이스트랜싱의 거의 모든 울새들이 죽었다. 이 같은 사실을 폭로한 카슨은 그녀의 저서 서문에 이렇게 썼다.

"자연은 침묵하였다. 섬뜩하다. 새들은 어디로 갔는가. 정원의 모이통은 텅 비어 있다. 봄은 왔지만 침묵의 봄이었다. 적으로부터 공격을 받은 것도 아니었다. 모두 인간이 스스로 부른 재앙이었다".

「침묵의 봄」은 마침내 미국 상원으로 하여금 미국 내에서 DDT 사용을 전면 금지하는 법안을 통과시키게 만들었다. 스톡홀름 인간환경회의가 참석자들의 일치된 견해 속에 순조롭게 만 진행된 것은 아니었다. 당시 인도 수상이었던 인디라 간디는 제3세계 국가들 을 대변해서 이렇게 말했다.

"촌락과 빈민가에 살고 있는 대부분 제3세계 사람들은 삶 자체가 근원부터 오염돼

4_ 20세기 환경학 최고의 고전『침묵의 봄』. 50주년 기념 개정판으로 출간 된 이 책은 〈타임〉지가 20세기를 변화시킨 100인 중 한 사람으로 뽑은 레이첼 카슨이 쓴 책으로, 환경 문제의 심각성과 중요성을 독자들에게 일깨워 준 책이다. 저자는 친구로부터 받은 편지 한 통을 계기로 살충제의 사용 실태와 그 위험성을 조사하고, 생물학자로서의 전문지식과 작가로서의 능력을 발휘해 방사능 낙진으로 인해 더욱 절실해지기 시작한 환경 문제의 복잡성을 알기 쉽게 풀어냈다. 더불어 무분별한 살충제 사용으로 파괴되는 야생 생물계의 모습을 적나라하게 공개하여, 생태계의 오염이 어떻게 시작되고 생물과 자연환경에 어떤 영향을 미치는 지 구체적으로 설명하였다. 이를 통해 정부와 살충제 제조업체의 행태를 지적하고, 환경문제에 대한 대중들의 생각을 환기시킬 수 있는 기회를 제시하였다.(네이버 서평에서)

있는데 어떻게 그들에게 하천과 대기를 깨끗이 하라 고만 말할 수 있겠는가".

그러나 우여곡절 끝에 참석자들은 마지막 날 "지구는 하나"라는 제목의 인간환경 선언문을 채택했다. 이듬해인 1973년부터 사람들은 스톡홀름회의 개막일이었던 6월 5일을 「세계환경의 날」로 지정하여 1년에 단 하루만이라도 지구와 환경을 생각하는 날로 삼아오고 있다.

② 리우환경회의

1992년 6월 3일 브라질 리우데자네이로에서는 사상 최대 규모의 국제회의가 개막되었다. "유엔환경개발회의(UNCED: United Nations Conference on Environment and Development)"란 공식 명칭의 이 회의는 정부 대표들이 참가한 지구정상회담(Earth Summit)과 민간환경단체들이 개최한 지구포럼(Global Forum)으로 이루어졌다.

지구정상회담의 경우 미국 등 114개국이 국가원수 또는 정부수반이 이끄는 대표단을 파견하는 등 178개국과 국제기구에서 8,000여명이 참석했다. 지구포럼 역시 전 세계로부터 약 7,900개의 민간환경단체가 참가했다. 여기에 7,000여명의 취재진을 포함하면 회의 기간 동안 리우에는 3만 명의 손님이 붐볐다. 보통 리우환경회의로 불리게 된 이 회의는 경제개발로 인해 날로 악화되고 있는 지구의 생터계를 보호하기 위해 마련된 것이었다. 유엔은 1972년 스웨덴 스톡홀롬에서 열렸던 최초의 세계적 환경회의인 "하나뿐인 지구" 20주년을 기념하는 국제환경회의를 개최하기 위해 1989년부터 8차례나 대규모 준비회의를 개최하며 심혈을 기울였다.

〈그림 1-4〉
1992년 리우 유엔환경개발회의 (UNCED) 모습

리우환경회의는 지구온난화, 대양오염, 기술이전, 산림보호, 인구조절, 동식물 보호, 환경을 고려한 자연개발 등 7개 의제를 놓고 12일간 열띤 토론을 벌였다. 그 결과 "환경과 개발에 대한 리우선언"이 발표됐고 환경 문제 해결을 위해 실천해야 할 원칙을 담은 "아젠다 21"이 채택되었다. 또 기후변화방지협약, 생물다양성협약, 산림에 관한 원칙 등 국제협약이 체결되었으며 리우환경회의의 성과를 지속적으로 추진하기 위한 기구인 지속개발위원회(CSD)를 설치했다.

리우환경회의의 최대 성과는 개발과 환경보호라는 양립하기 어려운 목표를 동시에 추구하기 위해 "지속가능한 개발"(Sustainable Development)이라는 개념을 제시한 것이었다. 또 민간환경단체들이 회의 기획 단계부터 참여했고 많은 나라가 이들을 정부대표단에 포함시킨 점도 고무적이었다(그림 1-4 참조).

그러나 리우환경회의는 동시에 환경문제를 대하는 선진국과 후진국간의 시각의 차를 그대로 드러낸 자리이기도 했다. 당시 부트로스 갈리 유엔사무총장은 개막연설에서 "우리는 우리 자신을 위해서가 아니라 후손들을 위해 이번 회의를 진행해야 할 것"이라고 강조했다. 그러나 주최국인 브라질의 콜로르 대통령은 환경문제에 대한 선진국의 역사적 책임을 강조하며 "사회적으로 불공평한 상황에서 환경적으로 온전한 지구를 기대할 수는 없다"고 주장하였다. 이에 대해 선진국은 미국이 기후변화방지협약과 생물다양성협약에 참여하지 않는 등 환경 규제에 소극적인 태도를 보였다. 또한 리우환경회의는 의제면에서도 가장 중요한 부분의 하나인 전쟁과 군사, 핵문제를 다루지 않음으로써 한계를 드러내기도 했다. 리우환경회담에서 채택된 주요 내용은 다음과 같다.

- 환경과 개발에 관한 리우선언은 지속가능한 개발을 위한 27개의 국가행동원칙을 담고 있다. 이 선언은 남과 북의 합의에 의한 에비회담을 통해 구성되었으며, 후속 논의는 결론에 이르지 못할 것을 염려하여 더 이상의 협의없이 채택되었다.
- 리우환경회담에 참석한 국가들은 21세기 지역, 국가, 나아가 전 지구적 행동계획인 의제 21(Agenda 21)을 채택했다. 의제 21은 현재의 환경문제를 언급하고 지속가능한 개발을 위한 수 백 쪽의 구체적인 행동계획을 포함하고 있다. 의제21은 여러 국가들이 오랫동안 관여해온 유엔의 경제, 사회, 환경업무에 대한 "전 지구적인

행동계획"의 일치된 의견수립을 위한 절차에 관한 내용도 포함되어 있다.

- 지구정상회담의 세 번째 공식문서는 모든 종류의 삼림의 관리, 보존, 지속가능한 개발에 관한 전 지구적으로 일치된 의견을 위한 비법적으로 부여된 정부원칙을 천명한 삼림협약을 말한다. 삼림협약의 논의는 처음에는 법적인 협의에서 시작되었으나 지구정상회담에서는 협상이 어려운 부분이었다. 각국의 전문가들은 마지막 결론에 대해 실망할 수밖에 없었고, 삼림협약에 관한 마지막 실마리를 찾으려는 지구정상회담에서 모두들 고개를 돌리고 말았다.

③ 교토의정서

최근 몇 년 사이에 지구 전체가 이상 기후에 휩싸이고 있다. "지구 온난화"가 그 원인이라는 것은 모두가 인정하고 있으며, 일부 학자를 제외로 하면 대다수 학자들은 그 주범으로서 "온실가스", 그 중에서도 단연 이산화탄소를 꼽는다. 얼마 전 유엔은 "지구 온난화는 급속히 진행 중이며, 그 결말은 인류의 파국일 것"이라고 경고했다.

금세기에 들어와 더욱 가속화된 산업화 현상은 석탄과 석유를 포함한 화석연료 사용의 급증으로 이어졌으며, 여기에서 배출되는 온실가스의 영향으로 지구온난화현상이 심화되고 해수면이 높아지며 이상 기후가 나타나는 등 심각한 기후변화를 일으키고 있다. 이러한 대기 중의 온실효과기체를 기후에 위험한 영향을 미치지 않는 수준으로 안정화하기 위해 채택된 것이 1992년 기후변화협약이다.

교토의정서는 유엔기후변화협약(UNFCCC)을 이행하기 위해 만들어진 국가 간 이행 협약으로, 교토기후협약이라고도 한다. 1997년 12월 일본 교토(京都)에서 개최된 UNFCCC 제3차 당사국 총회에서 채택되었으며, 미국과 오스트레일리아가 비준하지 않은 상태로 2005년 2월 16일 공식 발효되었다.

세계적으로 지구 온난화에 대한 과학적 근거가 필요하다는 인식이 확산되면서 1988년 유엔환경계획(UNEP)과 세계기상기구(WMO)는 '기후변화에 관한 정부 간 협의체'(IPCC)를 설립하고, 1992년 6월 브라질 리우데자네이루 UN환경개발회의에서 이산화탄소 등 온실가스 증가에 따른 지구온난화에 대처하기 위해 기후변화협약을 채택했다. 이렇게 마련된 기후변화협약은 절차에 관한 규정 등 많은 쟁점들이 미결 상태로 남게 되어 또 다른 협상이 요구되었으며, 이것이 교토의정서 형태로 추진되었다.

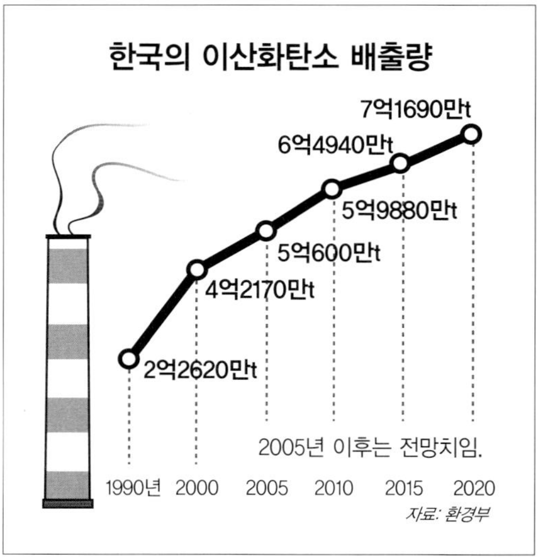

〈그림 1-5〉 한국의 이산화탄소배출량

주요 내용은 유럽연합(EU), 일본 등 지구온난화에 역사적으로 책임이 많은 선진국은 제1차 의무감축 기간인 2008~12년에 1990년 배출수준과 대비하여 평균 5.2%의 온실가스를 줄여야 한다. 이러한 의무감축국가를 부속서I국가(Annex I)라 하며, 38개국이 포함되어 있다. 비부속서국가(Non-Annex)라 불리는 대부분의 개발도상국(한국·중국 포함)은 온실가스 의무감축국은 아니다. 그러나 한국의 경우 제2차 공약기간이 시작되는 2013년부터는 부속서I국가로 분류되어 온실가스 배출량을 의무적으로 감축해야 할 가능성이 매우 높다(그림 1-5 참조).

교토의정서에서 온실가스 감축목표가 구체적으로 정해짐에 따라 온실가스를 효율적으로 감축하기 위해 배출권거래제도(Emission Trading)와 공동이행제도(Joint Implementation), 청정개발제도(Clean Development Mechanism)를 도입했는데, 이를 교토메커니즘이라 한다. 이러한 제도들은 낮은 비용의 온실가스 감축사업을 통해 통해 온실가스 감축에 소요되는 사회적 비용을 최소화시킴으로써 감축목표를 달성하려는 취지 아래 강구된 것들이다.

배출권거래제도는 어느 국가가 자국에 부여된 할당량 미만으로 온실가스를 배출하게 되면 그 여유분을 다른 국가에 팔 수 있고, 반대로 할당량을 초과하여 배출하는 국가는 초과분에 해당하는 배출권을 다른 국가로부터 사들이도록 한 것이다. 공동이행제도는 부속서I국가가 다른 선진국의 온실가스 감축사업에 투자하여 얻은 온실가스 감축분을 자국의 온실가스 감축에 사용하는 방법이다.

청정개발제도는 선진국에는 감축비용 감소를, 개발도상국에는 재정 및 기술지원을 제공하는 제도로서, 선진국이 개발도상국 내에서 온실가스 감축사업에 투자하여 발생한 온실가스 감축분을 자국의 감축목표에 달성에 사용하는 방법이다. 제재되는 6가지의 온실가스는 이산화탄소(CO2), 메탄(CH4), 아산화질소(N2O), 과불화탄소(PFCs), 수소불화탄소(HFC), 육불화황(SF6)인데, 이 가운데 배출량이 가장 많은 것이 이산화탄소이므로 일반적으로 배출권이라 하면 탄소배출권을 말한다.

교토메커니즘과 의무준수체계, 흡수원(산림)에 관한 세부절차는 2001년 11월 모로코의 마라케시에서 열린 제7차 당사국 총회에서 일부 타결되었고, 2004년 12월 아르헨티나 부에노스아이레스에서 열린 제10차 당사국 총회에서 최종 타결되었다.[5]

4) 환경의 특성[6]

심 반 데린은 "환경의 위기는 여러 면에서 디자인의 위기이다. 디자인, 즉 설계는 자재를 어떻게 제조하고, 건물을 어떻게 지으며, 대지를 어떻게 이용하는가로 귀결된다. 또한 설계는 문화를 표명하며, 문화는 우리가 진실이라고 믿는 세상을 기초로 하여 견고하게 존재한다."[7]라고 주장하면서 환경의 문제는 디자인의 문제라고 주장하였다.

근대 디자인이 탄생했던 19세기 산업혁명 이후 20세기 까지 급속한 과학기술의 발달과 함께 인구의 급증, 도시화 그리고 공업화 등으로 인류의 생활터전인 환경이 크게 위협받고 있다. 또한 환경을 외면한 경제개발 정책은 미래에 인류의 생존기반 자체를 허물어 버릴 것이라는 환경위기의식이 점차 고조되고 있으며, 환경문제는 지구적인 관

5_ http://100.nate.com/dicsearch/pentry.html?s=B&i=1153566&v=44

6_ 신현국 외 지음, 환경학총론, 동화기술, 29-32쪽 내용을 재구성함.

7_ 제이슨 맥레넌지음(2009), 지속가능한 설계철학, 정옥희옮김.

심으로 등장했다. 왜냐하면 오염물질과 에너지의 방출로 인한 오염의 규모와 패턴, 그리고 규칙적인 흐름, 기상학·수문학적인 리듬 등을 고려했을 때 국가적인 차원의 정치 문제를 넘어 세계화되고 있기 때문이다. 예컨대 대기 중에 이산화탄소와 염화불화탄소 그리고 메탄 등을 증가시킴으로써 성층권의 오존층이 파괴되고 지구온난화현상을 발생시키는가하면, 발전소와 제련소에서 발생되는 황산과 질산 등과 같은 산화물질이 용해되어서 대기로 증발해 산성비가 되어 국경을 넘어 다른 곳에 뿌려지고 있으며, 원유유출로 인해 해양으로 오염이 이동하는 등 기존의 국지적이던 환경문제가 지구전체의 문제로 확대되어 가고 있다.

따라서 환경문제는 별개 문제들의 단순한 혼합물이 아니라 문제 간에 상호 연결된 복합체로 파악될 수 있으며, 그 구조의 특징을 살펴보면 대체로 다음과 같은 몇 가지의 특성을 지니고 있다. 이러한 환경의 특성에 관한 이해는 미래세대를 위한 지속가능한 개발을 위하여 조경디자이너가 반드시 숙지해야 할 내용이라고 생각한다. 환경의 특성은 대체로 다음과 같은 5가지로 요약된다.

(1) 상호관련성

환경문제는 상호작용하는 여러 변수들에 의해 발생하므로 상호간에 인과관계가 성립되어 문제해결을 더욱 어렵게 하고, 또한 이러한 문제들끼리 상승작용을 일으켜 그 심각성을 더해 가며, 상승작용은 오염의 경우에 뚜렷하게 나타나는데, 각 오염물질은 서로 화학반응을 일으켜 더 큰 문제를 유발하기도 한다.

인구·자본·서비스·자원간의 상호관련성을 예로 살펴보면 공업자본을 위한 생산제품이 농기구, 관개용수로, 화학비료 등과 같은 농업자본을 산출하고, 농업자본량과 농지면적은 식량 생산량에 영향을 주며, 공업과 농업활동은 환경오염을 유발하고, 이는 인구 사망률에 직접·간접으로 영향을 준다. 따라서 환경문제는 서로 상호작용을 일으키는 요인들에 의하여 발생하므로 단편적이고 부분적인 방법이 아닌 전체적이고 종합적인 방법으로 문제를 해결해야 한다.

산지의 도로의 건설로 인한 어느 특정 동물의 멸종은 그 지역 전체의 생태계에 영향을 주면 종국에는 그 영향이 사람에게로 향한다는 것을 잊지 말아야 할 것이다.[8]

8_ http://www.animalfreedom.org/english/information/ecological_connection.html

(2) 광역성

오늘날 환경문제는 어느 한 지역, 한 국가만의 문제가 아니라 범지구적, 국제간의 문제이며 "개방체계"적인 환경의 특성에 따라 공간적으로 광범위한 영향권을 형성한다. 예를 들면 영국의 대기오염물질의 이동으로 노르웨이 토양 산성화 및 대기를 오염시키고, 알사스에 있는 프랑스 석탄광산의 배출물은 벨기에와 네덜란드에있는 라인강 하류의 물고기를 죽이며, 미국 서부의 공업단지에서 배출되는 대기오염물질 이동으로 인한 캐나다 산림파괴와 호소의 산성화 등을 일으키기도 한다. 한편, 고비사막에서 발원한 황사는 황하를 타고 중국 동남연해까지 내려와 황해를 건너 한반도에 황화를 안겨준 뒤 태평양 너머 미국까지 날아간다(〈그림 1-6〉 참조). 특히 한반도의 황사가 무서운 것은 중국의 공업지대인 동남연해의 각종 오염물질을 포함하고 있기 때문이다. 정작 원인제공자인 중국인은 모래바람만 쏘이면 그만이지만 한국인은 오염물질까지 뒤집어써야 한다.

이런 점에서 환경문제의 논의는 불특정 다수인과의 관계를 광범위하게 다루게 하며, 경우에 따라서는 어느 지역의 문제에서부터 국가 간의 문제까지 포함한다. 따라서, 환경문제는 하나뿐인 지구의 보호를 대전제로 하는 지구보전과 광역적인 통제를 필요로 하며, 인접국가간의 환경문제의 해결과 관리를 위한 국제협약 등 국가 간의 협력 없이는 소기의 목적을 달성할 수 없다고 하겠다.

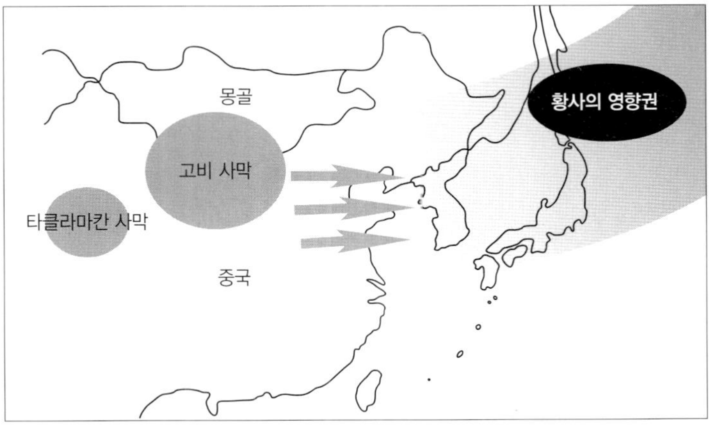

〈그림 1-6〉
황사의 발생과 이동경로
(자료: http://here.provin.chungbuk.kr/hwangsa.html)

(3) 시차성

환경문제는 문제의 발생과 이로 인한 영향이 현실적으로 나타나게 되는데는 상당한 시차가 존재하게 되는 경우가 많다. 인간의 인체는 오염을 반응하는 시간이 느리기 때문에 심한 경우에는 원상태로 회복될 수 없을 정도로 악화된 연후에 영향을 발견하는 일이 허다하다. 그 예로서, 미국의 러브커넬사건은 유해폐기물을 매립한 후 30~40년이 지난 후에 그 피해가 발생하였으며, 일본의 공해병으로 알려진 미나마따병과 이따이이따이병도 오랜 기간동안 배출된 오염물질의 영향이었던 것이다.

환경문제는 일단 표면화된 후에 규제를 해도 유해한 영향이 최종적으로 감소할 때까지는 긴 시간이 소요되며, 어떤 경우에는 회복조차 거의 불가능한 경우도 있다. 그렇기 때문에 이미 문제가 표면화된 경우에 제어를 시도하면 그때는 이미 문제가 심각해져 제어할 수 없는 상태가 되므로 환경문제는 절대적인 사전예방적 행동이 무엇보다도 중요하다고 하겠다.

(4) 탄력성과 비가역성

환경문제는 일종의 용수철과도 같다. 어느 정도의 환경악화는 환경이 갖는 자체정화 능력 즉, 자정작용에 의하여 쉽게 원상으로 회복된다. 그러나 환경의 자정능력을 초과하는 많은 오염물질량이 유입되면 자정능력 범위를 초과하여 충분한 자정작용이 불가능해진다. 물의 경우, 수중에 오염물질이 축적되면 부영양화 현상과 같은 수질오염현상이 일어나서 플랑크톤이 과도하게 번식하여 정화기능을 저하시킨다. 이런 경우 생태계의 부(Negative)의 기능이 강화되고, 정(Positive)의 기능이 약화됨으로써 환경악화가 가속화되고 심한 경우 원상회복이 어렵거나 불가능하게 된다. 자연자원은 많을수록 회복탄력성이 좋지만 파괴될수록 복원력이 떨어진다. 이것을 환경의 탄력성과 비가역성이라고 한다.

(5) 엔트로피 증가

열역학 제2법칙은 우주의 전체 에너지의 양은 일정하고 전체 엔트로피는 항상 증가한다는 내용이다. 즉, 엔트로피 증가의 법칙을 말한다. 자연계에는 한쪽 방향으로는 일어나지만 반대 방향으로는 절대 일어나지 않는 사건들이 많다. 사회학자 '제레미 레프킨'은 특히 엔트로피에 대해 깊은 관심을 가지고 있었다. 그의 저서 '엔트로피'에서 그는 엔트로피에 대해 다음과 같이 말하고 있다. 엔트로피는 여러 현상들이 어떤 방향으로 진행되겠는가를 우리에게 알려준다. 어떤 현상이든 간에 그것은 질서가 있는 것에서 무질서한 것으로, 간단한 것에서 복잡한 것으로, 사용가능한 것에서 사용불가능한 것으로, 차이가 있는 것에서 차이가 없는 것으로, 분류된 것에서 혼합된 것으로 진행된다.

간단히 엔트로피의 증가라 함은 『사용가능한 에너지(Available energy)』가 『사용 불가능한 에너지(Unavailable energy)』의 상태로 변하는 현상을 말한다. 그러므로 엔트로피 증가는 사용 가능한 에너지 즉 자원의 감소를 뜻하며, 환경에서 무슨 일이 일어날 때마다 얼마간의 에너지는 사용 불가능한 에너지로 끝이 난다. 이런 사용 불가능한 에너지가 바로 「환경 오염」을 뜻한다고 할 수 있다. 대기오염, 수질오염, 쓰레기의 발생은 모두 엔트로피증가를 뜻한다. 환경 오염은 엔트로피증가에 대한 또 다른 이름이라고도 할 수 있으며 사용 불가능한 에너지에 대한 척도가 될 수 있다.

〈그림 1-7〉은 산업화와 인구증가 그리고 엔트로피 및 환경오염과의 관계를 나타내고 있다. 산업화와 인구증가는 사용 가능한 에너지의 감소를 뜻하며 결국 엔트로피 증가를 가져오므로 이는 다른 말로 표현하면 환경오염의 증가로 나타난다.

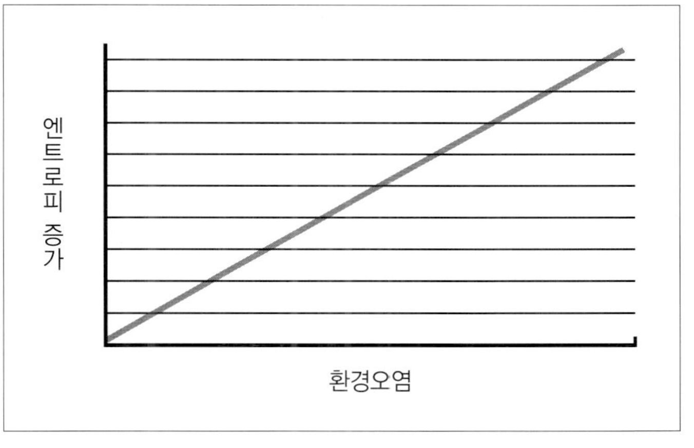

〈그림 1-7〉
엔트로피와 환경오염의 상관 관계

5) 환경오염사례

(1) 런던 스모그 사건

○ 장소 : 영국 런던시

○ 연도 : 1952년 12월

○ 원인물질 : 이산화황에 의한 스모그

〈그림 1-8〉 런던 스모그 사건

① 발생과정 및 원인규명

1952년 12월에 영국 런던에서는 석탄 연소에 따른 연기가 정제되지 않은 채 대기중으로 배출되었고, 무풍현상과 기온역전으로 인해 대기로 확산되지 못하고 지면에 정체하게 되었다. 배출된 연기와 짙은 안개가 합쳐져 스모그를 형성하였고, 특히 연기 속에 있던 이산화황은 황산안개로 변하였고, 이러한 스모그 현상은 1주일간 지속되었다.

② 피해상황

사건 발생 후 첫 3주 동안에 호흡장애와 질식 등으로 4,000여명의 시민들이 사망했고, 그 후 만성 폐질환으로 8,000명이 추가 사망하여 총 1만 2,000명이 1주일 동안의 심한 대기오염 현상으로 인해 생명을 잃게 되었다. 당시 사망자들은 주로 노인, 어린이, 환자 등 비교적 허약한 체질의 사람들이었으며, 모든 연령층에서 심폐성 질환이 급증하였고, 특히 45세 이상은 중증을 나타내었다

③ 사고후 처리과정 및 조치

영국에서는 1953년에 비버위원회를 설립하여 대기오염의 실태와 대책을 조사하고 연구하기 시작하였으며, 1956년에 이 위원회가 제출한 보고서를 바탕으로 대기오염 청정법이 제정되었다. 한편 가정 난방 연료를 점진적으로 석탄에서 천연가스로 대체하기 시작하였다.

(2) 이타이이타이병

○ 장소 : 일본 도야마현(富山県)의
진즈(神通)강

○ 연도 : 1920년

○ 원인물질 : 카드뮴

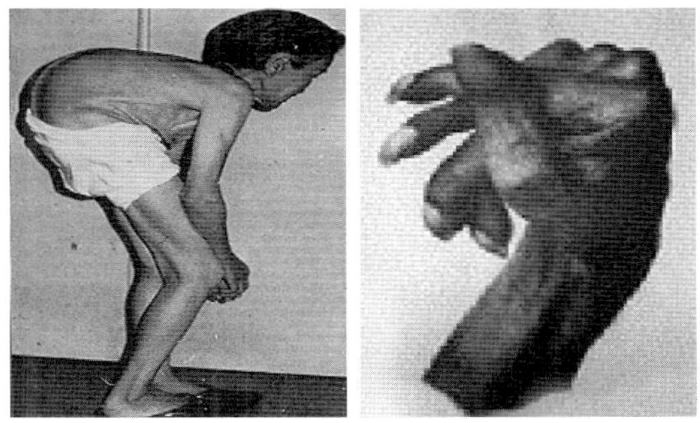

〈그림 1-9〉 이타이이타이병

① 발생과정 및 원인규명

기후현(岐阜県) 가미오카(神岡町)에 있는 미츠이(三井) 금속광업 가미오카 광산에서 아연을 제련할 때 광석에 포함되어 있던 카드뮴을 제거하지 않고 그대로 강에 버린 것이 원인이다. 원인 규명에 노력하여 1968년에 이 병은 아연의 제련 과정에서 배출하는 폐광석에 들어 있는 카드뮴이 강으로 흘러 들어가 이를 식수나 농업 용수로 사용한 사람들의 몸 속에 들어간 것이 원인으로 밝혀졌다. 일반적으로 카드뮴만을 투여한 동물실험에서는 뼈가 물러지는 현상이 관찰되지 않았기 때문에 카드뮴 이외에도 다른 원인이 있는 것으로 추정된다.

② 피해상황

증상 진행에 대해서는 아직 완전히 해명되어 있지는 않지만, 카드뮴에 중독되면 신장에 문제가 발생하여 임신, 내분비계에 이상이 오고 칼슘이 부족하게 된다. 이로 인해 뼈가 물러져서 이타이이타이병이 나타나는 것으로 파악된다. 이 증상은 진즈강 유역의 일부 지역에만 한정되어 있으며 환자는 주로 갱년기를 넘기고 임신 회수가 많으며 거주 기간이 30년을 넘은 여성에게 집중되어 있다. 이 병으로 사망한 사람은 56명이었으며 수 백 명이 고통을 당했다고 한다.

③ 사고후 처리과정 및 조치

가미오카 광산은 오래 전부터 납과 아연을 채굴한 장소로서 1920년대 이타이이타이병 증상이 나타났다. 그러나 광산 폐수와 질병과의 관계가 명확하지 않았고 다른 아연 광산에서도 이러한 일이 없었기 때문에 이 지역의 풍토병으로 알려져 있었다. 이후 2차세계대전이 시작되면서 생산량이 늘어나서 오염물질이 더욱 증가했으며 또한 전쟁 중의 식량 부족이 증상을 악화시킨 것으로 보인다. 전쟁이 끝난 후에는 세균이나 영양실조에 이 병의 원인이 있다는 가설이 나왔으나 1957년에 중금속 중독이 원인이라는 가설이 처음 발표되었다. 1961년에는 카드뮴에 원인이 있다는 사실이 밝혀졌다. 카드뮴 방류와 이타이이타이병의 인과관계는 1971년에 행해진 이타이이타이병에 대한 1차 소송에서 처음 인정되었다.

(3) 미나마타병

○ 연도 : 1956년

○ 원인물질 : 수은

○ 장소 : 구마모토현(熊本県)
미나마타시(水俣市)

〈그림 1-10〉 유진 스미스의 '목욕하는 도모꼬'

① 발생과정 및 원인규명

1932년부터 신일본질소비료의 미나마타 공장에서는 아세트알데하이드를 생산하기 위해 수은 성분의 촉매를 사용하였다. 여기서 부산물로 나온 메틸수은이 함유된 폐수가 정화 처리를 충분히 하지 않은 상태로 바다에 버려졌다.

② 피해상황

1955년경 고양이가 이유 없이 죽는 것이 자주 관찰되었다. 이듬해 1956년에는 사람에게도 비슷한 증상이 나타났다. 1956년 5월 1일 신일본질소비료 미나마타 공장 부속 병원의 병원장인 호소카와 하지메[細川一]가 원인을 알 수 없는 중추신경 질환이 발생하고 있다고 미나마타 보건소에 보고하였다. 이 날을 미나마타병 공식 발견일로 하고 있다. 처음에는 많은 환자가 어부 가정에서 나왔기 때문에, 일종의 풍토병으로 원인을 몰아갔다. 때문에 미나마타 지방의 환자들에 대한 차별도 일어났을 정도였다.

1959년 구마모토 대학 의학부 미나마타병 연구반이 이 증상의 원인을 메틸수은 중독이라고 발표하였다. 미나마타병 50주년을 맞는 2006년 4월 30일 미나마타병 위령비가 세워졌으며 희생자 314명의 이름이 새겨졌다.

③ 사고후 처리과정 및 조치

1959년 구마모토 대학 의학부 미나마타병 연구반이 이 증상의 원인을 메틸수은 중독이라고 발표하였다. 또한 수은을 배출한 곳이 신일본질소비료 미나마타 공장이라는 사실도 지적하였으나 회사측에서는 이 사실을 부정하여 대책 마련이 늦어지게 되었다. 결국 정부가 발병과 공장 폐수와의 관계를 인정한 것은 1968년의 일이었다. 1987년 3월 30일 구마모토 지방법원에서 열린 미나마타병에 대한 3차공판에서 원고 승소 판결이 나와 국가와 지방정부의 책임이 인정되었다. 2004년 10월 미나마타병에 대해 정부가 책임을 져야 한다는 판결이 대법원에서 내려졌다.

6) 한국의 기후환경의 특색과 기후변화

기후[9]는 식재디자인의 형태를 결정짓는 주요한 요소다. 기후는 온도·수증기·바람·복사열과 강우를 포함한 여러 인자들 간의 상호작용으로 생기는 결과다. 지형·식생·물과 같이 기후는 환경의 주요 구성요소이다. 따라서 사람들이 일반적으로 쾌적함을 느낄 수 있는 이상적인 기후라 함은 맑은 공기, 섭씨 10~26.5도 범위의 온도, 40~75% 정도의 습도, 심하게 부는 바람이나 정체해 있는 바람의 상태가 아닌 대기, 강우로부터 보호 받는 상태 등을 말한다. 역사적으로 보아도 인간들은 이러한 쾌적한

9_ 대기현상은 지구를 둘러싸고 있는 대기의 규칙적인 일변화 및 연변화현상과 일시적으로 불규칙한 현상과의 복합적인 현상이다. 기후의 일년 주기를 기후년이라고 한다. 기후란 이들의 대기현상이 시간적 · 공간적으로 일반화된 것을 말한다. 바꾸어 말하면, 가장 출현확률이 높은 대기의 종합상태를 말한다. 기후는 지구의 역사와 더불어 변동을 되풀이하여 빙하기, 간빙기 또는 온난한 시대가 있었다. 또, 인류의 활동, 특히 이산화탄소의 증가에 의하여 기후가 변화한다. 기후도 기상도 모두 같은 대기현상이므로 많은 공통점을 가지고 있으나, 기후는 장기간의 대기현상을 종합한 것이고, 기상은 시시각각으로 변하는 순간적인 대기현상을 가리킨다. 쉽게 이야기하면 기상은 우리가 말하는 날씨와 같은 것이다. 날씨는 그날그날의 비, 구름, 바람, 기온 따위가 나타나는 상태를 말하여, 보통 기압 · 기온 · 습도 · 바람 · 구름의 양 · 구름의 형태 · 강수량 · 일조 등을 나열해서 표시한다. 기후는 어떤 지역에서 규칙적으로 되풀이되는 일정 기간의 평균 기상 상황으로, 대기의 종합 상태 또는 대기 현상의 적분 결과라고 할 수 있다. 따라서 기후는 장소에 따라 달라지지만 같은 장소에서는 일정한 것이 보통인다. 그러나 기후도 엄밀히 말하면 일정한 것이 아니고 수십 년 또는 수백 년이라는 긴 주기를 가지고 변화되어 간다고 한다. (참고: http://k.daum.net/qna/view.html?qid=3GAwd)

기후환경을 가진 지역을 만들기에 노력해 왔으며 건축이나 조경디자인 양식에도 이러한 기후환경상태가 중요한 변수로 작용해왔다.[10]

전반적인 우리나라 기후특색은 먼저 우리나라의 기후는 4계절이 뚜렷하다는 것이다. 그 이유는 여름이 매우 덥고 겨울이 매우 추워 봄과 가을이 부각되기 때문이다. 4계절이 뚜렷한 기후는 우리의 생활에 많은 영향을 미친다. 기온의 연교차는 북부내륙지방과 남부해안지방을 비교했을 때 추위와 더위의 차가 큰 기후를 대륙성기후라고 하고 대륙동쪽 해안에 나타나는 대륙성 기후를 동안기후라고 한다. 중위도 대륙서쪽 해안의 추위와 더위의 차가 작은 해양성기후 또한 서안 기후가 분포한다.

다음으로 우리나라의 매서운 겨울 추위는 북서계절풍이 몰아온다는 것이다. 북서계절풍을 내보내는 시베리아 고기압은 정체성고기압으로서 대략 7일을 주기로 성쇠(盛衰 ups and downs)를 반복한다. 시베리아 고기압이 쇠약해 질 때는 중국대륙에서 이동성고기압이나 저기압이 우리나라로 다가와서 추위가 덜해진다. 겨울의 삼한 사온은 시베리아고기압의 성쇠로 일어나는 기상현상이다. 그리고 겨울기온은 남·북 간의 차이가 상당히 크다. 여름의 무더위는 북태평양고기압이 몰아온다. 북태평양고기압은 아열대고기압에 해당하는 정체성고기압으로 여름계절풍은 남풍계열의 바람으로 불어오는데 겨울계절풍처럼 뚜렷하지 않다. 우리나라의 기후는 대륙성기후에 속하지만 최고 더운 달은 북부지방의 일부를 제외하면 해양성기후에서처럼 8월이다. 7월에는 장마전선이 우리나라로 북상하여 비가 많이 내린다. 여름기온은 겨울기온과는 달리 전국적으로 높게 올라간다.

더하여 우리나라는 편서풍대에 자리한다. 그래서 중국대륙에서 형성되는 이동성고기압과 온대성저기압이 자주 다가오며 날씨의 변화도 대개 서쪽에서 일어나기 시작하여 동쪽으로 옮아간다. 이들 고기압과 저기압은 우리나라의 날씨는 크게 좌우한다.

한편 연강수량은 500~1700mm으로 지역차가 적지 않지만 남부지방은 많고 북부지방은 적다. 강수는 장마전선이 북상하는 여름에 집중된다. 강수가 여름에 집중되면 벼농사에 이롭다. 그러나 우리나라는 세계적으로 습기가 많은 습윤지역에 속하는데도 강수량의 연변동이 심해 가뭄을 자주 겪는다.

연평균기온을 보면 남부 해안지방에서 14℃내외이고, 북부지방의 해안에서 약 8℃

10_ 윤국병교수는 조경양식의 탄생에 영향을 준 요소로서 기후환경요인과 더불어 국민성과 시대사조를 거론했다.(조경사, 22쪽).

그리고, 개마고원 내부에서는 2℃ 정도까지 내려간다. 따라서 해안지방에 있어서의 남·북 연평균기온의 차이는 약 6℃이고 북부 해안지방과 내륙지방의 기온차이도 약 6℃가 되는 셈이다.

한편 우리나라 식생의 특성은 ①자연환경이 복잡하기 때문에 식생이 다양하게 분포하며, ②위도에 따른 기온차가 큰 편으로 남에서 북으로 가면서 난대림, 온대림, 냉대림이 대상(帶狀) 즉 수평으로 분포한다. 그리고 ③고도에 따른 기온의 수직적 체감으로 식생의 수직적 분포가 뚜렷하며 ④원시림은 전쟁이나 삼림 남벌로 파괴되고 식목에 의한 2차 식생이 지배적이다.

그러나 최근 몇 년 우리나라는 지금까지와는 다른 기후변화의 양상을 보이고 있다. 즉 스콜을 연상시키는 국지성 집중호우와 아열대성 고온다습과 같은 아열대성 기후를 나타내고 있다는 것이다.

위클리경향은 2010년 9월 14일자 커버스토리 〈아열대기후가 한국인 삶을 바꾼다〉[11]에서 2070년에 이르면 한반도 남녘에서 겨울이 사라진다고 보도하면서 지금 같은 속도로 온난화가 지속되면 고산지대를 제외한 한반도 남녘 대부분이 아열대기후로 변하면서 우리의 자녀들이 노인이 되는 즈음에 동남아와 비슷한 환경에서 삶을 영위해야 한다는 우리들의 심기에 불편한 보도를 했다. 이러한 기후변화는 생태계에서 먼저 감지되고 있다. 주요 작물의 재배지가 점차 북상하고 있는 것. 농촌진흥청이 공개한 지난 10년간 주요 농작물의 재배면적 변화 추이에 따르면 제주 특산품이던 감귤의 재배지가 전남 완도, 여수, 경남 거창으로 북상했으며, 한라봉도 서귀포에서 전남 보성, 담양, 순천, 나주로 재배면적이 내륙으로 확대되고 있다. 사과의 경우도 겨울철 기온이 상승하면서 주재배지는 대구에서 예산으로, 안동 및 충주에서 강원도 평창, 정선, 영월로 북상했다. 바다도 빠른 속도로 변하고 있다. 명태가 사라진 동해바다에는 난류성 어종인 오징어가 대신하고 있으며, 최근에는 희귀한 아열대성 생물들이 종종 출현하고 있다. 전 바다에서 대표적 온수성 어종인 고등어와 멸치의 어획량도 증가 추세다(〈그림 1-11〉).

한편, 이러한 자연의 변화는 사람들의 삶에도 변화를 불러 온다. 사계절에 길들여 있던 의식주와 체질의 변화는 물론이고 슈퍼폭풍, 집중호우와 이상가뭄, 물부족사태 등에 직면할 것으로 예견된다. 특히 강수량의 증가는 주거환경에 큰 변화를 줄 것으

11_ http://weekly.khan.co.kr/khnm.html?mode=view&artid=201009081820011&code=115

로 보인다. 제습기능의 가전제품 구비는 물론이고 습기가 많이 올라오는 1층은 필로티 등으로 대부분 비워둘 것이다. 또한 고지대에 부촌이 형성될 가능성도 있는데, 습기가 많은 홍콩의 경우 지대가 높은 쪽에 고급주택가가 형성되어 있다. 또한 단시간에 많은 비가 내릴 경우 강의 범람과 주택 침수 등이 잦아지면 일본이나 네덜란드처럼 부양주택이 등장할 수도 있다. 옥상정원 등 에너지 절감형 주택문화는 이미 많은 관심을 받고 있다.

기상청 기후변화감시센터가 내놓은 '한반도 기후변화 전망'에 따르면 21세기 말(2071~2099년) 한반도 기온은 현재의 연평균(6.4~16.2도)보다 4도 상승하고 강수량도 현재 연평균(972.2~1850.7㎜)보다 17% 늘어날 것으로 예측됐다. 한 마디로 겨울과 얼음, 눈 따위가 사라지는, 지금과는 완전히 다른 경관과 식생(植生)이 나타나는 것이다. 보통 아열대는 1년 월평균 기온이 6도를 넘고, 20도 이상인 달이 4~11개월인 지역을 말한다. 우리나라는 기온 상승과 함께 습기가 많은 아열대습윤기후에 해당되며 기온상승률이 세계 평균 기온상승률보다 2배 정도여서 예상보다 빨리 아열대기후에 접어들고 있다.

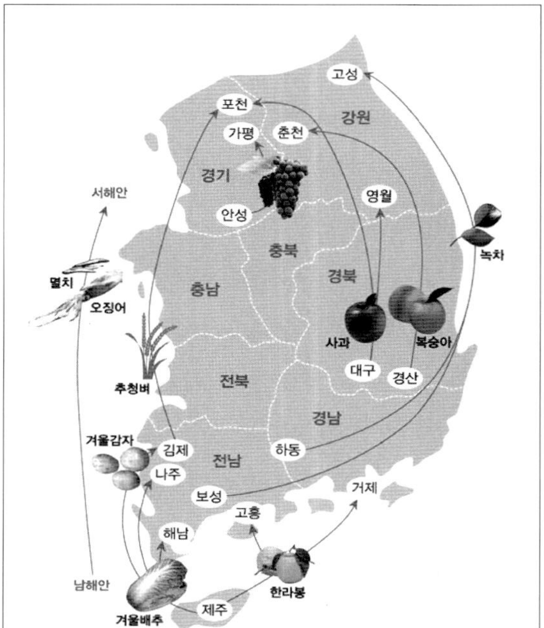

〈그림 1-11〉
기후변화로 북상하는 주요농산물 주산지

이러한 이상기후변화로 인하여 겨울철에는 오히려 온난화로 인해 야외활동이 증가할 것이지만 반대로 여름엔 폭염 발생 빈도가 늘면서 야외활동이 위축되는 현상도 나타날 것이다. 최근 몇 해 동안 국토대장정 등에서 폭염으로 인한 사망사고가 발생하면서 올해 상당수의 행사가 취소됐으며, 폭염 빈도가 높아질수록 사망률이 증가하기 때문에 한여름 야외활동은 상당히 제약을 받을 것"이라고 내다봤다. 지구온난화가 건강에 미치는 영향에 관한 최근 연구에 따르면 36.5도에서 1도씩 올라갈 때마다 사망률은 28.4% 증가하고, 폭염이 7일 이상 지속될 때는 사망률이 9% 이상 증가한다.

이러한 기후변화로 인한 우리 삶의 모습을 요약하면 〈표 1-2〉와 같다.

〈표 1-2〉 한반도기후변화에 따른 영향예측[12]

분야	날씨 · 기후변화	영향 대책
건강	온난화로 기온상승	말라리아, 쓰쓰가무시병, 세균성이질 등 기후 변화 민감 질병 증가
해양	한반도 해수면 상승	30년간 연평균 3.2mm에서 1990년대 이후 6.5mm로 상승
관광	제주도 기온 상승	겨울 한라산 눈꽃축제 사라짐 여름 해수욕장 개장일 3~8일 앞당겨짐
산림	산림 북방한계선 상승	향후 연평균 기온 4도 상승시 한반도 전지역이 난대 산림화, 남부 해안지역은 아열대화 대형 산불 및 집중호우로 인한 산사태 증가
도시	경작지, 녹지 규모 감소	도심 열섬현상 막기 위한 녹지 네트워크 구축
디자인	기후 변화 대응	장마철 습기제거 상품, LCD 날씨 라디오, 친환경 기능성 의류 등 시장 확대

조경디자인에 사용되는 식물은 자연경관 내에서는 온도를 일정하게 유지시켜 주며, 극단의 온도차를 줄여준다. 식물은 경관 내에서 열과 빛뿐만 아니라 소리를 완화시켜 주는 흡수원의 역할도 하며, 온도를 낮추거나 온도를 안정시키기 위해 대기로 수증기를 뿜어 증산작용을 한다. 따라서 이러한 식물재료의 역할을 극대화시키기 위해서는 공사현장의 기후상태를 기록한 일반적인 기후자료를 반드시 확보해야 한다. 기상학자와의 관점과는 달리 디자이너의 관심은 최고온도와 최저온도, 강우량, 강우의 분포, 풍

12_ http://weekly.khan.co.kr/khnm.html?mode=view&artid=201009081820011&code=115

향, 풍속 그리고 청정일수, 안개, 눈 그리고 서리 등에 있다. 일반적으로 어느 지역의 홍수나 다른 재해의 원인이 되는 극단적인 기후의 상태는 지속적으로 기록해 왔기 때문에 어떤 특정 지역의 재해기록과 일반적인 데이터를 통하여 정확한 자료를 수집할 수가 있다. 즉, 조경디자인은 그 지역의 기후적 특성을 충분히 고려하여야 한다는 것이다.

예를 들면 LA는 사막에 건설된 도시다. 그러나 곳곳에 나무숲과 풀밭이 들어선 이 사막도시는 삭막하지 않다. 다만 건조한 사막성 기후가 이곳이 사막임을 알려줄 뿐이다. 그래서 LA에 살면서도 사람들은 여기가 사막임을 잊고 살수가 있다. 그래서 시내의 모든 나무들 밑에는 스프링클러가 달려 있어서 매일 아침저녁으로 물을 뿌려준다. 왜냐하면 연 중 비가 거의 오지 않기 때문에, 콜로라도 강에서 물을 끌어다가 인공적으로 스프링클러를 통해 시내 전체의 나무와 화초를 가꾼다(〈그림 1-12〉).

나무 뿐 아니라 길가의 잡초들에게도 이 스프링클러의 혜택은 어김없이 제공된다. 고급주택의 정원에 있는 정원수며, 대학 캠퍼스의 숲을 이루는 나무 한 그루 그리고 고속도로변의 잡초에 이르기까지 모두가 인공적인 급수에 의해 자라고 있음을 생각하면 이들이 환경을 가꾸는데 얼마나 많은 투자를 하고, 또 환경을 얼마나 소중히 여기는가를 알 수 있다. LA의 시민들은 잡초에 뿌려지는 물값을 위해서 많은 세금을 내면서도 그에 대해서 불평하지 않는다.

〈그림 1-12〉
로스엔젤레스 주택의 스프링클러

역사적으로 보아 이집트정원 같은 경우도 강우량이 적은 이 지역에는 큰 숲이 형성되지 않았으며 열대성기후를 가진 이집트에서 수목은 시원한 녹음을 제공해주는 안식처였다. 따라서 그들의 정원양식에는 이러한 기후적인 요인으로 인하여 그늘시렁이나 장방형의 연못 그리고 수로와 정자 등이 배치되었으며 무화과나무, 아카시나무 그리고 시커모어를 주로 심었다(〈그림 1-13〉). 한편 불모의 사막을 주 거주지로 삼았던 페르시아사람들의 정원에서 물은 가장 중요한 요소였으며 따라서 저수지, 커낼, 그리고 분수 등의 시설이 정원의 구조를 지배하였다. 그들은 정원을 일상의의 빈곤과 여름의 혹서, 가뭄과 같은 사막의 가혹함을 벗어나는 피난처 혹은 낙원의 개념으로 바라보았으며 낙원의 상징으로 그늘과 물이 필수적인 요소로 인용되었다. 그들의 낙원인 정원은 네 개의 강으로 분할되며 이를 四分園이라고도 불렀다. 이러한 정원양식도 모두 기후의 영향이라고 생각된다.

〈그림 1-13〉 이집트의 정원(벽화)

이러하듯 조경디자인은 온도, 바람, 강우와 햇빛과 같은 기후조건을 충분히 고려해야하며 우리나라의 경우 사계가 있고 년 중 강우가 여름철에 집중되기 때문에 배수와 관수에 대한 특별한 고려가 있어야 한다.

조경가나 건축가들은 앞서 언급한 기후 및 식생환경의 특성을 충분히 이해하는 것이 녹지의 조성과 관리에 있어서도 매우 중요하다. 아울러 기후조건이 비슷한 다른 나라에서 발달된 조경디자인 혹은 녹지조성 방법을 적절하게 잘 도입하여 이용하는 것도 매우 중요하다고 하겠다.

2. 지구적 환경문제

1) 생태학과 생태계

아시다시피 생태학은 생물학의 한 분야이다. 그런데 어떤 이는 생태학이 사회과학에 속하는 것으로 오해를 한다. 생태학은 영어로 ecology(이콜로지)라고 하고, 이 말은 그리스어의 oikos(오이코스)와 logos(로고스)에서 유래한다. oikos는 가정(家政)이나 가사(家事)을 의미하고, logos는 학문을 뜻한다. 즉 생태학은 자연의 가정(家政)을 연구하는 학문으로서, 가정의 모든 생물체와 그 생물체가 살 수 있도록 가정을 이끄는 모든 기능적인 과정을 포함한다. 즉 자연이라는 가정의 구성원과 가정의 살림살이를 연구하는 것이다.

이 생태학이란 용어는 1866년 독일 생물학자 에른스트 헤켈(Ernst Haeckel)에 의해 처음 사용되었다(생물체의 일반 형태론, Generelle Morphologie der Organismus, 1866 Berlin). 1869년 헥켈은 예나 잡지에 기고한 논문에서 이 낱말을 다음과 같이 설명하였다.

"생태학이라는 낱말을 우리는 자연계의 질서와 조직에 관한 전체 지식으로 이해한다. 즉 동물과 생물적인 그리고 비생물적인 외부세계와의 전반적인 관계에 대한 연구이며, 한걸음 더 나가서는 외부세계와 동물 그리고 식물이 직접 또는 간접적으로 갖는 친화적 혹은 불화적 관계에 대한 연구라고 볼 수 있다." -〈동물학의 진화 과정과 그 문제점에 관하여〉, Über die Entwicklungsgang und Aufgabe der Zoologie, Jenaische Zeitung 5, 1869, 353-370.[1]

최근 생태학은 육지·해양·담수역의 생물군의 기능적인 문제, 특히 자연의 구조와 기능에 관한 학문으로 보다 현대적으로 정의되고 있으며, 인간도 자연의 일부라는 생

1_ http://ko.wikipedia.org/wiki/%EC%83%9D%ED%83%9C%ED%95%99

각이 바탕이 되어 인간생태학에 관한 연구가 활발하게 전개되고 있다. 또,《웹스터 사전》에서는 생태학을 '생물과 그 환경 사이의 관계의 전체성, 또는 그 유형을 연구하는 분야'라고 설명하고 있다. 즉 생태학에서는 한 생물 개체(organism)보다 작은 범주인 유전자 - 세포 - 기관을 연구하는 생물학의 다른 분야와는 달리 개체 이상의 큰 범주에서 생명현상을 탐구한다. 개체는 소나무 각 한 그루, 멧토끼 각 한 마리 등을 의미한다. 그리고 개체는 일반적으로 홀로 살지 않는다. 즉, 한 지역에 있는 소나무, 멧토끼 등은 같은 소나무끼리, 같은 멧토끼끼리 한 무리, 즉 개체군(population)을 이룬다. 그러면서도 개체군은 다른 개체군과 함께 살고 있다. 즉, 소나무개체군은 꽃며느리밥풀개체군과 같이 살고 있고, 멧토끼개체군은 청설모개체군과 함께 살고 있다. 이렇게 여러 다른 개체군들은 다시 군집(community)을 이룬다. 소나무개체군과 신갈나무개체군 등은 서로 모여서 식물군집을 이루고, 멧토끼개체군과 청설모개체군 등은 동물군집을 형성한다. 그리고 각 생물군집을 한데 묶고 여기에 외부의 환경요소를 관련지으면, 이것은 통틀어 생태계(ecosystem)가 된다.

여기서 생태계를 구성하는 것을 하나하나 살펴볼 필요가 있다. 생태계의 구성요소는 크게 생물요소과 비생물요소로 나뉜다. 비생물요소에는 1) 무기물(탄소, 질소, 이산화탄소, 산소 등); 2) 유기물(단백질, 탄수화물, 지질, 부식물 등); 3) 물리적 요소(기후, 공기, 물, 흙 등의 환경)가 있고, 생물요소에는 4) 생산자(단순한 무기물로부터 복잡한 유기물을 만드는 식물); 5) 소비자(유기물을 소화하는 동물); 6) 분해자(식물과 동물로부터 추출되거나 이것이 분해된 유기물을 흡수하는 박테리아, 곰팡이, 버섯 등)가 있다. 분해자는 생산자가 이용할 수 있는 무기물을 내 놓고, 생산자는 이 무기물을 이용하여 소비자가 먹을 수 있는 유기물을 만든다. 그러므로 생물요소와 비생물요소 사이, 그리고 생물요소들 간에는 본질적으로 상호작용과 상호의존의 성질이 있다.

탄소, 질소, 이산화탄소, 인 등의 무기물은 공기, 토양, 암석, 물의 한 곳에만 머물러 있는 것이 아니라, 생산자 - 소비자 - 분해자 등의 생물군집을 통해 이동한다. 그리고 이동하는 물질은 지구적 차원에서 보면 계속 순환하는 것이다. 이렇게 생물군집을 지탱시키고, 물질 순환을 가져오게 하는 힘은 태양에서 온다. 태양에너지는 전기가 배터리에 충전되듯이 식물에 유기물의 형태로 고정되어서 생물군집의 삶을 유지시키고, 공기와 물, 그리고 이 속에 포함된 모든 물질의 순환을 일으킨다. 그리고 물질이 없어지지 않고 생태계에서 순환하는 것과는 달리, 에너지는 여러 단계를 거치면서 열로 소모되어 없어지기 때문에 일방통행의 흐름만 있을 뿐이다.

자, 그렇다면 생태계라는 것은 생물만이 아니라 온갖 환경요소를 포함하고 있고, 생물도 한 생물종 만을 이야기하는 것이 아님을 알 수 있을 것이다. 따라서 많은 이들이 말하는 '생태환경'이니, '환경생태학'이라는 말은 틀린 것이요, 두루미나 소나무 한 종의 생물만을 이야기하면서 '두루미생태계'니, '소나무생태계'니 하는 것은 맞지 않는 것이다. '생태'라는 말 앞이나 뒤에 '환경'자를 붙이는 일은 환경문제가 생태학과는 '근본적으로는' 서로 다른 분야의 일로 여기는 그릇되고 단편적이며 비학문적인 것인 것이다. 오히려 환경문제는 생태학의 관점에서만 '근본적으로' 설명되고 해결될 수 있다. 다시 말하건대 '생태'라는 말에는 이미 생물을 둘러싸며 생물과 상호작용하는 '환경'을 내포하고 있다. 그리고 두루미 한 종만을 이야기할 때는 두루미개체군, 한 지역에 살고 있는 새들을 통틀어 이야기할 경우 두루미가 그 지역을 대표할 정도로 많고 중요할 때는 두루미군집이라고 해야 한다. 한 생물 개체군만 가지고 생태계가 어떻다고 말하는 것에는 상당한 논리 비약이 있는 것이다. 생태계를 논하기 위해서는 여러 생물군집과 이와 상호작용하는 비생물의 물리적, 화학적 환경요소를 모두 아우르는 말이 있어야 할 것이다.

생태학은 개체 수준에서, 개체군 수준에서, 군집 수준에서, 생태계 수준에서 한 생물종과 같은 생물종이나 다른 생물종과의 상호관계와 생물과 환경과의 상호작용을 모두 다룬다.[2]

한편 생태학과 생태계의 개념을 이해하였다면 군집(community)과 천이(succession)에 대하여 주목할 필요가 있다.

하나의 생태계 내에서는 같은 종인 각각의 개체가 모여서 집단을 이루며, 많은 집단이 모여서 하나의 군집을 이룬다. 특히, 여러 종류의 생물종이 서식하고 있을 경우에는 단순한 개체군의 집합에 그치지 않고, 다양한 상호 관계에 의해 조직화된 집단을 이루는데, 이것을 군집이라 한다.

생물 군집은 태양 에너지로부터 직접 에너지를 생산하는 녹색 식물과 같은 생산자, 초식·육식 동물과 같은 소비자, 토양이나 수중의 무기물을 환원시키는 미생물과 같은

2_ http://www.namunet.co.kr/gardeninfo/view.html?id=138&code=t_ecol

분해자로 분류된다. 이러한 군집과 이를 둘러싼 물리적인 환경들은 군집의 구조와 특징을 결정지으며, 생물 군집의 특성이 물리적인 환경에 영향을 미치기도 한다. 이와 같이 생물 군집은 생물 상호간이나 비생물적인 환경들과 서로 관련을 맺으면서 물질의 순환과 에너지의 순환이 일어나는 생태계를 구성하게 된다. 한편, 생물과 무생물 요인의 동적인 특성에 의해 군집이 변화하기도 하는데, 이것을 천이라 한다(〈그림 1-14〉 참조).

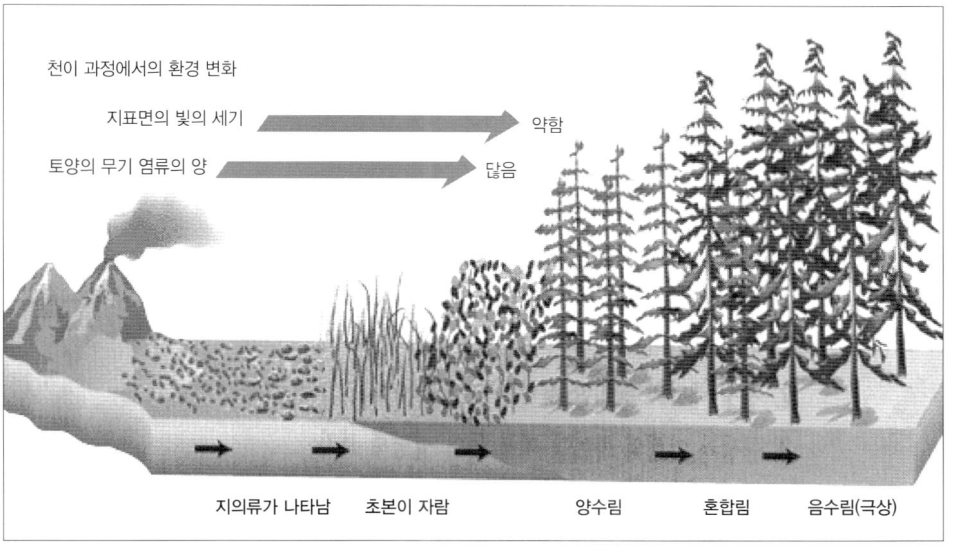

〈그림 1-14〉 천이의 모습
자료: http://www.foreston.go.kr

천이에 대해 좀 더 자세히 알아보면 다음과 같다. 생태계 내에서 생물 군집은 시간에 따라 달라지는데, 이와 같은 변화는 생태계의 생물 요인과 무생물 요인의 동적 특성에 의해 조절되고 있다. 즉, 어떤 지역의 생물 군집에 새로운 환경에서 보다 잘 생활할 수 있는 생물이 침입하면서 식생이나 환경의 변화, 동물 군집과의 상호 작용을 통해 새로운 군집으로 변해가는 것을 천이라고 한다.

그리고 수차례에 걸친 천이의 결과 생물의 종류가 거의 일정해지고, 군락 구조가 크게 변하지 않는 안정된 상태를 이루게 되는데, 이것을 극상이라 한다.

자연 상태에서 천이는 일정한 방향성을 가지고 이루어지는데, 이러한 변천 과정을 천이 계열이라 한다. 천이 계열은 다시 화산 활동이나 매립 등에 의해 식물이 서식하지 않은 환경에서 시작되는 1차 천이와 삼림에 산사태나 산불이 나면서 기존의 식생이 파괴되고 다시 안정된 군집이 될 때까지의 천이 과정인 2차 천이, 바위나 용암과 같이 물기가 없는 곳에서 시작되는 건성 천이, 호소와 같이 물이 많은 곳에서 시작되는 습성 천이로 구분한다.

또한 천이의 방향성에 따라 진행 천이, 퇴행 천이로 분류하기도 한다. 한편, 식물의 경우 천이의 마지막 단계에서는 침엽수림의 상태로 극상을 이루게 된다. 극상은 환경의 변화로 인해 파괴될 수 있는데, 화재 등으로 인해 삼림이 파괴되면 아주 오랜 세월 동안의 천이 과정을 거쳐야만 다시 안정된 상태로 회복될 수 있게 된다.

2) 자연생태계와 도시생태계

우리가 살고 있는 도시는 지형, 기후, 토양 등의 자연환경과 도시민의 행태, 과학기술의 발달단계, 도시의 구조 등이 어우러져 하나의 도시생태계를 이루고 있다. 즉, 도시생태계는 자연적인 요소에 인간의 활동이라는 하나의 요소가 더해짐으로써 자연생태계와 구별되는 체계라 할 수 있다.

생태계란 원래 어떤 지역의 생물 공동체와 이것을 유지하고 있는 무기적 환경이 종합된 물질계 또는 기능계를 가리킨다. 자연생태계는 식물·동물·미생물로 이루어진 생물군집과 햇빛·온도·물·흙 등으로 이루어진 비생물환경 사이에서 물질과 에너지의 순환을 통해 상호작용이 일어남으로써 항상성이 유지되는 체계이다. 이에 비하여 도시생태계는 주로 인간과 자연으로 구성되는데, 인간은 특이한 사회구조를 가지고 경제활동을 하면서 자연을 변형시켜나간다. 그리고 외부로부터 다량의 물질과 에너지를 받아들여 상품을 생산하거나 생활에 이용하면서 막대한 양의 폐기물을 배출한다. 즉, 도시생태계란 사회-경제-자연의 결합으로 성립하는 복합생태계(complex ecosystem)라고 할 수 있다.[3]

3_ http://www.kma.go.kr/kma15/2001.9/inform5.htm

다시 말해 도시생태계는 이를 구성하는 두 부분인 자연시스템과 인위적 시스템 상호간의 에너지 및 물질의 교환에 의해 그 기능이 유지되고 있다. 그러나 이 두 시스템은 서로 지극히 상반된 특성을 갖고 있다.[4] 생산자, 소비자, 분해자의 3요소로 구성된 자연시스템은 태양의 도움을 받아 광합성작용에 의해 스스로 에너지를 생산해내고 그 부산물을 처리할 수 있는 능력인 자정능력을 가지고 있다. 반면에, 인간생활의 복합체라고 할 수 있는 인위적 시스템은 그 기능을 유지하기 위해 자연시스템으로부터 많은 양의 에너지와 물질들을 조달받고 있으며 이를 재생불가능한 쓸모없는 에너지로 변형시켜 방출하고 있다. 그리고〈표 1-3〉에서처럼 인위적 시스템의 공급을 위한 대도시의 전형적인 토지이용은 도시 내의 기후, 토양, 그리고 동식물 등에 많은 영향을 미쳤다.[5]

〈표 1-3〉 자연생태계와 도시생태계

	자연생태계	도시생태계
체 제	자연생태시스템	인위적 생태시스템
구성요소	자연적 요소로 구성	자연적 요스 + 인간의 활동
에너지흐름	에너지 순환작용	에너지가 한방향으로 이동
생산에너지	재생가능한 에너지 생산	재생불가능한 에너지 생산
자정능력의 유무	자정능력이 있음	자정능력이 없음
특 징	균형된 물질순환체계	인공적이고 비균형적인 물질순환체계

자료: http://www.kma.go.kr/kma15/2001.9/inform5.htm

특히 산업혁명 이후의 급격한 도시화와 산업화의 결과로 탄생된 대도시는 인위적 시스템의 활동이 두드러진 공간이라 할 수 있으며, 따라서 각각의 대도시들은 물질순환관계의 불균형으로 인해서 많은 문제점을 안고 있다. 즉, 오늘날의 대도시들은 화석연료와 같은 자연자원의 무분별한 채취, 공해·독성·오염물질의 대량 방출, 건설 및 개발을 위한 자연과 녹지의 무분별한 파괴, 오·폐수의 무분별한 방출 등으로 인해 자연시스템이 차지하는 비중이 급격히 낮아짐은 물론, 자연시스템을 구성하는 요소인 대기,

4_ 김수봉 편저 (2000) 도시환경녹지계획론, 중문출판사: 대구, pp.330-332

5_ 환경정의시민연대 엮음(2001) 생태도시의 이해, 서울: 다락방, p.15.

토양, 공기 등이 오염되어 자정능력을 상실하여 대부분 물질순환작용의 균형이 파괴된 상태이다(〈표1-4〉, 〈그림 1-15〉 참조).

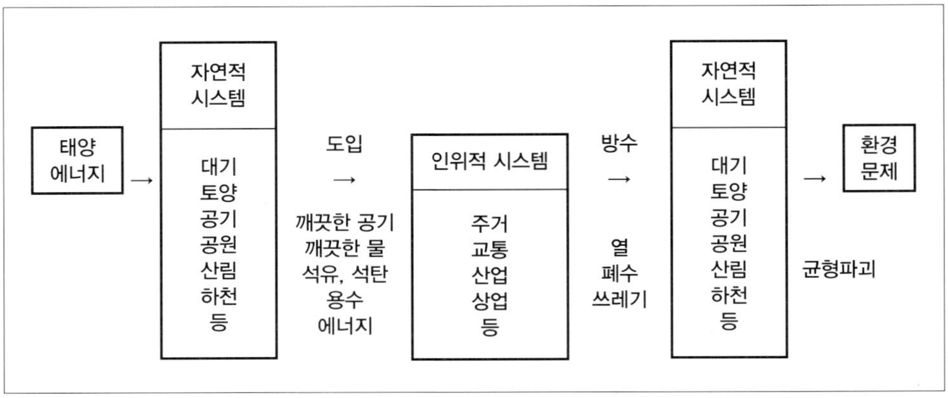

〈그림 1-15〉 도시생태계의 구조
자료: 김수봉(2000), 도시환경녹지계획론, 중문출판사, p.332

〈표 1-4〉 대도시의 전형적인 토지이용이 기후, 토양, 동식물에 미치는 영향

토지이용	대기에 미치는 영향	토양과 수질에 미치는 영향	동식물에 미치는 영향			
			식물종 조성	동물종 조성	새로운 종의 이입과 분포	멸종위험종의 서식지
1. 주거지 정원이 있는 토양포장도가 낮은 주거지	쾌적한 기후	풍부한 부식질, 부영양화, 의도적인 살수	일반적인 목본, 적당한 습기와 영양물질을 필요로 하는 종	잡식성 동물	새들의 먹이를 제공하는 식물과 일부 관상식물 분포의 중심지	오래된 자연스런 정원
토양포장도가 높은 주거지	환경오염물질, 아황산가스, 먼지, 온난화	환경오염물질로 인한 피해	오염물질에 약한 종은 사라짐	주거지역의 전형적인 동물종, 인공구조물 서식종		
2. 공업지역	열, 특정생산물과 관련한 오염물질	특정생산물과 관련한 오염피해, 토양답압 증가	식물피해, 고유종과 오래된 귀화종의 감소	인공구조물에 거주하는 특정종	환경의 특성에 따른 특정종	오래된 공업지
3. 도시 내 유휴지	비교적 쾌적한 기후, 대기오염물질 침하	잡석, 석회, 중금속을 많이 함유한 이용하기 어려운 터주토양 형성	경쟁력이 약한 개척자 식물	터주토양에서 서식하는 종	남부 원산지 종들이 서식	오랫동안 교란되지 않은 큰 규모의 터주지역

4. 녹지, 휴양지, 묘지	쾌적한 기후, 대기오염물질의 침하	과도한 이용에 의한 토양 답압 증가, 침식, 부영양화(특히 질소) 풍부한 부식질	휴양을 위한 인위적 이용에 저항성이 있는 식물 습한 지역에서 자라는 초본	공원에 서식하는 동물종	초본, 관상용 식물 분포, 외래종 분포의 중심지(식물원)	숲과 같은 구조의 큰 공원 습지초본
5. 교통시설 – 도로, 길	온난화, 낮은 습도, 먼지, 오염물질	토양답압, 토양포장, 물의 침투와 가스교환 감소, 염분, 납, 카드뮴 침적, 각종사고에 의한 기름 유출, 부실한 시설에 의한 가스, 열방출	가로수의 환경오염피해, 염생식물분포	길가에서 서식하는 종	새로운 종, 특별한 식물상, 초본씨앗 유입을 위한 통로	완만한 경사지, 키 큰 관목림
– 철도	과열, 소음	제초제 영향	제초제에 저항력이 큰 종	관목림과 터주지에 서식하는 종	철도주변식물의 유입	오래된 관목림과 터주지
– 수로, 항구	기후에 영향을 주는 증기, 오염물질로 인한 피해	부영양화, 열, 오염물질로 인한 피해	열대종의 귀화	물새의 부화지, 월동지	수로식물의 유입	교란되지 않은 만곡부와 수로
6. 폐기물 처리 시설 매립지 하수관개지	열, 먼지, 냄새, 높은 습도	매립지 아랫부분과 주변은 토양답압 증가 또는 포장, 부영양화, 독성물질, 가스, 토양에 부식질, 영양물질 풍부, 지하수위의 상승	성장저해, 영향물질이 적고 건조한 육지에서 자라는 종 사라짐, 개밀, 쐐기풀종류 우점	개척자 동물상, 터주종, 영향물질이 풍부한 서식지 또는 습기가 많은 곳에서 자라는 종	생물분포와 확산의 장소는 아님	오랫동안 교란되지 않고 천이가 이루어진 공간, 배수하천의 경사지, 저수지나 들의 진흙지대

자료: 환경정의시민연대 엮음(2001) 생태도시의 이해, 서울: 다락방, p.15.

3) 지구환경문제

18세기의 산업혁명 이후 세계적으로 공업생산활동이 현저하게 증대하였다. 더불어 소비활동도 확대되었고, 생활은 풍부하게 되었으며, 인간사회에 부와 행복을 준 것처럼 보였다. 그러나 20세기 후반에 들어 인류의 생활환경은 급속하게 오염되었고, 지구온난화, 오존층파괴, 산성비, 열대림의 감소 및 사막화 등으로 인류의 생존조차도 위협받는 상태까지 악화되었다.

선진공업국에서 화석연료를 대량으로 소비하여 공업활동을 확대하고, 그 제품을 해외로 수출하여 풍부한 생활을 누리고 있다. 그 결과, 대량의 생활폐기물 및 산업폐기물이 배출되고, 그 처리가 사회 문제화되고 있다. 또한 자연계에서 존재하지 않는 인공화학물질을 생산하여 다량으로 사용하여 지구상에 뿌려왔다. 이 물질들이 자연환경중에 잔류하여 생태계에 악영향을 주기 시작하고 있다. 또한 토목기술이 발달하여 자연환경을 인간에게 적합하게 개조하는 속도도 빨라졌다.

한편, 개발도상국에서는 급격한 인구 증가로 인해 식량 확보가 크게 문제시되고 있다. 자연의 풍부한 삼림을 채벌하여 농지로 변화시키거나, 건조지대에서 과도한 방목에 의하여 사막 면적의 확대를 가속화하고 있다. 또한, 인구의 급격한 증가와 함께 양적으로나 질적으로 높은 생활수준을 추구하는 사람들의 도시 유입으로 인하여 도시인구는 급격히 증가되었다. 이러한 인구의 급격한 증가가 더욱 환경을 악화시키고 있다.

그러므로, 지구환경문제는 선진국의 공업생산활동에 수반되어 발생하는 환경오염문제와 지구온난화, 개발도상국에 있어서의 인구문제, 식량문제에 관련한 열대림파괴, 사막화, 인구의 도시집중화, 또는 공해대책을 무시한 급속한 공업화에 의한 환경오염문제 등이 밀접하게 얽혀있다.[6]

지구의 환경문제를 해결하기 위한 국제적인 대안으로 1972년 유엔인간환경회의(UN Conference on Human Environment: UNCHE)가 개최되어 '인간환경선언'을 채택하고 1973년「유엔환경계획(UN Environment Programme: UNEP)」설립을 계기로 국제환경문제에 관한 협의가 본격화되었다. 또한, 1980년대에는 성층권 오존층 파괴방지를 위한 몬트리올의정서 등 각국에 대하여 직접적으로 구속력있는 국제환경협약이 등장하여 지구의 환경을 보호하기 위한 노력이 구체화되었다.

1989년 제 14차 유엔총회에서는 1972년 스웨덴 스톡홀름에서 개최된 유엔인간환경회의 개최 20주년을 기념하고 범세계적인 지구환경보호와 개발의 조화를 모색하고자 유엔환경개발회의(UN Conference on Environmental and Development: UNCED) 개최를 결의하였다. 그 결과 1992년 브라질의 리우데자네이루에서는 유엔환경개발회의가 개최되어 '리우선언'이 채택되었다.

6_ 동경농공대학농학부 편집위원회, 오종민 외 공역 (2001) 지구환경과 자연보호, 도서출판동화기술: 서울, pp.101-102

유엔환경개발회의(UNCED) 이후 지구환경문제 대응책의 실효성 확보를 위하여 각국의 환경정책 및 경제활동 전반에 직접적으로 영향을 미치는 각종 국제환경협약 체결을 위한 협상이 더욱 활발해질 전망이다. 특히 UR협상 종료후 환경선진국에서 환경규제 수준이 낮은 국가로부터 제품 수입시 규제기준 차이에 해당되는 경제적 이익에 대하여 관세를 부가하는 등 환경규제기준 차이에 대한 무역협약(Green Round)의 출범이 예상되고 있다.[7]

이와 같이 세계적인 인구증가추세와 산업혁명 이후 개발과 경제성 논리에 의해 진행된 급속한 도시화 및 산업화로 인해 지구는 자정능력을 상실하였고, 결국 지구환경문제가 국제사회의 현안으로 대두되어 국가간의 정치적인 문제로 부각되고 있는 실정이다.

4) 도시환경문제

사회 전반적 배경 하에서 이루어지는 도시환경문제의 발생과정은 도시의 형성·유지·재구조화라는 도시의 역사와 관련지어 해석할 수 있다. 도시를 역사적 측면에서 보면 〈그림 1-16〉에서 알수 있듯이 그 발전과정은 도시의 개발·형성단계, 유지·관리단계, 재구조화 단계의 세 가지 단계로 구분할 수 있다.

도시발달 단계	도시개발 · 형성 →	도시유지 · 관리 →	도시재구조화 →
도시환경 문제	자연환경의 파괴 생태계의 훼손	생산 · 생활자원의 소모 폐기물 배출	환경문제의 누진적 악화 새로운 환경문제의 발생

〈그림 1-16〉 도시발달단계 유형과 특징적인 도시환경문제

도시가 개발되는 첫 번째 단계인 개발·형성단계에서 가장 중요하게 나타나는 환경문제는 자연생태계의 파괴이다. 기존의 도시가 완전히 새롭게 변모하거나 또는 완전히

7_ 조병환 (1993) 지구환경문제와 환경정책방향, 환경연구 12(2), pp.103-104

새로운 도시가 건설되는 과정 자체는 그 지역의 자연환경을 인공환경으로 변화시키고, 이 과정에서 자연환경의 파괴와 생태계의 훼손이 불가피하게 이루어진다. 일단 개발·형성된 도시는 그 내부의 다양한 산업활동과 시민생활을 지속시키기 위하여 외부로부터 자원과 에너지의 대량유입을 필요로 한다. 그 결과 각종 오염물질, 폐기물, 폐열 등이 다량으로 배출되며, 이 과정에서 자원고갈 문제와 환경오염문제가 발생한다. 다음으로 기 개발된 도시의 경우 각종 도시문제를 해결하고 도시의 활력을 재충전하기 위하여 도시의 산업과 공간으로 재구조화하는 과정을 거치게 된다. 이러한 과정은 새로운 도시의 개발에 비해 대대적인 자연파괴를 초래하지 않는다고 할지라도, 도시환경문제를 누진적으로 악화시킬 뿐만 아니라 새로운 차원의 문제를 유발하는 경향이 있다.[8]

사람들이 모여 생활하기 시작하면서부터 도시에는 물질이 이동되거나 축적되고 있을 뿐만 아니라 에너지 소비량도 크게 늘어나고 있다. 인간 활동이 크면 클수록 도시에서는 에너지 소비가 증대되고 기온이 상승하게 된다. 더욱이 인간은 다량의 새로운 물질을 생산함과 동시에 작은 생태계에서는 분해 불가능한 폐기물을 증가시키고 있을 뿐만 아니라 대기, 수질 및 토양 오염을 가속화시키고 있다.

콘크리트와 아스팔트 등의 도시 구조물은 토양에 비해 열전도율과 방사열의 흡수가 높고 열용량이 크다. 열섬현상으로 불리는 도시 지역의 열 덩어리는 여러 형태로 발생되는 열이 고층 건축물의 사이사이로 방출되지 않기 때문에 일어난다. 또한 이러한 불투수층이 증가함으로써 강우의 흐름에 영향을 주어 도시지역의 물 순환체계가 붕괴되는 등 도시에 있어서는 생태계 전반이 교란되는 각종 환경문제들이 발생하고 있다.

5) 지구온난화

(1) 온실효과

지구는 대기로 둘러싸여 있다. 대기 중의 수증기, 이산화탄소 같은 가스들은 지구에서 반사되어 나가는 태양의 복사에너지의 일정량을 지구로 다시 반사시켜 지구의 온

8_ 한국도시연구소 (1998) 생태도시론, 박영사: 서울, pp.5~7

도를 일정하게 유지시켜 인간이 살 수 있는 환경을 제공한다(<그림 1-17>참조). 즉, 지구 대기 속에는 어느 정도의 온실효과가 있으며, 이것에 의해 호적한 기후레벨이 유지되는 것이다. 그러나 20세기에 들어서면서 석탄·석유과 같은 화석연료 사용량의 증가, 무분별한 삼림의 벌채 등으로 인해 일정하게 유지되어야 할 지구의 온도가 점점 증가하는 지구온난화(Global warming)가 빠르게 진행되고 있다.

지구온난화는 1972년 로마클럽[9]의 보고서에서 공식적으로 지적된 이후 1985년 세계기상기구(WMO)와 유엔환경계획(UNEP)이 이산화탄소가 온난화의 주범임을 공식 선언하였다. 1988년에는 기후변화에 관한 정부간 패널(Intergovernmental Panel on Climate Change : IPCC)[10]이 구성되어 기후변화에 관한 조사연구를 수행하며 대응전략을 제시하고 있다.

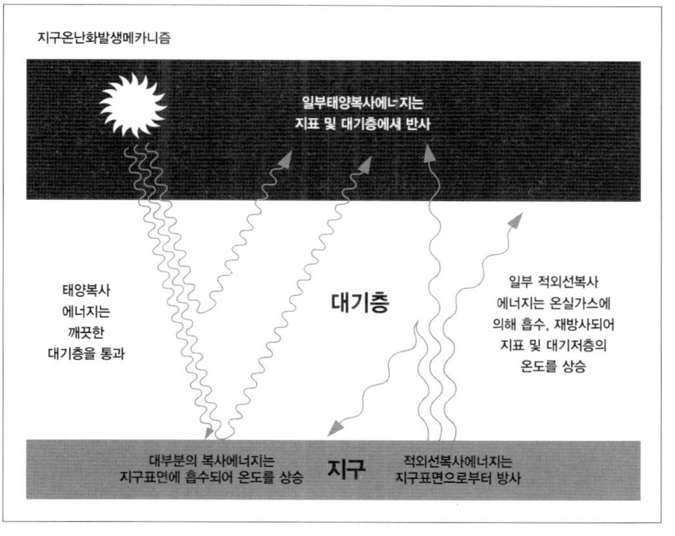

〈그림 1-17〉
지구온난화 발생 메카니즘
자료: http://w3.kunsan.ac.kr/~haedong/hot_earth/hot_earth02.htm

유엔환경계획(UNEP)에 따르면 지구온난화가 현추세로 계속될 경우 오는 2100년까지 바닷물의 높이가 최고 95㎝까지 높아지고 지표의 온도는 최악의 경우 3.5℃나 상

9_ 로마클럽(The Club of Rome) : 1968년 4월 서유럽의 정계 · 재계 · 학계의 지도급 인사가 이탈리아 로마에서 결성한 국제적인 미래 연구기관

10_ 기후변화에 관한 정부간 패널(IPCC) : 1988년 지구환경 가운데 특히 온실화에 관한 종합적인 대책을 검토할 목적으로 UN 산하 각국 전문가로 구성된 조직으로 온실화의 과학적 평가, 환경이나 사회에의 영향, 그 대응을 검토하고 있는데 궁극적으로는 「지구온실화 방지 조약」의 체결을 목표로 하고 있다.

승하는 상황이 빚어질 것으로 전망하고 있다.

유엔환경계획은 세계기상기구(WMO)와 공동으로 1995년에 개최한 '기후변화에 관한 정부간 패널(IPCC)'에서 다뤄진 결과를 토대로 지구온난화 때문에 바닷물의 높이가 지난 백년간 10~25㎝ 높아졌으며 현추세가 그대로 방치될 경우 오는 2100년까지 지금보다 50~95㎝나 더 상승할 것이라고 밝혔다.

또한, 지표면의 온도상승 등 지구온난화로 인한 이와 같은 기후변화는 각종 동식물의 멸종을 부추기고, 해수면의 상승으로 이어져 방글라데시, 네덜란드, 이집트, 우루과이 등의 특정국에게 영토 손실을 일으킨다고 분석하였다.[11]

(2) 지구온난화의 원인

이와 같이 지구의 온도를 유지시켜주는 온실효과를 일으키는 기체로는 수증기(H2O), 이산화탄소(CO2), 염화불화탄소(CFCs, 프레온가스), 메탄(CH4), 아산화질소(N2O) 및 오존(O3) 등을 들 수 있다.

그러나 최근 인류의 산업활동이 활발해지면서 소위 온실가스(Green House Gas: GHG)라 일컫는 CO_2, CFCs, CH_4, N_2O 등의 대기중 농도가 증가되고 있으며, 이로 인해 온실효과가 증대되어 지구 온도의 항상성이 깨어져 커다란 문제가 되고 있다.

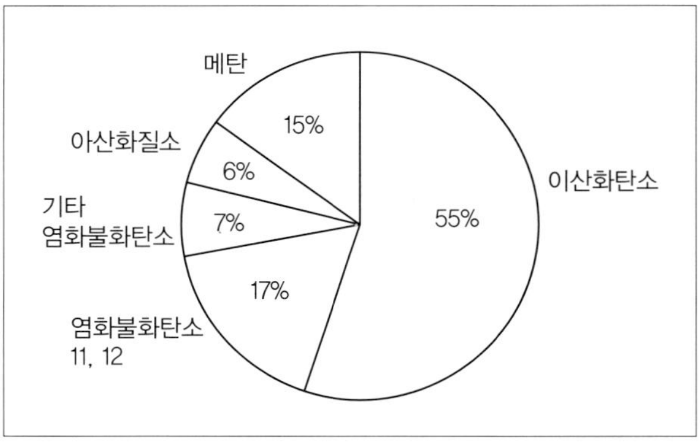

〈그림 1-18〉
온실가스별 온실효과에 대한 기여도
구자건 외, 1996, 생태계 위기와 한국의 환경문제, 도서출판 따님:서울, p.88

〈그림 1-18〉과 같이 이러한 온실가스별로 온실효과에 대한 기여도를 보면, 이산화

11_ 영남일보 (1995.12.26) 사회면

탄소가 55%로 가장 크며, 그 다음 염화불화탄소 24%, 메탄 15%, 아산화질소 6% 등의 순이다.

이 가운데 이산화탄소는 주로 석탄, 석유와 같은 화석연료의 사용시 방출되며, 염화불화탄소는 냉매제, 발포제, 세척제 등으로 사용될 수 있도록 1930년대 초에 개발된 화학제품인데 특히 염화불화탄소는 미미한 양으로도 온실효과에 큰 영향을 미치고, 또한 오존층을 파괴하는 물질로 알려져 크게 주목되고 있다.[12] 그러나 염화불화탄소는 대체물질의 개발로 극복될 수 있을 것으로 보며, 메탄과 아산화질소는 많은 양이 자연생태계에서 방출되고 있기 때문에 지금 전세계적으로 지구온난화와 관련되어 가장 주목받고 있는 것이 이산화탄소의 증가이다(〈그림 1-16〉 참조).

지구온난화의 주범으로 인식되고 있는 이산화탄소는 그 농도가 산업화 이전인 1750~1800년대에는 약 280ppmv(parts per million by volume)이던 것이 1990년대에 이르러서는 약 350ppmv로 대략 25% 증가하였다. 더욱이 그 증가속도는 1900년대 중반에 이르러 급격히 빨라지고 있는 상태이다.

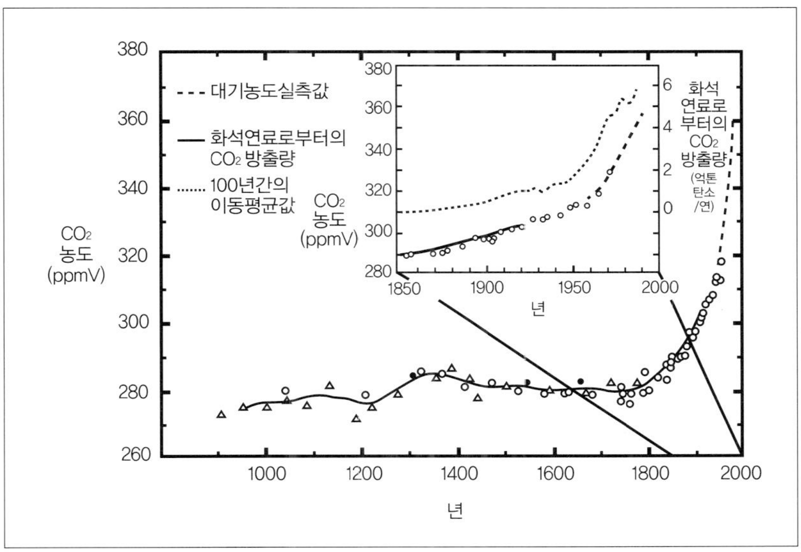

〈그림 1-19〉 화석연료 사용으로 인한 지구 대기중의 CO2 농도의 변화

자료: 동경농공대학 농학부 편집위원회 편저, 오종민 외 5인 공역, 2001,「지구환경과 자연보호」, 도서출판 동화기술, pp.103

12_ 구자건 외 (1996)「생태계 위기와 한국의 환경문제」, 도서출판 따님, pp. 87-88

(3) 지구온난화의 영향

온실효과로 인해 지구의 기온이 상승하면 바닷물이 따뜻해져 팽창하고, 남극 및 북극의 빙하와 고산지대의 만년설이 녹아 해수면이 높아지게 된다. 또한 육상 및 해양생태계가 파괴되고, 농작물의 수확량이 감소하는 등 지구 전역에 광범위하게 피해를 준다. 얼음이 녹을수록 지구 표면이 태양에너지를 많이 흡수하여 지구온난화가 촉진되는 악순환이 계속되고 있다.

① 기후의 변화

1990년 10월 스위스 제네바에서 137개국 7백여명의 대표들이 참석한 가운데 제 2차 세계기후회의(Second World Climate Conference: SWCC)가 개최되었다. 이 회의에서는 각국의 기상전문가와 과학자 등이 참여해 지구온난화에 대해 토의를 벌인 '과학기술회의'와 여기서 논의된 내용을 토대로 기후문제에 대한 각국의 관심과 협력을 촉구한 '장관급회의'가 진행되었다. 과학기술회의가 끝난 뒤 발표된 '공식발표문'에서는 온실가스의 농도가 계속 증가, 지구온난화가 가속되고 있다는 사실을 인정하면서, 온실가스가 현재와 같은 수준으로 방출될 경우 21세기에는 지구평균온도가 2~5℃가량 상승하고 21세기말에는 해면수위가 높아져 전세계 저지대 해안지역 주민의 거주지(전세계 70%이상의 인구가 해안지역 60㎞이내 거주)가 위협받을 수 있다고 밝혔다(〈그림 1-20〉참조).[13]

지구온난화에 의한 이와 같은 해수면 상승은 단순히 대규모 토지의 손실에서 그치지 않고, 나아가 동식물의 먹이 및 서식처 감소 등으로 인해 생태계 전반에 심각한 혼란을 초래한다. 또한, 해수면 상승으로 연안 지역에 해수 범람과 폭풍 피해 증가가 예상되고, 극심하게 더운 날과 추운 날의 발생 빈도를 증가시키고, 기온상승으로 물의 순환을 촉진시켜 특정지역에서의 가뭄과 홍수를 발생시키는 등 세계 전역에서 기상이변의 빈도가 증가할 것이다.

13_ 동아일보 (1990.11.19) 문화면

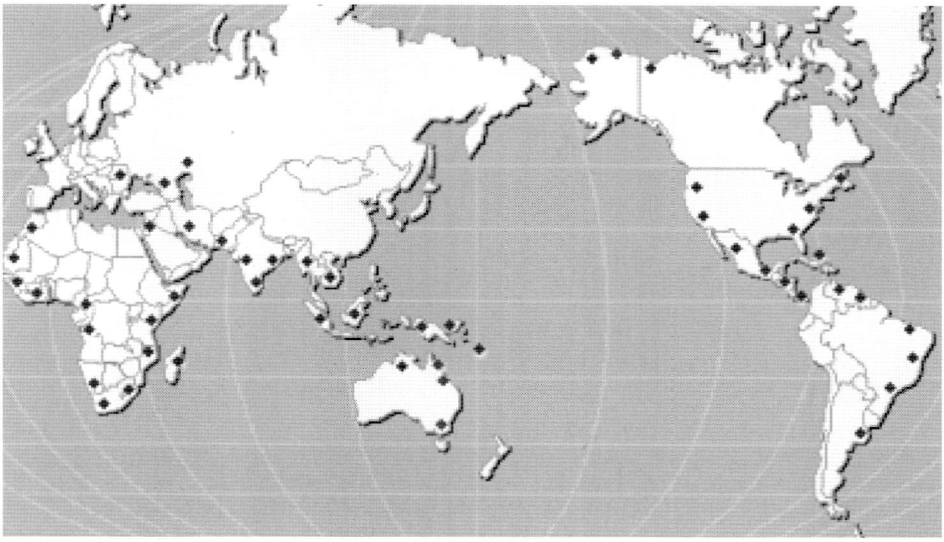

〈그림 1-20〉 해수면상승으로 인해 피해가 우려되는 지역
자료: http://ysgh.chonnam.kr/~eungok/sujunhome/dictionary/html/8-050.htm

② 농업과 어업

지구온난화에 따른 기후변화는 지구상에서의 기온 및 수자원의 분포를 변화시키고 식량생산력에 영향을 미쳐 지역적 및 세계적인 식량공급에 큰 영향을 줄 것으로 예상된다. 식량생산과 지구온난화에 대해서도 이미 여러 국가 또는 세계적인 연구기관에서 연구가 진행중이다.

필리핀에 본부를 두고 있는 국제미작연구소(International Rice Research Institute : IRRI)는 최근 심화되고 있는 지구온난화현상으로 아시아 인구의 주식량인 쌀 수확에 심각한 차질이 빚어질 가능성이 있다고 발표한 바 있다. 국제미작연구소의 연구결과, 대기중의 이산화탄소의 농도가 높으면 벼의 생육에 도움이 될 수 있지만 최고 4℃까지 온도가 상승할 경우 쌀 수확량은 증가하지 않는다고 밝혔다.[14]

또한, 일본 농림수산성 농업환경기술연구소는 오는 21세기 중반쯤 지구온난화로 세계 주요곡물의 재배경지가 절반정도 감소해 심각한 식량부족에 직면할 것이라고 전망했다. 농업환경기술연구소는 '지구온난화에 따른 농업 적지의 이동과 변화'라는 연

14_ 농민신문 (1995.10.16) 사회면

구보고서를 통해 오는 21세기 중반쯤엔 대기중의 이산화탄소 농도가 현재의 두배로 증가해 대기온도가 4℃ 정도 올라가 세계 주요곡물의 재배적지가 절반정도 줄어들 것이라고 경고하였다. 농업환경기술연구소는 세계식생지도를 통해 낙엽수림대와 초지를 농업지대후보지로 설정, 기온·강수량·토양 등 3가지 조건을 중심으로 주요곡물의 재배적지를 분석한 결과 지구온난화가 진행돼 재배적지는 현재 6억4천8백만*ha*에서 3억2천7백만*ha*까지 50%정도 줄 것으로 전망했다.[15]

온도상승은 식량생산에 대해서 이와 같은 직접적인 영향 외에도 병해충 및 잡초 발생의 증가, 증발산량 증가로 인한 농업용수의 부족, 미생물 활동 증가로 인한 토양비옥도의 저하 등 다양한 측면에서 농업생산에 큰 영향을 미치게 될 것이다. 이와 같은 농업뿐 아니라 어업분야에 있어서도 지구온난화의 영향을 크다고 할 수 있다. 즉, 지구온난화가 난류와 한류의 해류 이동에 변화를 일으키고 서식어종에 변화를 일으켜 어업생산량에 변화를 야기하게 되는 것이다.

③ 생태계

지구온난화의 영향으로 강수량, 강수패턴, 토양함수율, 증발산량, 해수면 등에 변화가 일어나고, 이러한 변화는 동식물 구성종이나 서식처의 이동 등 생태계 전반에 영향을 미쳐 경우에 따라서는 종의 절멸로 이어지는 심각한 영향을 미친다. 특히, 식물은 동물과는 달리 생존적지로의 이동이 자유롭지 못하므로 그 피해가 더 크다고 할 수 있다.

이와 관련하여 1995년 11월 유엔환경계획(UNEP)은 '지구생물다양성 분석(GBA)' 보고서에서 인간에 의해 지구의 생물 다양성이 전례없이 따른 속도로 파괴되고 있다고 언급하면서, 학계에 의해 멸종위기에 직면한 것으로 파악된 동물은 5천4백종, 식물은 4천종에 달한다고 발표하였다. 그러나 지구상에 존재하는 1천3백만종~1천4백만종중 과학적으로 규명된 생물종은 13%인 1백75만종에 불과하다는 사실도 함께 지적한 바 있다.[16]

④ 인간에게 미치는 영향

지구온난화가 가속화되면 해수면 상승으로 해안 저지대, 섬지역, 건조목초지역, 도

15_ 농민신문 (1996.5.6) 해외농업면

16_ 영남일보 (1995.12.26) 사회면

시빈민지역의 식수 이용에 변화가 야기되어 수질오염 문제가 발생되며, 각종 전염병의 발생이 증가하는 등 인간의 생존을 직접적으로 위협하게 된다. 특히, 개발도상국가에서는 농업생산력의 저하 등으로 기아와 영양불량이 초래되고, 기상이변 등으로 도시의 위생상황이 악화되어 심각한 문제에 직면하게 될 것이다. 또, 지구온난화에 의해 발생하는 농작물 피해와 병충해를 방지하기 위해 화학비료, 농약, 살충제, 제초제 등의 사용이 증가하여 인류의 건강과 위생에 무시할 수 없는 영향을 미칠 것으로 보인다.

⑤ 우리나라의 지구온난화[17]

지구온난화로 인한 우리나라의 기후변화가 당초 예상보다 훨씬 빠르게 진행돼 과거 100년(1912~2010년)간 진행됐던 만큼의 변화가 향후 10년간 급격히 일어날 것이라는 정부 분석이 나왔다. 최근 40년(1971~2010년)과 비교해서는 기온 상승 속도가 최대 4배까지 빨라질 것으로 전망됐다. 지난 40년간 우리나라의 평균 기온 상승 폭은 1.4도였지만 향후 10년간 최대 1.5도 상승할 것으로 분석됐다.

2011년 11월 대통령 직속 녹색성장위원회와 환경부·기상청 등 정부 8개 부처는 이런 내용의 '기후변화의 새로운 양상과 기본 대응 방향' 보고서를 대통령에게 보고했다. 이 보고서를 주도적으로 작성한 기상청은 유엔 산하 기후변화 연구기구인 '정부 간 기후변화협의체(IPCC)'가 지난해 제시한 '신(新)기후변화 시나리오'를 처음으로 적용해 우리나라의 기후변화를 분석했다.

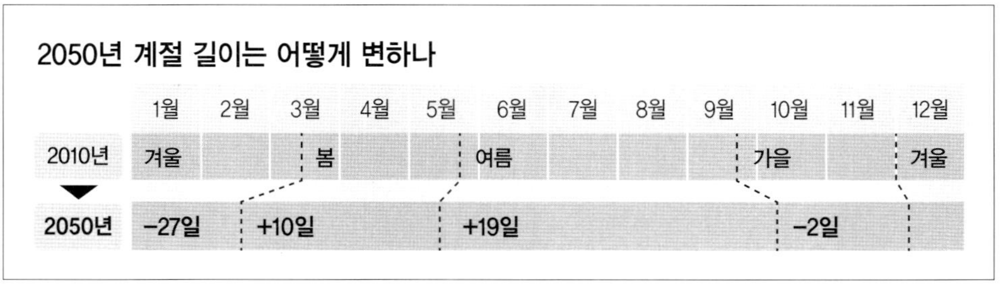

〈그림 1-21〉 2050년 한반도 계절의 길이 변화 예측

17_ http://news.chosun.com/site/data/html_dir/2011/11/29/2011112900143.html?news_Head1 참조

이 보고서에 따르면 지난 100년간 한국의 평균 기온은 섭씨 1.8도 상승했으나 2020년에는 최대 1.5도 상승한 13.8도, 2050년에는 최대 3.7도 오른 16도가 될 것으로 예상됐다. 정부 관계자는 "IPCC의 기존 시나리오에 따르면 2050년 기온 상승 폭은 섭씨 2도였지만 '신시나리오'는 (이보다 85% 증가한) 3.7도"라면서 "기후변화 속도가 지금까지의 예상을 훨씬 뛰어넘는 수준에서 진행된다는 의미"라고 말했다(〈그림 1-21〉 참조).

지구 기온 상승으로 극지·고산지대의 빙하가 녹으면서 2050년 우리나라 해수면 높이는 기존 전망치(9.5㎝)의 2.8배인 27㎝까지 상승할 것으로 분석됐다. 연평균 강수량 역시 2020년엔 9% 증가한 1378㎜, 2050년엔 15.6% 증가한 1461㎜로 전망됐다. 특히 서울·경기지역과 남해안의 강수량 증가 폭이 클 것이라는 내용도 보고서에 포함됐다.

폭염(暴炎·일 최고 기온이 섭씨 33도 이상)과 열대야(해가 진 뒤의 최저 기온이 25도 이상), 집중호우(일강수량 80㎜ 이상) 같은 극한 기상현상도 2050년에 대폭 증가할 것으로 예측됐다. 작년 전국 평균 8.8일인 폭염은 2020년 10.3일, 2050년엔 25.1일로 늘고 열대야 발생일수(서울 기준)는 작년 7.8일에서 2020년 11일, 2050년 31.6일로 증가할 것으로 예상됐다.

3. 지속가능한 개발

환경문제는 자원의 채취에서 운반, 사용 및 처리에 이르기까지 전 단계에 걸쳐 일어나며 그것도 경제활동의 원리에 따라 체계적이고 연속적으로 일어나는 문제다. 즉 경제의 규모가 커지고 과학기술의 활용을 통한 경쟁력 제고를 추구하는 과정에서 발생하는 현대산업사회의 대량생산과 대량소비가 환경문제를 야기했고 그 규모가 커짐에 따라 환경문제도 심화되었다. 이런 이유로 국제적으로는 지구온난화, 오존층 파괴, 산성비, 해양오염, 열대림 감소, 야생 생물종 다양성의 감소 등의 문제가 발생하였고, 국내적으로는 생활 및 산업쓰레기, 수질오염, 소음 등의 문제가 나타나게 되었다.

선진국에서 환경에 대한 위기의식이 본격적으로 제기된 것은 1960년대이고 이에 따라 관련행정기구와 법률을 확충하기 시작한 것은 1970년대였다. 흔히 언론에 의해 널리 알려진 런던의 스모그 사건, LA스모그사건, 그리고 러브커낼사건, 이따이이따이병 등의 환경사건들이 직접적인 계기가 되어 선진국들로부터 관심과 대책을 강구하도록 하였다.

이에 유럽의 학자, 기업인, 교육자들로 구성된 로마클럽은 1972년 첫 번째 보고서인 「성장의 한계」를 발표했다. 로마클럽의 의뢰에 의해 미국 MIT대학 메도우 교수 팀이 만든 이 보고서는 인류가 앞으로 당면할 위기의 요인과 양상을 다룬 것이었다. 투자, 인구, 환경오염, 자원, 식량 등을 중심으로 수학적 분석을 통해 작성한 '성장의 한계'는 '인구는 기하급수적으로 증가하는데 비해 자원은 감소하고 있어 멀지 않은 장래에 인류가 쓸 수 있는 자원의 양은 인구 성장을 지탱해 줄 수 없을 지경에 이를 것'이라고 경고했다.

그 이후 환경이나 자원, 인간활동간의 공존관계는 오래 유지될 수 없다는 인식이 확산되면서 지속가능성의 평가대상과 척도는 더욱 확대되어 경제·사회체제 일반 혹은 인류사회의 진보나 복지향상 등에 대해서도 지속가능한 개념이 활발히 논의되게 되었다.

아래의 〈표 1-5〉는 지속가능한 개발이라는 개념이 인류의 지속적인 발전을 결정할 새로운 패러다임으로 등장하기까지의 주요한 국제적 흐름을 보여주고 있다.[1] 아래 〈표 1-5〉에서와 같이 국제적으로 논의되고 있는 지구환경문제에서 자원·환경의 문제가 범지구적 차원의 문제로 대두되자 국제환경문제를 종합적이고 정치적인 차원에서 검토하기 위해 1972년 6월 스웨덴의 스톡홀름에서 '유엔인간환경회의(UNCHE: U.N. Conference on Human and Environment)'가 개최되었다. 이 회의에서는 '하나뿐인 지구(Only One Earth)'라는 슬로건으로 지구환경보전을 처음으로 세계공통과제로 채택하였고 환경보전을 위한 26개의 원칙과 130개 권고사항을 내용으로 하는 인간환경선언을 채택하고, 이의 실행을 위하여 유엔환경계획(UNEP: United Nations Environmental Programme)을 설치하였다.

〈표 1-5〉 지속가능한 개발과 관련된 국제적 흐름

연도	국제회의등	주요내용
1971	습지 및 수조의 보전을 위한 국제 회의	수조의 생식지로서 국제적으로 중요한 습지에 관한 조약
1972	유엔인간환경회의(UNCHE)	인간환경선언, 유엔 환경계획(UNEP) 창설 결의
	유엔환경계획(UNEP) 설립	유엔인간환경회의(UNCHE)의 인간환경선언의 이행목적
1980	국제자연보호연합(IUCN),유엔환경계획(UNEP), 세계자연보호기금(WWP)의 세계환경보전전략(WCS) 발표	세계적 문서로서는 최초의 지속가능개발 용어 사용
1982	나이로비 선언	환경과 개발에 관한 세계위원회의 (WCED) 설치 결의
1987	환경과 개발에 관한 세계위원회(WCED) 최종회합	동경선언채택
	환경과 개발에 관한 세계위원회(WCED)의 Brundtland 보고서	지속가능개발의 일반적 정착
1988	UN총회에서 지속 가능한 개발 결의	지속가능한 개발이 UN 및 각국의 지도원칙
1991	환경과 개발에 관한 개도국 장관 회의	북경선언채택
1992	환경과 개발에 관한 유엔회의 (UNCED)	리우선언, 의제21, 산림선언 채택, 기후온난화 방지조약, 생물다양성 보호 조약 서명
1993	지속 가능한 개발위원회(UNCSD) 1차 이사회 회합	

1_ 임우석(1993), 우리나라 지역개발의 새로운 접근방향, 한국지역사회개발학회, 지역사회개발연구, Vol.18, No.2.

1996	세계식량안보	187개 국가의 대크선언
1997	기후변화에 대한 협약	생물권의 생명지원체계에 대한 균형과 안정화를 도모

1) 지속가능한 개발

(1) 지속가능한 개발의 개념

인간환경회의 10주년을 기념하는 UNEP 회의에서 채택된 '나이로비 선언'은 '환경과 개발에 관한 세계위원회(WCED: World Commission on Environment and Development)'의 설치를 결의하였고, 1987년 WCED의 위원장인 전 스웨덴의 수상인 브룬트란트(Gro Harlem Brundtland)여사 등 일련의 연구진이 작성한 '우리 공동의 미래(Our Common Future)'라는 보고서(일명 브룬트란트 보고서라 부름)에서 지속가능한 개발에 관한 정의 및 대처방안을 기술하였다.

환경과 개발에 관한 세계위원회의 보고서에서 제시한 지속가능한 개발이란 '미래세대의 욕구를 충족시키기 위해 그들의 능력을 저해하지 않으면서 현세대의 요구에 부응하는 개발(Development that meets the needs of the present without compromising the ability of future generations to meet their own needs.)'로 정의하였다. 즉, 우리가 물려줄 환경과 자연자원의 여건 속에서 우리 미래세대도 최소한으로 우리 세대만큼 삶의 질을 누릴 수 있도록 담보하는 범위 내에서 현재의 자연자원과 환경을 이용함을 의미한다. 이것은 환경자원이 인류를 수용하는 능력에는 한계가 있으므로 현재의 모든 인간활동은 이 수용능력의 범위 안에서 해야한다는 것이다.

이러한 개념은 최근 정치·경제·사회 등 전 분야 정책 수립 시 가장 우선적으로 고려해야할 기초개념이 되고 있다. 그러나 이러한 지속가능한 개발에 대해 각국의 입장이 모두 다른 만큼 전세계적으로 합의된 기본원칙과 전략은 없으나 대체로 다음 다섯 가지로 볼 수 있다.

첫째, 빈곤의 탈피를 위한 개발과 자원배분의 공평성. 둘째, 미래세대를 고려한 에너지와 천연자원의 절약 및 합리적 이용. 셋째, 청정기술과 공정의 개발·이용. 넷째, 환경

파괴를 감시할 수 있는 조직 및 제도의 정비. 다섯째, 환경교육의 강화 등을 강조하고 있다.

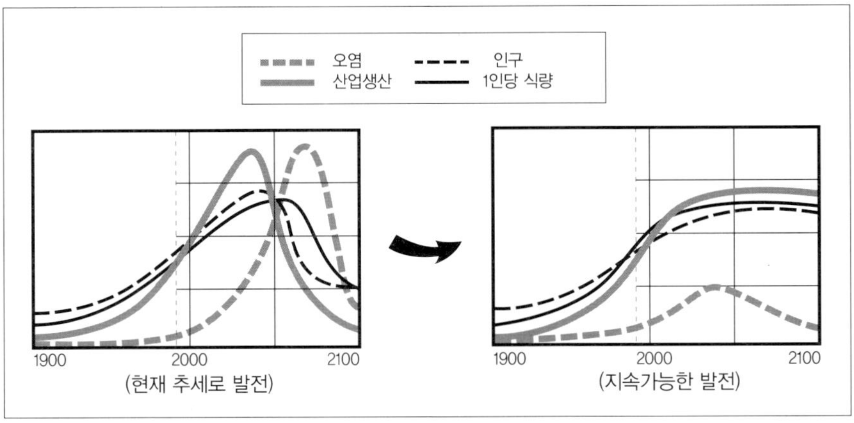

〈그림 1-22〉 지속가능한 성장곡선

'지속가능한 개발'이란 용어는 로마클럽의 '성장의 한계'에 관한 보고서가 출간되던 1972년에 처음 사용되었다. 그 후 1973년 유엔의 환경자원보존을 위한 국제동맹회의에서 환경보전을 "지속가능한 삶의 질을 성취하기 위해서 인간을 포함한 대기, 수질, 토양, 천연자원 및 생물계를 관리하는 것"이라고 정의한 바 있고, 위에서 언급한 것처럼 1987년 유엔 세계환경개발위원회(WCED)의 브룬트란트 보고서를 통해 전 세계적으로 알려지게 되었다.

이후 유엔을 통한 지속가능개발의 개념의 진전은 1992년 리우에서 개최된 '유엔 환경개발회의(UNCED: United Nations Conference on Environment and Development)'에서 의제 21을 채택함으로써 지속가능한 개발을 위한 주요 행동강령을 구체화하기에 이르렀다.

'지속가능함'은 지구가 버틸 수 있다는 뜻이며 '개발' 혹은 '발전'은 단순한 '성장'의 개념이 아닌 생활의 질의 향상이 포함된 개념으로 사용되고 있다. 이는 과도한 인구증가의 억제와 자원의 고갈을 막으면서 지구생태계를 보전하고 선진국과 후진국이 협력하여 세계 각 지역이 균형 있게 발전하는 것으로서 세계가 이러한 지속가능한 개발에 따라 발전한다면 미래에도 안정적인 성장을 할 수 있을 것이다. 아래 〈그림 1-23〉은

지속가능한 개발을 행할 때의 안정적인 성장곡선을 표시한 것이다.[2]

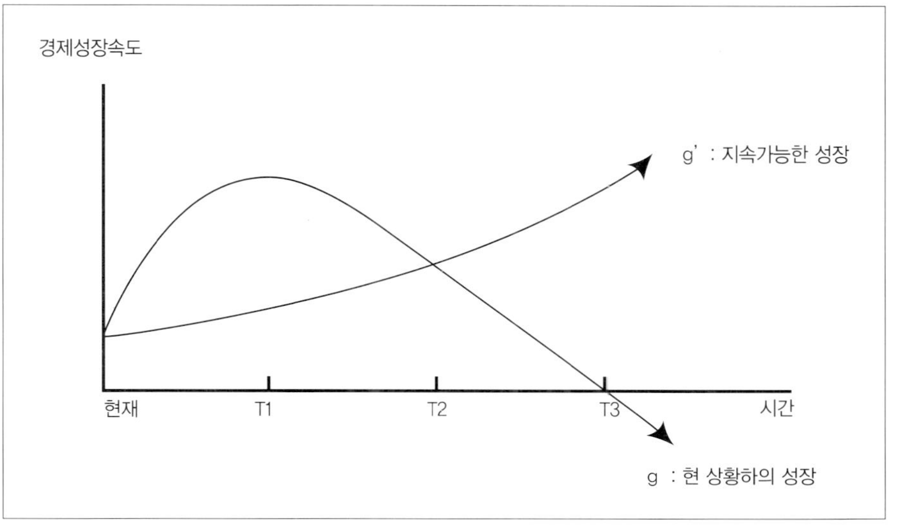

〈그림 1-23〉 지속가능한 성장곡선

그리고 위의 〈그림 1-22〉를 단순화하여 성장만으로 표시하여 설명하면 〈그림 1-23〉과 같다. 지속가능한 성장은 성장곡선 g를 새로운 성장곡선인 g′로 수정하는 개발정책을 말한다. 즉, 지구환경보전에 대한 특별한 고려 없이 현재의 상황으로 세계각국이 경제개발을 계속하면 T1 시점에서 성장에 제동이 걸리기 시작하여 T3 시점부터는 부의 성장을 보이게 된다.

이는 일반적으로 2000~2050년경으로 예측되고 있는 T4 시점이 되면 지구환경이 자정능력을 상실하기 시작하는 환경임계치를 초과하게 되어, 이후의 경제개발에는 현 상황을 유지하기 위한 환경비용이 기하급수적으로 상승하게 된다.

이와는 달리 지속가능한 개발 정책은 T2 시점까지는 현 체제하의 성장에 비하여 경제개발이 저조하나 그 이후는 절대적인 우위에 놓이게 된다. 결국 지속가능한 개발정책은 오늘의 저(低)성장이 내일의 고(高)성장을 이끌어내는 동태적·장기적인 개발전략이며 근시안적인 고도성장정책보다 더 바람직할 것이다.

2_ 강명구(1996), 지속가능한 개발의 실현을 위한 지역공동체의 역할, 연구논문집, Vol.53, No.1.

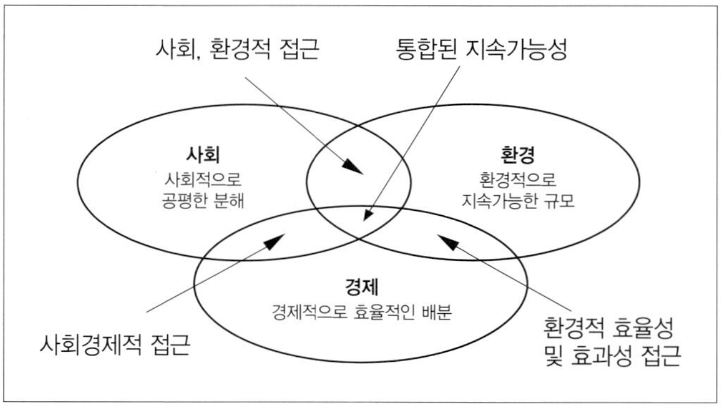

〈그림 1-24〉
지속가능한 개발을 위한 환경, 경제, 사회적 측면에 대한 접근

이러한 맥락에서 지속가능한 개발은 위의 〈그림 1-24〉와 같이 환경적으로 지속가능한 규모, 사회적으로 공평한 분배, 그리고 경제적으로 효율적 배분으로 나눌 수 있다.[3] 이처럼 지속가능한 개발은 서로 연계가 될 수 있는 상호 연계적인 관계를 가진다고 할 수 있겠다.

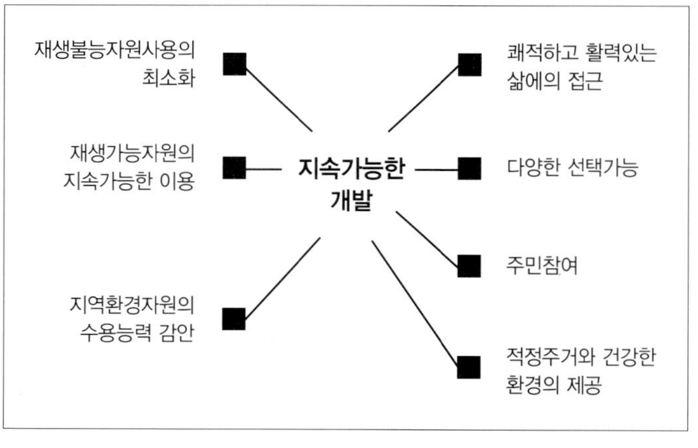

〈그림 1-25〉
지속가능한 개발의 구성요소

또한 〈그림 1-25〉에서와 같이 지속가능한 개발은 인간이 환경적으로 쾌적한 삶을 누리고 이와 더불어 다양한 환경을 제공하여 선택의 범위를 넓혀주고 환경권을 비롯

3_ 임대웅(1999), 지속가능한 개발과 전과정평가의 의의, 한국전과정평가학회 1999 년 정기총회 연구논문집.

한 시민권리의 차원에서도 적극적인 시민참여를 유도한다는 것이다.[4] 마지막으로 지속가능한 개발의 추구는 인간다운 삶의 유지에 필수적인 적정한 주거와 건강한 환경의 제공을 가능하게 한다.

이러한 지속가능한 개발을 위한 원칙을 살펴보면 미래성, 환경보호, 형평성, 시민참여와 같이 4가지로 나눌 수 있다.

첫째, 미래세대의 원칙은 도시에서의 어떠한 인간활동도 미래세대의 요구와 필요성을 저해해서는 안 된다는 것으로 어느 세대에서나 최소한의 환경자본이 항상 유지되어야 한다는 것이다. 둘째, 환경보호의 원칙은 환경자원의 수용능력의 범위 내에서 도시생태계는 보존되어야 한다는 것이다. 셋째, 형평성의 원칙은 세대간의 자원에 대한 공평한 접근기회가 부여되어야 한다는 의미이고 마지막으로 시민참여의 원칙은 시민이 개발의 의사결정과 그 실행과정에 반드시 참여해야한다는 것을 말한다.

지속가능한 개발은 이러한 기본 원칙을 토대로 오늘의 인류가 실행해야할 일들로서 첫째, 에너지와 자연자원소모의 감축 그리고 공해와 폐기물배출의 감축. 둘째, 취약한 생태계의 보호. 셋째, 남북간·국가간·국가내의 사회집단간에 경제적인 부와 기회 그리고 책임을 보다 공평하게 나누는 일, 특히 가난하고 소외된 계층을 위한 필요의 충족과 권리의 보장을 확보하는 일 등을 기술하고 있다.

지난 10여 년 동안 활발히 논의되어온 지속가능한 개발은 처음에 산업사회의 개발개념으로서 대안을 제시했다면 이제는 그 개념을 각 국가나 지역별로 활용할 수 있는 구체적 실천방안을 모색하기에 이르렀다. 그러나 이러한 개념은 각 국의 경제개발과 환경적인 상황이 모두 다르기 때문에 사용자는 자신들의 이익에 맞는 쪽으로 해석하여 사용할 수도 있다. 따라서 이러한 지속가능한 개발의 개념은 매우 다의적이라고 볼 수 있다.

쉽게 말해서 이 개념은 환경적인 면을 강조하면 환경적으르 건전한 것이라는 개념으로 이해되어지기도 하고, 다른 한편으로는 지속적인 개발어 중점을 두고 환경문제를 개발을 저해하지 않는 범위 내에서만 고려한다는 의미로 해석할 수도 있기 때문이다. 앞으로 지속가능한 개발의 구체적 개념정립에 대해서 반드시 논의되어질 필요가 있겠다. 한편 이창우는 아래와 같이 지속가능한 개발의 범주와 원칙을 제시하였다.

4_ 권태호 권종남(1996), 지속가능한 도시개발의 방향에 관한 연구, 세명논총, Vol.5 No.1.

(2) 지속가능한 개발의 범주[5]

대기오염, 수질오염 등은 단순히 '환경'문제가 아니라 정치·사회·경제문제의 증상들이라고 이해하여야 한다. 환경문제의 진상은 그 문제가 발생한 사회의 정치·사회·경제구조에 대한 고려 없이는 정확히 알 수 없기 때문이다. 각 국가나 지역이 가진 문화적 차이 또한 지속가능한 개발을 다양하게 이해하게 하는 원인이 되고 있다. 미래세대의 이익을 고려하여야 한다는 명제에 기초하고 있는 이 개념에는 물론 시간적 차원도 포함되어 있다. 공간적 차원 또한 이 개념의 이해를 위해서는 빠뜨릴 수 없는 중요한 요소이다. 지구차원의 지속가능한 개발에서부터 국제, 국가, 지역, 지방, 도시 및 농촌, 지역사회차원의 지속가능한 개발이 그 의미하는 바가 서로 다르기 때문이다. 그러나 기본적으로는 경제적·정치적·환경론적 견해 차이에 대한 명확한 인식이 지속가능한 개발을 정확하게 이해하기 위한 관건이다.

한편, 환경문제를 보는 시각에는 생태주의, 환경주의, 보전주의의 3가지가 있다. 생태주의란 자연의 가치를 최우선시하고 정치·경제구조의 혁명적 변화만이 환경문제를 해결할 수 있다고 보는 관점이며, 환경주의란 현 체제에 근본적 변화가 없더라도 개혁차원의 접근방법을 통하여 환경문제를 해결할 수 있다고 믿는 시각이다. 그리고 보전주의는 전통적 체제 내에서 과학기술의 힘을 빌려 환경관리를 효율적으로 함으로써 환경문제를 해결할 수 있다고 보는 입장이다. 지속가능한 개발이란 생태주의처럼 과격하지도 않고 보전주의처럼 보수적이지도 않은, 그 범위가 상당히 넓은 환경주의와 맥을 같이 하고 있다.

이러한 시각을 종합해 볼 때, 〈그림 1-26〉에서 보듯 지속가능한 개발개념은 특성을 가지고 있음을 알 수 있다. 즉, 지속가능한 개발개념은 환경주의의 입장에 서서 경제적으로는 효용을 중시하고 정치적으로 중도적 성향을 가지 개념으로 이해하여야 할 것이다. 이 개념을 실천에 옮기기 위해서는 그 원칙을 보다 분명히 제시할 필요가 있다.

5_ 이창우(1995). 도시농업과 지속가능한 도시개발. 제 83회 정기학술발표대회 논문집. 대한국토 · 도시계획학회.

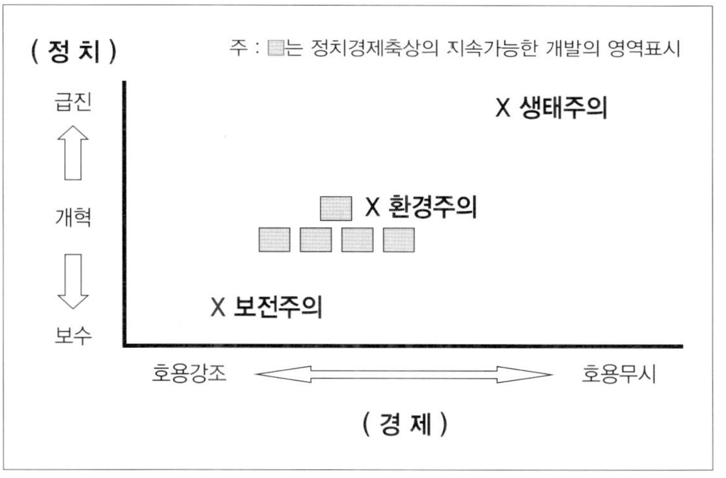

〈그림 1-26〉
지속가능한 개발의 범주

(3) 지속가능한 개발의 원칙[6]

지속가능한 개발에 대해서는 수많은 조건, 원칙들이 제시되어 왔다. 예를 들어 부룬트란트(Brundtland) 보고서에서는, 의사결정과정에 있어서의 효과적인 시민참여를 보장하는 정치체계의 확립 등을 비롯한 경제, 사회, 생산, 기술, 국제관계 및 행정조직에 관한 여러 조건들이 제시되어 있다. 라 쿠르(La Court)는 개발의 문화적·사회적 통합, 자연보호, 일치단결, 해방, 비폭력, 실수친화성 등의 6가지 원칙을 제시하고 있고, 국제자연보호연맹(IUCN), 유엔환경계획(UNEP) 그리고 세계야생생물기금(WWF)은 모든 생명에 대한 경외를 비롯한 9가지 원칙을 제시하고 있다. 그러나 지속가능한 도시개발의 원칙에 관해서는 엘킨(Elkin)등이 제시한 미래성, 환경, 형평, 참여의 4가지 원칙 말고는 거의 없다. 이창우박사는 지속가능한 도시개발이 미래, 자연, 참여, 형평, 자급의 5가지 요소(또는 대원칙)를 가지며 각 요소는 3가지의 기준(또는 소원칙)을 가지는 것으로 정리하였다. 그 내용은 다음과 같다.

첫째, 미래세대의 원칙이다.

- 도시내에서의 어떤 활동도 미래세대의 이익을 손상시켜서는 안된다.
- 현재세대의 안전도 확보되어야 한다.

6_ 이창우(1995), 도시농업과 지속가능한 도시개발, 제 83회 정기학술발표대회 논문집, 대한국토 · 도시계획학회.

- 전통이 존중되며 노령인력이 가치 있는 인적자원으로서 인식되어야 한다.

둘째, 자연보호의 원칙이다.

- 생명유지장치로서의 도시생태계는 보호되어야 한다.
- 도시녹지와 야생동식물은 보전되어야 한다.
- 유해오염물질의 배출은 통제되어야 한다.

셋째, 시민참여의 원칙이다.

- 지역사회가 개발의 중심이 되어야 하며 지역 사회 주민이 의사결정과정에 반드시 참여하여야 한다.
- 정보·기술의 교환을 증진시킬 자유로운 정보 유통체계가 확보되어야 한다.
- 지방정부와 지역사회 주민간의 효과적이고도 밀접한 관계가 구축되어야 한다.

넷째, 사회형평의 원칙이다.

- 공공재에 대한 공평한 접근기회가 부여되어야한다.
- 분배적 정의가 실현되어야 한다.
- 부당한 도시개발정책에 대해 항의할 권리가 시민에게 부여되어야 한다.

다섯째, 자급경제의 원칙이다.

- 도시내의 생산적 자원은 시민의 필요에 부응하는데 우선적으로 사용되어야 한다.
- 도시내의 모든 활동은 에너지효율을 추구하며 에너지 절약적이어야 한다.
- 도시내의 경제·사회활동에 참여하는 참여자의 수는 수용능력의 한계 내에서 통제되어야 한다.

(4) 리우선언과 지방의제21

지구환경에 관한 논의를 위해 1992년 브라질의 리우 데 자네이로에서는 세계각국의 정부대표들이 중심이 된 '유엔환경개발회의'가 개최되었다. 유엔환경개발회의는 '리우선언'과 이의 실천강령인 '의제21'을 채택하였고, 또한 몇 가지의 협약을 체결하였다.

'리우선언'은 지구환경보전을 위한 각 국가들의 행동원칙을 광범위하게 내포하는 것이며, '의제21'은 환경보전과 지속가능한 개발을 위한 행동계획을 담은 지침서적인 성격을 가지고 있다. 의제21은 1992년 리우회의에서 우리나라를 포함한 150여개국의 정부들이 승인한 문건으로서 비록 법적 구속력은 없으나 개발국과 개발도상국들이 어떻게 지속가능한 개발을 실현해 낼 수 있을 것인가에 대한 정책과 제안들을 그 내용으로 하고 있다.

즉, 의제21은 21세기 지구환경보전을 위하여 각 국 및 국제사회가 이행해야 할 분야별 실천방안(정치·경제·사회·문화)을 구체적으로 제시한 기초규범이다. 또한 전문 및 4개 부문(사회경제, 자원보전관리, 주요그룹의 역할 강화, 이행수단 부문)의 40개장으로 구성되어 있으며 지구적, 지역적, 국가적 수준에서 지속가능한 개발의 실현을 위해 실천해야 할 과제들을 담고 있다. 여기서 중요한 것은 의제 21의 28장에는 지방정부의 역할을 논하고, 1996년까지 각 지방정부는 그 지방의 환경헌법인 '지방의제 21(Local Agenda 21)'을 작성할 것을 권고하고 있다는 것이다.

리우회의 이후에 유엔이 마련한 첫 환경관련 국제회의로서 유엔의 '지속가능 개발위원회(UNCSD: U.N. Commission on Sustainable Development)'와 1994년 6월 영국의 맨체스터에서 '도시와 지속가능한 개발'이라는 주제로 50여 개 도시의 대표들이 참석한 가운데 '94 지구환경회의'가 개최되었다. 이 회의에서 추구된 목표는 첫째, 도시지역에서의 지속가능한 에너지 전략. 둘째, 지속가능한 교통체계를 위한 전략. 셋째, 지방차원에서의 환경과 경제의 통합적 운용. 넷째, 지방의제21을 위한 지방정부의 행동프로그램. 다섯째, 국제적인 협조체제의 구축 등을 다루었다.

맨체스터 회의는 '지방의제21'의 실천사항을 점검하기 위한 유엔의 '지속가능개발위원회'의 첫 사업이며, 뒤에 나올 1996년 6월에 열린 '유엔 인간정주권 2차회의(HABITAT Ⅱ)'의 길잡이 역할을 한 회의라고도 볼 수 있겠다.

그 후 도시화 과정을 관리하고 인간의 주거환경을 개선시킬 것을 목적으로 한 유엔회의가 1976년 캐나다의 밴쿠버에서 열린(HABITAT Ⅰ)이래 도시문제에 대한 국제협력이 활발해 졌으며, 유엔총회는 그로부터 20년이 되는 1996년 6월 터키의 수도 이스탄불에서 '제2차 유엔인간정주권회의(HABITAT Ⅱ)'를 열기로 결정하였다. 유엔환경개발회의를 '세계정상회담'이라고 부른다면 이 유엔인간정주권회의는 '도시정상회담'이라는 별칭을 갖고 있다. 이 회담은 '세계의 모든 도시와 마을 그리고 지역사회를 건강하고 안전하게, 공정하고 지속가능하게 만드는 것'이 그 목적이라고 할 수 있다. 이런 의미에서 인류생존의 문제를 어떻게 해결 할 것인가에 대한 새로운 토론의 장이라고 할 수 있으며, 1992년 '유엔환경개발회의'이래 국제적인 관심이 집중되고 있는 환경문제, 그 중에서도 지속가능한 개발이라는 명제를 중심으로 도시문제를 재조명한 계기가 되었다고 할 수 있다.

이와 같이 지속가능한 개발의 실천강령인 '지방의제21'의 작성·실천은 국제연합이 지구환경위기를 극복하기 위해 각 국가와 지방정부에게 적극적인 동참을 권유하는 권장사항이다. 따라서 '지방의제21'이 비록 국제법이나 국내법에 의해 각 지방자치단체에 부과된 '법적 의무'는 아닐지라도 전 세계인들이 미래를 위해 실천해야 할 필요가 있는 것이다.

그러나 각 지방자치단체마다 지역실정이나 주민들의 가치관 등이 다양하기 때문에 특정지역의 '지방의제 21'이 어떠한 내용을 담고 있어야 하는가를 일률적으로 정하기는 어렵다. 따라서 국제환경자치단체협의회가 작성한 지침서와 이미 작성된 국내외 지방의제21을 참조하여 자기 지역실정에 맞는 의제를 작성하도록 해야 한다.

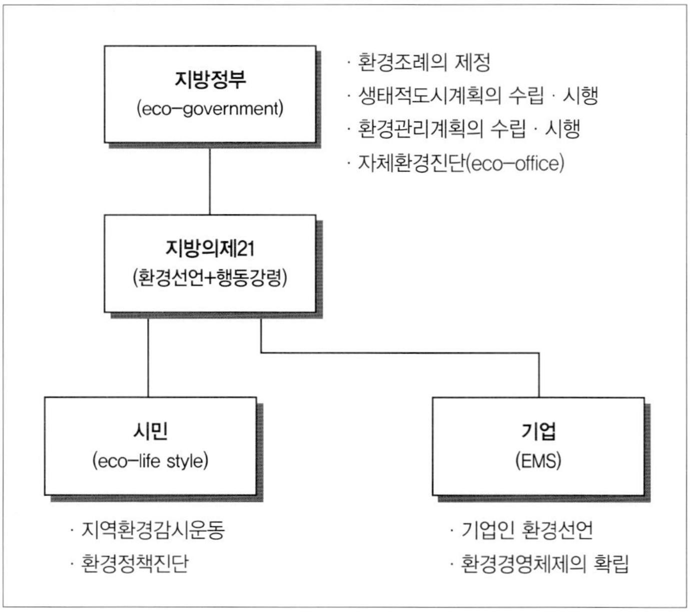

〈그림 1-27〉
「지방의제21」의 실천을 위한 부문별 실천과제

위의 〈그림 1-27〉는 지방의제 21을 실천하기 위한 행동주체별(지방정부·시민·기업) 실천과제를 구분하여 나타낸 것이다.[7] 그림에서처럼 지방의회 및 집행부에서는 필요하면 국가가 정한 환경기준을 토대로 각 지역의 실정에 맞는 지역환경기준을 독자적으로 정하고, '지방의제21'의 실천을 의무화하는 '환경기본조례'를 제정하고 도시기본계획과는 별도로 환경적으로 수립하기 위한 생태도시 계획, 환경관리계획 등을 수립하여 실천한다. 주민이나 시민 단체는 지역감시운동을 전개하고 지방정부가 추진하고 있는 환경정책을 진단하여보고, 결과에 따라 필요한 제도나 정책을 요구한다. 그리고 지역사회에 있는 기업들의 활동에 관심을 가지고 환경보전에 기여하는 기업의 제품을 우선적으로 선택하는 등의 노력이 필요하다. 또한 지역 내 기업인들은 지역환경보전에 기여하는 생산활동을 하겠다는 자율적 결의로서 지역기업인 환경선언을 하고 환경복원사업에도 참여한다.

이렇듯 '지방의제21'은 지속가능한 개발을 위해 오늘의 인류가 실행해야 할 일들로서 첫째, 에너지와 자연자원 소모의 감축 그리고 공해와 폐기믈 배출의 감축 둘째, 취약한 생태계의 보호 셋째, 남북간·국가간·국가내의 사회집단간에 경제적인 부와 기회 그리고 책임을 보다 공평하게 나누는 일, 특히 가난하고 소외된 계층을 위한 필요의 충족과 권리의 보장을 확보하는 일 등을 목표로 하고 있다.

2) 도시와 지속가능한 개발

20세기 이후 진행된 급격한 산업화, 도시화로 인한 각종환경문제는 이제 지구의 복원력을 위협할 정도로 악화됨으로써 전세계적으로 중요한 이슈로 대두되고 있다. 우리나라도 역시 지난 30여 년 동안 산업화와 급격한 도시화의 결과 과밀화 문제, 교통공해, 생활폐기물, 녹지문제 등 각종 환경문제에 직면해 있다.

1995년 우리나라의 도시인구(시급도시와 읍급도시인구)는 39,334천명으로 1985년 도시인구 30,086천명보다 1.3배가 증가하였다. 도시화율은 1985년 74.3%, 1990년 81.9%, 1995년 85.5%로서 급격한 도시화추세를 보이고 있으며, 2001년에는 도시화율이

7_ 녹색연합 배달환경연구소(2000). 한국환경보고서2000. 녹색연합.

88.1%에 이르고 있다.

이처럼 도시의 과밀상태가 지속됨에 따라 도시환경의 질은 급격히 악화되고 있으며, 녹지, 빈터 등 옥외녹지공간의 부족으로 인해 정서적 빈곤이 더해가고, 콘크리트 등으로 구성된 건축면적의 증가에 따라 도시온도는 높아지게 되었다.

이런 상황에서 최근 환경문제에 대한 대안적 발전전략으로 제시되고 있는 '환경적으로 건전하고 지속가능한 개발(ESSD: Environmentally Sound and Sustainable Development)'에 관한 논의와 연구는 환경학, 경제학, 사회학, 지리학, 건축학, 도시 및 지역계획 등 광범위한 학문분야에서 진행되고 있다.

또한 지속가능한 도시를 위한 원칙들은 세계 각국의 도시정부들에 의하여 다양하게 표현되고 있다.

이러한 개념을 바탕으로 〈표 1-6〉과 같이 세계의 여러 도시들은 이미 오랜 준비를 거쳐 지역차원의 지속가능한 개발을 하기 위한 발전전략을 설정하고 있다.[8]

한편, 뉴질랜드의 웰링턴市는 첫째, 환경에 대한 인간의 영향을 관리하고, 둘째, 자연환경가치를 우선적으로 고려하며, 셋째, 인간욕구를 충족시키되, 넷째, 미래와 현재 세대를 존중한다는 것을 원칙으로 내세우고 있다.

영국 만체스터市의 지속가능한 개발을 위한 원칙을 보면 다음과 같다. 첫째, 인간의 활동은 환경적 고려사항에 의해서 궁극적으로 제한 받아야 한다. 둘째, 환경에 대한 우리의 부주의의 대가를 차세대가 치루도록 해서는 안된다. 셋째, 환경에 미치는 피해를 사전에 방지하는 것이 사후에 그와 같은 피해를 고치려하는 것보다 더 좋다. 넷째, 재생이나 순환 가능한 물질을 사용하고 폐기물을 최소화함으로서 자원을 보전해야 한다. 다섯째, 부유층의 생활양식에 의해서 야기되는 환경피해를 빈민층이 짊어지도록 요구되어서는 안된다. 여섯째, 지구의 자연자원에 대한 수요를 줄이는 노력은 이와 같은 수요를 충족하는 노력에 우선해야 한다. 일곱째, 경제적 부는 물론, 환경적 복지를 고려하여 번영을 측정하는 새로운 방법이 고안될 필요가 있다. 여덟째, 환경비용은 환경을 훼손시키는 사람에 의해서 지불되어져야 한다. 아홉째, 모든 사람이 환경정책에 대한 필요성을 이해하고 수용하도록 하는 것이 중요 하다. 열번째, 프로그램 및 정책에 대한 이행 및 관리책임을 가장 낮은 수준의 정부가 맡도록 해야 한다.

8_ http://www.pcsd.go.kr/korean/data/index.htm

이러한 원칙에 입각하여 환경부문에서 지속가능한 발전을 위한 전략은 미래의 환경상에 대한 비전의 설정, 구체적인 행동프로그램의 개발, 그리고 평가와 수정이라는 순환적인 과정을 거친다. 이러한 전략을 수립하는 과정에서 가장 중요한 것은 지역공동체를 구성하는 모든 구성원들이 동등한 자격으로 참여할 수 있는 주민참여와 형평성이 요구된다. 부문별 목표를 보면 녹지, 에너지, 대기, 수질, 폐기물 등 각 부문별로 달성해야할 목표를 설정할 수 있다.

우리나라에서는 92년 리우 세계환경정상회의에 정부와 NGO(Non-Governmental Organization, '비정부기구' 혹은 '비정부단체'를 말함)들이 대거 참여하면서 '지속가능개발'개념을 수용하게 되었다. 그리고 1996년 정부가 '대한민국 국가의제21'을 작성하여 UN에 제출하고, 90년대 중반 이후 지방 차원에서도 시민단체들의 적극적인 참여 속에 '지방의제 21' 실천계획들과 조직들이 속속 등장하면서 '지속가능개발'전략은 우리 사회에 급격히 확산되고있다.

〈표 1-6〉 주요국가의 지속가능한 발전 전략

국가	추진주체	목 표	전략 및 원칙	과 제
미국	국가지속발전 위원회	• 건강한 환경 • 경제적 번영 • 사회적 평등 • 자연보존 • 지속가능한지역사회건설 • 시민참여 • 인구증가의 안정화 • 국제협력 • 환경교육	• 통합전략 • 능력의 배양 • 정보공개 • 협력관계의 유지 • 시장기능의 활용 • 지역사회로의 의사결정 분산	• 기후변화 • 환경관리 • 메트로폴리탄 및 농촌전략 • 국제협력
영국	환경-교통-지역부	• 모든 사람들의 필요를 인지하는 사회 • 환경보호 • 천연자원의 신중한사용 • 높은 수준의 안정된 경제성장과 고용유지	• 사람중심 • 현세대와 미래세대를 동시에 고려하 는 장기적 관점 • 비용편익을 고려할 것 • 개방적이고 확고한 경제체계를 만들 것 • 가난 및 사회소외계층에 대한 배려 • 환경의 한계 인정	• 경쟁력 확보 • 소외계층의 축소 • 환경영향 최소화/ 교통체계 확립 • 대도시의 쾌적성 증대 • 농업적 방법 활용 • 에너지 효율성 증진/폐기물의 적절한 관리 • 세계의 지속가능한 발전

국가	추진주체	목 표	전략 및 원칙	과 제
영국			• 사전예방원칙 • 의사결정과정에서 과학적 지식의 활용 • 투명성, 정보공개, 참여, 정의의 원칙 • 오염자부담원칙	
일본	환경부	• 순환을 바탕으로 하는 경제사회의 실현 • 자연생물과 인간과의 공생 • 모든 사람의 참여 • 국제협력	• 순환, 공생, 참여, 국제협력	• 대량생산, 대량소비, 대량 폐기물 발생패턴의 지양 • 지구 온난화 방지조치 • 환경보전경험을 살린 기술과 과학의 진흥 • 국제협력, 시민참여 • 생물다양성의 유지 및 삼림, 연안역 보호 • NGOs의 역할 강화 • 환경교육 활성화
네덜란드	주택-공간계획-환경부	• 환경수용능력 유지	• 통합적 접근 • 물질순환을 통한 닫힌 체계 • 에너지 보존 • 양보다 질의 중시	• 지역의 모범사례발굴과 확산 • 환경압력을 유발하는 경제성장 방지 • 농업,교통,산업에서의 환경압력 감소 • 에너지 절약과 지속가능한 이용 • 소음공해및 토양오염의 강력한 감축 • 환경세(Green Tax)체계 강화 • 환경법 집행의 개선

4. 생태도시

1) 생태도시의 개념

도시문명의 발달로 인간에게 필요한 자연환경이 파괴되면서 자연과 인간이 조화를 이룰 수 있는 환경이 중요한 과제로 떠오르고있다. 이러한 상황에서 도시환경문제의 해결을 위한 여러 가지 대안적 방안과 정책들이 제시되고 있는데 이중 이른바 '생태도시'개념과 관련된 논의들이 주된 관심을 끌고 있다.

외국에서는 생태도시라는 용어를 굳이 쓰지 않았지만 그와 유사한 개념들이 과거 도시계획이나 공동체 운동 분야에서 여러 차례 제기되어 왔다.

이렇게 서구 학계에서는 오랫동안 논의되어왔거나 도시계획분야에서 적용되었던 생태도시 유사개념들에는 전원도시(Garden City), 자족도시(Self-sufficient City), 자립도시(Self-reliant Cites), 녹색도시(Green City), 그리고 독일의 외코폴리스(Öcopolis) 등이 있다. 또한 가까운 일본에서도 80년대 이후에 유사한 논의 및 실행이 있었는데 여기에서 자주 사용된 개념은 에코시티, 에코폴리스, 어메니티 도시, 그리고 환경보전형 시범도시와 환경보전형 도시 등이 있다. 이와 같은 다양한 의미로 설명되는 생태도시의 개념을 정확하게 이해하기 위해서는 보다 구체적인 논의가 필요한데 먼저 생태학이란 무엇인지에 관한 정리가 필요하다.

생태학이란 원래 유기체와 그 주변의 생존과 밀접한 관계가 있는 모든 조건과의 상호관계를 연구하는 학문으로 그 연구대상 어느 한 단위 지역 내에서 함께 살고있는 모든 생물체의 상호영향관계로 한다.

이와 같은 측면에서 보면 생태도시는 "도시를 하나의 유기체로 보고 도시의 다양한 활동이나 구조를 자연의 생태계가 지니고 있는 다양성, 자립성, 순환성에 가깝도록 계획하고 설계하여 인간과 환경이 공존하는 도시"라고 정의할 수 있다. 다시 말해서 생태도시란 인간과 자연환경이 조화를 이루면서 자원을 활용, 순환적으로 이용함은 물론 녹지를 조성하는 것 등을 중요하게 다루고 있다.

생태도시계획의 관점에서 본 도시의 구조와 기능에 관한 지금까지의 논의를 간단히 설명하면 다음 〈그림 1-28〉와 같다.[1]

기존의 도시체계는 도시활동 및 유지에 필요한 자원을 자연환경을 포함한 도시외부환경에서 유입하여 사용하고 그 결과로 발생하는 폐기물을 다시 외부에 배출하는 일방적 소비체계로 이루어졌다. 그러나 이러한 도시활동은 대기오염, 수질오염 등 환경의 파괴와 교통, 주택, 상하수도, 오물처리, 거주공간 확보를 위한 녹지공간의 부족 등의 문제를 초래하였다. 이로 인해 환경오염과 함께 도시생태계의 균형과 다양성을 파괴하는 결과를 가져왔다. 결국 생태도시는 이와 같은 도시생태계의 균형과 다양성이 파괴되지 않고 자연생태계가 가지고 있는 다양성, 자립성, 안전성, 순환성 등을 특징으로 하는 환경공생형 도시를 생태도시라 정의 할 수 있다.

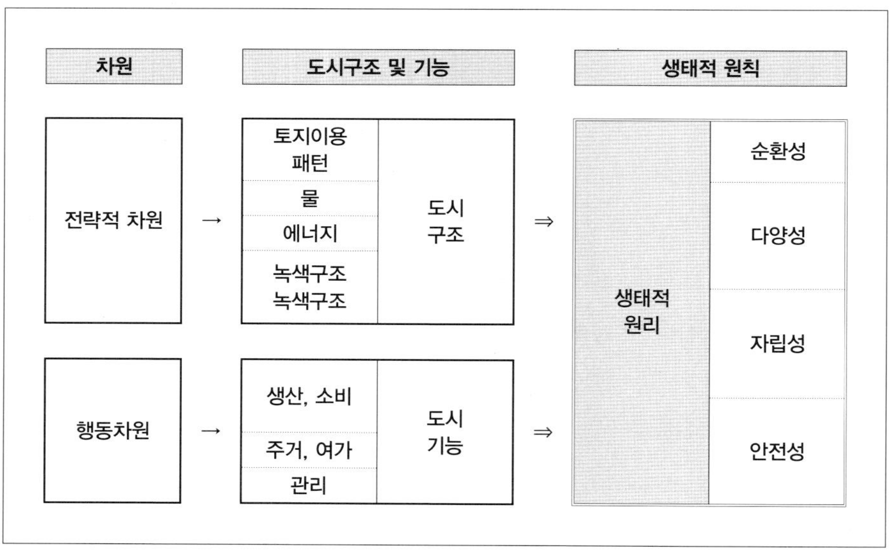

〈그림 1-28〉 생태도시의 구조와 기능
자료: 사단법인한국환경정책학회(1999), 환경정책론, 서울: 신광문화사

생태도시를 조성함에 있어서 생태도시계획과 기존도시계획과의 차이점 규명은 기존

1_ 사단법인한국환경정책학회(1999), 환경정책론, 서울: 신광문화사.

도시계획에 지속가능한 개발개념을 포함시키고 해당도시를 생태도시로 조성하기 위하여 해야할 첫 번째 단계라고 할 수 있다(표 1-7).[2]

〈표 1-7〉 종래의 개발과정과 생태적 개발과정의 비교

	종래의 개발과정(이득지향형)	생태적 개발과정(커뮤니티 지향적)
목표	단순히 이익의 최대화 추구	커뮤니티 욕구와 열망의 충족
수단	토지투기 및 이익을 위한 커뮤니티 개발	토지관리와 커뮤니티에 관한 위임
재정자원	어디에선가 –주로 은행으로부터 – 돈의 차용	윤리적 투자– 자원을 커뮤니티에 돌려줌
물질자원	무엇이든 "편리한 것"–시장지향적, 편의주의적, 자본집약적	신중하게 선정된 것– 건강하고 환경친화적이며 노동집약적
정치	배타적, 편의주의적, 자기중심적	포괄적, 윤리적, 개방과정, 생태중심적
정치	경제활동의 연료로 자연과 사람을 취급함	커뮤니티와 생태에 서비스하는 관점에서 경제를 봄

자료: 사단법인한국환경정책학회(1999), 환경정책론, 서울: 신광문화사

외국에서는 상당히 오래 전부터 환경친화적 도시상에 대한 고민이 있어 왔지만 우리나라에서는 1990년대 들어서 그 논의가 시작되었다.

우리나라의 생태도시라는 용어는 일본환경청에서 에코폴리스(Eco-polis)라고 사용했던 용어가 그대로 번역되어 사용되었다. 우리나라의 생태도시와 관련된 논의와 사례를 보면 제3차 국토종합개발계획에서 건설부는 환경보전도시(Ecopolis) 건설을 사업내용으로 도입하였고, 뒤이어 환경부도 1991년 11월 용인군과 포항시를 환경보전시범사업지역으로 확정하여 환경관리공단에서 환경보전시범도시 조성계획을 작성하였다. 이어서 1992년의 신 경제 5개년 계획은 '한국형 ESSD모형개발을 위한 시범사업지역 확대'라는 내용으로 생태도시의 개념을 반영하였다. 그리고 1994년 4월에 환경부는 오산시와 원주시를 추가로 선정하여 시범지역을 조성한다는 계획을 내놓았다(표 1-8).[3]

2_ 사단법인한국환경정책학회(1999), 환경정책론, 서울: 신광문화사.

3_ 한국도시연구소(1998), 생태도시론, 서울: 박영사.

〈표 1-8〉 우리나라 환경보전시범도시의 사업내용 및 계획

도시	• 사람과 물자의 이동을 배려한 도시구조와 토지이용기술 • 자연의 기능을 배려한 토지이용기술 • 녹화의 추진을 배려한 토지이용기술 • 생태적 이동통로의 네트워크 조성기술
포항	• 대기질 개선사업 • 수질관리개선사업 • 폐기물관리시범사업 • 도시림관리시범사업 • 소음관리시범사업 • 홍보 • 환경교육사업 • 시범사업장운영사업 • 주민참여유도
용인	• 경안천수질개선사업 • 축산폐수종합관리사업 • 폐기물관리시범사업 • 시범기술도입사업 • 시범사업장운용사업 • 환경보전홍보/교육사업 • 유기농업단지조성사업
오산	• 대기오염도측정소/홍보전광판설치 • 오산천가꾸기 • 오염물질 자동감시측정망 설치운영 • 분뇨처리시설개선사업 • 하수도(분류식)설치 • 오염하천정화사업
원주	• 원주권광역위생매립지 조성 • 하수종말처리장건설사업 • 재활용촉진사업 • 축산폐수처리시설사업 • 환경기초선진시설견학

자료: 한국도시연구소(1998), 생태도시론, 서울: 박영사

또한 1995년 말 환경부는 '환경비전 21'을 발표하여 종합적 환경행정을 펼치려는 시도를 하였다. 그 정책내용 중에는 생태도시 건설을 10개 시범지역으로 확대 실시할 것으로 내용으로 하는 녹지조성계획도 포함하고 있다(표 1-9).[4]

국내외에서는 생태도시와 관련된 개념으로 친환경적 도시, 환경보전형도시, 녹색도시, 지속가능한 도시 등이 사용되어 그 용어의 차이가 불분명하지만 생태도시는 다른 개념에 비해 도시를 하나의 생태계로 파악하여 도시에서의 다양한 활동이 지속가능하게 발전할 수 있도록 모색하여 인간과 자연이 공존하는 도시라고 할 수 있다.

여기서 지속성이 무엇을 수반하는가에 대해서는 여러 견해들이 있지만 도시개발과정에서도 지속가능한 도시를 조성해야 한다는 데는 의견이 일치되고 있고 이 목표를 달성하기 위한 방안의 하나로 최근 들어 각광받고 있는 것이 생태도시다.

즉 생태도시는 도시의 다양한 활동이나 구조가 자연의 생태계가 지니고 있는 안정성, 다양성, 자립성, 순환성에 가깝도록 계획, 설계하는 도시를 의미한다.

4_ 한국도시연구소(1998), 생태도시론, 서울: 박영사.

〈표 1-9〉 환경부「환경비전21」의 생태도시 관련부문

생태도시(Ecopolis) 모형의 개발과 보급
○ 지역특성에 맞는 생태도시 모형의 개발 – 도시의 다양한 활동이나 구조를 자연생태계가 가지고 있는 다양성, 자립성, 안정성 그리고 순환성에 가깝도록 한국형 생태도시의 모형을 개발함. (대도시에는 질 높은 자연환경을 재생시킨 지속가능한 도시의 구현이, 신도시지역에서는 환경부하가 적고 자연과 공생하는 도시의 출현이 필요함) – 생태도시 조성사업의 추진 – 생태도시 작성지침을 수립하고 도시계획 관련법규를 보완하여 생태도시계획 개념을 적극적으로 도입하며, 신도시는 환경오염이 없고 생태적으로 잘 보전된 생태도시를 개발하고 기존도시는 지역특성을 감안하여 단계적으로 생태도시로 전환함.
○ 선정된 도시에 대한 다각적인 재정지원 방안을 강구함. (외국의 주요생태도시로는 에르랑겐(독일), 데이비스(미국), 고베(일본) 등이 있음)

자료: 한국도시연구소(1998), 생태도시론, 서울: 박영사

앞에서 언급한 것과 같이 생태도시는 이러한 도시의 구조와 기능, 사람들의 생활양식을 친환경적으로 변화시키지 않고서는 인류의 생명의 위협과 지구환경위기를 맞을 것이라는 공동의 인식 속에서 제기되었다.

2) 생태도시계획의 원칙

현재 도시는 전지구적인 환경문제를 유발하는 원천이 되고 있다. 도시의 높은 인구밀도, 환경용량을 초과하는 대량생산과 대량소비, 그리고 주택, 도로 등 무분별한 개발은 심각한 환경오염과 자원고갈을 야기하고 있다. 이러한 환경문제와 인간의 환경에 대한 관심이 고조되면서 환경을 보전하고 삶의 질을 향상시키기 위한 다양한 방안들이 제시되고 있다. 이런 점에서 1990년대 들어 유엔이 주최한 몇 가지 중요한 국제회의에 대하여 살펴볼 필요가 있다. 특히 도시문제와 직접 연관된 회의로는 1992년 리우에서 열린 환경과 개발에 관한 유엔회의와 1996년 이스탄불에서 열린 유엔인간정주회의(HABITAT II)가 대표적이다. 이 회의들은 환경문제와 도시문제를 중요하게 다뤘으며

생태도시의 개념을 정립하는데 시사하는 바가 매우 크다고 하겠다. 특히 리우회의에서 제기된 '지방의제21'은 각각의 도시와 지역의 환경오염과 도시문제에 대한 관심을 촉구하고, 생태도시에 대한 관심을 지방도시 차원으로 확산시켰다는 데 의의가 있다(〈그림 1-29〉).

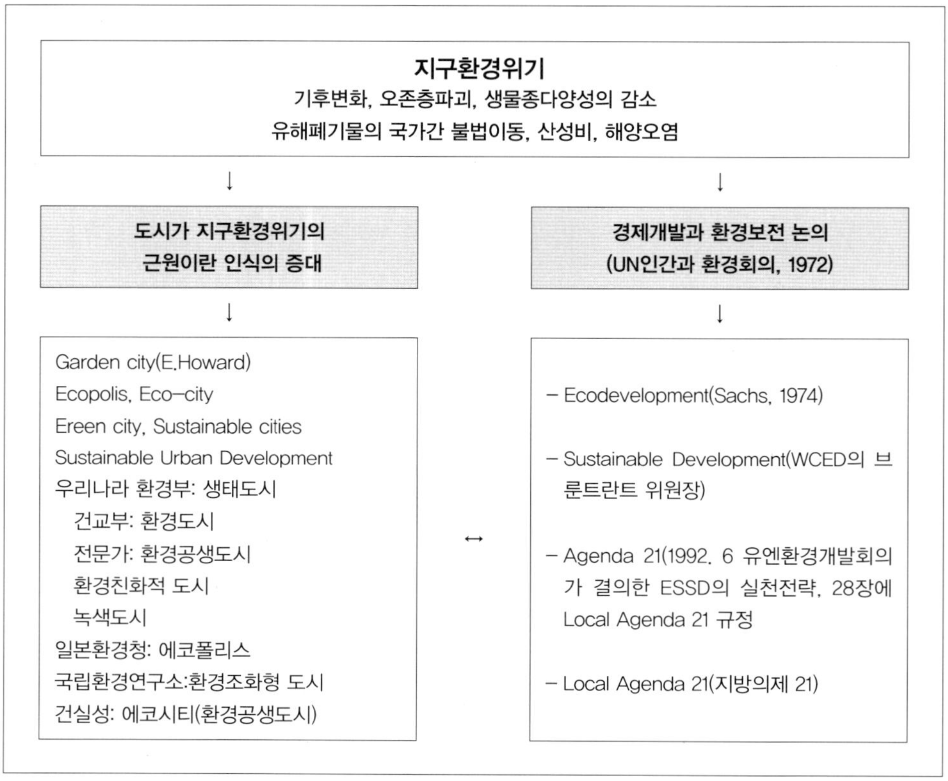

〈그림 1-29〉 생태도시와 지방의제21의 개념 변천

지난 1992년 브라질의 리우 데 자네이로에서 개최된 환경과 개발에 관한 유엔회의는 지구환경질서의 기본원칙을 규정한 '리우선언'과 구체적인 환경보존과 지속가능한 개발을 위한 행동계획을 담은 '의제21'을 채택하였다.

〈표 1-10〉 의제21 제28장의 내용

계획 분야	의제 21을 지원하기 위한 지방정부와 역할
정책 방향	28.1 지방정부의 참여와 협조와 의제21의 목적달성의 결정적 요인임 지방정부는 경제, 사회, 환경의 조직을 구성, 운영, 유지하고 지역환경정책과 규제방안의 수립과 국가적 광역 환경정책 수행을 지원함. 지방정부는 지속가능한 개발촉진을 위해 국민을 교육, 동원 그리고 책임을 지우는 데 실제 역할을 수행함.
목표	28.1 다음 목표는 계획분야를 위해 제시된 것임. (a) 1996년까지 지방정부는 주민협의를 거쳐 지역사회를 위한 "지방의제21" 합의 도출 (b) 1993년까지 국제기구는 지방정부 사이의 협력증진을 위한 협의과정 주도 (c) 1994년까지 시연합체 및 지방정부협의회 대표는 지방정부 사이의 경험과 정보교환 확대를 위한 협력과 조정 강화 (d) 지방정부는 의사결정, 계획, 집행과정에 여성과 청소년이 참여하도록 계획분야의 수행과 조정 실시
정책 수단	28.3 각 지방정부는 주민, 단체, 민간기업과 대화를 통해 지방의제21을 채택해야 함. 협의 와 공감대 형성과정을 통해 지방정부는 최적의 전략을 얻을 수 있을 것임. 협의과정은 지속가능한 개발문제에 관한 생활지혜를 증진시킬 것임. 의제21의 목적을 위한 지방정부의 계획, 시책, 규제 등은 채택된 지역계획에 의거 평가, 수정되고 그 전략은 지방, 국가, 국제적 기금 확보에 도움이 될 것임. 28.4 국제관련기관, 조직간 즉 UNDP, UN인간정부위원회(Habitat), UNEP, 세계은행, 지방정부, 국제연합, 세계주요대도시연합회, 세계대도시정상회의 등간의 협력관계가 신장되어야 함. 중요목표는 지방정부 능력보강과 지방환경관리 분야의 기존 기구들을 지원, 확충, 발전시키는 것임. 이 목적을 위해; (a) Habitat와 기타 UN산하기구 및 조직은 지방정부 전략에 대한 정보, 특히 국제적 지원이 필요한 정보, 수집기능을 강화할 것이 요청됨. (b) 국제기관과 개도국을 포함한 정기적 협의를 통해 전략을 검토하고 효과적인 국제지원방안을 고려하여야 함. 이러한 분야별 협의는 현행 국가중심의 협의방식을 보완할 것임. 28.5 지방정부연합체 대표는 지방정부간 정보, 경험의 교환, 상호 기술지원을 증진시키는 체계를 확립하여야 함.
시행 방법	(a) 재원 및 비용평가 28.6 모든 기관, 단체에 이 분야에 대한 자금 수요를 재평가할 것이 요청됨. UNCED 사무국은 이 장(章)의 활동을 실행하기 위한 국제사무국의 봉사활동 강화 비용을 연평균(1993-2000) 백만불로 추산하고 있음. 이는 단지 규모평가의 표시로 정부간에 검토되지는 아니 하였음. (b) 인적자원의 개발과 능력 보강 28.7 이 계획은 의제21의 다른 장(章)에 포함된 능력제고와 훈련 활동을 촉진하여야 함.

이 회의에서는 그 동안 대립의 개념으로만 여겨왔던 환경보존과 경제개발을 어떻게 조화시킬 것인가에 대해 논의하였으며, 그 중심개념이 지속가능한 개발이었다. 이 개념

은 한정되어있는 자원을 현재 환경이 감당할 수 있는 범위에서 환경적으로 건전한 개발을 할 때만이 현세대뿐 아니라 미래세대가 지속적으로 생존할 수 있다는 것이다.

또한 '의제21'의 28장에 언급된 '지방의제21'은 생태적으로 건전하고 지속가능한 지역발전 전략을 수립하고 이 계획을 실행에 옮기기 위한 지방자치단체의 행동계획을 수립하도록 되어있다(표 1-10).

환경을 보전하면서 현세대뿐만 아니라 미래세대까지 삶을 영위하기 위해서는 인간과 자연이 공존할 수 있는 생활과 환경이 조화된 도시구조를 구비한 '사람과 환경이 공생하는 도시'를 목표로 하는 계획이 필요하다. 이러한 생태도시의 바람직한 미래상을 수립하는 과정은 환경분야 뿐만 아니라 정치·경제·사회·문화분야 등의 여러 가지 요소들을 재구성하는 작업을 통해 진행되어야 한다. 이를 위해 필요한 기본적인 접근방법을 정리하자면 다음 〈그림 1-30〉와 같다.

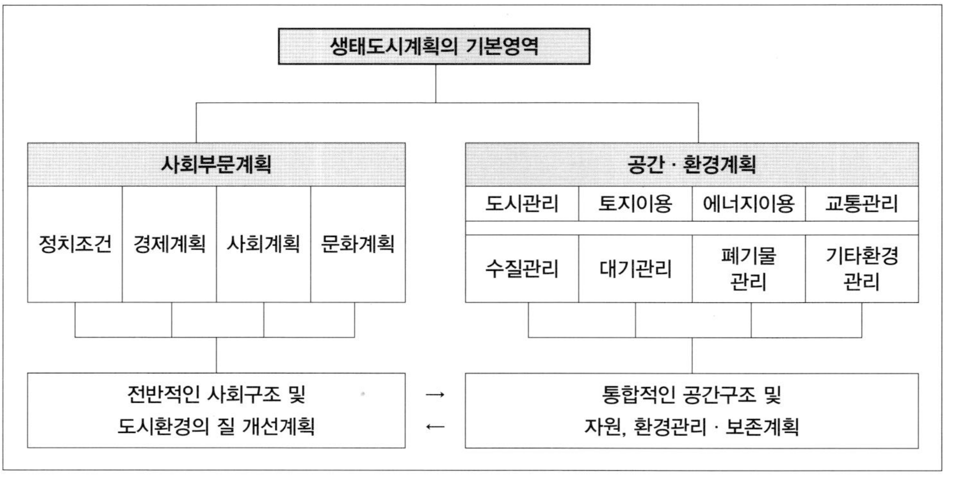

〈그림 1-30〉 생태도시의 개념설정과 내용구상을 위한 접근방법

위 〈그림 1-30〉과 같이 생태도시를 위한 계획의 내용을 보면 사회부문계획과 공간환경계획으로 구분할 수 있다. 여기서 사회부문계획은 생태도시 건설을 위한 정치적 부문 및 경제, 사회, 문화의 각 측면의 구체적 계획을 포괄한다.

계획부문	계획목표	주요원칙	목표달성
정치부문	평등 · 민주적 정치과정의 활성화	• 지속가능한 경제개발 전략의 채택 • 권한의 지역적 배분과 재정 자립 • 자원재분배와 사회적 형평성 제고 • 주체적 정치참여와 공동체적 의사결정 확립 • 종합적 환경관리체계의 구축	정치과정의 평등 • 민주성 확보
경제부문	자기순환적 경제체계의 구축	• 내발적 생산 지원체계의 확립 • 환경비용의 내부화와 자발적 규제 유도 • 기업의 사회공공적 기능의 강화(협동조합) • 기업의 유통 • 판매구조 전환 • 자기순환적 자원동원체계의 구축	경제체계의 자기순환성 달성
사회부문	공동체적 사회관계의 형성	• 정보공유를 통한 사회적 의사소통능력의 제고 • 생활수단의 공동사용을 지향하는 근린사회의 형성 • 안정된 사회생활 및 여가생활 보장 • 생태환경보전 실천을 위한 사회운동 활성화	사회관계의 공동체성 구축
문화부문	지역정체적 생활문화의 함양	• 환경보전과 시민참여를 위한 교육활동 강화 • 탈소비지향적 생활양식의 구축 • 자연환경적 발상과 창조적 상상력의 고양 • 환경친화적 지역고유 문화계승 • 환경윤리의식과 가치관 형성	생활문화의 지역정체성 고양
자연과 사회가 공생적으로 발전하는 생태도시			

〈그림 1-31〉 생태도시를 위한 사회부문계획의 주요원칙

〈그림 1-31〉은 생태도시를 위한 사회부문계획으로서 정치, 경제, 사회, 문화 영역별 계획목표와 주요원칙, 그리고 목표가 달성된 생태도시의 구체적인 모습 등에 대하여 정리한 것이다. 여기서는 각 영역별로 독립적인 계획목표와 원칙들을 갖지만 생태도시를 위한 전체목표에 연관된다고 할 수 있겠다.

그리고 공간 환경계획은 도시관리와 토지이용 에너지, 교통 및 환경보전, 관리계획 등을 포함한다(〈그림 1-32〉).[5]

5_ 사단법인한국환경정책학회(1999). 환경정책론. 서울: 신광문화사.

물리적 공간계획				환경관리 · 보전계획		
계획부문	계획목표	주요원칙		주요원칙	계획목표	계획부문
도시관리계획	환경친화적이고 균형된 도시건설	• 도시/농촌간, 도시간 균형발전 • 분산집중형 도시설계 • 활력있는 공공공간 및 쾌적한 경관의 창조 및 보전		• 물순환체계의 정비 • 물가주변환경의 회복과 보전 • 수질오염 정화의 고도화	자기 순환적인 수자원 이용관리	수질관리계획
토지이용계획	지역환경용량에 적정한 토지이용	• 환경용량을 고려한 토지개발과 입지 • 토지 소유 및 이용제 도의 합리화 • 토지이용밀도 조정과 녹지공간 확충	자연과 사회가 공생적으로 발전하는 생태도시	• 대기오염물질의 배출 저감 • 도시미기후에 대응체계 확립 • 대기오염 통제관리의 효율화	미기후에 대응하는 배출량 저감중심 대기관리	대기관리계획
에너지이용계획	효율적 · 절약적 에너지 수급	• 에너지 지역자립구조의 기반조성 • 에너지효율적 도시 및 건물 설계 • 도시 에너지 수요관리의 강화		• 자원관리와 폐기물관리의 통합 • 재활용 중심의 폐기물관리계획 수립 • 도시폐기물관리의 효율화	절약 · 재생 중심의 자원이용 및 폐기물 관리	폐기물관리계획
교통관리계획	환경부하를 저감시키는 교통체계	• 대중교통 중심의 통합적 교통관리 • 자동차의 에너지 절약 · 저공해화 • 인간적인 '거리문화'의 회복		• 소음 · 진동 및 악취 관리 • 토양오염 및 식품관리 • 일조, 방사선, 기타 오염관리	쾌적한 생활의 유지 · 향상을 위한 환경관리	기타 환경관리계획

〈그림 1-32〉 생태도시를 위한 공간, 환경부문 계획의 주요원칙

그러나 이러한 두 가지 부문의 계획은 분리되는 것이 아니라 상호 밀접하게 연결되어 있다. 그러므로 생태도시를 위한 이러한 사회부문계획과 공간·환경계획의 세부내용들은 각각 전반적 사회구조 및 '삶의 질' 개선계획과 종합적인 도시공간구조 및 자원, 환경관리계획에 의해 조정, 통합되어야 할 것이다.

3) 생태도시의 구성요소[6]

생태도시계획의 주요내용을 세 가지로 분류해 보면 다음과 같다.

첫째, 쓰레기 감량 등, 환경에 과다한 부담을 주지 않는 공생을 위한 생활태도와 지역사회를 조성한다.

둘째, 자연과의 접촉을 통하여 보다 풍요로운 생활을 지향하기 위한 공원 등 친근한 자연의 활용, 즉 도시 내 자연생태계의 건전성을 고려한 토지이용계획을 한다. 셋째, 도시의 구조 및 기능에 있어서 환경에 대한 부하를 최소화하고 자원에너지 절약을 위한 적정한 물질순환의 실현, 즉 물 등의 순환시스템의 구축이다.

이 같은 생태도시 조성을 위해서는 이를 물리적으로 구체화 할 수 있는 기술의 개발 및 적용이 필수적이다. 이것을 생태도시의 주요 구성요소인 물 분야, 에너지 분야, 녹지·생물 분야로 나누어 보면 다음 〈표 1-11〉과 같다.

〈표 1-11〉 생태도시 조성을 위한 적용 가능한 기술

분 야	적용 가능한 기술
토지이용	• 사람과 물자의 이동을 배려한 도시구조와 토지이용기술 • 자연의 기능을 배려한 토지이용기술 • 녹화의 추진을 배려한 토지이용기술 • 생태적 이동통로의 네트워크 조성기술
물	• 수자원을 보호하고 물의 대사고정에서 무리 • 낭비를 없애는 기술 • 강우유출을 제어하고 도시하천의 범함 • 토사재해를 막는 기슬 • 자연수계의 수질을 보전하는 기술 • 물환경을 형성한는 기술
에너지	• 에너지 수요를 억제하는 기술 • 에너지 순환형 이용을 도모하는 기술 • 에너지의 효율적 이용을 도모하는 기술 • 환경부하를 억제하는 기술 • 자연에너지, 미이용에너지 이용을 도모하는 기술
녹지 · 생물분야	• 생태계를 배려한 녹화기술 • 자연의 다양성에 직접 접촉하는 거점시설 조성기술 • 생물을 기르는 다양한 생육기반 조성기술

자료: 사단법인한국환경정책학회(1999). 환경정책론. 서울: 신광문화사

6_ 박정희(2001). 생태도시조성과 주민참여. 한국생활환경학회지 제8권 제1호.

이와 같이 생태도시 조성을 추진하기 위해서는 장기적인 시간과 막대한 경비가 소요된다. 이런 이유로 각 시행주체마다 원칙, 목표 등을 세우고 이를 달성하기 위해서 연차적으로 단계별로 추진하는 것이 바람직하다고 할 수 있겠다. 일반적으로 생태도시 계획에서 사용되었던 전략들은 토지이용, 물, 에너지, 환경관리, 생물다양성의 측면으로 나누어 볼 수 있는데 이를 소개하면 다음과 같다.

(1) 토지이용

토지는 많은 생물에게 식량과 물, 그리고 에너지를 공급하는 필수적이며 인간활동에 있어서 결정적인 역할을 한다. 따라서 제한된 토지자원을 더욱 합리적이고 지속가능한 방식으로 이용하기 위해서는 공해와 산업시설의 오염이 확산되는 것을 최소화하고 지방차원에서도 모든 관련집단이 참여하는 가운데 종합적이고 환경친화적인 토지이용이 필요하다.

또한 적절한 토지이용과 통신정책을 통해 불필요한 이동을 줄이고, 자동차 이외에 대체수단을 강화하거나 모든 사람이 일하는 곳에 쉽게 들어갈 수 있고 사회적 교류나 여가활동이 용이하며 경제활동을 촉진할 수 있는 방식으로 이루어져야 한다(표 1-12).

〈표 1-12〉 생태도시계획의 토지이용부문

원칙	목표	목적	실험사업
환경친화적인 토지이용	도시전체의 조화된 효율성이 높은 토지이용	도심지역의 다양성, 활력등을 증진시킴	지역중심센터의 건설
			보행자 전용지역의 건설
	효율적인 토지이용을 통한 교통수요 충족	교통집중을 억제하고 이용자의 편의도모	종합환승센터의 건설

자료: 박정희(2001), 생태도시조성과 주민참여, 한국생활환경학회지 제8권 제1호.

(2) 물

〈표 1-13〉은 생태도시계획을 위해 수자원을 어떠한 원칙을 가지고 어떠한 목표와 목적으로 사용해야하는지를 보여주고 있으며 그와 관련된 실험사항 등을 제시하고 있다. 수자원의 이용에서 가장 중요한 것은 기존의 하천, 연못, 호수, 개천 등의 수자

원을 적극적으로 보존함을 원칙으로 한다. 그리고 토지개발과정에서 수자원을 모을 수 있는 곳은 최대한 집수하여 호수, 저수지 등을 조성하고 이를 실개천 등으로 체계적으로 연결하여 물순환 체계를 확립함으로서 생물의 서식지를 공급하고 생태계의 연결고리를 확보함은 물론 지역의 미기후 조정, 관개 등 수자원의 효율적 이용, 경관의 향상 효과 등을 도모하는 것이라고 하겠다.

다음으로 중요한 것은 수자원의 절약 및 효율적 이용을 위하여 우수 및 중수를 최대한 이용하는 것이다. 우수는 일단 가정에서는 우수저장탱크 등 우수집수시설을 이용하여 최대한 집수함으로써 생활용수, 관개용수 등으로 이용하고 단지 차원에서는 홍수 등을 대비하여 유수지나 저수지를 조성하여 생물의 서식처, 관개 등 다목적으로 이용한다.

〈표 1-13〉 생태도시계획의 물 부문

원 칙	목표	목 적	실험사항
자연적인 물순환과정 수립	폐수의 재순환 (재활용)	자연적인 과정에 기초를 두고 하수의 재처리	중수도 시설의 설치
			자연정화 하수처리장의 건설
	자연적인 물순환 과정 수립	지표수의 유출을 지연시키고 최소화함	투수성 포장의 도입
			우수저류 침투시설의 도입
수환경과 인간의 공존을 추구	수변생태계의 보호	생태계의 원리에 바탕을 둔 하천관리 친수환경의 조성	친자연형 하천정비
			하천수질정화시설의 도입
지역단위의 물관리체계 수립	지역차원에서의 소규모 물관리체계의 수립	지역단위의 소규모 하수처리능력의 보유	소규모 하수처리장의 건설

자료: 박정희(2001), 생태도시조성과 주민참여, 한국생활환경학회지 제8권 제1호.

(3) 에너지

에너지 이용은 교통·산업생산, 가사, 사무활동 등이 일어나는 주거단지에서는 꼭 필요한 것이다(〈표 1-14〉). 현재 대부분의 주거단지에서는 재생불가능한 에너지에 의존하고 있으며 이로 인해 기후변화, 대기오염과 그 결과로 나타나는 환경문제와 사람의 건강문제에 심각한 위협을 주고 있다. 이를 위해서는 대규모 아파트나 초고층 건물에서는 자연에너지를 활용하고, 효율적이고 경제성이 높은 냉난방 기술, 축열기술, 태양에너지를 이용한 에너지 절약시스템 등의 에너지 절약과 재생에너지를 활용하는 등의 노력이 필요하다.

〈표 1-14〉 생태도시계획의 에너지부문

원 칙	목 표	목 적	실험사업
통합적인 에너지 관리체계의 수립	에너지 이용효율을 최대화 함	미이용되고 있는 에너지의 재이용	바이오메스 에너지 시설 도입
			쓰레기 및 폐기물을이용한 열 병합 시설 도입
		효율적인 에너지 흐름체계 수립	집단에너지 공급시설 확대
대체에너지원의 개발 및 이용	재생가능한 에너지원의 개발	현존하는 재생가능한 에너지 기술(태양, 풍력)의 이용율을 최대화	태양열 이용시설의 보급
			풍력발전 시스템의 도입

자료: 박정희(2001), 생태도시조성과 주민참여, 한국생활환경학회지 제8권 제1호.

(4) 환경관리

위의 〈표 1-15〉와 같은 환경관리는 도시의 순환성 측면에서 대단히 중요한 부분이다. 생산된 물질이 가공과정을 거쳐 상품으로 생산되고 도시의 소비과정을 거치면서 폐기되는 과정에 이르는 각 단계마다 재활용을 강화함으로써 원료물질의 사용과 이에 뒤따르는 에너지 소비를 줄일 수 있다. 따라서 환경관리는 자원관리 및 에너지 정책과의 연계 속에서 통합적으로 수립되고 실행되어야 한다. 그리고 한번 발생한 폐기물은 최대한 재활용하는 것도 중요하지만 도시에서 폐기물이 적게 발생하도록 산업의 생산구조나 시민들의 소비양식 등을 근본적으로 바꾸어 나가는 노력이 필요하다.

〈표 1-15〉 생태도시계획의 환경관리 부문

원칙	목표	목적	실험사업
자원의 순환 및 절약형 도시건설	자원의 재활용 체계 구축	• 폐기물 발생량의 최소화 • 자연환경과 인간에게 바람직한 쓰레기 처리방안 강구	쓰레기 퇴비화사업
			폐기물의 청정에너지화
			종합적 폐기물의관리
			특정폐기물, 병원폐기물, 가정 유해폐기물 적정관리

자료: 박정희(2001), 생태도시조성과 주민참여, 한국생활환경학회지 제8권 제1호.

(5) 생물다양성

녹지자원은 생태계질서의 기반일 뿐 아니라 대기정화, 미기후 조절, 경관향상 등의 기능적 역할을 하고있어 주거단지계획에서는 대단히 중요한 요소이다. 녹지자원의 계획에서 가장 중요한 것은 기존의 산림, 구릉, 초지, 습지 등의 녹지를 최대한 보존하는 것이다(〈표 1-16〉).

〈표 1-16〉 생태도시계획의 생물다양성부문

원칙	목표	목적	실험사업
도시개발에 있어서 자연과 조화 및 균형유지	도시내 녹지를 최대한 확보하고 도시전체에 걸친 녹지의 네트워크화	도시외곽의 녹지와 도시내 녹지를 연결	Eco-bridge의 조성
			옥상녹화를 통한 Stepping Stone조성
			자연과의 접촉기회 확대
			지하주차장 상부녹화
			도로 중앙분리대 녹화
			분구원 조성
	우수한 생태계나 자연자원의 보호	환경적으로 민감한 지역의보호	고유식생 천이실험
			댐주변의 자연학습공간 조성
			Eco-dam의 조성

원칙	목표	목적	실험사업
	우수한 생태계나 자연자원의 보호	자생조을 보호하고 개발 · 보급	자생식물군락 조성
			인공경량 토양에서의 자생초화류 재배실험
도시내 생물종의 다양성과 안정성 유지	도시내 생물서식공간의 보전 · 복원 · 창조	도시내 생물서식공간의 창출 및 생물다양성의 유지	Local Nature Reserve 조성
			인공지반의 서식지 조성을 위한 실험
			도시환경림의 조성
			공단주변의 환경보전림 조성
	도시내 biotop의 네트워크 형성	도시외곽으로부터 도시내로 야생동물의 유인도모	새와녹지를 위한 근린공원조성
			Biotop의 조성

자료: 박정희(2001), 생태도시조성과 주민참여, 한국생활환경학회지 제8권 제1호.

이와 같이 보존된 녹지와 새롭게 조성되는 녹지들은 생물이동통로 등을 통하여 체계적으로 연결함으로써 단지 내 생태계 연결을 도모하는 것이 필요하다. 또한 건물의 옥상이나 인공지반 위에 옥상녹화, 벽면녹화, 인공지반 녹화를 실시하여 녹지면적을 확대하고 비오톱으로써 기능을 할 수 있도록 하는 것이 바람직하다.

4) 탄소제로 도시

생태도시, 즉 지속가능한 도시는 토지의 공공성을 최대한 살리고 이를 도시생태계와 조화를 이루는 방향으로 토지 이용계획을 수립하고, 토지자원의 절약을 극대화해야 할 것이다. 교통에서도 지하철이나 대중 교통시스템을 확대하고 자전거 등을 위한 에너지 절약형 교통시설도 적극 도입해야 한다. 또한 공원과 오픈스페이스 등 적정 규모의 녹지 공간을 확보하려 관리하는 것은 도시환경의 쾌적성 유지와 도시 생태계 보존을 위해 필수적이다. 구체적으로 보면 도시내부에서 기존의 녹지나 공원을 연계하는 녹지망을 조성하고, 도심지의 자투리땅을 녹지공간으로 개발해야 한다. 동시에 고밀도로 개발되는 도심지에서는 시민들이 쉽게 녹지공간에 다가갈 수 있도록 고층건물의 옥상이나 테라스를 녹화하는 것도 필요하다. 뿐만 아니라 미래세대를 위한 녹지의 감소를 방지하기 위하여 주택지 개발과정에서 일정규모 이상의 녹지 조성을 의무화하고 바람길 같은 친환경 '탄소 제로 도시'로 나가기 위한 정책방안들이 적극 검토되어야 할 것이다. '탄소 제로 도시'란 지구온난화의 주범으로 지목되는 이산화탄소 배출량이 '0'인 도시를 말한다.

앞으로의 조경디자인이 추구해야할 지속가능한 도시인 탄소 제로 도시, 즉 엔트로피 제로를 목표로 하는 세계 각국들의 도시에 대한 신문기사 전문을 소개한다.[7]

'탄소 제로' 꿈의 도시 건설 붐

야생오리들이 헤엄치던 연못 주위로 자연 상태를 그대로 살린 산책로가 생긴다. 건물 외벽에는 태양빛을 한껏 받아들이도록 설계된 넓은 창이 반짝이고, 에너지 효율은 일반 건물보다 50% 이상 향상됐다. 한 시간에 최대 1.1t의 목재 찌꺼기를 태우는 '바이오매스(biomass)' 발전소로 난방을 해결해, 도시 에너지 수요의 75%를 감당한다. 탄소배출권을 구입해 나머지 에너지 수요 25%를 상쇄(offset)하면, 도시 전체의 탄소 배출량은 '0(zero)'이 된다. 캐나다 서부 빅토리아 항(港)의 옛 공업단지 부지(면적 12만m^2)에 자리 잡은 '탄소 제로(carbon zero) 도시' 독사이드 그린(Dockside Green)의 청사진이다. 5억 캐나다달러(약 5600억원) 규모의 전체 프로젝트 중 35%가 진행됐다. 지난해 말 완공된 주거지역의 경우 금융위기로 인한 부동산 경기 침체 속에서도 분양률이 95%를 넘었다. 독사이드 그린뿐이 아니다. 아래〈그림 1-33〉을 보면 세계 곳곳에 탄소 제로 도시가 속속 건설되고 있다.

'탄소 제로 도시'란 지구온난화의 주범으로 지목되는 이산화탄소 배출량이 '0'인 도시를 말한다. 석유나 석탄 같은 화석연료 대신 풍력·태양광·바이오매스 등 신재생에너지를 사용하며, 고효율 건축 설계로 에너지 낭비를 최소화한다. 전기자동차 등 친환경 교통수단을 써 자동차 배기가스도 줄인다. 삼성경제연구소는 최근 보고서에서 "온실가스 감축에 큰 도움이 되고 환경과 에너지 기술을 선점할 수 있는 데다 도시 경쟁

7_ http://news.chosun.com/site/data/html_dir/2009/09/22/2009092200059.html

력과 친환경 이미지도 제고할 수 있다"고 분석했다. 독사이드 그린의 주거단지 설계를 맡은 건축가 로버트 드루(Drew)는 신재생에너지 전문지 '리뉴어블 에너지 월드' 인터뷰에서 "주거지 한복판에 자연을 복원해내면서도 생활의 질은 끌어올린 미래 커뮤니티 개발 모델"이라고 말했다.

〈그림 1-33〉 탄소제로를 꿈꾸는 도시들

탄소 제로 도시의 대표 선수는 아랍에미리트연합(UAE) 아부다비의 '마스다르 시티'이다. '마스다르'는 아랍어로 '자원'이라는 뜻. 매장량 기준 세계 4위의 석유 부국(富國)인 UAE 수도 아부다비가 '석유 이후 시대'의 주도권을 잡겠다며 추진하는 220억 달러짜리 프로젝트다. 마스다르에는 탄소 배출과 쓰레기, 화석연료, 자동차가 없다. 전통 아랍 양식의 성곽으로 주변을 감싸고, 도시 계획도 건물을 좁은 골목 주변에 밀집시키는 아랍 양식을 적용해 에너지 효율을 최대한 높였다. 물론 태양광(52%)과 태양열(26%) 등 100% 신재생에너지만을 쓴다.

중국도 빠질 수 없다. 상하이 인근, 충밍(嵩明)섬에는 둥탄(東灘) 신도시 프로젝트가 진행 중이다. 다른 탄소 제로 도시들처럼 에너지 효율을 높이고 신재생에너지를 사용하는 형태로 개발된다. 완공 시점인 2050년이면 뉴욕 맨해튼의 4분의 3정도 면적(약

86㎢)에 50만명이 살게 된다. 세계 1위 탄소 배출국인 중국이 환경오염국 이미지를 벗어 보려는 야심찬 시도다.

신도시로 개발되는 다른 탄소 제로 도시들에 비해, 독일 프라이부르크는 20년 넘게 차근차근 '탄소 제로' 목표를 향해 달려오며 '독일의 환경 수도'라는 명성을 쌓았다. 1974년 원자력발전소 반대운동을 시발로, 시내 축구장에 태양광 발전 시설을 지으면서 시민 주주를 공모해 연간 입장권을 주는 등 시민들의 자발적 참여를 유도한 정책이 효과를 거뒀다.

이밖에 고대 로마와 중세 이슬람 유적지가 어우러진 관광지 전체를 태양광과 풍력 에너지에 기반한 그린 관광단지로 개발하려는 리비아의 '그린마운틴' 프로젝트도 주목된다. 마스다르와 마찬가지로 영국의 저명한 건축가 노먼 포스터(Foster)가 주도하고 있다. 덴마크의 'H2PIA'는 아직 구상단계이지만, 풍력 강국답게 신재생에너지로 생산된 전력을 수소연료전지로 저장해 하나의 도시를 운영한다는 야심찬 계획이다.

5) 생태도시의 사례[8]

우리의 도시는 인간을 포함한 주거, 교통, 노동 등으로 인간이 기술에 의지하여 창출한 인위시스템(Technical System)과 산림 및 녹지, 토양, 대기, 물 등의 자연시스템(Natural System)으로 구분되는 2가지의 큰 부분시스템(Subsystem)으로 구성되어 있다. 결국 서로 상호간의 물질 및 에너지의 교환에 의해 그 기능이 유지되는 하나의 거대한 영향조직체라 정의할 수 있다. 한편, 도시생태계는 이를 구성하는 두 부분시스템인 자연시스템과 인위적 시스템 상호간의 에너지 및 물질의 교환에 의해 그 기능이 유지되고 있다. 그러나 이 두 시스템은 서로 지극히 상반된 특성을 갖고 있다. 산림, 녹지, 대기, 물 그리고 토양 등으로 구성된 자연시스템은 태양의 도움을 받아 광합성작용에 위해 스스로 에너지를 생산해내고 그 부산물을 처리할 수 있는 능력을 갖추고 있다. 반면에, 인간생활의 복합체라 할 수 있는 인위시스템은 그 기능을 유지하기 위해 자연시스템으로부터 많은 양의 에너지와 물질들을 조달 받고 있다. 이와 같은 두 시스템의

8_ 2002년 5월 27일자 계명대신문

관계는 곧 인위적 시스템이 자연시스템에 종속되어 있다는 사실을 말해준다. 실제로 경제, 상업, 기술, 문화, 정보 등의 주된 활동공간으로서의 대도시는 매일 엄청난 양의 에너지와 원자재를 인위적 시스템의 원활한 유지를 위하여 자연시스템(농촌)으로부터 수입하고 있으며, 이러한 원자재와 에너지 등은 우리의 일상생활에서 소비되어 마침내는 열, 배기가스, 쓰레기 등 더 이상 쓸모 없는 에너지의 형태로 변환된다. 쓰레기와 토양오염, 교통체증 및 대기오염, 하수 및 산업폐수, 소음 등 우리가 늘 일상생활에서 접하는 환경문제는 결국 이러한 유형과 무형의 결정체로서 대도시의 환경의 질을 저해하고 자연시스템의 기능을 파괴시키는 원인이 된다. 이와 같은 현상은 근본적으로 위의 두 상호시스템간의 에너지 및 물질순환관계의 불균형에 기인한다. 따라서 도시생태계의 특징은 인간의 영향력과 역할, 즉, 인위시스템의 활동이 두드러지는 특성을 지니고 있다 하겠다. 과거 수년간 계속된 경제성장 우선 정책은 우리의 대도시를 산업 및 공업형 도시로 변모시켰고, 이로 말미암아 대도시의 자연시스템의 영역은 흔적조차 발견하기 힘들 정도로 파괴되고 말았다. 이러한 현상은 날로 증가하는 개발수요를 충족하기 위한 토지의 무절제한 사용, 건설 및 건축물의 밀집 그리고 토양의 포장에 따른 당연한 결과로써 오늘날 대도시의 생태계를 구성하는 자연시스템의 요소인 대기 및 기후, 토양, 지하수 등에 막대한 악영향을 초래하고 있다. 현재 우리 나라의 대도시가 공통적으로 당면하고 있는 대기오염, 폐기물문제 등 여러 가지 유형의 환경문제는 결국 생태계의 기본원리에 상반되는 그 동안의 도시계획에 그 원인이 있다고 볼 수 있다. 이에 도시에서의 인간활동과 환경관계를 하나의 유기적인 관계로 보고 도시에서의 다양한 활동구조를 자연생태계가 가지고 있는 안정적이고 순환적인 구조에 가깝게 계획하는 생태도시개념이 대두되었다. 생태도시계획의 주요내용을 세 가지로 분류해 보면 다음과 같다. 첫째, 쓰레기 감량 등, 환경에 과다한 부담을 주지 않는 공생을 위한 생활태도와 지역사회를 조성한다. 둘째, 자연과의 접촉을 통하여 보다 풍요로운 생활을 지향하기 위한 공원 등 친근한 자연의 활용, 즉 도시 내 자연생태계의 건전성을 고려한 토지이용계획을 한다. 셋째, 도시의 구조 및 기능에 있어서 환경에 대한 부하를 최소화하고 자원에너지 절약을 위한 적정한 물질순환의 실현, 즉 물 등의 순환시스템의 구축이다. 이와 같이 생태도시계획의 내용에는 물리적인 환경계획의 측면을 넘어서 도시민의 생활태도에 대한 실천방안까지도 포함하고 있다. 이러한 조건을 만족하는 생태도시를 조성하기 위해서 전세계적으로 많은 도시들이 계획되고 조성되어지고 있으며 그 예를 살펴보겠다.

(1) 숲속의 도시, 밀턴 케인스

영국의 신도시 가운데 밀턴 케인스(Milton Keynse)는 가장 성공한 전원 도시로, 영국의 마지막 신도시이자 '나무 도시', '자족 도시'로 알려져 있다(〈그림 1-34〉). 이 도시는 런던에서 M1고속도로를 따라 북쪽으로 84㎞에 위치해 있다. 인구 16만의 비교적 큰 도시인데도 주택들이 빽빽히 늘어선 나무 속에 숨어 있어 마치 농촌마을처럼 보인다. 이 도시는 중심지로부터 약 1시간 거리, 약 80km에 주거 지역을 조성하였는데, 그린벨트를 살려 도시로부터의 환경 영향을 최소화하고 쾌적성을 유지하였다.

〈그림 1-34〉
밀턴케인즈 (좌로부터redway, campbellpark, willen lake, crickt 경기장)
자료: http://home.kg21.net/user2/cing/namoo02.html

이 도시는 녹지를 먼저 조성한 뒤 건물을 배치한 점이 다른 도시와는 다르다. 건물은 나무보다는 높아서는 안되며 최대한 오픈스페이스를 살려 열린 공간을 지향하고 있다. 이러한 도시 구조적 토대로 하여 지속가능한 환경정책을 수립하여 시행하고 있다. 그 예로 교통체계와 에너지절약 정책들 수 있다.

'라운드 어바웃(Round About)'이라는 신호등 없는 교통 체계인데, 자동차는 둥근 라운드 어바웃을 돌아 어디로든 원하는 방향으로 갈 수 있다. 교통량이 늘어날 경우 언제라도 도로를 확장할 수 있도록 '보유지'를 만들어 두었으며, 보행자와 자전거 이용자를 위한 '레드웨이(Red Way)'도 만들었다. 레드웨이는 자동차와 사람이 아예 만날 수 없도록 설계되었으며, 자전거라 하더라도 엔진이 달린 것은 레드웨이를 이용할 수 없다.

교통 체계가 잡히자 에너지 고효율 주택에 관심을 가졌다. 에너지 고효율 주택은 1986년에 시작되었는데, 시 정부는 에 너지 효율이 높은 주택을 실생활에 적용하기 위해 건축업자들에게 에너지 고효율 주택을 짓게 했다. 에너지 효율 등급은 건물의 단열효과를 10등급으로 나누고 있는데, 1990년대 이후 밀턴 케인스의 주택은 에너지 효율이 7등급 이상이 되도록 규정하고 있다. 뿐만 아니라 사무용 건물에도 이 같은 노력이 확산되었다. 새롭게 건설되고 있는 '놀 힐' 취업지구에는 에너지 효율이 높은 건물만 지을 수 있는데 주로 내부 기온에 따라 열을 흡수하거나 배출하는 특수 유리와 태양열 지붕이 사용되고 있다.

밀턴 케인스가 이런 면모를 갖추게 된 것은 '균형과 다양성'이란 기본개념에 따라 계획되었기 때문이다. 녹지와 공원들 이 하나의 띠를 이루어 고립된 녹색 섬은 없고, '레드웨이'라는 보행자 전용 도로가 도시를 거미줄처럼 엮고 있으며, 모든 건물이 에너지 절약형으로 건설되었다. 이 도시가 명성을 얻게 된 데에는 뛰어난 전원 풍경도 있지만 베드타운이 아닌 자족 도시를 이루고 있는 것이 가장 큰 이유이다.

(2) 인간도시 실현, 고베시

일본의 고베시(神戸市)에서는 이러한 "인간 도시만들기"의 계획 아래에서 도시경관 을 형성하기 위한 도시정책을 폈다. 경관 형성의 실현을 위해서는 개발의 목적과 지역, 지구(地區)의 성격을 고려한 기법이 필요하고, 이를 위하여 고베시는 숲과 물, 도로와 광장, 공공시설 등을 전반적으로 검토하는 계획의 수립하고 지속적으로 실행하고 있다(〈그림 1-35〉).

고베시를 둘러싸고 있는 산(六甲山)의 개발은, 1953년 산 정상 부분 에 영국인 무역상인이 별장을 세우면서 시작되었다. 이러한 육갑산(六甲山)의 개발은 1950년대 후 반

기부터 유료도로, 목장, 삼림식물원 등을 개발하기 시작했다. 그 이후 고도성장정책에 따른 도시화로 육갑산(六甲山)의 일부분이 황폐화되기 시작하면서 여론은 산을 보전해야 한다는 방향으로 전환되었다. 이에 따라 녹지보전을 위한 조례, 국립공원 육갑산(六甲山)지구 환경보전개요, 골프장 등의 개발사항 지도개요 등을 정하여 자연환경 파괴의 요인이 되는 개발행위를 규제하기 시작했다.

〈그림 1-35〉
포트아일랜드와 고베항

한편, 매립지를 이용한 포트 아일랜드(Port Island)로 인한 공원의 기능은 녹지공원과 놀이공원, 박람회장, 다양한 전시관 등을 갖추고 자연적인 공원역할과 여가를 활용할 수 있도록 하고 있다.

고베시에서는 1971년부터 풍부한 녹지와 살기 좋은 고베시를 목표로 녹화(綠化) 사업을 강력히 추진하기 위해 "그린 고베 작전"을 전개하였다. 고베시의 전 지역 가운데 70%를 자연녹지로 보존하고 시가지의 30%를 녹지화 한다는 것으로 시가지의 녹화, 인근 산의 녹화, 각종 시설물의 녹화, 임해지역의 녹화, 시민이 참가하는 녹화 등의 기본골격을 마련하였다. 또한 이를 위하여 "그린 네트워크(Green Network)계획"을 중앙분리대, 가로수조성, 도로 곳곳의 녹화, 하천 변의 녹지대 조성, 가로수의 계획적 조림 등으로 실천프로그램을 마련하였다.

해상문화도시를 창출하고자 "육갑(六甲) 아이랜드 계획"을 마련하여 새로운 마을(New town)의 건설과 문화 레크레이션시설, 정보시설과 국제항만 대학의 설립, 해상운송체계의 효율성을 높이는 항만기능 등 각종 사회간접시설 및 공공시설을 마련하였다.

하천변에서는 수영장, 공원 기능을 담당할 수 있도록 다양한 프로그램을 개발하여 시민이 안심하고 즐길 수 있도록 하였으며, 해상 낚시공원, 해안의 정비를 통해 해안의 친수성을 도모하여 시민들이 여가를 즐길 수 있도록 하였다.

도시구조의 골격은 동서 방향으로는 광역 자동차 도로를 주축으로 하고, 남북 방향으로는 보행자의 지역교통을 주축으로 하는 형태로 만들었다. 이러한 구조는 도시 전체의 주요 공공시설과 녹지를 연결하는 도시 또는 지구(地區)를 상징(symbol)하는 의미를 갖기도 하는데, 역사성과 지리적 특수성을 고려하여, 공원녹지와 하천녹지를 연결한 시가지의 녹지 네트워크를 형성하였다.

한편, 광장은 도로의 요소 요소에 위치하여 녹지대를 형성, 시민들의 휴식처를 제공하고 있다.

공공건축물은 시민공유의 재산으로 복지사회조성, 환경도시조성, 문화도시조성, 국제항만 도시조성이 중점적으로 추진되고 있고, 또한 공공건축물 이용에 대해서 시민을 위한 서비스와 각종 편리성의 제공, 장애인을 위한 세심한 배려 등에 대한 일반인들의 요구를 수용해야 하는 과제가 남아 있다. 따라서 사회복지시설, 문화 레크레이션시설, 교육시설, 관청 및 기타 부대 시설을 갖추어 나가고 있다.

도시의 지속적 발전을 위해서 물, 에너지, 폐기물 등의 문제를 해결하지 않으면 안된다. 고베시의 상하수문제에서는 육갑산(六甲山)계의 수맥으로 인하여 풍부한 상수원과 오수(汚水)와 우수(雨水)로 구분한 하수계획을 마련하여 하천오염에 대한 철저한 대비를 하고 있다. 특히, 하수처리 시설물의 일부를 시민에게 개방함과 동시에 처리장 주변의 도로일부를 공원화하여 시민이 이용토록 하고 있다.

또한 1969년에 클린 센터(Clean Center)의 이용으로 인근 지역의 수영장에 폐열을 이용토록 하고, 지하철의 내리막 운전시 잔여 전력을 이용한 전력의 효율성 제고, 태양력을 이용한 동물원의 운용, 육갑산(六甲山)의 풍력을 이용한 풍력 발전 등 수많은 대체 에너지 정책을 추진해왔다.

이상으로 고베시의 도시공간 만들기에 대한 세부 사항을 살펴보았는데 여기서 도시의 기능만을 위한 도시 만들기보다는 인간과 환경이 공생하는 도시 만들기가 우선되었다는 것을 알 수 있다.

(3) 끊기지 않는 녹지, 하노버시

독일 연방정부 산하 16개 주 가운데 하나인 니더작센(Niedersachsen) 주에 속하는 하노버시(Hannover)는 인구 약 60만 명, 면적 약 20,408ha로서 빙하기의 영향을 받아 지형은 고도가 낮고 대부분이 평지를 이루고 있다. 전체 도시 면적 중 시가화 면적과 도로 면 적은 48%, 도시 내 녹지의 개념으로 파악될 수 있는 공원(13.8%), 삼림지역(17.1%), 농업지 역(17.8%), 하천지역(3.3%) 등 도시 내 녹지 면적이 46%에 달하여 독일 내에서도 녹지 면적의 비율이 높은 도시이다.

〈그림 1-36〉
우수(雨水)저장연못과
우수 집수(集水) 시스템
자료: http://www.treeinfo.co.kr/gunsul2)

하노버시 도시녹지 체계의 근간은 도시 면적의 1/2에 해당하는 녹지를 끊기지 않게 연결하는 것이며, 한 마디로 "집을 나서면서부터 자연과의 만남"을 추구하는 것이다. 하노버시 도시녹지를 광역적으로 연결하는 주요 구성요소는, 1) 주택지나 상업지의 확산을 막기 위한 녹지 지역에 대한 규제인 독일연방 및 주의 자연보전법에 따른 "자연보호지역", "경관보전지역"의 설정, 2) 도심 한 가운데의 대규모 공원을 기점으로 한 중 심 녹지축의 설정, 3) 도시 한 가운데를 관통하는 중심 하천과 지천을 공원, 삼림지역과 연 결시키며 하천생태계의 복구를 통한 생물다양성의 추구, 4) 도심 외곽 지역의 도시농원 조성, 5) 자전거 전용도로를 통해 위와 같은 도시녹지를 시민들이 자유롭고 안전하게 접근할 수 있도록 하는 교통체계 및 도로의 가로수를 이용한 녹지축 설정이라 할 수 있다.

도시내에 보호지역을 설정하고 도시속에 자연을 유지하기 의해 노력하고 있다. 자연보호지역은 보호종(희귀종)이나 야생 동식물의 서식처로서 중요한 식물사회를 이루는 곳과 자연학 혹은 향토학상 중요한 지역에 설정하여 절대적인 보호를 요하는 지역이다. 경관보호지역은 자연보호지역보다는 생태학적 중요성은 떨어지나 자연 생태계의 능력을 회복하고 복구해야 할 지역과 경관이 수려한 지역에 설정하며 시민들의 여가활동과 휴양의 장소로서의 기능을 동시에 수행할 수 있는 곳이다. 이들 지역의 녹지관리 목표는 자연 및 문화자원의 보호와 이들 자원이 훼손되지 않는 범위 내에서의 이용을 조화시키는 것으로서 이용의 적합성은 철저한 영향평가를 통해 이루어진다.

영국, 일본, 독일의 생태도시 사례는 단순하게 이루어진 것이 아니다. 쾌적하고 건강한 삶을 영위할 수 있도록 주변을 청결하게 하고 도시 계획과 설계를 과학적이고 체계적으로 세운다면 생태 도시로 가는 길은 그리 어렵지 않을 것이다.

생태도시 사례에서 주목해야 할 점들은 1) 생태도시는 그 주체가 시민이어야 한다. 도시구조의 모든 것은 시민과 환경의 공생관계를 이어주는 매개체 역할을 하고 있고 또한 환경적 위험지 수를 초과하지 않아야 한다. 2) 생태도시 계획은 장기적인 안목을 가져야 한다. 생태도시 조성을 위해서는 단기적이 아닌 장기적인 비젼을 제시하고 그 이후에 구체적인 세부사항을 마련하여 계획을 시행해야 한다. 장기적인 안목을 가지고 정부, 기업, NGO, 지역 주민이 서로 협조하여 지속 가능한 생태도시를 건설해야 하겠다. 3) 생태도시는 도시가 갖는 특수성을 최대한 반영해야 한다. 도시는 인구, 산업, 면적, 자연자원, 지리적 조건 등 다양한 형태를 가지고 있으므로 지역의 특수성을 고려한 생태고시가 바람직하다. 4) 생태도시는 지속가능한 개발 개념을 고려하여야 하며 미래지향적이어야 한다. 인간과 환경이 공생하는 도시, 즉 안정성과 자립성, 순환성을 충분히 고려한 도시개발이 이루어져야 할 것이다.

6) 생태도시 조성을 위한 추진과제 및 계획수립방안[9]

성남시 분당구 판교동 일원의 판교택지개발예정지구의 생태도시계획 수립방안을 생태도시 조성을 위한 추진과제 및 계획수립방안의 사례로 소개하고자 한다.

9_ 최영국(국토연구원), 2005.4.13

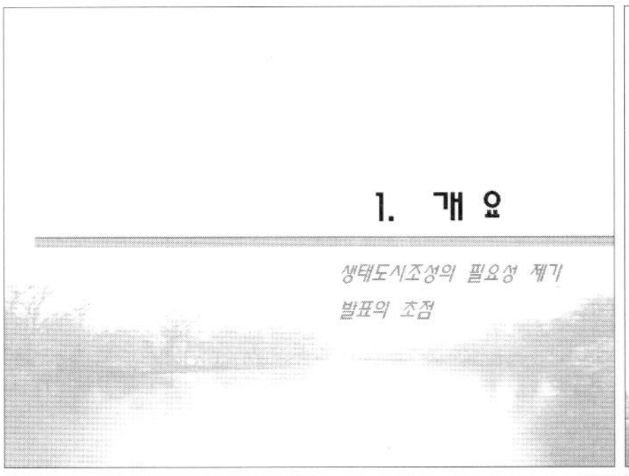
1. 개 요
생태도시조성의 필요성 제기
발표의 초점

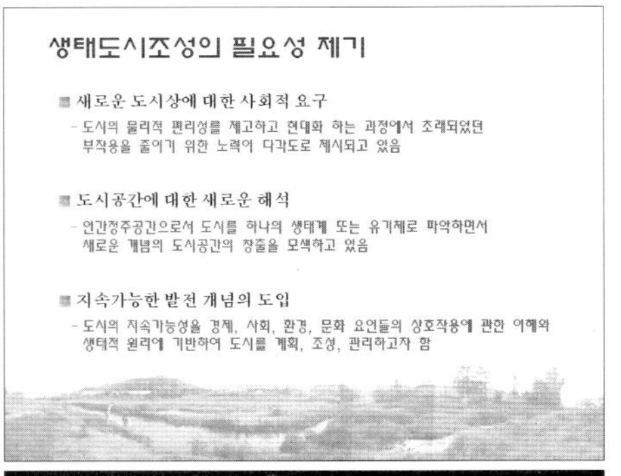
생태도시조성의 필요성 제기
새로운 도시상에 대한 사회적 요구
- 도시의 물리적 편리성를 제고하고 현대화 하는 과정에서 초래되었던 부작용을 줄이기 위한 노력이 다각도로 제시되고 있음
도시공간에 대한 새로운 해석
- 인간정주공간으로서 도시를 하나의 생태계 또는 유기체로 파악하면서 새로운 개념의 도시공간의 창출을 모색하고 있음
지속가능한 발전 개념의 도입
- 도시의 지속가능성을 경제, 사회, 환경, 문화 요인들의 상호작용에 관한 이해와 생태적 원리에 기반하여 도시를 계획, 조성, 관리하고자 함

2. 생태도시 계획 목표
생태도시개념
생태도시 정의
생태도시계획 목표정립

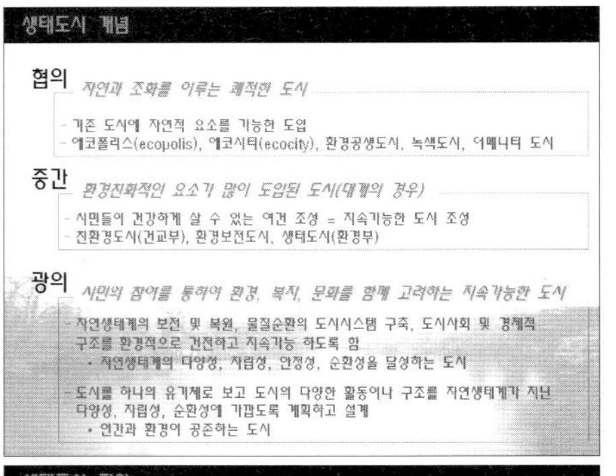
생태도시 개념
협의 자연과 조화를 이루는 쾌적한 도시
- 기존 도시에 자연적 요소를 가능한 도입
- 에코폴리스(ecopolis), 에코시티(ecocity), 환경공생도시, 녹색도시, 어메니티 도시
중간 환경친화적인 요소가 많이 도입된 도시(대개의 경우)
- 시민들이 건강하게 살 수 있는 여건 조성 = 지속가능한 도시 조성
- 친환경도시(건교부), 환경보전도시, 생태도시(환경부)
광의 시민의 참여를 통하여 환경, 복지, 문화를 함께 고려하는 지속가능한 도시
- 자연생태계의 보전 및 복원, 물질순환의 도시시스템 구축, 도시사회 및 경제적 구조를 환경적으로 건전하고 지속가능 하도록 함
• 자연생태계의 다양성, 자립성, 안정성, 순환성을 달성하는 도시
- 도시를 하나의 유기체로 보고 도시의 다양한 활동이나 구조를 자연생태계가 지닌 다양성, 자립성, 순환성에 가깝도록 계획하고 설계
• 인간과 환경이 공존하는 도시

생태도시 정의
▪ 자연과 인간을 보다 가깝게 하는 도시
- 접촉할 수 있는 풍부한 자연

생태도시 정의
▪ 인간과 인간이 보다 정다운 도시
- 풍요로운 도시활동(문화)

생태도시 정의
▪ 자연생태계가 건강한 도시
- 원활한 순환체계(건강한 생태계)

생태도시 정의
▪ 시민이 참여하여 만드는 도시
- 자발적인 참여 유도

생태도시계획 목표정립

■ 도시의 구성요소

건축
도시에 건설되는 건물, 도로, 가로시설물 등의 인공물

자연
도시건설에 의해 파괴되고 훼손되는 자연, 경관, 새로 조성되는 인공적인 녹지 포함

인간
건축과 자연의 변화 및 수용의 주체로서 도시활동을 통해 문화를 형성

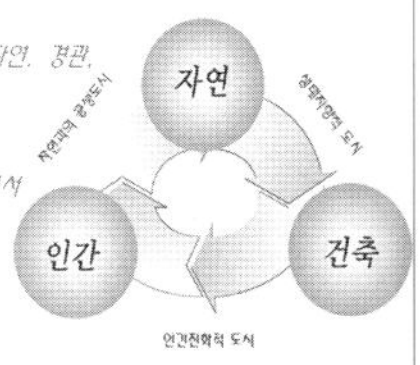

<생태도시 조성의 구성요소>

생태도시계획 목표정립

■ 생태도시 조성 목표

• 생태지향적 도시 : 자연과 건축

- 건축과 자연의 유기적인 연계와 조화를 통해 보다 물질순환적인 공간 조성
- 주요 관점 : 토양, 지하수, 우수관리, 굿장, 에너지 절약 및 재생에너지 활용, 녹색(생태) 건축 등

생태도시계획 목표정립

■ 생태도시 조성 목표

• 인간 친화적 도시 : 건축과 인간

- 도시생활 및 시설 사용에 따른 환경오염부하 저감 및 시민사회의 유대감 강화
- 주요 관점 : 인간중심적(휴먼스케일) 가로시설물 설치, 교통수단 및 쓰레기처리 관련, 지역문화공동체(local community) 활성화, 문화행사 및 이벤트

생태도시계획 목표정립

■ 생태도시 조성 목표

• 자연과의 공생 도시 : 인간과 자연

- 인간과 자연이 함께 공존하도록 자연보전 및 복원
- 주요 관점 : 자연 체험기회 확대, 질 높은 녹지조성, 비오톱 조성, 생태네트워크 구축

3. 생태도시계획 수립을 위한 준비작업

생태도시조성을 위한 추진과제의 선정
기초정보구축 : 비오톱지도 작성

생태도시조성을 위한 추진과제의 선정

■ 생태도시 조성 목표를 달성하기 위해 대상도시의 특성과 문제점을 해결하기 위한 추진과제 도출

• 일반적으로 목표달성을 고려한 생태도시조성을 위한 과제 : 주거환경개선, 자연도입, 대중교통, 에너지 절약, 수자원(우수의 활용), 주민참여 등

• 생태도시는 단순히 건강한 자연생태계 조성뿐만 아니라 경관 및 문화적으로 살기 좋은 도시를 건설하는 것이므로 문화, 경관 등과 관련한 사항도 포함 : 『환경, 문화, 경관』 관련한 추진과제 도출

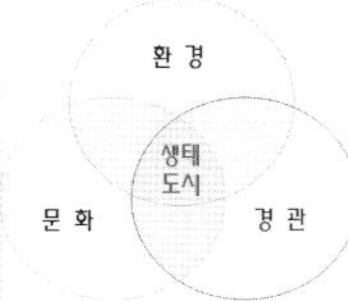

생태도시조성을 위한 추진과제의 선정

■ 생태도시 조성을 위한 추진과제

계획항목	주요 목적
지형	기존 지형의 변형 최소화
물	기존 수체계의 보전 물 순환 기능 유지
토양	미생물이 살 수 있는 토양환경
공기 및 기후	지역 내 원활한 공기 흐름 및 대기오염의 감소
녹지 (식물)	기존 녹지의 보전 및 연결체계 고려 녹지의 기능 다양화
동물	서식처 보존
에너지	화석에너지 사용절감
쓰레기	발생량 감소 및 처리방법 개선
교통	교통량 최소화 대중교통 중심의 토지이용
경관	도시이미지 제고
문화	지역공동체 형성
시민참여	정책추진의 순응 및 지역주민 역량 제고

기초정보구축 : 비오톱지도 작성

■ 비오톱(biotope)의 정의

• 생물 생존에 필요한 조건을 만족시키는 특정 공간
- biotope = bios(생활, 생명) + topos(장소, 공간)

• 비오톱은 생물군집과 함께 생태계를 구성
- 가치중립적인 것으로 특별히 가치가 있고 보호할 필요가 있는 서식공간만을 의미하는

■ 비오톱 지도

• 정의 : 비오톱지도는 일정 구획의 토지의 동·식물상, 기상, 지형·지질, 수리·수문 등의 생태적 특성을 바탕으로 일정한 형식에 따라 유형화하고 토지의 특성을 평가하여 도면에

기초정보구축 : 비오톱지도 작성

■ 비오톱 지도의 활용

- 비오톱지도는 대상지의 토지생태현황을 그대로 보여줌
  - 자연과 경관의 다양성 및 고유성 정도 그리고 생물 생존에 필요한 공간인지에 대한 판단을 할 수 있음

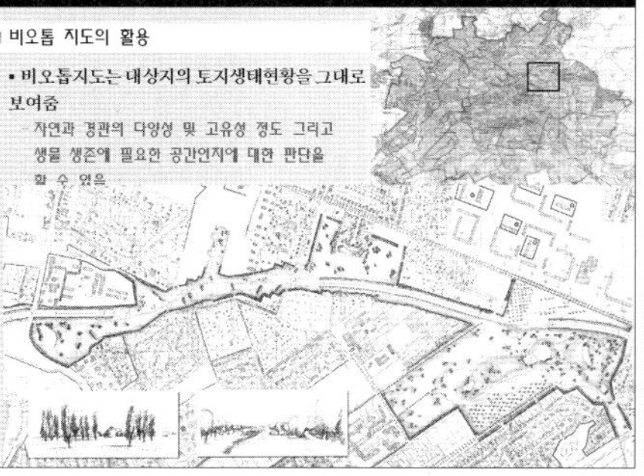

4. 생태도시 계획 수립방안

계획수립단계

판교사례에 의한 생태도시계획 수립

계획수립단계

	신도시	기존도시
1단계	생태도시조성목표	
2단계	비오톱지도 작성	
3단계	환경계획 수립	기존 도시계획 고려한 생태도시계획 수립
4단계	개발계획과 환경계획의 연계	
5단계	생태도시계획 수립	

판교 사례에 의한 생태도시계획 수립 - 과업의 개요

■ 판교지구 개요

- 판교택지개발예정지구
  - 위치/면적 : 성남 … 280만평 (강남에서 10km 권역)
  - 토지 이용 : … 보전녹지(79%)
  - 거주 인구 … 세대(세입자 1,553세대)
  - 토 … 2,890명, 외지인3,442명)

판교 사례에 의한 생태도시계획 수립 - 과업의 개요

■ 접근방법

- 환경계획과의 연계
  - 개발구상을 지원하는 환경계획 수립
  - 환경계획에 의한 환경보전대상 우선 선정
- 개발구상과 보전방안과의 타협
  - 개발과 보전의 협의를 통한 조화된 계획
  - 개발가능지 확보지원이 아닌 보전을 요하는 대상 확보
- 개발로 인한 환경영향저감대책 사전 수립
  - 경관기능의 연속성 유지를 위한 훼손 녹지의 대체 기능 확보
  - 불가피한 개발에 대응한 환경영향 저감대책 강구
  - 녹지 = 시각적 녹지 + 생물서식공간 + 주거환경의 쾌적성 확보

판교 사례에 의한 생태도시계획 수립 - 과업의 개요

■ 과업추진과정

환경친화적 판교신도시 개발 목표

개발구상	환경계획
개발골격 토지이용구상	비오톱평가 보전등급구상

광역녹지축 형성

개발구상 보완	환경저감방안
개발계획안 마련	환경보전계획

판교 생태도시계획 수립

판교 사례에 의한 생태도시계획 수립 - 생태도시계획 수립

1단계 / 2단계 / 3단계 / 4단계 / 5단계

■ 판교지구의 생태도시조성을 위한 목표 및 과제

- 목표정립
  - 자연과 인간이 공존하는 친환경적 도시조성
  - 물질순환이 확보되고 유지되는 도시조성
  - 친환경적 도시개발을 통한 쾌적한 도시환경 창출

판교지구의 생태도시조성

- 자연과 인간이 공존하는 친환경 도시조성
- 물결순환이 확보 및 유지되는 도시조성
- 친환경적 도시개발을 통한 쾌적한 도시환경 창출

< 판교지구의 생태도시 조성목표 >

판교 사례에 의한 생태도시계획 수립 - 생태도시계획 수립

■ 판교지구의 생태도시조성을 위한 목표 및 과제

- 추진과제

조성목표	정책방향	주요내용
자연과 인간이 공존하는 도시조성	생물서식 환경의 보전	- 주요 생물서식처를 보전 - 생태거점 및 완충지대를 보존지역으로 설정 - 희귀종의 서식지역을 보전 - 주요 생태거점을 블루네트워크(하천)로 연결 - 녹지 및 하천 기능/구조의 재해석을 통해 보전방안 도출
물질순환이 확보되고 유지되는 도시조성	물질순환 체계의 보전	- 도시개발에 따른 환경변화를 최소화 - 자연적인 물질순환체계 보전 - 바람통로 상의 오픈스페이스를 보전 - 개발지역으로 관입되는 형태의 녹지를 보전 - 주요 지천의 상류 저류지역을 보전
쾌적한 도시 및 주거환경 창출	친환경적인 도시개발	- 기존 자연환경의 기능과 구조를 도시개발에 반영 - 자연요소의 위락, 학습 기능을 적극적으로 반영하여 보전용도의 토지이용을 배치

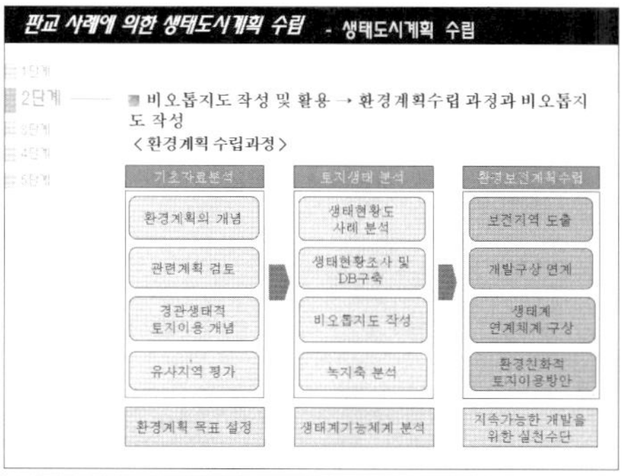
판교 사례에 의한 생태도시계획 수립 - 생태도시계획 수립
2단계
■ 비오톱지도 작성 및 활용 → 환경계획수립 과정과 비오톱지도 작성
〈환경계획 수립과정〉
환경계획의 개념
관련계획 검토
경관생태적 토지이용 개념
유사지역 평가
환경계획 목표 설정
생태현황도 사례 분석
생태현황조사 및 DB구축
비오톱지도 작성
녹지축 분석
생태계기능체계 분석
보전지역 도출
개발구상 연계
생태계 연계체계 구상
환경친화적 토지이용방안
지속가능한 개발을 위한 실천수단

판교 사례에 의한 생태도시계획 수립 - 생태도시계획 수립
■ 비오톱지도 작성 및 활용
〈비오톱지도 작성〉
• 토지생태분석
- 토지생태정보 구축
• 지형 및 토지/토양부문
• 미기상부문
• 수환경부문
• 녹지부문
• 동식물 서식환경부문
• 지형 및 토지 부문
고도, 경사, 향, 요철, 토양배수기능, 토심, 토지피복, 토지이

판교 사례에 의한 생태도시계획 수립 - 생태도시계획 수립
■ 비오톱지도 작성 및 활용
• 토지생태분석
• 미기상 부문
일사량, 찬공기생성지역, 지표면 열반사도

판교 사례에 의한 생태도시계획 수립 - 생태도시계획 수립
■ 비오톱지도 작성 및 활용
• 토지생태분석
• 수환경 부문 : 하천구조, 수질 및 수문 개략 현황
청계산
자연하천
금토천
운중천

판교 사례에 의한 생태도시계획 수립 - 생태도시계획 수립
■ 비오톱지도 작성 및 활용
• 토지생태분석
• 동물 서식환경 부문
육상곤충, 어류, 양서·파충류, 조류, 포유류
판교 택지개발예정지구 생태계 현장조사

판교 사례에 의한 생태도시계획 수립 - 생태도시계획 수립
■ 비오톱지도 작성 및 활용
• 토지생태분석
• 녹지 부문
광역녹지 체계, 상위식생형, 녹지자연도, 식생활력도

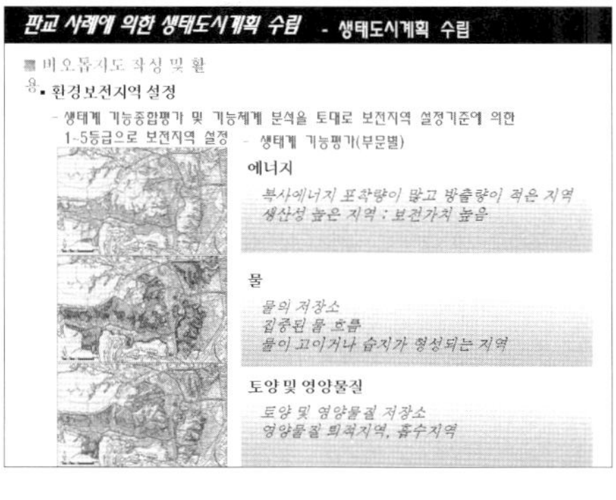
판교 사례에 의한 생태도시계획 수립 - 생태도시계획 수립
■ 비오톱지도 작성 및 활용
• 환경보전지역 설정
- 생태계 기능종합평가 및 기능체계 분석을 토대로 보전지역 설정기준에 의한 1~5등급으로 보전지역 설정
- 생태계 기능평가(부문별)
에너지
복사에너지 포착량이 많고 방출량이 적은 지역
생산성 높은 지역 : 보전가치 높음
물
물의 저장소
집중된 물 흐름
물이 고이거나 습지가 형성되는 지역
토양 및 영양물질
토양 및 영양물질 저장소
영양물질 퇴적지역, 흡수지역

판교 사례에 의한 생태도시계획 수립 - 생태도시계획 수립
■ 비오톱지도 작성 및 활용
• 환경보전지역 설정
- 생태계 기능평가(종합)

판교 사례에 의한 생태도시계획 수립 - 생태도시계획 수립

■ 비오톱지도 작성 및 활용

- 환경보전지역 설정
  - 생태계 기능체계 분석

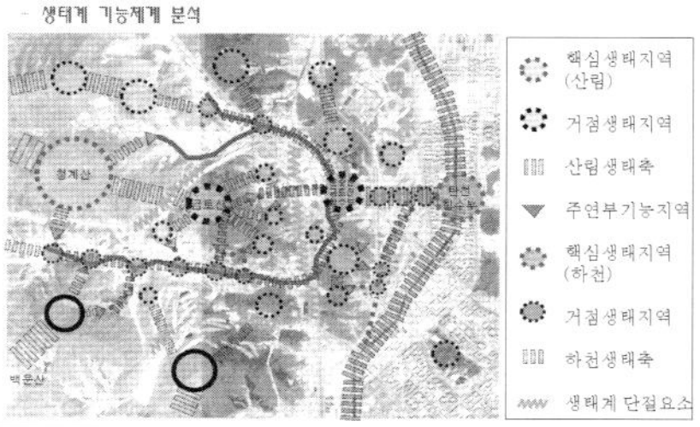

판교 사례에 의한 생태도시계획 수립 - 생태도시계획 수립

■ 비오톱지도 작성 및 활용

- 환경보전지역 설정
  - 개발구상과 협의할 기본도면 마련
    - 보전등급 구분

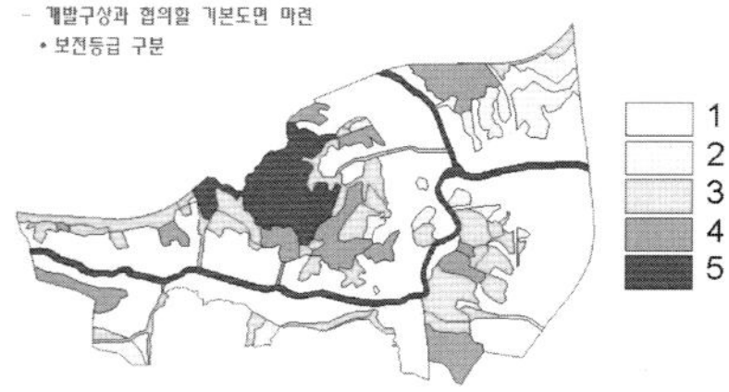

판교 사례에 의한 생태도시계획 수립 - 생태도시계획 수립

1단계
2단계
3단계 ——— ■ 환경계획수립 → 개발구상과의 타협 및 환경영향 저감방안 강구
4단계
5단계

- 개발계획을 염두에 둔, 통합된 과정으로서의 환경계획 수립
  - 사전예방차원의 환경훼손 대처
  - 보전지역을 우선 설정하고 개발계획의 개발대상지와의 절충 시도
  - 불가피하게 훼손된 지역에 대한 대책 강구

판교 사례에 의한 생태도시계획 수립 - 생태도시계획 수립

■ 환경계획수립

- 환경보전지역 설정대안
  - 1안 : 기존 자연의 보전
    - 생물보전 : 주요 생물거점이나 기존 녹지의 대부분 보존.
    - 물질순환 : 물과 공기의 흐름의 변화가 적음
    - 친환경 개발 : 가능한 개발면적이 부족

42.04% (37.09)

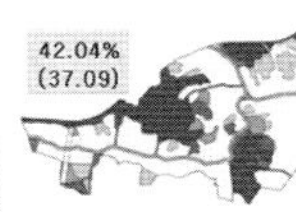

  - 2안 : 주요 생태 기능체계의 보전
    - 생물보전 : 고립된 녹지가 사라지는 대신 주변부 녹지의 생물서식 기능은 남아있음
    - 물질순환 : 남북방향의 바람길 주변 녹지 보전, 생태계 기능흐름 보전
    - 친환경 개발 : 개발압력에 비해서 개발 가능한 면적이 부족

34.11% (29.16)

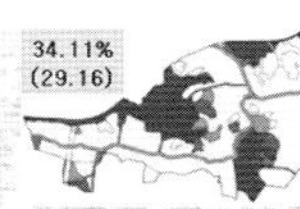

판교 사례에 의한 생태도시계획 수립 - 생태도시계획 수립

■ 환경계획수립

- 환경보전지역 설정대안
  - 3안 : 보전과 개발의 조화
    - 생물보전 : 생물서식 거점지역이 보전, 하천을 통해 생물 이동
    - 물질순환 : 경부고속도로 근접 녹지가 사라지고 시가지로 관입되는 녹지가 바람통로 역할
    - 친환경 개발 : 개발지역에 기존 녹지를 보상하여 공원 설치

31.07% (26.12)

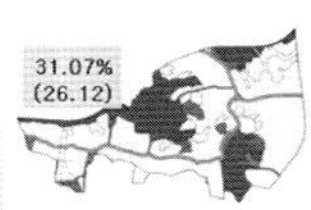

  - 4안 : 하천과 생물거점 연계를 통한 보전
    - 생물보전 : 생물서식 거점지역이 보전, 하천을 통해 생물이 이동
    - 물질순환 : 하천을 통한 순환이 이루어짐

28.17% (23.22)

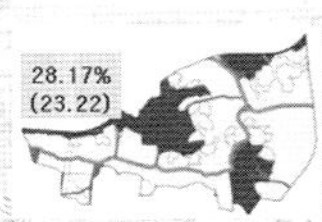

판교 사례에 의한 생태도시계획 수립 - 생태도시계획 수립

1단계
2단계
3단계
4단계 ——— ■ 개발계획과 환경계획의 협의
5단계

- 생태도시는 개발계획과 충돌하는 것이 아니라 환경적 요소의 투입으로 개발계획을 지원하는 것
  - 개발계획과 환경계획의 내용을 실질적으로 연계되도록 하여야 함
    - 두 계획간 '협의' 할 수 있는 여건 마련이 중요
  - 협의를 위한 여건
    - 비오톱지도의 공동작성 : 개발계획과 환경계획의 담당자가 함께 작성
    - 계획협의기구 구성, 타협하려는 자세
- 협의과정에서 논의된 계획내용
  - 계획방향에 대한 인식의 공유
    - 개발은 자연의 파괴행위가 아닌 환경과 인간의 조화로운 공생을 목적으로 자연을 활용하는 것
    - 도시개발은 대규모 환경변화를 수반하지만 기존 자연생태계의 기능을 가급적 유지

판교 사례에 의한 생태도시계획 수립 - 생태도시계획 수립

■ 개발계획과 환경계획의 협의

* 7차례의 협의과정 결과 : 기본구상안 주요 조정내용

○ 광역 녹지축 개발 유지
○ 금토천 및 운중천의
○ 주요 녹지 및 물길(지천 포함) 보전
○ 산림 주연부 보전
○ 주요 동식물 서식지
○ 주요 도로의 위치

판교 사례에 의한 생태도시계획 수립 - 생태도시계획 수립

■ 개발계획과 환경계획의 협의

- 추가로 보전된 지역

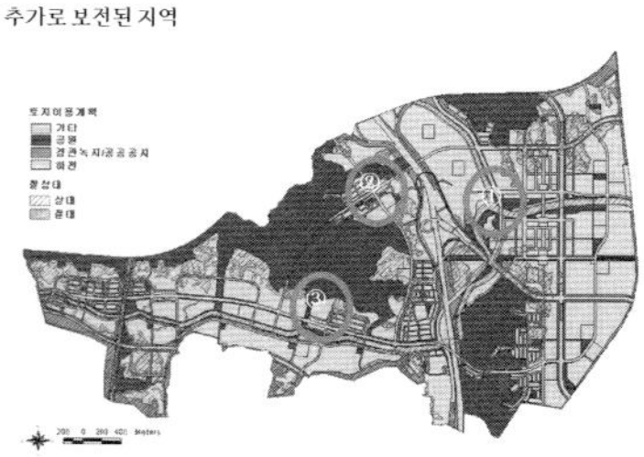

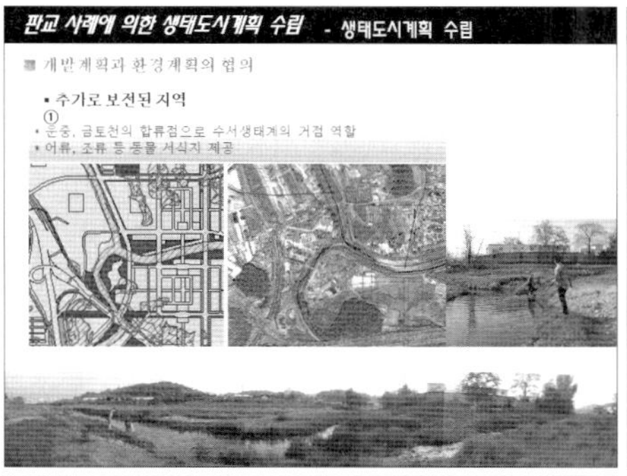
판교 사례에 의한 생태도시계획 수립 - 생태도시계획 수립
개발계획과 환경계획의 협의
• 추가로 보전된 지역 ①
• 운중, 금토천의 합류점으로 수서생태계의 거점 역할
• 어류, 조류 등 동물 서식지 제공

판교 사례에 의한 생태도시계획 수립 - 생태도시계획 수립
개발계획과 환경계획의 협의
• 추가로 보전된 지역 ②
• 유량이 풍부하고 계곡이 깊음 수질 양호
• 어류서식에 적합
• 경이지대로서 다양한 생물상이 존재
• 주연부는 곤충이나 기타 동물상의 서식에 적합

판교 사례에 의한 생태도시계획 수립 - 생태도시계획 수립
개발계획과 환경계획의 협의
• 추가로 보전된 지역 ③
• 우측 지류에 넓은 규모의 습지가 존재
• 상시적으로 유량을 제공
• 유기물의 저장고 및 곤충 서식지로 적합
• 핵심지역인 금토산을 보호하는 주연부 기능

판교 사례에 의한 생태도시계획 수립 - 생태도시계획 수립
개발계획과 환경계획의 협의
• 개발에 따른 환경저감 대책
a
a
C
c
E
e
D
d
f
g
G

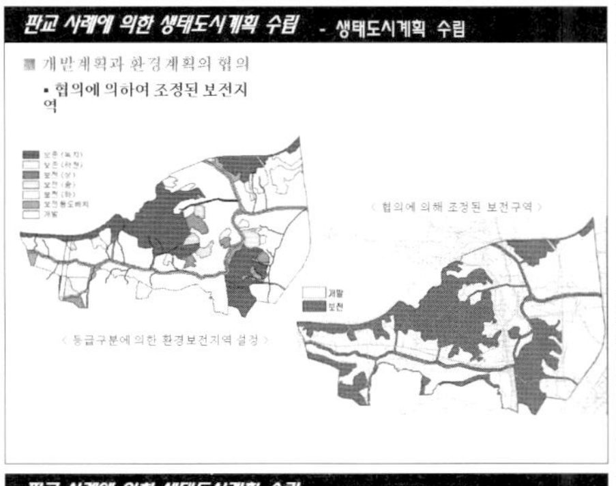
판교 사례에 의한 생태도시계획 수립 - 생태도시계획 수립
개발계획과 환경계획의 협의
• 협의에 의하여 조정된 보전지역
〈 협의에 의해 조정된 보전구역 〉
〈 등급구분에 의한 환경보전지역 설정 〉

판교 사례에 의한 생태도시계획 수립 - 생태도시계획 수립
개발계획과 환경계획의 협의
• 개발에 따른 환경영향 저감
- 하천유지유량의 확보
• 도시개발로 인한 불투수층 면적증가에 따른 지하수 함양 부족에 대처
• 「지역 #11」에 위치한 지천으로 거의 건천화되어 있음

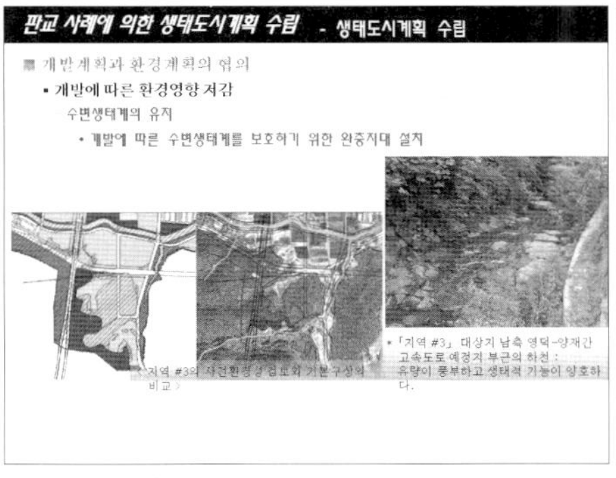
판교 사례에 의한 생태도시계획 수립 - 생태도시계획 수립
개발계획과 환경계획의 협의
• 개발에 따른 환경영향 저감
수변생태계의 유지
• 개발에 따른 수변생태계를 보호하기 위한 완충지대 설치
• 「지역 #3」 대상지 남측 영덕-양재간 고속도로 예정지 부근의 하천 : 유량이 풍부하고 생태적 기능이 양호하다.

판교 사례에 의한 생태도시계획 수립 - 생태도시계획 수립
개발계획과 환경계획의 협의
• 개발에 따른 환경영향 저감
수변생태계의 유지
• 개발에 따른 수변생태계를 보호하기 위한 완충지대 설치
〈 판교지구 습지 보전, 조성 권장 지역 〉

판교 사례에 의한 생태도시계획 수립 - 생태도시계획 수립

■ 개발계획과 환경계획의 협의

- **개발에 따른 환경영향 저감**
  - 수질오염 저감
    - 도시활동에 의한 환경오염물질이 하천에 직접 유입되지 않도록 토지이용계획시 녹지 존치

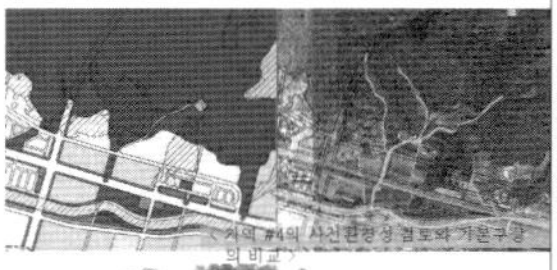

< 지역 #4의 자연환경성 검토와 기본구상의 비교 >

「지역 #4」 금토산 남측에 형성된 습지대 : 산림 주변부 및 산림-하천 연결 습지대로서

판교 사례에 의한 생태도시계획 수립 - 생태도시계획 수립

■ 개발계획과 환경계획의 협의

- **개발에 따른 환경영향 저감**
  - 신선한 공기 유입
    - 도시열섬현상을 완화하기 위하여 도시주변산림에서 발생하는 신선한 공기가 유입되도록 하며 녹지를 도시 내까지 관입

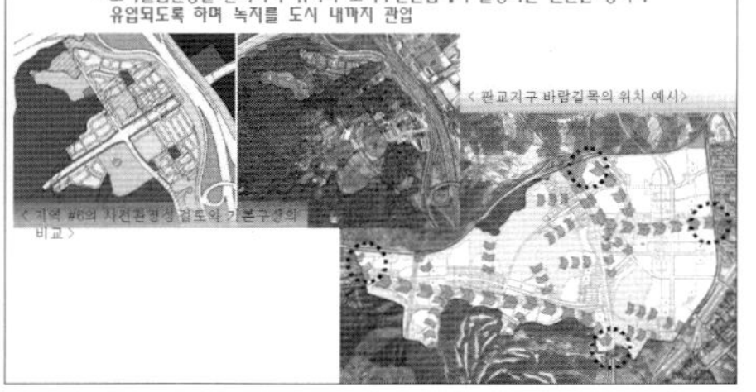

< 판교지구 바람길목의 위치 예시>

< 지역 #6의 자연환경성 검토와 기본구상의 비교 >

판교 사례에 의한 생태도시계획 수립 - 생태도시계획 수립

■ 개발계획과 환경계획의 협의

- **개발에 따른 환경영향 저감**
  - 훼손되는 녹지에 대한 대체 수단 강구 및 환경영향저감방안 : 불가피하게 개발에 편입되는 녹지가 수행하였던 기능을 대체할 수 있는 연공녹지 조성

< 도면 중첩 예시 >

- 개발구상안과 환경보전지역 설정안 중첩 및 상충부분 협의

두 계획의 연계는 주로 과업진행 단계별로 개발구상안과 환경보전지역의 도면을 중첩하여 상충되는 지역에 대한 협의 및 조정을 중심으로 이루어 짐

판교 사례에 의한 생태도시계획 수립 - 생태도시계획 수립

1단계
2단계
3단계
4단계
5단계

■ 생태도시계획수립시 고려한 실천수단(예시)

- **물질순환체계의 보전과 창출**
  - 바람길 보전 : 기존 녹지의 흐름 유지
  - 우수의 순환 : 포장, 우수관리
- **생물서식처의 보전과 창출**
  - 도시림 생태계의 보전 : 녹지축, 하천의 자연성 확보
  - 주연부 생물서식공간의 조성 :
  - 수공간의 복원과 조성
  - 생물 이동통로의 조성
- **토양 생태계 보전**
  - 표토의 보전과 재활용
- **시민이 참여하는 생태도시 조성**
  - 시민 참여에 의한 비오톱지도 갱신과 활용
  - 시민이 참여하는 녹지공간 관리

5. 결 론

생태도시조성의 성공 요건

■ 도시와 자연에 대한 인식 전환

- 도시는 인간만을 위한 공간이 아니라 자연이 함께 공존하는 공간
- 생태조시 조성 : 부분적인 녹지확대가 아니라 도시환경의 부정적인 요소를 제거하고 도시환경의 질을 제고하는데 초점

■ 생태패러다임(new environmental paradigm, ecological paradigm)으로의 사고체계 전환

- 인간은 자연의 일부분
- 보다 우월한 존재가 아닌 자연의 일부분(ecocentrism)으로 간주하며, 여기에서 자연은 인간을 포함한 생태계의 모든 구성원이 함께 어우러져 연결되어 있는 집합체로서 자연환경의 변화는 인간의 사회적, 문화적, 생리적 변화와 연관(the person-planetary)되어 있다는 점을 강조함
- 자연자원이용시 생산성 제고와 함께 자연환경의 건강성 및 생태계 흐름을 중시
- 자원이용에 따라 발생하는 환경오염의 사전예방에 초점을 둠
- 계획수립시 주민들의 의사 반영 및 직접 참여 권장

전주에서 생태도시조성을 위한 제언

■ 생태도시조성방향에 대한 공론화 작업

- 생태도시조성은 왜 필요한가, 무엇을 위한 것인가 등에 대한 각계각층의 의견 수렴과정
  - 현재 전주도시가 안고 있는 문제점을 공유하고 도시의 바람직한 미래상 그리고 장래 발전방향에 대하여 논의하도록 함
- 생태도시개념에 대한 올바른 인식을 공유함
  - 향후 생태도시조성 방향을 정립하고 시민들의 자발적인 참여를 유도하는

■ 생태도시조성을 위한 매뉴얼 작성

- 전주시가 추진하고 있는 "전주시 환경친화적인 사업"에 대한 종합적 진단
  - 이러한 사업들이 왜, 그곳에서 행해져야 하는가, 도시가 추구하는 목표를 추구하고 있는지, 시민들은 일련의 사업들에 대하여 어느 정도 알고 있으며, 무엇을 위해 시행되고 있는지 등에 대한 자체 평가 필요
- 생태지향적 도시공간 창출을 위한 종합계획수립 및 이를 토대로 한 사업추진 매뉴얼 작성
  - 생태도시조성목표 설정 및 추진사업들이 상호 연관성을 지니도록 함

전주에서 생태도시조성을 위한 제언

■ 기초정보로서 비오톱지도 작성

- 비오톱지도 작성을 위한 전 지역 조사 실시
- 주변과의 연관성 고려한 비오톱지도 제작

■ 기타

- 생태도시조성을 위해 필요한 조직체계 구축
- 추진 사업에 대한 스크린 과정
- 지역주민의 자발적 참여를 유도하기 위한 지역공동체 형성 작업
- 도시이미지의 정립을 통한 도시정체성 확보

5. 도시녹지

1) 도시의 수목

우리는 자연이라 하면 주변의 개울과 강, 산과 계곡 등과 같은 지형적 요소와 곤충과 새, 나무와 풀 등과 같은 동·식물을 떠올리곤 한다. 이러한 자연의 형태 중, 수목은 자연을 상징하는 가장 분명하고 확실한 형태라고 할 수 있으며, 도시환경의 시각적·감각적, 물질적 질의 향상에 다양한 방법으로 기여하고 있다고 하겠다.

이러한 수목이 도시에 도입되기 시작한 초기의 모습은 도로를 계획하는 과정에서 확인할 수 있으며, 특히 17세기 프랑스의 바로크정원, 19세기 중반 파리의 개조 계획과 18세기 후반 19세기초에 걸친 런던스퀘어의 구획 등에서 찾아볼 수 있다.

프랑스 바로크정원의 특성은 도로 또는 길을 따라서 나무가 길게 일렬로 늘어서 있는 것으로, 이 도로는 사냥을 할 때 몰이꾼들이 나무 사이로 뛰어 다니는 동안 주인의 시야를 확보하기 위해 방사형으로 뻗어 있다. 이와 같은 프랑스식 방사형 도로는 18세기 도시 디자인에 큰 영향을 미쳤으며 거리 구조의 이상적인 패턴으로 자리 잡았다. 대표적인 예는 1791년 앙팡(Pierre Charles L'Enfant)에 의해 디자인 된 워싱턴 D.C.이다.

그 후 가로수는 좀 더 시각적 관점에서 그리고 좀 더 실용적이고 기능적인 관점에서 계획되었다. 1850년대와 1860년대에는 나무가 일렬로 선 넓은 불루바드라 불리는 가로수 길이 파리에 도입되었다. 수목이 일렬로 선 가로수 길은 눈을 즐겁게 했고, 축제와 같은 큰 행사가 있을 때에는 보다 쉽게 접근할 수 있게 했을 뿐만 아니라 폭동이 일어났을 때는 보다 용이하게 방어할 수 있게 해 저택, 궁전, 그리고 군대 막사의 방위력을 증진시켰다. 또한 큰 가로수는 공기와 열의 순환을 가능케 함으로써 시민들에게 큰 이로움을 제공하였다. 이때부터 가로수는 바로크 정원에서와 같이 단순히 사방으로 뻗은 것에 불과한 길과 도로의 개념을 넘어서게 되었다.

또한 영국에서는 도시 광장과 리젠트공원 등이 나무와 잔디로 울창하게 설계되었는데, 이로부터 수목은 1800년대 런던 조경의 중요한 요소로 대두되기 시작했다. 그 후 19세기 중반, 주거지 광장이라 하면 나무와 풀을 떠올리게 되었고, 이 시기에 영국 시민들은 모든 빈 공간에 식물을 심어야 한다는 도덕적 의무를 느낄 만큼 자연을 추종하는 인식이 무척 강했다고 한다.

이러한 일련의 과정들은 도시의 역사에 수목이 포함되는 새로운 인식 즉, 새로운 도시환경가치관의 확립을 의미한다고 볼 수 있다.

한편 신대륙 미국의 도시개발도 영국과 프랑스의 전례를 따르고 있는데, 그 결과 19세기 초반 미국 도시계획에서도 수목과 오픈 스페이스에 큰 가치를 부여하였다. 그 후 20세기 초반에 와서는, 워싱턴 D.C.에서처럼 바로크양식의 수목이 일렬로 선 가로수 길이 미국 도시들의 수많은 초기 도시미화계획의 특징이었다. 가령 파리의 수목이 일렬로 늘어선 넓은 가로수 길인 불루바드는 시카고와 샌프란시스코의 도시계획에 있어 그 규범이 되었다. 이러한 방사형 가로수를 기본으로 하는 도시미화계획은 경관공원과 파크웨이 그리고 도심 중앙부에 초점을 맞추었기 때문에, 나무와 자연은 도시 미라는 개념에 있어서 중요한 역할을 하게되었다.

프랑스 바로크양식의 영향이 도시의 중심에서 분명하게 드러났다면, 미국의 낭만적 조경 운동의 영향은 도시 공원의 디자인에서뿐만 아니라 도시 주변 변두리에서도 나타났다. 언덕에 도로를 만들기 위해 수목을 없애는 것이 아니라, 수목들 사이로 완만하게 구부러진 도로를 만들었는데, 이 계획은 수목으로 덮인 것처럼 땅을 개발하자는 것이었다. 즉, 수목이 없으면 즉시 더 심었고, 녹음은 더 풍부해져서 자연스러운 숲을 이루었다. 이러한 효과는 낭만적 조경의 필수적인 요소였다.

이와 같이 수목은 인간이 창조한 보기 흉한 구조물들을 시각적으로 완화시켜주는 주요 요소로 작용하게 되었다.

이와 같은 배경에서 도입된 수목은 오늘날 도시민에게 어떠한 가치를 부여하고 있을까? 수목은 도시조성과 재개발 시에 여전히 중요한 구성요소로 간주되고 있을까? 나무가 환경의 질에 어떻게 기여하고 있는지에 대한 몇 가지 연구결과를 살펴보면 다음과 같다.

1970년 라이프 매거진은 루이스 헤리스라는 조사기관에 의뢰하여 미국 시민들이 바라는 삶의 방식과 환경 가치에 관한 설문조사를 시행하였는데, 응답자의 95%는 중요한 환경 가치로 '자신의 주변에 존재하는 녹색 잔디와 나무'를 들었다. 또한 Planned Residential Communities라는 조사에서는 거주민들이 거주 환경을 평가하는 요소로써 나무, 언덕과 호수 같은 자연적인 지형요소를 지목하는 것으로 조사되었다.

이 연구들의 대부분이 도시인구 중 중간 계층의 도시민에게 우선적으로 초점을 둔 것에 반해, 쿠퍼는 캘리포니아의 저소득 가구에 대한 프로젝트에서 저소득 거주민의 만족에 관해 포괄적으로 통찰하는 연구를 했다. 그녀는 거주민의 환경의 질에 기여하는 중요한 요소로써 나무와 잔디가 우선적으로 인식되었으며, 거주민들이 거주지 주변에 많은 나무와 잔디들이 있으면 좀 더 매력적인 공간으로 인식하였고, 그렇지 못할 경우에는 우울하고 지루하게 느낀다고 했다.

작은 도시로 둘러 쌓인 미국 북동의 코네티컷 강의 풍경 가치에 관한 연구에서, 수목은 모든 환경의 풍경적 질에 긍정적으로 기여하는 중요요소로서 작용하고 있는 것으로 판명되었다. 페인의 연구에서는 나무가 물리적 거주 환경의 질을 높일 뿐만 아니라, 또한 거주자산의 경제적 가치를 강화한다고 말했다. 매사추세츠주의 암헤스트시에서의 조사에서 수목은 거주민의 재산가치에 많게는 15%, 평균적으로는 7% 정도 기여하는 것으로 밝혀졌다.

수목의 가치에 관해 조사하는 연구가 흔하지는 않지만 이러한 연구들은 일관성 있는 결과를 보여주고 있다. 즉, 18세기이래, 도시에서 수목의 존재와 관련하여 많은 함축적인 가치가 있다는 것에 거의 일치된 결과를 보여 주고있다.

수목은 실로 20세기 도시에 있어서 자연의 가장 가시적이고 실체적인 구성요소 중 하나이다. 수목이 길을 따라 늘어서 있든지, 광장이나 공원에 있든지, 또는 뒤뜰에 있든지 간에 나무는 도시생활과 도시의 자연환경, 둘 모두의 질을 향상시킬 수 있는 가능성을 가지고 있다.

수목은 도시환경개선에 기여함과 동시에 인간과 자연이 상호작용 할 수 있는 많은 수단을 제공한다.

우선 시각적 환경개선의 효과를 살펴보면, 수목은 구조적이고 획일적인 환경에 인간적인 척도와 다양성의 요소를 제공하기 위해 흔히 사용된다. 그리고 복잡한 도시환경에서 시민들이 보기에 불쾌하게 느끼는 그다지 중요하지 않는 요소들을 시각적으로 조절하기 위해 필요한 방향과 방위를 제한하는데 수목이 쓰이기도 한다. 또한 시각적으로 혹은 기능상으로 서로 분리하기 어려운 토지의 공간이용을 분할하기 위해 사용되어질 수 있다.

수목은 또한 물리적 환경개선에 대해서도 큰 역할을 하고 있다. 도시 미기후에 나타나는 가혹하고 극단적인 현상들을 완화시켜주며, 도시의 토양 및 수자원의 보호와 관리를 돕고있다. 그리고 도시의 대기에서 먼지와 소음 그리고 눈부심을 통제하기 위한 천연여과기나 완충기로서 사용되어질 수 있다. 이러한 역할들로 인해 도시에서의 삶을 더욱 즐길 수 있는 공간 의 조성을 도모한다.

마지막으로 수목은 새들과 작은 포유동물들을 위한 식량과 은신처 그리고 서식지를 제공한다. 이것은 자연환경의 질을 개선하는 것뿐만 아니라 도시에 있어서 인간이 자연과 상호작용 할 수 있는 기회를 증가시키는 것이라 할 수 있다.

이밖에도 수목이 도시환경에 끼치는 영향은 가늠할 수 없을 만큼 다양하고 많지만 수목이 도시환경을 위해 제공할 수 있는 가치의 실현여부는 도시개발의 과정에서 인간의 많은 관심과 지속적인 개입에 전적으로 의존한다고 하겠다. 수목은 흔히 도시개발에 있어서 부수적인 요소로 취급된다. 흔히 빌딩이나 도로 그리고 광장이 모두 건설되어진 후에 남아 있는 식물의 성장이 힘들거나 심지어 부적당한 공간에 식재된다. 수목은 그들 스스로 자생할 수 있다는 인간의 안일한 태도 때문에 고통을 받는다. 위에서 언급한바와 같이 나무의 문화적이고 환경적인 가치는 계속적인 연구를 통하여 확인되고 있다. 따라서 도시환경에 있어서 식물의 성장을 보호하고 촉진하는 관리정책은 반드시 필요한 부분이며, 또한 우리 인간들은 나무가 사람처럼 성장을 위해 필요조건을 가진다는 사실을 인식해야만 한다. 도시환경을 관리하는 책임자들인 계획가, 설계가, 기술자 그리고 해당 공직자들은 도시개발 혹은 재개발의 초기단계에서 이러한 요구를 이해하고 더 나아가 구체화시켜야만 한다고 생각한다. 도시에서 수목이 영구적으로 유지될 수 있는 나무관리프로그램의 개발을 개발함과 동시에 그 운영을 위한 재정과 인적지원에 대한 투지를 아끼지 말아야 하겠다.

이상에서 알 수 있듯이 기능적인 목적 수행을 위해 식재되기 시작한 수목은 오늘날 인간의 삶 깊숙한 곳까지 자리잡아, 도심에서 삶의 방식과 환경의 질적 측면에서 필수적인 존재로 인식되기에 이르렀으며, 이러한 현상은 지속되어질 것으로 보인다. 따라서 도시의 나무관리 및 활용을 위한 프로그램은 반드시 필요하며 이를 실현시키기 위한 재정과 인적지원은 반드시 필요하다고 생각한다.

2) 오픈스페이스로서의 도시녹지

인간은 살아가는데 필요한 모든 것들을 자연환경으로부터 얻기 때문에 환경을 떠나서는 살 수 없다. 도시환경이 인공화 되어갈수록 인간은 자연을 희구하는 경향이 있으며, 오늘날 도시환경 속에서 녹지공간을 보존·회복시키는 것은 쾌적한 도시환경을 조성하기 위한 중요한 과제이다.

오픈스페이스는 넓은 의미에서는 건축물에 의해 덮여있지 않은 공원·놀이터와 같은 전형적인 공간은 물론 도로·보도·개인정원·서비스 공간·주차장 등도 포함된다. 그리고 좁은 의미로는 구조물이 들어서지 않은 공간만을 의미하는 것이 아니고 사람들에게 즐거움을 줄 수 있는 영역을 말하기도 한다.

오픈스페이스는 우리가 도시 환경에 대해서 이야기할 때 자주 사용하는 상용어였으나, 개인이나 전문분야에 따라 그 정의는 다양하다. 그리고 그린스페이스는 오픈스페이스의 대용어로 쓰여져 왔으나, 오픈스페이스도 그린스페이스라는 용어를 대신하여 뚜렷한 구분을 하지 않고 지금까지 사용되어져 온 것이 사실이다. 다양한 오픈스페이스에 대한 정의는 여러 분야의 학자들이 다양한 방법으로 오픈스페이스에 관한 문제를 해석하고 접근하였음을 반영하는 것이라고 생각한다. 따라서 오픈스페이스에 관한 정의는 해결해야 할 문제의 속성에 따라 다양하다고 하겠다.

(1) 오픈스페이스의 성격

지금부터는 이제까지 여러 분야의 전문가에 의해서 정의된 오픈스페이스의 다양한 기능, 유형 그리고 성격에 대하여 살펴보도록 하겠다.

먼저 Tankel, Gold, Morris와 같은 이들은 오픈스페이스의 성격에 대하여 건물로 채워지지 않은 토지나 물로 정의하였다. 그리고 Eckbo와 Cranz는 오픈스페이스의 민주적인 성격에 대하여 강조하면서 오픈스페이스의 성격에 대하여 정확한 의미를 전달하고 있다. 우리나라의 조경관련 학자들도 오픈스페이스를 도시내의 비건폐지로 규정하여 Tankel, Gold, Morris와 비슷한 정의를 내리고 있다.

한편, Little, Wohlwill 그리고 Beer와 같은 학자들은 자연성의 입장에서 오픈스페이스를 정의하였다. Little은 오픈스페이스를 도시 내의 자연환경으로 간주하였으며, 특히 그는 오픈스페이스가 도시 내의 모든 자연환경을 대표하는 것이라고 주장하였다. Wohlwill에 따르면 환경심리학이 주로 다루는 대상은 인공환경이라기보다는 자연경관이며, 자연경관은 바위 혹은 모래, 해변, 사막, 삼림, 산맥 등과 우리가 일상에서 쉽게 접할 수 있는 다양한 식물이나 동물을 포함한다. 그리고 Beer는 그린스페이스란 "도시 내에서 인간이 창조한 인공적인 경관에 반대되는 개념인 자연환경을 의미"한다고 주장하였다. 그녀는 인간에게 만족할 만한 환경을 제공해 줄 수 있는 장소를 만들기 위해서는 도시의 가능한 모든 곳에 자연을 도입하고 보전해야함을 강조했다.

이처럼 오픈스페이스란 자연적 요소를 도시 내에 창출시킬 수 있는 모든 형태의 보전 혹은 개발되지 않은 공간이라 할 수 있다. 그리고 오픈스페이스를 더욱 현대적인 개념으로 도시비오톱(Biotop)이라 할 수 있으며 도시비오톱이란, 경관생태적, 인간행태적 그리고 미적 의미를 동시에 만족시켜주는 최소한의 식물이 자랄 수 있는 도시 내에 존재하는 크고 작은 모든 토지와 물로서 정의할 수 있다.

(2) 비오톱

비오톱이란 용어는 1908년 독일의 생물학자 Dahl에 의해서 최초로 사용되어 졌으며, 어원적으로는 비오(bio)는 "생물군집", 톱(top)은"높은 균질성을 가지는 지리적 최소의 공간단위"를 의미한다. 즉, 비오톱이란 특정 생물군집이 생존할 수 있는 비교적 작은 규모의 생물서식공간을 일컫는다. 이러한 비오톱의 개념은 동물종 위주의 서식 또는 출현장소로서 다루어지는 서식지(habitat)와는 다르게 설명된다. 즉, 비오톱은 어떤 생물이라도 그 종족을 유지하기 위한 유전자 풀의 다양성 유지를 위한 일정한 개체수 이상의 개체군, 진화과정에서 획득한 그 종이 지니는 특유한 습성에 따라서 먹이사냥, 수면, 은신, 성장, 번식, 새끼를 키우고 때에 따라선 이동 등의 생활이 보장되는 서식장소를 의미한다.[1]

1_ Sukopp, H., Weiler, S., Biotopkartierung im besiedelten Bereich der Bundesrepublik Deutschland, in: Landschaft und Stadt 18, Stuttgart 1986

앞서 언급한바와 같이 비오톱조성의 가장 주된 목적은 생물종의 다양성을 보존하는데 있기 때문에 비오톱은 기본적으로 생물들이 살 수 있는 가장 자연적인 요소로 조성되어야 함은 당연하다. 따라서 비오톱조성에 따른 가장 큰 효과는 도시지역에서 자연지역의 확대로 풍부한 생물상을 가져올 수 있음으로 도시전체의 자연환경의 질을 확보할 수 있는 것이다. 이밖에 비오톱은 비오톱을 구성하는 다양한 종류의 생물적, 무생물적 요소들의 생태적 상호작용에 의해서 다음과 같은 매우 다양한 생태적 기능을 지니고 있다.[2]

(3) 오픈스페이스의 기능

오픈스페이스의 기능에 대하여서는 여러 가지 주장들이 있으나 종합하여 보면 공통적으로 다음과 같이 적어도 네 가지 정도로 나눌 수 있다. 우선 Tankel이나 Eckbo, Balmer같은 학자들은 오픈스페이스의 도시형태의 규제 및 유도 그리고 위락기능에 대하여 강조하였다. 다른 한편으로 경관계획가, 환경심리학자 그리고 경관생태학자들이 중심이 된 환경론자들(Laurie, Michert, Hough 등)은 도시 형성과정(natural process)의 기반으로서의 자연, 즉 도시 내 자연의 유보지로서의 오픈스페이스의 기능에 대하여 강조했다. Spirn교수는 오픈스페이스에 있어서 생태계의 질서에 대한 고려는 아주 특기할 만한 것이며, 도시의 모습을 상징화하는데 크게 기여한다고 주장하였다. 또 다른 일군의 학자들은 농업 혹은 어메니티(amenity), 경제적 가치와 에너지 보전, 학습의 장, 심리적 효과 그리고 건강과 생물적인 기능 등과 같은 환경론자들의 주장과는 사뭇 다른 오픈스페이스의 기능을 제시하였다. 그 중에서 Fairbrother는 토지이용의 관점에서 도시 오픈스페이스의 네 가지 기능을 농업, 어메니티, 산업, 그리고 유휴지로 나누었다. 그녀는 토지이용계획과 관련하여 오픈스페이스의 농업적인 기능과 어메니티적인 기능에 대하여 특히 강조하였다. 임승빈은 여가공간의 제공, 경제활성화의 촉진, 도시생태계의 건강성 유지, 사회적 교류증대, 도시경관의 향상, 재해 시 피난처 제공 그리고 경작지 제공 등과 같은 오픈스페이스의 독특한 기능을 제시하였다. 도시 내에서 오픈스페이스의 경작지 제공과 같은 농업적인 기능은 도시의 지속가능한 개발과 관련하여

2_ Sukopp, H., Weiler, S., Biotopkartierung im besiedelten Bereich der Bundesrepublik Deutschland, in: Landschaft und Stadt 18, Stuttgart 1986 및 Blab, J., Grundlagen des Biotopschutzes für Tiere, Schriftenreihe für Landschaftspflege und Naturschutz, 1986.

앞으로 지속적인 연구와 관심이 필요하다고 생각된다.

(4) 오픈스페이스의 유형

한편, 여러 분야의 전문가들이 다양한 정의를 통하여 오픈스페이스의 유형에 대한 많은 의견을 제시하고 있다. 그러나 이러한 다양한 오픈스페이스의 유형에 관한 견해를 살펴보면 오픈스페이스를 구성하는 요소는 근린공원이나 어린이공원 등의 도시공원과 같은 제도권(formal, 법의 테두리 내에 존재하는 유형)으로부터 비 제도권(informal, casual)에 속하는 학교 운동장이나 수변공간(강변, 호수가 등) 등과 같은 것을 공통적으로 포함하고 있다.

오픈스페이스의 유형을 공식적으로 제일 먼저 제시한 사람은 영국의 Abercrombie 교수였다. 그는 1944년 광역런던계획을 위하여 런던의 특성을 고려한 '어린이 놀이터'에서부터 '도시광장' 그리고 '그린벨트보호구역' 등에 이르기까지 약 14종의 다양한 오픈스페이스 유형을 제시하였다. Abercrombie는 Olmsted의 보스톤 공원·녹지체계의 영향을 받아 공원녹지의 지속적인 기반을 조성하기 위하여 도시지역과 변두리지역의 오픈스페이스 요소를 서로 연결시키고자 하였다. 그리고 그는 인공적으로 아름답게 조성된 도시공원 뿐만 아니라 어른이나 청소년을 위한 운동장 등도 오픈스페이스의 범주로 간주하였다.

미국 캘리포니아 대학 데이비스분교의 Francis는 오픈스페이스를 '전통'과 '혁신'의 두 가지 유형으로 나누어 제시하였다. 우선 전자의 경우는 근린공원, 어린이 놀이터, 공공공원, 보행자전용도로 그리고 도시광장 등을 포함하고 있으며, 후자의 경우는 커뮤니티 오픈스페이스, 학교운동장, 가로, 수변, 그리고 공터 등으로 이루어진다고 주장했다.

그리고 최근 영국런던 대학 지리학과의 Burgess연구팀은 주민의 환경녹지의식에 기초하여 제도권(formal)적인 것과 비제도권(informal)적인 것 등으로 나누었다. 제도권적인 오픈스페이스는 도시공원이나 공공식물원 등을 말하며, 반면에 비제도권적인 오픈스페이스란 동네의 녹지, 강변, 운동장, 유휴지, 보울링 그린, 분구원 그리고 도시농원 등을 말한다.

한편, 우리나라의 경우는 주로 오픈스페이스의 유형을 독자적인 연구나 지역의 특성에 의하기보다는 기존의 법 테두리에 기초하여 분류하고 있다. 예를 들면, 오픈스페이스를 도시계획시설인 각종 공원과 녹지 외에도 유사 도시계획시설로서 유원지, 공공공지, 광장, 운동장, 공동묘지, 하천, 저수지, 유수지 및 지역지구개념으로서의 녹지지역, 개발제한구역 그리고 풍치지구 등으로 분류하고 있다.

위에서 살펴본 여러 분야 전문가들의 견해에 기초한 오픈스페이스의 정의는 어떠한 특정한 문제 해결을 위한 방안으로 만들어진 것 같으며, 오픈스페이스의 유형은 특정 국가나 지역의 특성에 따라 그 내용이 무척 다양하다고 하겠다. 다소간 그 정의의 차이는 오픈스페이스의 복잡하고 광범위한 개념 때문인 것으로 생각된다.

(5) 도시녹지로서의 오픈스페이스

위에서 언급된 오픈스페이스에 대한 다양한 정의와 특히 오늘 날 부각되는 도시의 환경문제와 관련하여 볼 때, 영어인 'Green Space'라는 용어가 계획 분야에서 흔히 사용되는 'Open Space'에 비해 환경적인 측면에서 볼 때 좀 더 그 범위가 넓고, 좀더 적합하며 그 의미가 명확한 현대적인 개념인 것으로 사료된다. 그리고 'Green Space'를 한국어인 '도시녹지'로 부르고자 하며 그 조작적인 정의(operational definition)는 단순히 도시계획법 상에 규정된 도시계획시설로서의 공원 혹은 녹지와 같은 '제도권 공원 및 녹지'뿐만 아니라 공과 사와 같은 소유여부에 상관없이 하천, 산림, 농경지, 자투리땅 등을 포함하는 '비제도권의 녹지'까지를 포함하는 좀 더 넓은 의미로서의 '도시 속의 자연'을 말한다고 하겠다. 그리고 이러한 '도시녹지'는 현재 식물이 자랄 수 있는 토양을 가진 도시 지역 내의 토지와 물, 대기 등으로 이루어지며, 오픈스페이스 중에서 도시 내 부족한 자연과의 접촉을 통하여 도시민에게 심리적 안정감과 삶에 활력을 제공하는 '위락적 기능', 아름답고 특색 있는 도시경관을 창조하며 또한 도시형태를 규제·유도하는 '도시경관 향상의 기능' 등과 함께 기온의 조절효과, 대기오염의 정화 그리고 생물 종 다양성 증진을 위한 야생 동·식물의 서식공간을 제공하는 '도시환경개선 기능'과 같은 주요 역할과 아울러 '경제·교육·사회·문화적 기능' 등을 가진 것이라고 할 수 있을 것이다.

3) 랜드스케이프(Landscape)로서의 도시녹지

디자인의 대상공간으로써의 녹지공간, 즉 랜드스케이프는 일반적으로 경관으로 번역되고 있지만 경관이라는 단어는 당초 독어의 란트샤프트(Landshaft)의 번역어이다. 그런데, 독어의 란트샤프트에는 ①토지의 확장이라는 지역의 의미와 ②지표의 가시적 현상이라는 두 가지의 의미가 있다. 이 란트샤프트에 대해 영어인 랜드스케이프는 영국의 랜드스케이프 가드닝(Landscape Gardening) 이래로 오로지 인간의 눈에 비치는 풍경으로 해석되는 경향이 있었다. 하지만 최근 랜드스케이프 플래닝(Landscape Planning)이라는 용어가 정착하고 그 개념이 확립되기에 이르러 단지 눈에 비치는 풍경만이 아니라 그 풍경이 만들어내고 있는 기반으로서의 자연, 즉, 생태학적 지역개념이 이제까지의 시각적인 개념에 더해졌다고 보는 것이 정확한 인식의 방법인 것 같다.

경관은 약간 전문 용어로 인식되고 있으며, 유의한 관용어로서는 풍경이 많이 사용되고 있다. 보통, 풍경이라고 할 경우에는 순수한 자연의 경관 내지는 그것과 비슷한 것을 가리키는 것으로 이해되는 경향이 있다. 그리고, 자연경관에 대하여 인공경관 혹은, 문화경관이라는 용어가 사용되고 있다. 한편, 우에쓰기박사에 따르면 풍경과 경관 모두를 인간과 환경사이의 관계성으로서 이해해야하며, 상대적으로 보아 주관적인 경우 '풍경'이라고 부르고, 보다 객관적인 경우에는 '경관'이라고 부른다고 주장하였다.

자연에 대하여 인공이나 문화가 사용되는 것은 자연적이라는 것에 대해 인위적이라는 것이 되겠지만, 이것은 양자 택일로서 양극의 용법으로 의미를 가지는 것이 아니라 정도문제로서 취급하는 것이 적절한 것 같다. 이처럼 녹지공간의 대상인 랜드스케이프를 자연적·인위적이란 척도개념 속에서 취급한다면 어떻게 될 것인가를 살펴보면 다음과 같다.

영국의 조경가인 난 페어부라더(Fairbrother, N)여사는 그녀의 저서 'New Lives, New Landscapes'에서 랜드스케이프의 유형을 '자연적 경관', '인공적 경관', 그리고 '조경적 경관' 등과 같은 세 가지 유형을 제시하고 있다.

또한 최근 오사카부립대학교의 타카하시교수는 생활환경에 있어서 자연·녹지의 기본형식으로서 '숲', '공원', '정원'과 같은 세 가지를 들고, 각각의 자연성을 자연형, 중간형, 인공형으로 설명하고 있다.

이러한 주장들을 참고로 한다면, 앞에서 서술한 자연적 경관과 인위적 경관의 구분 중에서, 후자는 경관을 구성하려는 의식 없이 인위화 되어온 경관과 아름다움 혹은 어떤 목적을 가진 풍경을 의식적으로 조성한 결과 생겨난 경관으로 구별하는 쪽이 적절하다고 생각된다.

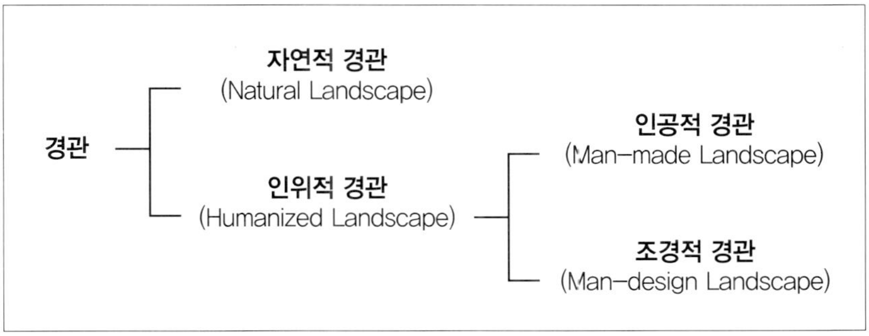

〈그림 1-37〉 랜드스케이프의 형식

위의 〈그림 1-37〉와 같이 나타낸 4가지 형식의 랜드스케이프는 모두 녹지공간, 즉 랜드스케이프 디자인의 대상이 될 수가 있다. 하지만, 가장 주체적, 직접적으로 관계하는 경관형식은 분명히 조경적 경관이라고 하겠다.

예를 들어, 자연적 경관과 인공적 경관이 녹지공간계획에 관련한다는 것은 조경적 경관을 창출하기 위한 디자인의 힌트로서나 원형으로서, 그리고 그러한 경관을 객체로 하여 경관을 향수 할 수 있도록 하는 시점의 디자인에 있어서일 것이다.

차경을 이용한 정원디자인에 있어서 배후의 자연경관으로서의 산수나 한가로운 전원풍경으로서의 인공경관이 이것에 해당할 것이다.

4) 공원(公園, Public Park)의 이념

역사 속에서의 공원은 시대의 변화에 따라 고대부터 중세까지의 〈수렵원 hunting park〉로서의 개념, 17·8세기의 〈풍경식 정원 landscape garden〉으로서의 개념 그리고 18세기부터 시작된 산업혁명으로 인해 예기치 않게 나타난 도시의 급격한 팽창, 주택난, 그리고 환경오염 등과 같은 도시환경문제에 대응하기 위해 그 당시의 사회개혁가들을 중심으로 시민을 위해 만든 근대적 의미의 〈공원 public park〉으로서의 개념 등으로 요약된다.

왕이나 귀족의 〈수렵원〉은 공원의 원형으로서 숲을 중심으로 사냥용 짐승이 잘 자랄 수 있도록 수목과 잔디밭과 연못을 조성하거나 신전을 건립하여 사냥과 향연 그리고 제사 등을 위한 장소로 이용하였다. 그러나 이 곳은 엄밀하게 말하자면 일반 시민을 위한 장소가 아니라 일부 귀족이나 왕을 위한 사유지였다.

18세기는 공원에 있어서는 가장 영광스러웠던 시절이었다. 〈풍경식 정원〉형식을 띤 공원은 르네상스를 거치면서 유행한 풍경화와 18세기 민주적 영국인들에게는 어울리지 않았던 권위적 기하학식정원에 대한 비판에서 나온 당시 영국의 사회적 문화적 변동 특히 자연미에 대한 각성을 통한 픽쳐레스크의 정원관의 영향에 의해 탄생되었다. 즉 풍경식 정원이란 당시의 정원관을 반영한다면 〈그림 같은 정원〉이라고 부를 수 있겠다. 이 〈풍경식 정원〉은 인공적이고 제한적인 공간에서 탈피하여 시각적으로 개방된 식재지역을 별장 주변에 조성하여 승마와 산책 등과 같은 레크리에이션활동이 귀족들을 중심으로 이루어졌다.

한편, 영국은 산업혁명을 거치면서 왕족이나 귀족소유의 정원이 일반시민에게 개방되거나 양여됨으로 인해 〈공원〉으로 전환되는 경로를 거치게되는데 이는 당시 영국 시민들이 왕후나 귀족들의 생활양식을 동경하였고 이러한 욕구가 지배층의 전유물이던 개인정원을 대중에게 개방하여 공원화 하였다. 동시에 산업화로 인하여 영국의 도시에는 무산계급이 증대하고있었으며 그들을 위한 새로운 주거지역은 주변의 녹지로 확장되어 갔으며, 공동주택의 건설로 인하여 녹지가 훼손되었다. 이에 대하여 에드윈 채드위크(1800-1890)와 특별위원회에서는 〈하층계급의 건강과 도덕에 미치는 공공산책로와 정원의 효과〉에 관한 이론을 제기했다. 특히 이들의 주장에서 주목해야 것은 교외의 규격화와 통풍을 위해서 뿐만 아니라 대중의 여가와 안식에도 기여할 수 있는 새로운 타입의 공원의 개발을 요구했다는 것이다.

이러한 요구를 수용한 대표적인 공원이 바로 리버풀 교외의 버큰헤드공원이었다. 1844년 조셉 팩스톤은 이 도시공원의 전형을 설계하고 건설하기 위해 지자체에 의해 초빙되었으며, 그는 브라운의 전통을 살려 수목이 많은 지역과 중앙의 잔디광장을 대비시키고, 산책로가 있는 공원구역과 스포츠와 게임을 위한 오픈스페이스의 균형을 맞추었다. 오픈스페이스의 도입은 이전의 유럽의 정원에서는 찾아 볼 수 없었던 것이었다. 버큰헤드공원에서 가장 흥미로운 점은 두 개의 독립된 네트워크에 의해 만들어진 보행자들을 위한 좁고 불규칙한 원로와 외곽을 따라 공원을 가로지르는 마차나 말을 위한 도로였다.

왕이 존재하지 않았던 미국에서 옴스테드에 의해 만들어진 뉴욕의 센트랄파크는 진정한 의미에서의 공원(public park)의 시작이라고 할 수 있다. 그는 처음으로 영국 여행을 마치고 돌아와서 쓴 글에서 옴스테드는 민주주의 국가인 미국이 지금까지 국민을 위한 정원이나 그와 유사한 그 어떠한 것도 생각하지 않고 있었음을 인정하면서 그때부터 대중을 위한 공원에 깊은 관심을 표명하였다. 영국 풍경식 정원의 바탕에는 낭만주의 원리가 있었다면 옴스테드 조경의 핵심인 공공적 경관, 즉 공공공원에 대한 이념은 청교도정신과 민주주의에 그 기초를 두고 있었기 때문이다. 낭만주의와 청교도정신이 근대 시민사회를 형성하는 사상적 기반이었으며 이것이 센트랄파크조성의 근본정신이었음을 우선 말씀하고자 한다.

한편, 1851년 뉴욕주는 세계에서 최초로 공원법을 제정하였다. 이미 그 무렵 영국, 프랑스, 독일 그리고 이태리 등 유럽의 여러 나라에서는 위에서 언급하였듯이 오래된 정원을 공공화하여 공원을 설치하였고, 특히 영국의 경우 1831년에 내쉬에 의하여 레젠트파크가 시설되었기 때문에 이러한 미국의 움직임은 그다지 새로운 것은 아니었다. 그러나 공원법제정을 통하여 시민의 레크리에이션과 후생을 목적으로 공공적 풍경을 법제화한 것은 당시로서는 주목할 가치가 있다고 하겠다. 이러한 공공법의 제정은 두 가지 의미를 지닌다. 하나는 공원법에 의해 전통적인 사적 정원의 울타리를 없애고 근대적 풍경의 공공성이 확립되는 계기가 마련되었다는 것이다. 그러나 다른 하나의 의미는 근대사회의 공공적 풍경이 시민에 의하여 획득된 것이 아니라 바로 대자본가들의 기부에 의하여 시작되었다는 것이다. 다시 말하면 공공적이라는 아름다운 문구와 함께 공원이나 학교 등의 공공지가 확보되었다고 하더라도, 이것은 결국 공장, 상업시설, 오피스빌딩 등과 같은 일차적 사유지의 집중에 의하여서만 가능해진다는 말이다.

한편, 센트랄파크의 탄생은 정치적인 압력과 시민들의 요구로 인하여 맨하탄 중심에 부지를 선정하고 토지의 매입으로 시작되었다. 후에 조직된 위원회에서 공원의 배치에 대한 설계안을 공모하여 1858년 옴스테드와 그의 동료 칼베르 보우의 작품이 1위로 당선되었다. 옴스테드는 주임기사로서 센트랄파크 건설을 담당하였으며 남북전쟁으로 잠시 기사직을 그만 두는 등 두 세번의 사직과 복직을 거듭한 끝에 당시의 도시행정의 모순과 투쟁하면서 조경가로서의 그의 주장을 관철시키기 위해 노력했다. 조경가라는 명칭은 이 시기로부터 사용되기 시작했으며 센트랄파크의 조성과 더불어 조경이라는 전문직이 탄생한 것이다. 따라서 조경은 근대시민사회에 의해 탄생된 민주주의와 관계가 있다고 하겠다. 이러한 배경 하에서 탄생한 센트랄파크는 버큰헤드파크에 이어서 새로운 공원의 전형이 되었다. 공원조성의 초기부터 옴스테드는 파리를 개조한 오스만남작처럼 미래에 대한 전망을 가지고 있었다. 우선 언젠가는 공원주위가 건물에 의해 둘러싸일 것을 예견하여 모든 시민들이 그 공원의 경관을 구경할 수 있게 공원의 면적은 843에이커의 대규모로 하였다. 옴스테드는 공원이 그가 추정한 장래의 인구 200만을 가진 도시 뉴욕의 중심지가 되어야함을 주장했으나 1903년 그가 사망할 당시의 인구가 이미 400만이 이르렀다. 그는 교외에서 휴일을 보낼 수 없는 도시 노동자들이 이 공원 안에서 교외에서처럼 휴식을 누려야 한다고 주장했다. 이러한 문제의 해결은 19세기 후반을 풍미했던 서큘레이션 네트워크의 개념을 도입하여 큰 효과를 보았다. 우선 공원의 모습은 한 폭의 전원 풍경처럼 그리고 공원경계에 지어질 건물들을 차폐하도록 설계되었다. 그리고 옴스테드는 공원 내의 모든 교통시스템을 분리하였다. 공원은 역사상 최초로 4개의 교통망(보행자용, 마차용, 서행 또는 급행차량용)이 동시에 독립적으로 기능하도록 설계되었다. 또 옴스테드는 터널이나 고가도로, 불규칙적인 지형을 이용하여 3차원적인 활용을 도모하여 그 자신의 시스템을 실현했다.

옴스테드는 유럽의 전통적인 방법으로 공원을 설계하지 않았다. 그는 자연을 가공하거나 순화시키는 방법 대신에 그것을 거의 원초적인 상태로 유지해 훼손되지 않도록 신중하게 설계하였다. 그의 목적은 도시구조 속에 있는 자연을 있는 상태 그대로 대치시키는 것이었다. 이로 인해 도시는 보다 도시다워졌고 자연은 보다 자연다워졌다. 아스팔트와 석조로 만들어진 규칙적인 바둑판 모양의 도시가 형성되는 과정에서 경관의 특성이 억압당했던 맨하탄 지역에 옴스테드는 지형의 특성과 그 지구 고유의 불규칙적인 지세의 성격을 보존하는 쪽으로 가닥을 잡았던 것이다. 그의 목적은 공원

주변에 세워질 미래의 만리장성으로부터 그 공원을 지키기 위해 공원 내에 랩토니안풍의 전통을 가진 다양한 건축물을 배제하려고 노력했다. 심지어 나무를 심는데 이용된 정원기법조차 대립과 대비의 원리에 기초하였다.

이렇게 옴스테드에 의하여 고안된 공원은 깊은 의미를 가지고 있었다. 그는 1870년 이후 이미 센트랄파크에 지역적인 기능을 부여하였는데 이 공원시스템 이념은 도시공원의 네트워크를 체계적으로 배치하고 녹지대에 의하여 서로 연결되도록 전개해 나갔다. 이러한 방식을 최초로 적용한 곳은 1891년 보스톤이다. 이러한 파크시스템은 그가 죽기 직전인 1902년까지 미국의 796개의 도시에 적용되었다.

2000년 타계한 조경가 에크보는 센트랄파크의 조성의 의의에 대하여 경관디자인으로 인해 사적풍경과 공공적 경관이 확실하게 구분되었으며 그 전형적인 예가 바로 센트랄파크라고 했다. 따라서 이러한 센트랄파크의 조성은 근대시민사회에서 탄생한 민주주의의 힘이었으며 이러한 힘의 바탕은 결국 전통적인 정원만들기 즉, 사적풍경에 심한 거부감을 가졌던 옴스테드에 의하여 대중을 위한 공공경관을 조성하는 조경학의 탄생을 가져왔다 하겠다.

6. 인공지반의 녹화

1) 인공지반 녹화의 개념

(1) 인공지반의 정의

인공지반은 자연지반의 상대적 개념이다. 자연지반과는 달리 인위적으로 만들어진 지반이라는 뜻이다. 도시에 가용공간이 부족하고, 지가가 비싸지면서 하천을 복개하고, 지하와 공중에 새로운 인공대지를 만들어 사용하고 있는 것이다.[1] 다양한 인공지반의 발생은 건설기술의 발달이나 재료의 개발, 수요자의 요구 및 도시의 고밀도한 개발 등으로 가속화 되어왔다. 특히, 콘크리트의 발명은 건설기술에 신기원을 이루었던 것으로 평가되고 있다. 하지만 도시지역에서 자연지반을 인공지반으로 대체하는 데 큰 역할을 하였다는 비판을 받기도 한다.

인공지반은 『인공』이라는 말과 『지반』이라는 말의 합성어이다. 『인공』[2]이란 인조 또는 인위라는 단어와 유사어로서 ①사람이 하는 일 또는 ②사람이 자연물에 가공하는 일을 가리키며, 『지반』[3]은 ①땅의 표면 또는 ②공작물 등을 설치하는 기초가 되는 땅이나 ③일을 이루는 근거지, ④성공한 지위 또는 장소를 가리킬 때 사용되는 말이다. 이렇게 볼 때, 인공지반은 『인공』및『지반』에서 모두 ②의 개념으로 받아들일 수 있으며, 다음과 같이 정의할 수 있다.

인공지반은 자연지반이 아니면서 그것과 유사한 상태로 만들어 인간의 활동을 지원해 주는 지반이다. 즉, 자연적인 지반이 가지고 있는 것과 유사한 재료나 형태 등으로 만들어 인간이 그 지반을 적극적으로 이용할 수 있도록 제공되는 공간이라고 말할 수 있다.

1_ 최일홍, 2004, 인공지반 녹화사례와 기술동향, 도시문제 39권 4호

2_ 이희승 감수, 1998, 엣센스 국어사전, 민중서관, p.1838

3_ 이희승 감수, 1998, 엣센스 국어사전, 민중서관, p.2111

(2) 인공지반 녹화의 정의

인공지반 녹화란 인공지반 위에 식물이 생육할 수 있는 식재기반을 조성하고, 식재를 통해 녹화하는 행위나 그 결과물을 지칭한다.

이는 지하주차장 상부와 같이 새로 만들어진 토지, 즉 인공지반 위의 녹화, 실내녹화, 옥상녹화, 건물의 베란다와 필로티 또는 건물과 구조물의 벽면녹화 등을 포괄하는 개념으로 사용하고 있다.

인공지반 녹화는 정원, 공원, 채원과 같이 가용 녹지공간의 확보에서 시작되었지만, 도시개발로 인한 건축물과 구조물의 인공성을 완화하기 위한 도시경관 녹화로 발전되었고, 최근에는 건축물의 에너지 절감, 우수유출의 완화, 미기후(micro-climate) 조절 및 생물서식처의 제공 등 자연생태의 복원 및 환경개선의 기능의 확보에 목적을 둔 인공지반 녹화가 증가하고 있다.[4]

(3) 인공지반의 특성

식물의 생장환경에 필요한 3대 요소는 광선, 수분, 온도이며, 여기에 약간의 미량원소가 더해지면 더욱 유리한 환경이 된다. 이 세 가지 필수요소 중 지반과 관련성을 가지고 있는 요소는 수분, 온도이다. 수분의 기능은 관수된 물이 토양내 흡수가 되어 습도를 유지하는 것을 말하는데, 인공지반의 경우는 그 토심이 얕아 수분저장력이 작을 뿐만 아니라 자연지반에서 볼 수 있는 지하에서의 수분상승이 없어 극히 불리하다.

온도의 경우 대기 온도는 자연지반과 크게 차이가 나지 않지만, 토양내 온도는 자연지반보다 여름엔 더 높고, 겨울엔 더 낮게 되는 현상이 발생한다. 이는 토심이 얕아 완충작용을 하는 토양의 양이 적어 외부기온의 영향이 커지게 되는데 그 원인이 있으며, 특히 소형 플랜트의 경우 그와 같은 현상이 더욱 두드러진다.

그러므로 자연지반과 유리된 인공지반의 녹화식물은 식물생장환경의 3대 요소 중 수분(습도유지), 온도(보온력)면에서 불리한 조건을 갖게 된다.[5]

4_ 최일홍, 2004, 인공지반 녹화사례와 기술동향, 도시문제 39권 4호

5_ 김미룡 · 한희정, 2001, 조경시공학, 진영사, p.121

(4) 인공지반 녹화의 의의

도시공간이 점점 인공지반화 되어가는 시점에서 볼 때, 인공지반의 녹화는 도시녹화의 한 부분으로서 도시의 일반녹지와 비슷한 의의를 가진다고 판단되며, 특히 환경의 보전이나 개선이라는 측면에서 도시문제를 해결해 나가는 데 중요한 역할을 하고 있다.

최근 도시지역에 들어서는 대형 건축물은 기존의 도시건축물과는 달리 그 기능뿐만 아니라 도시 미관의 증진 및 상징성의 부여 등 모든 면을 강조하고 있다. 단순한 형태나 기능을 강조한 무미건조한 양식에서 주변의 경관이나 환경을 존중하는 양식으로 변하고 있으며, 그에 따라 이전에 없었던-설사 있었다고 하더라도 그렇게 중요시되지 않았던-다양한 녹화공간이 나타나거나 새롭게 인지되고 있다. 이러한 인공화된 도시공간을 녹화하는 것은 과밀하고 악화된 도시의 환경을 보다 쾌적하게 변화시켜 도시환경의 질을 높이고 도시미관을 증진시키는 데 도움을 준다. 특히, 인공지반 녹화는 기존의 도시녹지가 점적인 형태로 산재해 있었던 것을 면적인 형태뿐만 아니라 입체적인 것으로 전환시키는 데 기여한다는 측면에서 매우 큰 의의를 갖는다. 이는 최근 유행어처럼 퍼져 있는 생태도시의 건설, 도시의 생태시스템 구축 또는 생태학적 도시조성이라는 측면에서도 커다란 공헌을 할 수 있을 것으로 판단된다.

현재 도시녹지의 근간을 이루는 도시공원은 유치거리 등에 따라 5가지로 분류하고 있지만, 실제로 공원은 사람들의 이용이 빈번하지 못한 곳, 즉 택지개발과정에서 상대적으로 지가가 싼 외곽지에 배치되기 때문에 생활공간의 녹으로 기여하지 못할 때가 많다.[6] 그렇기 때문에 인공지반 녹화의 활성화는 생활공간 가까이 녹지공간을 둠으로써 그 효과를 충분히 발휘하게 된다.

2) 인공지반 녹화의 효과

(1) 공익성

① 경관개선을 꾀할 수 있다. 경제개발을 위한 개발논리에 따라 20세기 후반까지는 도시공간의 자연성에 대한 요구가 상대적으로 적었으나 최근 경관계획이 제도적 도시

6_ 양헌석, 1998, 택지개발지구 내의 공원녹지 배치실태와 이용성, 경북대학교 농업개발대학원 석사학위논문

계획요소로 도입되는 등 도시경관의 향상이 많은 사람들의 관심사가 되고 있다. 공원녹지 등의 도시속 자연성은 도시민의 심성을 교화하고, 심리적 쾌적감을 제공하는 도시계획요소로 평가받고 있으나 기존 건폐공간을 녹지공간으로의 변화가 불가능하기 때문에 건물의 옥상/벽면 등 인공지반의 녹화가 도시경관 개선의 유일한 방법이다.

② 미기후의 개선과 대기정화작용을 통한 도시환경 개선이다. 자연성 녹화재료는 지면으로부터의 증발작용이 존재하고 이 증발이 에너지 변환(소모)과정에 참여하여 고온성을 희석시킨다. 반대로 아스팔트 포장면이나 콘크리트 건물 등은 열을 많이 그리고 오래 흡수 저장하기 때문에 표면온도가 높고, 따라서 그 부근의 기온도 높다. 많은 예에서 국지적 근린 공원규모의 경우에도 녹지가 기온을 3℃ 완화시키는 것으로 나타나고 있다. 옥상녹화 및 입면녹화는 복사환경을 개선하여 도시기상을 보다 자연상태에 가깝게 제공한다. 일본 동경의 경우 녹피율 10% 증가가 여름철 최고기온을 0.2~0.3℃정도 완화시키고 옥상면적의 86%를 녹화할 경우 기온이 0.2~1.4℃정도 떨어지는 효과를 얻을 수 있을 것으로 보고되고 있다. 또한 대기정화작용을 통해 수목은 도시의 이산화탄소를 흡수하며 산소를 방출시키고, 먼지 등의 오염물질을 흡착시켜 도시 대기를 정화시키는 역할을 한다. 4m의 수목 네 그루가 1년 동안 흡수하는 이산화탄소의 양은 성인 1인이 배출하는 이산화탄소의 양과 같다.

③ 방재기능이다. 도시는 도로 및 지붕면의 불투수 공간으로 말미암아 강우시 우수의 유출이 많고 하류로의 도달시간이 짧아 홍수의 위험이 크다. 식재된 인공지반은 우수를 일시적으로 토층에 저류하여 시간을 두고 방출함으로써 하류에서의 홍수위험을 줄이는 역할을 수행한다.

④ 비오톱의 제공을 통한 자연환경 회복이다. 비오톱은 야생식물이 서식하고 이동하는데 도움이 되는, 도심에 존재하는 다양한 인공물이나 자연물로 지역 생태계 향상에 기여하는 작은 생물서식공간이다. 인공지반의 녹화는 다양한 생물들의 이동 및 둥지 역할을 하는 서식처를 제공함으로써 건전한 생태계 역할을 한다.

(2) 경제성

① 건축물의 내구성 증진을 통한 경제적 효과의 증대이다. 옥상녹화, 입면녹화 등은 산성비와 자외선으로부터 건축물 외피를 보호하여 내구성을 증진시킨다. 일본의 사례에서 외기에 노출된 철근콘크리트 건물의 경우 노출부의 중성 또는 산성화로 비녹화 건물의 노화가 빨리 진행되는 것으로 나타났다.

② 도시기온의 완화를 통한 도시 에너지 절약효과이다. 여름철 기온의 상승은 도시 전체적으로 엄청난 냉방에너지를 추가로 소모하게 하고 결국 여름철 전력예비율 부족으로 인한 전력위기를 야기하기도 한다. 더욱이 기온상승으로 인한 전력 증가분은 단순한 에너지 비용만이 아닌 추가적 전력수요에 의한 발전소 건설비용이기에 문제의 심각성이 더하다. 따라서 녹화를 통한 기온의 완화는 도시적 에너지비용의 절약뿐 아니라 발전소건설비용의 절감, 더 나아가 발전소 추가 건설에 따른 환경문제를 해결할 수 있다.

③ 실온조절에 의한 개별 건물의 에너지 절약효과이다. 인공지반의 녹화는 건물외피의 단열성능을 향상시켜 여름철 건물의 냉방부하와 겨울철 난방부하를 저감시킨다. 옥상녹화의 경우 여름철 녹화면의 표면온도가 콘크리트 슬라브 표면보다 15~30℃ 낮게 나타나기 때문에 옥상녹화시 직하층의 천정표면온도를 떨어뜨려 2~3℃의 실온 저감효과를 얻을 수 있다. 실내에서 건물의 냉난방 부하는 외기 온도와 함수관계로 나타나는데 낮동안의 기온완화는 여름철 건물의 냉방부하를 그리고 겨울철 건물의 난방부하를 저감하여 에너지 절약을 가져온다. 결국 옥상조경은 건물의 단열성 외피역할을 함으로써 여름철 냉방에너지와 겨울철 난방에너지를 10%내외까지 절감하는 것으로 보고 되고 있다.

(3) 기타

① 생활환경의 개선을 통한 생리적·심리적 효과이다. 수목은 소음을 저감시키고 녹음을 제공하고 복사환경을 개선하여 여름철 옥외공간의 쾌적성을 제공한다. 인공지반의 녹화는 이용자의 정신피로를 해소시키고 긴장감을 완화시켜 결과적으로 스트레스

를 해소시킨다. 최근 식물과 접촉함으로써 피로를 감소시키고 긴장감을 해소시켜 정신 및 육체적 안정을 얻는 원예치료법 등이 관심을 끌고 있다.

② 공간창출의 효과이다. 인공지반이 녹화됨으로써 이 공간이 레크레이션 및 교육/문화공간으로 조성되어 도심에서 자연의 쾌적함을 즐길 수 있게 된다. 옥상정원을 통해 화훼와 과수의 재배를 즐길 수 있고, 지하주차장 상부의 녹화를 통해 쾌적한 보행공간을 조성할 수도 있다.[7]

3) 인공지반 녹화와 관련된 법제

(1) 정의(조경기준[8] 제3조)

① "식재"라 함은 재배수목·이식수목 및 초화류 등의 지피식물을 이 고시에서 정하는 바에 따라 배치하는 것으로서 콘테이너 식재, 벽면녹화 및 자연상태의 수목을 포함한다.

② "콘테이너 식재"라 함은 지반과 분리된 식수대나 용기 등에 급·배수시설 및 토양 등 수목의 적정한 생육환경을 조성하여 식재하는 것을 말한다. 다만, 콘테이너 식재는 옥상조경에 적용되며 초화류의 식재는 포함하지 않는다.

③ "벽면녹화"라 함은 건축물이나 구조물의 벽면을 수목 또는 초화류로 피복한 것을 말한다.

④ "자연지반"이라 함은 지하에 인공구조물이 없으며 물의 자연순환이 가능한 지반을 말한다.

7_ 서응철, 2004, 도시기후와 인공지반 녹화의 효과, 도시문제 39권 4호

8_ 건축법 제32조 제2항의 규정에 의하여 제정 · 고시

⑤ "인공지반조경"이라 함은 건축물이나 지하구조물의 상부에 설치한 조경을 말한다.

⑥ "옥상조경"이라 함은 인공지반조경 중 지표면에서 높이가 2미터 이상인 곳에 설치한 조경을 말한다. 다만, 발코니에 설치하는 화훼시설은 제외한다.

(2) 옥상조경 면적의 산정(조경기준 제12조)

① 지표면에서 2미터 이상의 건축물이나 구조물의 옥상에 식재 및 조경시설을 설치한 부분의 면적. 다만, 초화류와 지피식물로만 식재된 면적은 그 식재면적의 2분의 1에 해당하는 면적.

② 지표면에서 2미터 이상의 건축물이나 구조물의 벽면을 식물로 피복한 경우, 피복면적의 2분의 1에 해당하는 면적. 다만, 피복면적을 산정하기 곤란한 경우에는 근원경 4센티미터 이상의 수목에 대해서만 식재수목 1주당 0.1제곱미터로 산정하되, 벽면녹화면적은 식재의무면적의 100분의 10을 초과하여 산정하지 않는다.

③ 건축물이나 구조물의 옥상에 교목이 식재된 경우에는 식재된 교목 수량의 1.5배를 식재한 것으로 산정한다.

(3) 옥상 및 인공지반의 식재(조경기준 제13조)

- 옥상 및 인공지반에는 건조한 기후와 바람에 강한 수종〔초화류(바위연꽃, 민들레, 난쟁이붓꽃, 한국잔디류 등), 관목류(철쭉류, 회양목, 사철나무, 무궁화 등), 교목류(단풍나무, 향나무, 섬잣나무, 비자나무 등) 등〕을 식재하여야 한다.

(4) 구조적인 안전(조경기준 제14조)

① 인공지반조경(옥상조경을 포함한다)을 하는 지반은 수목·토양 및 배수시설 등이 건축물의 구조에 지장이 없도록 설치하여야 한다.

② 기존건축물에 옥상조경 또는 인공지반조경을 하는 경우 건축사 또는 건축구조

기술사로부터 건축물 또는 구조물이 안전한지 여부를 확인 받아야 한다.

(5) 식재토심(조경기준 제15조)

① 초화류 및 지피식물 : 15센티미터 이상(인공토양 사용시 10센티디터 이상)

② 소관목 : 30센티미터 이상(인공토양 사용시 20센티미터 이상)

③ 대관목 : 45센티미터 이상(인공토양 사용시 30센티미터 이상)

④ 교목 : 70센티미터 이상(인공토양 사용시 60센티미터 이상)

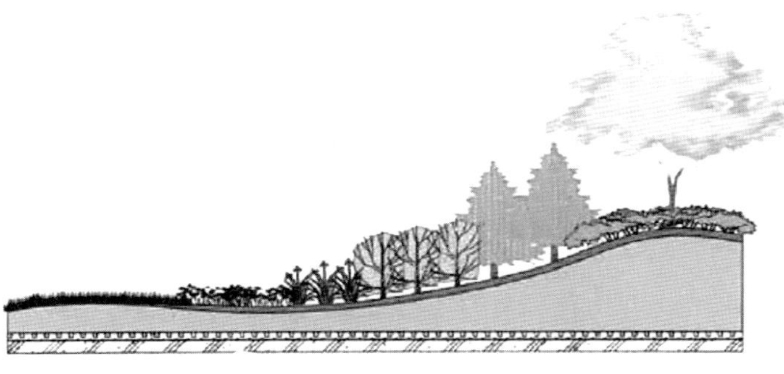

초화류 및 지피식물	관 목	교 목
15㎝ 이상	30/45㎝ 이상	70㎝ 이상

〈그림 1-38〉 식재토심 단면도

4) 인공지반 녹화의 유형

(1) 녹화대상의 성격에 따른 유형

① 실내녹화 : 건축물이나 구조물의 내부공간 즉, 실내공간을 수목 또는 초화류로 피복한 것을 말한다.

② 옥상녹화 : 지표면에서 높이가 2미터 이상인 곳을 수목 또는 초화류로 피복한 것을 말한다. 단, 발코니에 설치하는 화훼시설은 제외한다.

③ 벽면녹화 : 건축물이나 구조물의 벽면을 수목 또는 초화류로 피복한 것을 말한다.

④ 인공지반녹화 : 실내녹화, 옥상녹화, 벽면녹화를 제외한 인공지반(지하주차장의 상부공간, 터널의 상부공간 등)을 수목 또는 초화류로 피복한 것을 말한다.

〈그림 1-39〉 녹화대상의 성격에 따른 인공지반 녹화의 유형
① 『실내녹화』, ② 『옥상녹화』, ③ 『벽면녹화』, ④ 『인공지반녹화』

(2) 녹화기술 및 공법적 측면에 따른 유형

① 일반공법 : 인공지반 위에 방수 및 배수층, 토양층과 관수설비가 포함된 식재기반을 조성하고 식물로 녹화하는 전통적 방법.

② 플랜터/컨테이너공법 : 플랜터, 컨테이너와 같이 이동이 가능한 구조물에 식재를

하여 인공지반을 녹화하는 방법.[9]

③ 접착공법 : 재료 자체에 식물이 생육할 수 있는 환경이 확보된 녹화블럭, 녹화필름, 녹화마대 등을 인공지반이나 벽면에 접착하여 녹화하는 방법.

(3) 구조하중 및 유지관리 측면에 따른 유형

① 관리·중량형 녹화(intensive roof planting, 집약형 녹화)

- 다년생 초화류, 관목, 잔디, 수목 등 자연지반에 적용하는 식생을 제약 없이 사용할 수 있는 집약형 녹화유형이다. 다층구조의 형성에 적합한 식생을 사용하며, 규칙적인 관수와 시비 등 관리가 요구된다. 이 녹화유형은 규칙적인 관리에 의해서만 지속적으로 유지가 가능한 특징을 가지며, 주로 평지붕이나 지상부 인공지반녹화에 적용되는 유형으로 볼 수 있다.

② 혼합형(단순화된 집약형 녹화)

- 혼합형은 관리·중량형과 저관리·경량형을 혼합한 유형이지만, 기술적 관점에서는 전자를 단순화시킨 유형으로 이해할 수 있다. 이 유형은 평지붕은 물론 일부 경사 지붕에도 적용 가능하나, 화본류, 다년생 초화류, 관목루를 주로 사용하여 토양 피복형 녹화를 추구하는 특징을 가진다. 다층구조의 형성이나 규칙적인 관수와 시비에 대한 요구도가 집약형 녹화에 비해 상대적으로 낮고, 시공비가 집약형 녹화에 비해 저렴한 이점이 있다.

③ 저관리·경량형 녹화(extensive roof planting, 조방형 녹화)

- 자생적으로 유지되고 발전되는 자연에 가까운 식생형태를 적용한 녹화유형으로 극단적인 대상지 조건에 대한 적응력과 높은 재생력이 요구된다. 녹화 적용 지역의 식물상을 고려하여 식물소재를 결정하는데 주로 천태류, 다육질 식물, 초본류 및 화본류를 사용한다. 1년에 1~2회 정도의 관리가 필요하며, 집중호우나 갈수기를 전

9_ 최일홍, 2004, "인공지반 녹화사례와 기술동향", 도시문제 39권 4호

후로 별도의 관리가 요구되기도 한다.[10]

〈표 1-17〉 인공지반 녹화의 유형

구 분	내 용
녹화대상의 성격	실내녹화, 옥상녹화, 벽면녹화, 인공지반녹화
녹화기술 및 공법적 측면	일반공법, 플랜터/컨테이너공법, 접착공법
구조하중 및 유지관리 측면	관리 · 중량형 녹화, 혼합형, 저관리 · 경량형 녹화

5) 인공지반의 식재계획

(1) 녹화식물의 조건

녹화는 각 식물의 형태와 생활상을 공간의 특성에 맞게 이용하려는 것이다. 녹화에 이용되고 있는 식물의 선정조건은 녹화목적이나 대상공간의 특성에 따라 다르며, 인공지반의 녹화는 자연지반과는 다른 녹화환경을 가지고 있기 때문에 특히 주의해야 할 부분들이 많다. 일반적으로 어떤 공간을 녹화하고자 할 때에는 식물의 선정에 있어서 다음과 같은 사항을 사전에 충분히 검토할 필요가 있다.

① 녹화목적의 적합성

녹화목적은 식물의 아름다움이나 환경보전에 유익한 특성을 이용하려는 것이다. 즉, 녹화는 차폐, 방진, 방풍, 방음, 방설, 방화, 녹음, 지피, 토양보전 등의 환경보전 기능을 위해 행해지는 경우도 있지만, 이외에도 야생 조류의 유치나 열매의 수확 등 특별한 목적이 있는 경우나 식물의 존재 그 자체가 인간생활에 풍요로움을 가져다주는 정신적인 효과를 기대하는 경우도 있다.

녹화용 소재로 이용되는 식물의 선정조건 중의 하나는 녹화의 목적에 적합한 수종을 선택하는 것이며, 수종선택이 중요한 의미를 가지고 있는 것은 바로 이 때문이라고 할 수 있다.

10_ 김현수, 2004, "도시 인공지반 녹화시의 고려사항", 도시문제 39권 4호

② 환경 적합성

식물은 그 종(種)에 따라서 생육환경에 대한 요구도가 각각 다르다. 그렇기 때문에 생육환경에 적합한 식물의 선정은 녹화의 기본이 된다. 어떠한 대상지역에서 잘 자라는 식물이거나 주변에 자라고 있는 식물일수록 그 환경에 적합한 식물이라고 할 수 있다. 즉, 일반적인 향토식물은 환경에 대한 적응력이 높은 식물이다. 환경 적응성이 높은 식물은 생육이 좋고, 병충해에 대한 내성도 강할 뿐만 아니라 주변 경관과도 빠른 시간 내에 조화를 이루게 된다.

③ 환경내성

녹화의 대상이 되는 공간 중에는 일조부족, 건조, 토양불량 등 식물의 생존에 있어서 장해가 되는 요인을 가지는 경우가 많다. 이러한 요인은 식재시 가능한 한 없애는 것이 바람직한 일이지만 대부분의 경우가 그렇게 되지 않고 있다. 이러한 경우 환경에 대한 내성이 강한 식물을 선정하는 것이 매우 중요하다.

식물의 환경내성에는 내음성, 내건성, 내공해성, 내한성, 내염성, 내병충해성 등이 있고 이러한 내성은 수목에 따라 차이가 난다. 특히, 인공지반은 온도가 상승하기 쉽고, 건조하기 쉬우며, 그 대부분이 많은 사람들이 드나드는 도시지역에 위치하기 때문에 각종 공해에 노출되어 있어 수목 선정시 환경에 대한 내성을 충분히 고려하여야 한다.

④ 생육성

식물은 그 식물체만이 가지고 있는 고유한 생육습성이 있으며, 식물의 생육은 이에 따라 성장의 양부(良否), 맹아력, 번식력 등에서 차이가 난다. 이러한 성질은 녹화의 목적에 따라 요구되는 정도가 다르며, 환경보전을 목적으로 하는 녹화에서는 일반적으로 생육이 왕성한 것이 바람직하지만, 수목의 왕성한 생육 그 자체로 인한 하중증가의 발생을 고려해야 하는 인공지반의 녹화에서는 이러한 수종이 반드시 좋다고는 말하기 어렵다.

수목의 형태 및 생육은 양호하지만, 성장력이 더딘 수종이 인공지반의 녹화수종으로는 더욱 적당하며, 이렇기 때문에 식물의 생육성은 녹화식물을 선정하는 데 중요한 요건이 된다.

⑤ 시공성

식물에는 이식이 용이한 것이 있는 반면, 어려운 것도 있다. 이 성질은 식물의 성장 단계에 따라서도 다르다. 일반적으로 묘목은 이식하기가 쉬우나 다 자란 성목은 대체로 이식이 어렵고, 그 반대의 경우도 있다.

이식의 적기에 있어서도 연중 가능한 것과 이식적기가 매우 짧은 것이 있다. 일반적으로 이식이 용이하고 활착이 잘 되는 식물은 시공성이 좋은 식물이라고 할 수 있으며, 그렇지 못한 수종은 식재공사에서 많은 비용이 소요되기 때문에 경제성과 시공성이 떨어지게 마련이다.

⑥ 관리성

식물은 식재를 한 후에도 관리가 필요하다. 관리에는 시비, 관수, 방한대책, 등 정기적으로 시행해야 하는 것과 병충해 방제 등의 비정기적인 것이 있다. 이러한 관리에는 품이 적게 들고, 전정 및 전지 등이 용이하며, 도장지 등과 같이 직접적으로 수형에 악영향을 주는 가지 발생이 적은 것이 관리성이 좋은 수목이라 할 수 있다.

특히, 인공지반의 녹화는 처음의 시공비가 다른 곳보다도 높은데, 여기에다 유지관리 비용마저 훨씬 높다면 녹화의 매력은 그만큼 떨어지게 된다. 그렇기 때문에 가능하면, 성장이 늦고 답압 등에 강하며, 예취나 전정 등의 관리빈도가 적은 즉, 관리밀도가 낮은 식물을 선택하여 관리비(running cost)가 적게 들도록 해야 한다.

⑦ 공급성(시장성)

아무리 좋은 수목이 있다고 하더라도 그 생산량이 충분하지 못하다면, 식재 기능이나 목적에 맞게 녹화하기 어려울 때가 많다. 일반적으로 수목은 그 생산량이 풍부하고 시장에서 구입이 용이하며, 산지로부터 반출이나 수송이 용이한 수종일수록 대체로 공급성과 시장성이 높다고 할 수 있다.

환경에 대한 내성이 강한 특수 목적을 지니는 식물을 식재하거나 넓은 공간에 대량으로 식재하는 경우에는 이러한 공급성에 관한 조사가 필요하다.

(2) 인공지반 녹화시의 유의사항

녹화설계를 할 때, 어떠한 수종을 선정하는가는 구조물의 특성이나 식재지의 환경, 주변의 여건, 관리방법 등의 여러 가지 요인들로부터 영향을 받게 된다. 옥상과 같은 건축구조물 또는 지하주차장 상부와 같은 토목구조물 등의 인공지반은 자연지반과는 상당히 다른 식재기반을 가지고 있으므로 식재시에 다음의 내용들을 충분히 고려하고 난 다음, 적절한 식물을 선정해야 한다.

① 관수 및 배수의 가능성을 충분히 고려하여야 한다. 인공지반은 각종 구조물에 의해 지하수가 차단되어 있을 뿐만 아니라 건조에 상당히 약하기 때문에 사전에 이러한 사항들을 토양상태와 맞춰 검토해 보아야 한다. 일반적인 건축물에 인접한 인공지반의 경우는 간단한 시설로서 쉽게 물을 끌어들일 수 있지만, 도로와 관련된 인공지반의 경우는 별도의 시설을 갖추어야 하는 경우가 많다.

② 토양의 상태를 살펴보아야 한다. 토양의 깊이 즉, 토심이 적당한가 또는 토양의 보수력이나 양분상태 등을 살펴서 수목이 잘 자랄 수 있는 토양인지를 확인하여야 한다. 토양의 종류에 따라서 보수력이나 보비력에 현격한 차이가 날 수 있으므로 이에 대해 적절성의 여부를 고려하여야 한다.

③ 태양광선 및 자연강우, 바람 등의 자연환경 조건에 어느 정도 노출되어 있는가를 살펴보아야 한다. 일반적으로 옥상과 같은 곳은 태양을 충분히 받을 수 있는 공간이지만, 교각 및 교대 하부와 같은 인공지반은 태양광선이 부족할 경우가 많이 있기 때문이다. 바람의 영향을 많이 받는 곳의 경우는 충분한 토심과 바람에 견디는 힘이 강한 수종이 적당할 것이며, 일조시간의 장단에 따라 양수가 적당한지 음수가 적당한지를 파악할 수 있기 때문이다. 북측에 주택지가 있는 건축물의 옥상녹화에서는 일조 등으로 인근 지역이 피해를 입지 않도록 고려하여야 한다. 그리고 식물의 경우 이슬 등의 자연강우에 노출되어 있지 않는 경우에는 고사되기 쉬우므로 주의[11]해야 한다.

또한, 인공지반에는 국지적인 바람이나 빌딩풍이 많이 불고, 토심이 얕아 쉽게 수목

11_ 中島 宏, 1997, 改訂植栽の設計 · 施工 · 管理, 經濟調査會, 日本 東京, p.212

이 도복하거나 풍해에 피해를 입을 수 있기 때문에 이러한 곳에는 바람에 견디는 힘이 강한 수종을 심으며, 가능한 한 단목보다는 여러 수목을 함께 배식하도록 한다. 그리고 지주목을 사용할 경우, 미적인 측면을 고려하여 선정함으로써 보기 흉하지 않도록 하는 것이 바람직하다.

④ 사용하고자 하는 수목의 종류나 규격 및 하중을 검토하여야 한다. 수형이 양호하고 주변 환경과 잘 어울리겠다고 판단되는 수종이라 하더라도 옥상이나 베란다 등과 같이 일정한 하중범위가 정해져 있는 인공지반에 설계하중 이상의 하중이 작용하는 수목일 경우 구조물의 안전을 위해 식재시 충분한 주의가 필요하다. 그리고 수목은 계속 성장하여 그 중량이 증가하는 속성이 있으므로 식재계획에서는 장래의 수목 모습을 충분히 검토해 볼 필요가 있다.

⑤ 식재의 구성이나 배식에 있어서는 주변의 경관을 고려해야 한다. 녹화대상 공간에서 창출되는 경관은 그 구조물이 건축구조물인지 토목구조물인지에 따라 다르며, 같은 건축물에서도 옥상인지 아니면 베란다인지, 발코니인지에 따라 다르게 나타난다. 그리고 옥상층이라고 할지라도 그 건축물이 몇 층 높이인가에 따라 창출되는 경관이 서로 달라진다. 또한 경관은 주변이 어떠한가에 따라서도 달라지기 때문에 주변과 도시 전체의 조화 등을 고려하여 녹화식재가 이루어질 수 있도록 배려하여야 한다.

⑥ 식재의 구성이나 배식은 녹화목적에 맞게 그리고 유지관리가 용이하도록 고려되어져야 한다. 녹화의 목적이 미적 추구 또는 기능적 요구에 맞도록 이루어졌는가를 식재계획에서 살펴야 한다. 그리고 녹화 목적에 맞다고 하더라도 이러한 녹화가 계속해서 유지되고 관리될 수 있는가도 충분히 검토하여야 한다. 즉, 유지비가 많이 들고, 관리가 어렵다면 그 녹화대상이 온전히 지속되기 어렵기 때문이다.

⑦ 식재 수종의 안정성을 살핀다. 열매를 맺는 수목이나 가지가 약한 수종을 건축물의 옥상이나 고가도로상에 식재할 경우, 과실이 떨어질 위험이 없는지 또는 바람 등에 의해 나뭇가지가 떨어질 우려가 없는지를 충분히 살펴보아야 한다. 예를 들어 건축

물의 옥상에서는 건축물의 끝부분에서 얼마간 떨어져 식재하는 것이 일반적이다. 그리고 수종에 따라서는 알레르기 반응을 일으키거나 가려움증을 유발시키는 독소를 함유한 수종이 있기 때문에 이에 대한 검토도 필요하다.

⑧ 사람들의 통행 등으로 인한 피해를 받지 않도록 해야 한다. 사람이 자주 통행하는 동선과 식재대가 만나면 자연적으로 식재대가 파괴되기 마련이다. 이러한 경우에는 식재대를 분리하여 답압 등 사람으로 인한 피해를 막을 수 있도록 해야 하며, 경우에 따라서는 잔디보호대 등을 부설할 수 있도록 해야 한다.

⑨ 토양의 비산(飛散)이나 건조 방지 등을 위해 멀칭(mulching)재료[12] 등으로 토양표면을 보호하도록 한다. 잔디나 관목 등을 심어서 식재지의 토양이 비나 관수 등에 의해 씻겨 내려가지 않도록 하여야 하고, 식재지가 나지로 되어있는 경우 바람으로 인한 토양의 비산이나 건조로 인한 수목의 피해를 최소화하기 위해 멀칭재료 등을 사용하여 토양표면을 보호할 수 있도록 한다.

〈표 1-18〉 녹화수종의 선정조건 일람

조 건	항 목	내 용
식재지의 입지조건	식생분포	식생등급, 자생분포, 남방한계, 북방한계
	기 상	기온, 강우, 바람, (미기후)
	토 양	건습조건, pH, 토성, 비옥도, 지형
	일 조	음양, 일조조건, 일조방향
	기 타	해안, 도시 내, 가로, 인공지반 등
식재목적	크 기	지피, 관목, 교목
	상록 · 낙엽	상록, 낙엽, 침엽
	형 태	군식, 단식, 혼식

12_ 멀칭(mulching)이란 특정한 재료를 써서 토양을 덮거나 보호하고 토질을 개선해 식물의 생육을 도와주는 역할을 하는 것을 말한다. 쓰이는 재료로는 수피, 낙엽, 볏짚, 콩깍지, 풀 및 제재소에서 나오는 부산물 등 여러 가지가 있다.(전영우 · 신만용 · 김기원 외, 1999, 숲이 있는 학교, 異彩, p.174)

조 건	항 목	내 용
식재목적	형 상	자연형, 조형(전정, 전지)
	생장 · 생육	遲 · 速, 良 · 不良
	꽃	화색, 형상, 향(냄새), 계절
	열 매	색깔, 형상, 향(냄새), 계절
	잎	잎의 색, 형상, 계절변화, 단풍, 신록 등
	관 리	관리도(大 · 小 · 無)
	생 태	자연천이, 유도천이, 군락
	내 성	내염, 내조, 내공해, 내음, 내풍, 내병해충, 내답압, 내건 등
	목적기능	랜드마크, 기념수, 녹음, 유도(野鳥, 곤충 등), 유인, 방풍, 방화, 생울타리 등
2차적인 조건	이 식	難 · 易, 공사시기, 식재적기
	구입조건	시장성의 유무, 비용

7. 도시열섬

1) 도시 열섬이란

더운 여름에 도시 한 복판에 서 있으면 도로와 건물들로부터 뿜어져 나오는 열을 느낄 수 있을 것이다. 또한 밤에도 주변의 시골 지역이 빠르게 기온이 내려가는 것에 반해, 도시에서는 밤에도 역시 도로와 건물 등에서 열이 반사되어 기온이 내려가지 않고 열대야 현상을 일으키는 것을 쉽게 알 수 있다.

요즘 세계의 대부분의 도시들은 주변의 시골 지역보다 보통 1℃에서 4℃ 더 기온이 높다.[1] 이렇게 인구가 밀집되어 있고 고층 건물이 빽빽하게 들어선 도시 중심지는 인접한 교외 지역에 비하여 평균 기온이 작게는 0.3℃, 많게는 10℃가 더 높은 기온 현상을 나타내는데 이것이 바로 도시 열섬(Heat Island) 현상이다(그림 1-44).

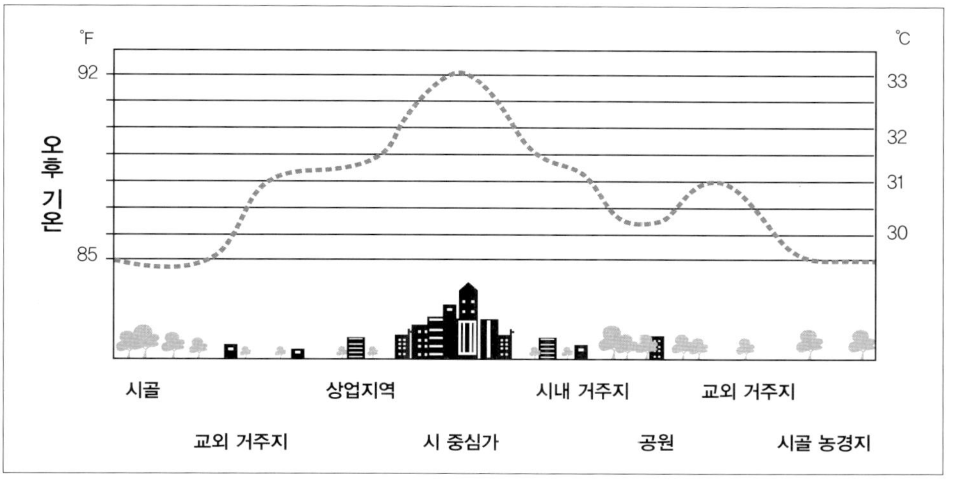

〈그림 1-40〉 도시 열섬 현상
자료: Heat Island Group, http://eetd.lbl.gov/HeatIsland/

1_ (http://arch.hku.hk)

포장도로가 밀집된 도심 지역은 열을 보유할 수 있는 비율이 높아서 낮에는 시골 지역보다 태양에너지를 더 많이 흡수하고, 밤에는 시골 지역보다 열 배출량이 많아서 도시의 대기의 기온이 시골 지역보다 높은 것이다. 교외 시골 지역은 식물과 토양에 의해 태양 에너지의 대부분이 물을 액체 상태에서 증기 상태로 바뀌어 지기 때문에 공기의 온도는 올라가지 않는 것이다. 즉, 도심은 고층 건물과 도로들이 일몰 후 지표 복사 에너지의 대기 방출을 막아 밤에도 기온이 높으며, 난방 열에 의한 인공 열이 더해지는 겨울철의 밤에는 주변 교외 지역과 더 큰 기온 차가 나타난다.

이러한 도시 열섬은 특히 여름철에 발생하는데 이 도시 열섬은 심한 불쾌함과 에어컨의 사용 급증 그리고 도시 스모그 현상을 가중시킨다.

홍콩에서의 한 연구 조사에 따르면, 도시의 기온이 1℃ 올라갈 때마다 전기 소비량은 2%에서 4% 까지 오르고 스모그는 4%에서 10% 까지 증가한다. 또한 이 조사에서는 도시 열섬이 지구 온난화와 밀접한 관계가 있다고 주장하고 있다. 즉, 온실 효과는 도시의 온도를 높이는데 큰 영향을 미치며 또한 도시 열섬 현상은 온실 효과에 영향을 미치기 때문이다.[2]

2) 도시 열섬의 원인

일반적으로 도시 열섬 현상이 일어나는 원인은 세 가지가 있다. 먼저, 자동차 배기가스등에 의한 대기 오염과 도시 내의 인공열의 발생 그리고 건축물의 건설이나 지표면의 포장 등에 의한 지상 피복의 상태 변화 등으로 인간 생활이나 산업 활동에 수반된 복잡한 요인이 도시 열섬의 원인으로 작용하고 있다.

(1) 대기 오염

대도시의 대기는 여러 가지 면에서 시골의 대기와는 상이하다. 수직적으로 들어선 대형 건물 및 공장들은 불규칙한 지면을 형성하여 자연적인 공기의 흐름이나 바람을 지연시킨다.

2_ (http://arch.hku.hk)

〈그림 1-41〉
대기의 더운 공기
자료: 꿈나무 푸른교실, http://e-gen.co.kr/wiki/wiki_detail.do?nttId=227

〈그림 1-45〉에서 보듯이, 도심이 먼지 등에 의해 심하게 오염되었을 경우, 열섬현상으로 인하여 더워진 공기는 먼지 지붕 형태가 되어 태양에너지의 지표 가열을 방해함으로서 공기의 수직 흐름이 감소되어 도심은 더욱더 심하게 으염된다. 즉, 여름의 뜨거운 공기는 상부의 대기와 섞이지 못하고 층을 이루게 되며, 이 뜨거운 공기는 오염된 공기가 그 위의 깨끗한 공기와 섞이는 것을 막는다.[3]

도심의 대기 오염은 매우 심하며 열을 저장하는 미립자의 형태를 띄게 된다. 대기는 열을 저장하여 다시 도시로 방출한다. 따라서 대기 오염은 도시 열섬의 원인이 되고 이 도시 열섬은 다시 대기를 오염시키는 악순환이 반복된다.

(2) 도시 내의 인공열 발생

도시에서는 인공적인 열이 시골 지역보다 매우 높다. 즉, 자동차, 공장, 난로, 조명 등, 냉·난방기와 도시민들에 의해 발생하는 인공적인 열이 도시 열섬의 주요 원인이 된다.

도심의 열섬 현상은 산업화가 진전되면서 더욱 확연하게 드러났다. 뿐만 아니라 도시의 지역 확장에 따라 기존에 하나의 도시 중심지를 따라 나타났던 현상이 도시의 여러 곳에서 나타나기도 한다.

3_ (http://www.urbanclimate.org)

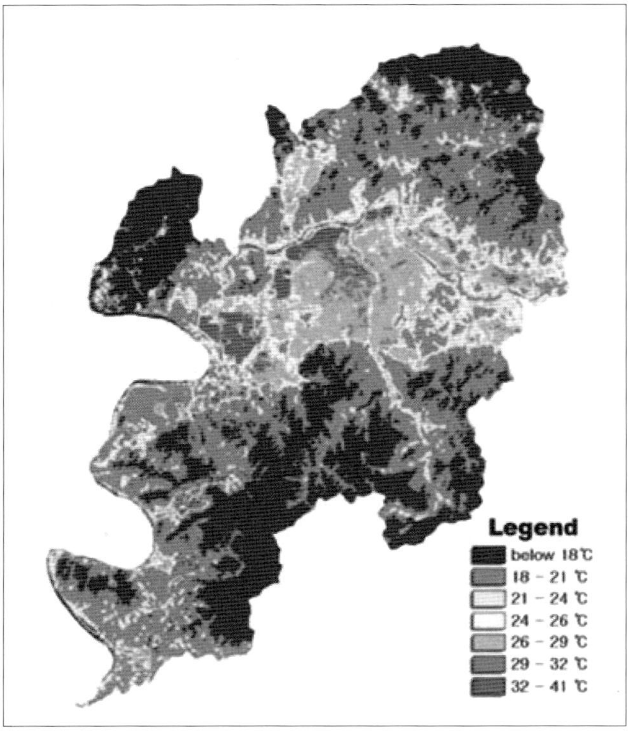

〈그림 1-42〉
대구 도시 열섬 현상의 변화

위의 〈그림 1-42〉은 대구지역의 도시 열섬 현상을 보여 주는 지도이다. 붉은색은 노란색에 비해 높은 기온 분포가 나타나는(열섬현상) 지역이다.

위의 지도를 통하여 알 수 있는 것은 열섬 현상이 여러곳에서 나타나고, 열섬의 사이사이에 주변보다는 기온이 높은 띠 모양의 지역이 나타났다는 것이다.

이 그림은 이 지역에서 도시화가 급속하게 진행되고 도심 또는 부도심이 여러개 생겼다는 것을 보여준다.

(3) 지상 피복 상태

도시 열섬을 일으키는 또 다른 원인은 도시의 표면 상태 즉, 포장된 도로와 건물과 지붕의 색깔 때문이다.

도시와 시골의 표면 상태는 아주 다르며 열에 대한 반응도 아주 다르다. 시골 지역과 비교하여 도시의 표면은 태양과 대기의 열에 대한 높은 흡수율, 낮은 반사율, 낮은

증산 작용으로 인한 낮은 열의 소실과 빠른 열 전달 등의 특징을 가지고 있다.[4]

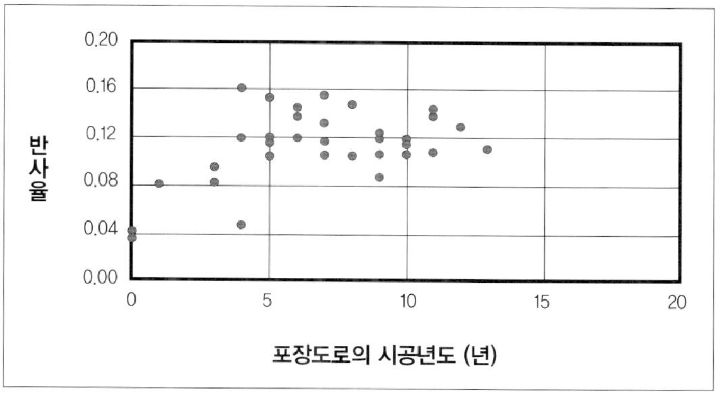

〈그림 1-43〉
포장 도로의 시공 연도에 따른 열 반사율
자료: http://eetd.lbl.gov/HeatIsland/Pavements/

위의 〈그림 1-43〉은 아스팔트의 시공 연도에 따른 열 반사율에 관한 조사이다. 아스팔트는 도시의 거리에 포장 재료로 많이 사용되었고 지금도 사용되고 있다. 아스팔트는 검은색이며 이것은 태양열의 대부분을 흡수한다. 가장 최근에 포장된 아스팔트 표면은 0.04의 열 반사율을 가지지만 5년 내에 반사율은 0.12로 증가한다. 그 이유는 시간이 지나감으로써 아스팔트가 벗겨지기 때문이다. 또한 아스팔트의 최저 반사율은 0.04이고 최고 0.16 이상은 넘지 않는다.

도시의 아스팔트 포장도로는 7/8의 암석과 1/8의 접착성이 강한 검은 아스팔트로 결합되어 있다. 어두운 색깔의 표면은 가장 반사율이 좋은 밝은 색깔의 표면보다 기온이 70°F(21.1℃) 더 높다.[5]

수 그리몬드(Sue Grimmond:IUB 기상학자)는 미국, 캐나다, 멕시코 일곱 개 도시를 대상으로 도시 표면의 열 흡수열에 대해 조사하였다. 그 결과를 보면, 낮 동안의 반사율은 28~60% 였다.

그러나 그녀는 모든 도시의 낮 기간동안의 열 흡수는 비슷하나 주요 차이는 밤에 나타난다고 말했다. 즉, 도로와 건물들이 낮 동안에 열에너지를 흡수하여 밤에 그 열

4_ (http://arch.hku.hk)

5_ (http://eetd.lbl.gov/HeatIsland/CoolRoofs)

을 다시 뿜어내므로 각 도시의 온도는 밤에 그 차이가 더욱 크게 나타나는 것이다.[6]

버클리 대학의 로센펠드(Rosenfeld) 등은 차, 공장, 빌딩 등에서 나오는 열은 여름철의 도시 열섬을 일으키는 온도의 거의 1% 정도 밖에 되지 않으며 그것보다는 도시의 어두운 색깔의 표면들이 태양 에너지의 대부분을 흡수하여 도시 열섬을 유발한다고 말하고 있다.[7]

또한 도시의 포장된 표면은 비가 왔을 때 시골의 토양이나 나무처럼 물을 흡수하지 못하고 표면을 따라 물을 흘러내려 보내어 홍수를 초래하므로 재정적인 손해를 입힐 뿐만 아니라 인간의 생명을 위협하기도 한다.

3) 도시 열섬의 문제점

(1) 전력 소비 증가

도시의 기후는 에너지와 밀접한 관계가 있다. 열섬현상에 풍속, 구름의 양, 도시의 크기도 영향을 미치는데, 가옥의 밀도가 10% 높아지면 도심의 온도는 0.16℃씩 높아진다. 기온이 올라가면 에너지 소비량이 증가하는 것은 당연한 일이며 이 에너지의 대부분은 에어컨에 의한 것이다.

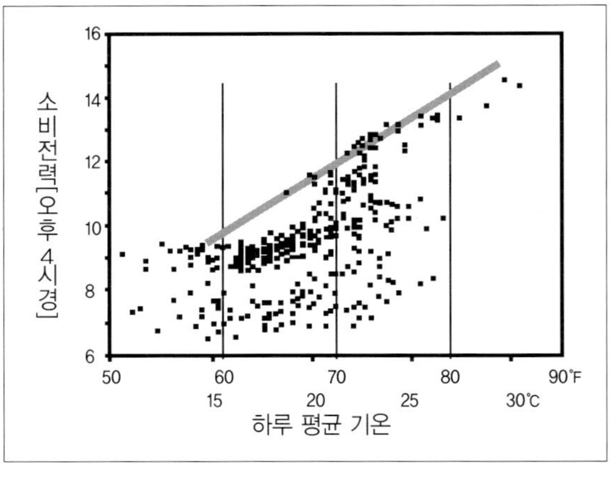

〈그림 1-44〉
기온 변화에 따른 소비 전력의 변화
자료: Southern California Edison(1988), http://eetd.lbl.gov/HeatIsland/EnergyUse/재인용

6_ (http://www.iuinfo.indiana.edu/Newspaper/07-05-96/heatisle.htm).

7_ (http://eetd.lbl.gov/HeatIsland/PUBS/PAINTING/).

또한 에너지 소비가 늘어난다고 하는 것은 화석 연료의 사용이 증가하게 되는 것을 의미하고 이것은 오염 수준과 에너지 비용이 증가된다는 것을 의미한다(〈그림 1-44〉).

미국 에너지 관리청에 의하면, 100,000 이상의 인구가 있는 도시에서는 0.6도의 온도가 올라갈 때마다 냉방 소비 전력이 1.5%~2% 오른다. 미국의 도시들의 온도는 지난 40년 동안 평균 1.1도에서 2.2도가 올랐고 이것은 여름에 냉방을 유지하기 위해 많은 돈을 지불한다는 것을 의미한다. 즉, 미국의 전력 소비의 1/6은 냉방을 위한 것으로 일년에 40억불(52조원)이 냉방비로 쓰여지는 것이다.[8]

또한 홍콩의 연구 조사에 따르면, 온도가 1℃ 오를 때마다 전력은 2~4% 오르고 스모그는 4%에서 10% 까지 오른다고 한다.[9]

미국의 로스엔젤레스에서는 여름에 일 최고 기온에서 0.6℃가 오를 때마다 전기 사용량은 2%가 증가한다. 로스엔젤레스의 도시 열섬에 대해 사용하는 에너지 합계는 1-1.5 기가와트(gigawatts)이다. 이 에너지 사용은 로스엔젤레스 납세자들이 냉방을 위해 시간당 10만불(1억3천만원)을 지불한다는 것을 의미하며 이것은 일년에 1억불(천3백억원)을 의미한다.[10]

또 다른 예로, 워싱턴에서는 에어컨을 매년 일반적으로 1300시간 사용한다. 이것은 지방세 납부자가 매 시간에 4만불(약 5천만원) 또는 일년에 5,200만불(약 676억원)을 지불해야 한다는 것과 같다.[11]

(2) 스모그 현상 가중

스모그는 광화학 반응에 의해 공기 중에 만들어진다. 이 반응은 높은 온도에서 더 많이 발생하고 활동이 더 강렬해 진다(〈그림 1-45〉).

8_ (http://eetd.lbl.gov/HeatIsland/PUBS/PAINTING/).

9_ (http://arch.hku.hk)

10_ (http://eetd.lbl.gov/HeatIsland/EnergyUse/)

11_ (http://www.eren.doe.gov/cities_counties/coolcit.html).

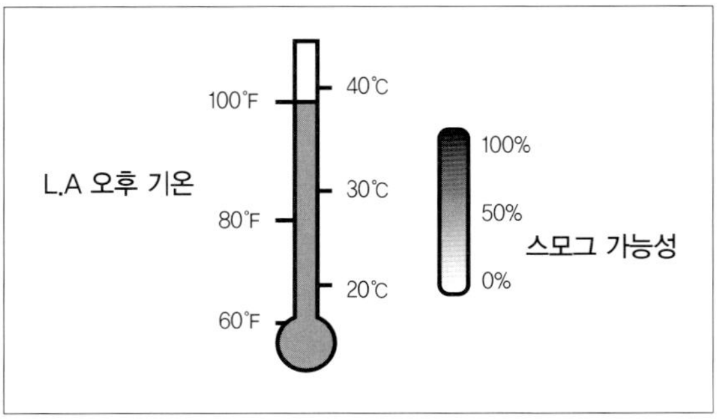

〈그림 1-45〉
기온 변화에 따른 스모그의 변화
자료: http://eetd.lbl.gov/HeatIsland/AirQuality/

도시 열섬의 높은 온도는 에어컨 사용을 증가시키고 이는 또한 화석 연료의 사용을 증가시키며 이는 오염 수준과 에너지 비용을 증가시킨다. 이 오염의 증가는 스모그현상으로 나타난다. 스모그의 형성은 온도에 매우 민감하다. 즉, 더 높은 온도는 더 많은 스모그를 형성시킨다.

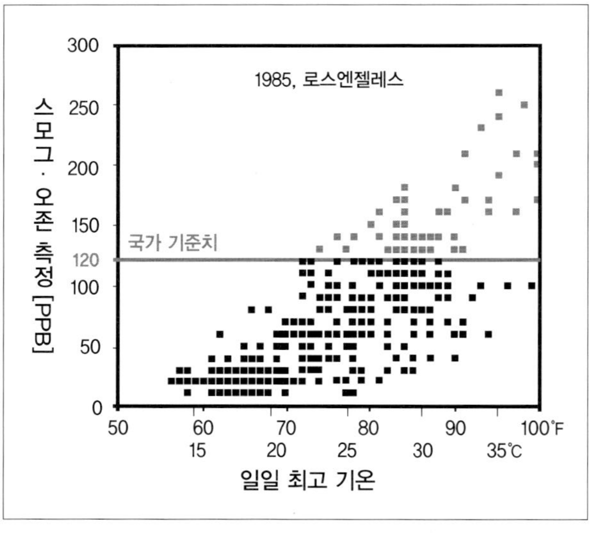

〈그림 1-46〉
로스엔젤레스의 기온에 따른 스모그의 변화
자료: http://eetd.lbl.gov/HeatIsland/AirQuality/

위의 〈그림 1-46〉를 보면, 로스엔젤레스에서 기온이 21℃ 이하 일 때는 스모그의 형성은 일반 평균 보다 낮다. 그러나 21℃ 이상의 온도에서는 0.6℃ 오를 때마다 스모그는 3% 증가하며 기온이 35℃ 일때는 스모그가 아주 많음을 보여준다.[12] 로스엔젤레스의 도시 열섬은 오존 레벨을 10-15% 상승시키며 이로 인해 수백만 달러의 의료비가 지불되고 있다.[13]

(3) 건강 문제

1995년, 시카고에서는 도시의 높은 기온으로 인해 700명의 노인들이 사망하였다. 도시 열섬으로 인한 기온의 상승은 에너지 사용 증가뿐만 아니라 인간의 건강에도 나쁜 영향을 미친다.

여름 밤의 더운 날씨는 낮 동안에 사람들이 받은 열 스트레스를 가라앉혀 줄 수 없다. 그 결과, 도시에서 사망률은 열파동의 최고점에서 가장 높다(〈그림 1-47〉).

예를 들면, 미국의 도시에서는 공격적인 행동(거리 범죄, 폭동 등)들이 더운 날씨에 증가한다는 것이다. 최근의 호주에서의 연구 또한 공격적인 행동과 더운 날씨는 관련이 있다는 것을 보여주었다.

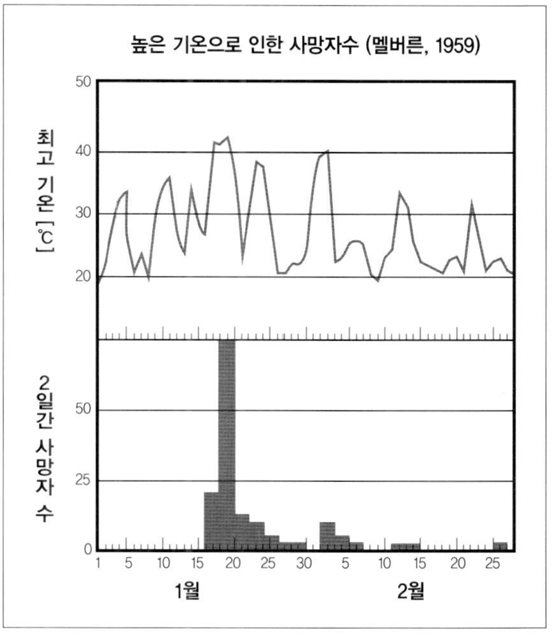

〈그림 1-47〉
도시 열섬으로 인한 사망률
자료: http://www.bom.gov.au/climate/environ/design/design_b.shtml

12_ (http://eetd.lbl.gov/)

13_ (http://eetd.lbl.gov/HeatIsland/PUBS/PAINTING/)

오존은 눈을 자극하고 폐에 염증과 천식을 일으키며 세균에 대한 면역력을 저하시킨다. 대기 오염으로 인해 로스엔젤레스에서는 매년 건강과 연관된 비용으로 30억 불이 지출된다고 한다.[14]

4) 도시 열섬의 해결책

미국 버클리 연구소(Berkeley Lab)에서 행한 도시 열섬에 관한 조사에서는 도시 열섬의 해결책으로 건물과 도로에 반사율이 높은 재료를 사용할 것과 도시에 나무 심기를 제안하고 있다.[15]

또한 유타주의 수도인 솔트 레이크 시티를 대상으로 도시 열섬에 대해 조사한 도시 열섬 파일럿 프로젝트(UHIPP)에서도 도시 열섬의 해결책으로 도시의 나무심기와 반사율이 높은 지붕을 언급하고 있다.

(1) 포장 재료의 변화

도시 열섬의 첫 번째 해결책은 지붕과 도로에 밝은 색을 사용하는 등 포장 재료를 열 반사율이 높은 것으로 교체하는 것이다.

버클리 연구소에서는 최근 반사율이 높은 표면 코팅이 도시 온도를 낮출 뿐만 아니라 에너지 사용을 감소시킬 수 있다고 발표했다.

도시에서는 아스팔트, 벽돌과 콘크리트 같은 표면이 식물을 대신한다. 이런 표면들은 반사율이 낮다. 이 반사율이 낮은 표면들은 태양 에너지를 반사하는 대신에 태양 에너지를 흡수하고 저장한다. 그렇기 때문에 도시는 그들 주변의 외곽보다 더 덥다.[16]

1960년대 미국에서는 주택들이 하얀 지붕으로 지어졌다. 그러나 에어컨이 널리 보급되고 그 값이 싸지면서 상황은 변하기 시작했다. 하얀 지붕은 곰팡이 등에 의해 퇴색이 되기 때문에 제조업자들은 살균제를 섞어야 했기 때문에 가격이 비쌌다. 그래서

14_ (http://eetd.lbl.gov/HeatIsland/PUBS/PAINTING/)

15_ (http://eetd.lbl.gov/EA/)

16_ (http://eetd.lbl.gov/EA/)

먼지와 틀을 잘 감출 수 있고 가격이 싼 어두운 색깔의 지붕이 인기가 있게 되었다. 그러나 그 가격의 차이는 별로 크지 않다. 1000 평방 피트의 지붕에서 하얀색 지붕을 설치하여 드는 초과 비용은 25불(약 32,000원)정도이다. 그러나 하얀 지붕은 반사율을 35%정도 상승시키기 때문에 초과되는 비용 이상으로 여름에 에어컨 비용을 줄일 수 있다.[17]

미국 버클리 연구소의 멜빈 포메란츠(Melvin Pomerantz)는 세 종류의 도로에 대한 반사율을 측정하였다(〈그림 1-48〉).

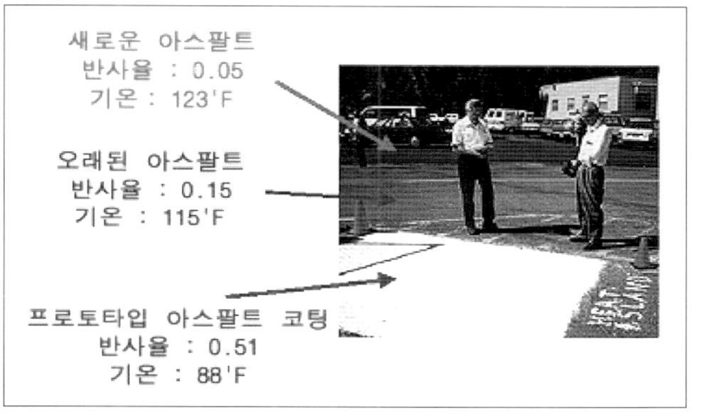

〈그림 1-48〉
포장 재료와 반사율
자료: http://eetd.lbl.gov/HeatIsland/Pavements/

위의 〈그림 1-48〉를 보면, 새로 깐 아스팔트보다 오래된 아스팔트가 더 반사율이 높으며, 새로운 프로토 타입 아스팔트 코팅 포장은 반사율이 50%나 되었다.

최근 포장된 도로의 반사율은 약 0.05정도이고 5년 내의 아스팔트 도로들은 표면이 벗겨지므로 반사율이 0.15정도로 반사율이 올라간다. 밝은 색깔의 골재를 사용함으로써 오래된 아스팔트보다 태양 에너지 반사율을 3배정도 높일 수 있다.[18]

아래의 〈그림 1-49〉는 표면의 색깔에 따른 온도 차이를 보여준다. 이 그림에서 알 수 있듯이 밝은 색깔의 포장이 표면 온도가 더 낮다. 현재의 아스팔트 포장 도로보다는 밝은 빛깔의 시멘트를 쓰는 것이 당장은 비용 면에서 비쌀지는 모르지만, 시멘트는 더 강하고 더 오랫동안 지속되므로 재포장을 위한 비용은 더 싸다.

17_ (http://eetd.lbl.gov/HeatIsland/PUBS/PAINTING/)

18_ (http://eetd.lbl.gov/HeatIsland/PUBS/PAINTING/)

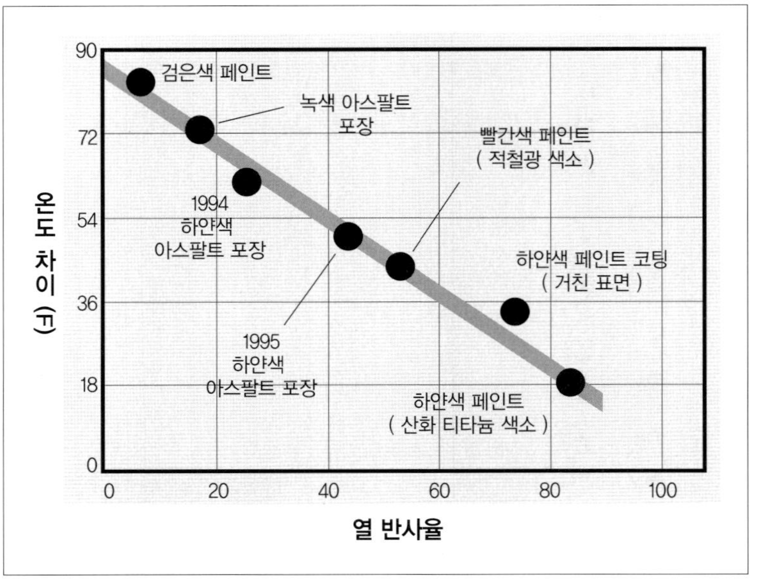

〈그림 1-49〉
포장 색깔에 따른 반사율과 온도
자료: http://eetd.lbl.gov/HeatIsland/PUBS/PAINTING/

오늘날 이스라엘의 하이파(Haifa)와 텔 아비브(Tel Aviv) 같은 도시에서는 건물 주인들은 매년 봄마다 그들의 건물 지붕을 밝은 색깔의 색으로 도색을 해야 한다.[19] 아이오와는 장기 비용 절약을 위한 정책으로 벌써부터 시멘트 도로를 이용하고 있다.

버클리 연구소는 도로 표면을 밝게 하는 또 다른 방법으로 아스팔트에 밝은 색깔의 조각들을 끼워 넣을 것을 제시했다(〈그림 1-50〉).

〈그림 1-50〉은 아스팔트에 칩 씰(chip seals)을 넣는 방법을 보여주고 있다. 아스팔트에 있는 칩 씰이 시간이 경과함에 따라 아스팔트에 자리를 잡아가는 것이다. 즉, 아스팔트에 하얀 색상의 물질을 넣음으로써 높은 반사율을 얻을 수 있다는 것이다. 또한 아스팔트는 도로의 가로등의 열을 반사함으로 열을 내는데, 아스팔트에 하얀 색상의 물질을 넣음으로써 가로등 반사율 또한 높일 수 있다. 즉, 가로등의 빛을 반사함으로써 밤에 주변을 더 밝힐 수 있으므로 가로등의 수 또한 줄일 수 있다는 것이다.

19_ (http://eetd.lbl.gov/HeatIsland/PUBS/PAINTING/)

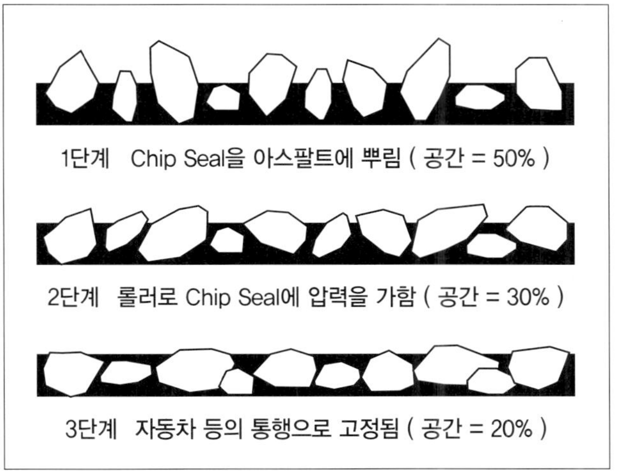

〈그림 1-50〉
아스팔트에 칩 씰(Chip Seals)을 넣는 방법
자료: http://eetd.lbl.gov/HeatIsland/Pavements/

미국 에너지 관리청은 도로 표면과 건물의 색깔 등을 좀 더 밝게 하면 에너지를 절약할 수 있으며, 이것을 돈으로 환산해 보면 일년에 10억불(1조3천억원)을 절약할 수 있다고 보고했다. 또한 새로운 건물과 새로운 도로 표면에 밝은 색깔의 재료를 쓴다면 4°F(2.4℃) 정도의 온도를 감소할 수 있으며, 이것은 에너지 절약과 스모그현상을 동시에 줄일 수 있다는 이야기가 된다.[20]

멜빈은 도로 포장을 밝게 함으로써 1500만불(195억원)을 매년 절약할 수 있다고 주장한다. 또한 도로포장을 밝게 함으로써 온도가 낮아지고 스모그 현상이 2.5% 감소하며 매년 7500만불(975억원)을 절약 할 수 있다. 즉, 1250km^2의 도로 포장 또는 매 m^2 당 0.07불의 비용으로 인해 년 1500만불(195억원)과 오존층의 감소로 인한 7500만불(975억원), 총 900만불(117억원)을 절약할 수 있다. 또한 도로 표면을 밝은 물질로 다시 덮는 것은 적어도 5년은 지속 가능하고, m^2 당 0.35불의 이익을 준다.

(2) 녹화사업

또 다른 한가지의 도시 열섬의 해결책은 바로 나무를 심는 것이다.

〈그림 1-51〉은는 워싱턴의 위성 사진으로 가장 큰 빨간 점은 컨벤션 빌딩이 있는 지역이며 녹색 지역은 잔디와 나무로 덮여 있는 곳이다. 위의 그림을 보면 나무가 있

20_ (http://www.eren.doe.gov)

는 지역과 그렇지 않은 곳의 온도 차이를 확실히 알 수 있다.

미국의 도시에서는 매년 자연적인 재해와 인위적인 피해로 인해, 수많은 녹지대가 훼손되고 있다. 그러나 도시들은 사라지는 나무 네 그루 중 단지 한 그루의 나무만 새로 심고 있다. 예를 들면, 뉴욕은 지난 10년동안 도시 숲의 20%(175,000그루)를 잃었다.[21]

〈그림 1-51〉
워싱턴의 위성 사진
자료: http://eetd.lbl.gov/HeatIsland/PUBS/PAINTING/

나무는 시원한 그늘을 제공할 뿐만 아니라 땅속의 지하수를 흡수하여 나뭇잎의 증산작용을 통하여 직접적으로 주변 공기를 시원하게 할 수 있다(〈그림 1-51). 즉, 나무는 증산작용을 통하여 도시의 기온을 낮춘다.

한 그루의 나무는 하루 동안 40갤런의 물을 증산할 수 있으며, 이것은 100와트 램프 100개가 하루 여덟 시간 동안 발하는 열을 상쇄할 수 있다.[22]

최근 부산대학교 구내의 플라타너스(고도 약 5미터, 흉고직경 약 30cm)가 식재된 콘크리트 포장 도로변에서 1998년 8월 30일 0시에서 24시까지 식피층 기온과 지표면 온도를 연속 관측하였다. 그 결과에 의하면 낮에는 식피층 온도가 대기 온도 보다 저온이였으며, 밤에는 식피층 온도가 더 고온이였다. 이것은 식피층의 증산작용이 기온 저감

21_ (http://www.eren.doe.gov/cities_counties/coolcit.html)

22_ (http://eetd.lbl.gov/HeatIsland/PUBS/PAINTING/).

과 관련성을 가지고 있다는 것이다.(〈그림 1-52〉)

나무는 또한 도시 열을 낮추는 것뿐만 아니라 숲과 도시의 나무는 광합성을 통해 대기 중의 이산화탄소를 줄인다. 일반적으로 나무 한 그루는 매년 몇 그램의 탄소를 흡수한다. 숲의 경우, 나무의 존재 자체만으로도 이산화탄소의 양을 낮출 수 있다. 그러나 도시에 있는 나무는 그 자체만으로도 이산화탄소의 양을 낮출 뿐만 아니라 도시의 온도를 낮추어 많은 양의 에어컨의 전기 소모를 줄임으로서 화석 연료의 사용 또한 낮출 수 있다. 따라서 나무는 도시의 에어컨의 사용을 줄임으로써 매해 3킬로그램의 이산화탄소를 더 감소시킬 수 있으며, 건물에 직접적으로 그늘을 만듦으로써 15킬로그램의 이산화탄소를 더 감소시킬 수 있다.

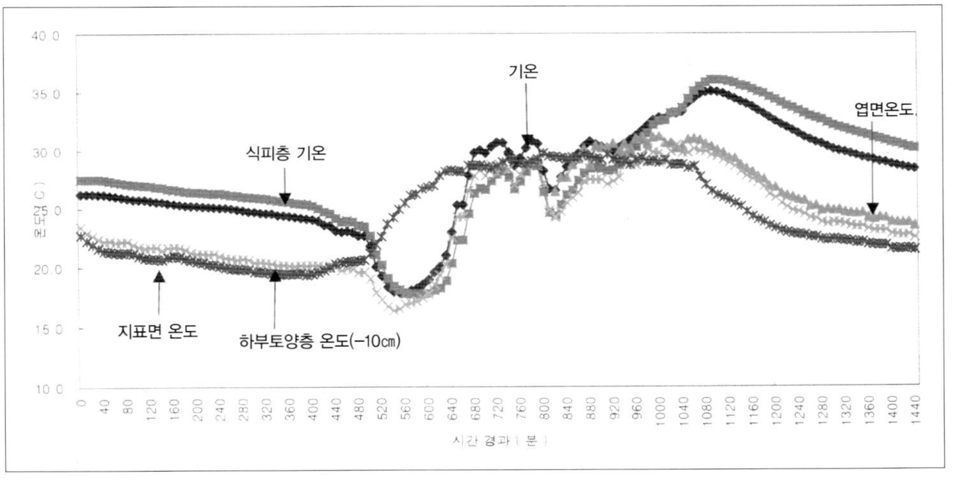

〈그림 1-52〉 5개 온도의 일중 변화관측

미국의 에너지 관리청에 의하면, 적당한 장소에 심겨진 나무는 그렇지 않은 지역의 같은 집과 비교했을 때, 주민의 에너지 비용을 평균 약 20%~25% 정도 줄여준다 한다.

식물의 증산의 효과는 계산하기에 어렵지만, 컴퓨터 시뮬레이션을 사용한 어느 조사에서는 한 가구 당 남쪽, 동쪽 그리고 서쪽에 나무 세 그루를 심음으로써 캘리포니아 사크라멘토에서는 30%, 아리조나 피닉스는 17%, 루이지아나 찰스 지방은 23%의 냉방 에너지가 감소하는 효과를 가져온다고 추정한다. 그리고 나무 그늘은 약 10%에서 35%의 절약을 가져온다고 추정한다. 또한 플로리다 남쪽 지방의 조사들에 의하면, 집 옆의 나무와 관목이 여름에 40%의 에어컨 비용을 줄일 수 있다고 추정한다.

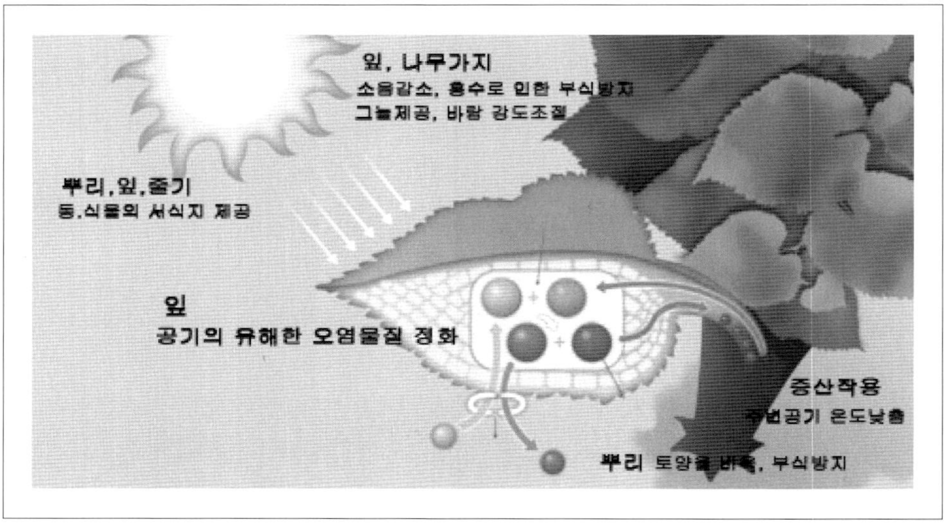

〈그림 1-53〉 나무의 역활

직접적으로 에어컨에 그늘을 제공하는 것은 에너지 비용을 줄일 수 있는 가장 효과적인 방법 중 하나이다. 왜냐하면 이것은 에어컨에서 나오는 공기를 미리 시원하게 해서 그 효과를 증진시키기 때문이다. 펜실베니아의 연구 결과에서는 이 방법을 통해서 작은 집에서 최고 75%까지 냉방비를 줄일 수 있다고 주장한다.

버클리 연구소의 조사원들의 연구에 따르면, 1시간에 1킬로와트의 수요를 감소시키기 위해 나무를 심는 것은 약 0.01불이 들지만, 전기 기구의 효율을 개선해서 같은 킬로와트를 절약하는데 드는 비용은 약 0.025불이다. 그리고 만약 새 발전소를 세운다면 0.10불이 든다.

다음 〈표 1-19〉는 나무 한 그루에 드는 비용과 이익을 계산한 것이다.

〈표 1-19〉 나무 한 그루에 드는 비용과 이익

이익($/년/나무 한그루)		비용($/년/나무 한그루)	
공기 질의 향상	$28	식재	$1
에너지 절약	$10	전정	$9
홍수 감소	$5	관수	$5
이산화탄소 흡수	$5	포장 인도	$3
소계	$48	쓰레기 청소	$1
경관미와 다른 요소	$20	다른 비용	$2
합계	$68	합계	$21
순 이익 = $47(56,400원)			

자료: http://wcufre.ucdavis.edu/8slide4.html

나무 한 그루에 드는 비용은 일년에 21불(약 25,200원)이며, 나무 한 그루로 인해 우리가 받을 수 있는 이익은 68불(약 81,600원)이다. 결국 나무 한 그루로 얻을 수 있는 순 이익은 47불(약 56,400원)인 것이다. 즉, 각 나무의 증산작용으로 인한 온도 감소로 227킬로와트(16.34불)를 절약할 것이고 직접적인 그늘을 통해 61킬로와트(4.39불)를 절약할 수 있을 것이다.

연구소에 따르면 나무 500,000그루를 심는 것은 40년 동안 배수 관리에 있어서 도시가 600,000불(7억8천만원)를 절약할 수 있을 것이라고 추정한다.

그러나 모든 나무가 다 똑같이 유익하지는 않다. 예를 들어, 침엽수보다는 여름에 그늘을 제공하고 겨울에는 햇볕을 막지 않는 낙엽수를 심는 것이 좋다. 또한 어떤 유형의 나무는 스모그 형태의 질소 산화물과 결합하기 쉬운 휘발성의 유기화합물(VOC[23])을 많이 방사한다.

물푸레나무와 단풍나무는 VOC와는 무관한 나무로 단지 1 VOC unit[24]만 방사할 뿐이다. 그러나 유칼리 나무는 32 VOC units를 방사하며, 잎이 늘어진 버드나무는

23_ 일산화탄소, 이산화탄소, 탄산, 금속성 탄산염 및 탄산 암모늄을 제외한 탄소화합물로서 대기중에서 광화학반응에 관여하는 화합물.

24_ 1 VOC unit이란 1시간당 나무가 방사하는 1 마이크로그램의 휘발성 유기 화합물을 말한다.

230 VOC units를 방사한다.[25]

위에서 살펴보았듯이, 나무를 심는 것은 도시 열섬의 해결 방법 중 최소의 비용으로 최대의 효과를 얻을 수 있는 방법이다.

도시의 수목은 도시 열섬을 해결하여 에너지와 비용을 절약할 수 있을 뿐만 아니라 그 외에도 많은 역할을 하여 우리에게 많은 이익을 제공한다.

나무가 우리에게 주는 또 다른 이익은 다음과 같다.

첫째, 나무는 공기를 깨끗하게 한다. 나무는 냉방에 사용되는 에너지와 그 에너지로 인해 일어나는 오염 감소를 통해 공기를 맑게 하는데 도움을 준다. 나무는 또한 이산화탄소를 흡수하고 산소를 생산한다. 또한 나무는 오존뿐만 아니라 농장에서 사용하는 살충제 등의 유해한 오염 물질을 흡수한다.

둘째, 나무는 소음을 감소시킨다. 연구에 의하면 31미터 넓이와 14미터 높이의 배식지역은 거의 50% 정도의 고속 도로 소음을 줄일 수 있다고 한다. 이러한 증거는 소리의 근원이 식물로 인해 가려졌을 때, 사람들의 신경질적 반응이 줄어든다는 것을 밝혔다.

셋째, 나무는 토양을 보호한다. 나무는 뿌리로 땅을 고정하고, 잎의 차양으로 폭풍을 차단하고, 낙엽으로 땅에 영양분을 제공하는 것 등으로 토양을 유지하고 개선시키는데 중요한 역할을 한다.

넷째, 나무는 깨끗한 물과 홍수를 관리한다. 나무는 폭풍으로 인해 홍수 관리비용을 절감할 수 있다. 도시의 나무는 폭풍이 났을 때, 물을 흡수하여 빗물을 천천히 흐르게 하여 폭풍에 대한 피해를 줄여줄 수 있다. 예를 들어, 유타의 솔트 레이크 시티(Salt lake city)의 숲의 차양(遮陽)은 약 4억 2800만 리터(11.3백만 갤론) 또는 17%의 표면 방출을 줄인다. 다른 도시도 비슷한 감소를 가지고 있는데 이것은 도시 숲의 차양(遮陽)의 크기에 달려있다.

25_ (http://eetd.lbl.gov/HeatIsland/PUBS/PAINTING/)

다섯째, 나무는 동·식물의 서식지를 제공한다. 나무는 멸종 위기의 동·식물을 포함하여 많은 종류의 동·식물의 서식지를 제공한다. 미국 산림청의 중요한 프로젝트의 목적은 "호랑이의 서식을 위한 수목 보호"로 멸종 위기의 시베리안 호랑이를 위해 서식지를 본래 상태로 되돌리자는 것이다.[26]

여섯째, 나무는 지역의 삶을 풍요롭게 한다. 나무 심기 프로그램은 초기 목적 이상의 이익을 가져다 줄 것이다. 예를 들어, 뉴욕의 수목 협회(Tree Consortium) 프로그램은 지원자를 장려하고 교육 프로그램과 팜플렛을 제공한다.

이와 유사한 프로그램으로 미네아폴리스/세인트 파울의 트윈 시티 트리 트러스트(Twin Cities Tree Trust) 프로그램은 나무를 심기 위해서 실업자인 젊은 사람과 성인들을 고용한다.

일곱째, 나무는 우리 인생의 아름다운 부분이다. 위에서 언급한 나무의 이익을 제외하더라도 나무는 단순히 거기 있다는 것만으로도 우리의 삶을 풍요롭게 한다. 좋은 도시 숲은 도시민과 방문객의 당신 도시의 환경에 대해 좋은 경험을 제공한다.

나무는 단지 자연의 생태계의 주요 부분이 아니라 우리 사회의 본질적인 부분이다.

위에서 살펴보았듯이, 도시 열섬을 해결하는 방법은 포장 재료의 변화와 도시에 나무 심기이다. 지금 현재 세계적으로 많은 도시에서 위의 방법들을 실행하고 있다.

세계의 도시들이 도시 열섬 해결을 위해 어떤 노력들을 하그 있는지 알아보겠다.

5) 외국의 도시 녹화사업 사례

(1) 로스엔젤레스의 "시원한 도시만들기 운동(Cool Communities)"[27]

1880년경의 미국 로스엔젤레스는 불모지였으며 매년 기온이 102°F(39℃)까지 올라갔다. 그러나 개척자들이 관개를 시작하였고, 그들이 심은 과일나무들은 주변 공기를

26_ (http://www.americanforests.org/global_releaf/benefits/index.html.)

27_ (http://eetd.lbl.gov/HeatIsland/PUBS/PAINTING/)

시원하게 하여 50년 내에 여름 온도는 5°F(3℃) 떨어졌다.

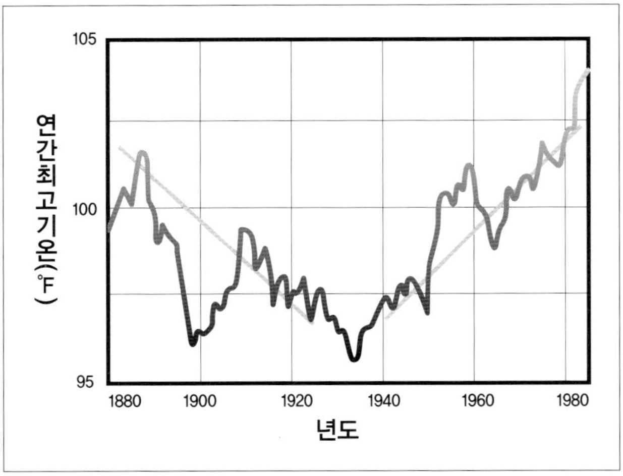

〈그림 1-54〉
로스엔젤레스의 온도 변화
자료: http://eetd.lbl.gov/HeatIsland/PUBS/PAINTING/

그러나 로스엔젤레스는 1940년대 도시화가 시작되면서 과수원들은 건물과 아스팔트 포장도로로 바뀌었다. 50년이 더 지난 지금, 여름의 기온은 10년마다 1°F(0.6℃)씩 여전히 오르고 있으며, 그 끝은 보이지 않고 있다(〈그림 1-54〉).

로스엔젤레스에서는 이러한 도시 열섬을 해결하기 위해 "시원한 도시 만들기 운동"이라는 대책을 마련하였다. "시원한 도시 만들기 운동"이란 2,500 평방 킬로미터의 도로와 지붕의 포장 재료를 바꾸고 1천만 그루의 나무를 심는 것이다.

물론 당장 모든 포장 재료들을 하얀색으로 바꾼다든지 당장에 수백만 그루의 나무를 심어 바로 그 효과를 볼 수 있는 것은 아니다.

그러나 로스엔젤레스는 컴퓨터 시뮬레이션을 통해 그 결과를 예측하여 보았는데, 건물 지붕의 포장 재료의 변화와 나무 심기에 의한 그늘의 효과는 그 건물의 에어컨의 수요를 18% 감소시킬 수 있으며 이것은 한시간에 10억 킬로와트의 전기를 절약할 수 있다고 예측되었다. 이것을 한 시간에 1킬로와트 당 10센트로 계산해 보면, 매해 1억불(1,300억원)을 절약할 수 있다는 것이다. 또한 20년 후에는 미국 전체의 에어컨으로 인한 전력 소비의 10%를 절약할 수 있다고 계산되어 진다.

또한 나무의 식재를 통해 도시의 온도가 내려가면 스모그도 줄어들 것이다(〈그림 1-59〉).

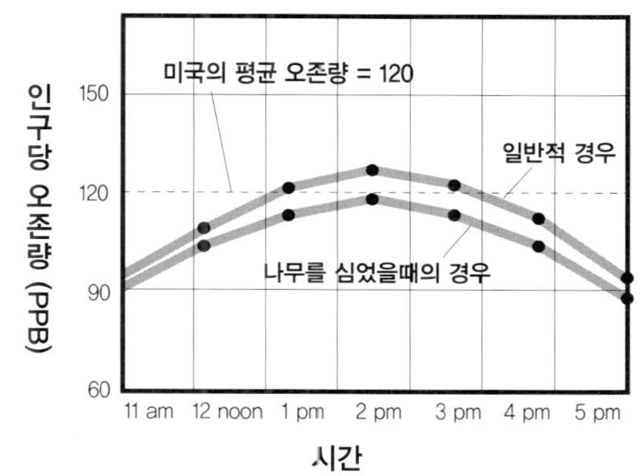

〈그림 1-55〉
로스엔젤레스의 시간에 따른 오존의 양
자료: http://eetd.lbl.gov/HeatIsland/PUBS/PAINTING/

위의 그림 〈1-55〉는 로스엔젤레스의 인구 10억당 오존의 농도를 보여주고 있는데 특히, 점심때에는 미국의 평균 오존량 보다 높다는 것을 알 수 있다.

밑의 곡선은 나무가 심겨지고 빌딩과 도로들이 밝은 빛깔의 색으로 바꿈에 것에 의한 오존의 변화를 보여주고 있다. 즉, 나무가 건물 부근에 심겨지면, 오존의 양이 줄어드는 것을 볼 수 있다. 이렇게 나무로 인해 스모그 양이 줄어드는 것을 돈으로 환산해 보면, 스모그 양이 12% 감소하면 3억 6천불(4,680억원)을 절약할 수 있다.

〈표 1-20〉 로스엔젤레스의 "시원한 도시 만들기 운동"의 이익

요인	직접적인 에너지 절감		간접적인 에너지 절약		스모그 감소	합계	
	최고 전력 절약 (MW)	에어컨 비용 절약 ($M/yr)	최고 전력 절약 (MW)	에어컨 비용 절약 ($M/yr)	의학 비용 절약 (12% 오존의 감소) ($M/yr)	전력 절약 합계 (MW)	비용 절약 합계 ($M/yr)
밝은 색깔의 지붕	400	46	200	21	104	600	171
나무	600	58	300	35	180	900	273
도로의 포장 재료	0	0	100	15	76	100	91
합계	1000	104 1천2백억원	600	71 8백5십억원	360 4천3백억원	1600	535 6천4백억원

자료: http://eetd.lbl.gov/HeatIsland/PUBS/PAINTING/

위의 〈표 1-20〉은 로스엔젤레스가 2,500 평방 킬로미터의 도로와 지붕의 포장 재료를 바꾸고 1천만 그루 나무 심기 방법으로 인해 얻을 수 있는 효과이다.

〈표 1-20〉에서 직접적인 에너지 절감이란 건물들이 각각의 요인들을 시행함으로 직접적으로 얻을 수 있는 효과를 말하며, 간접적인 에너지 절감은 이러한 요인들에 의해 건물 주변의 도시의 온도가 내려감에 의해 건물들이 얻을 수 있는 간접적인 효과를 말한다. 표를 통해 알 수 있듯이, 로스엔젤레스는 "시원한 도시 만들기 운동"을 통해 매년 에어컨 요금으로 1억 75백만불(2,275억원)을 절약할 수 있고 스모그와 연관된 비용으로 매년 3억 6천만불(4,680억원)을 줄일 수 있다.

로스엔젤레스는 "시원한 도시 만들기 운동"을 통해 도시의 온도를 5°F 낮추는데 15년이 걸릴 것으로 예상하고 있다. 이것은 현재의 포장들을 바로 바꾸는 것이 아니라 경제성을 고려해 일반적인 도로와 건물들의 재 포장 시기에 포장을 바꾸려고 하기 때문이다. 따라서 도로와 지붕들을 다 교체하고 나무들도 완전히 다 자라서 제 역할을 할 수 있는 시기를 잡은 것이 대략 15년인 것이다.

(2) 투산의 "투산 수목 프로그램(The Trees for Tucson program)"[28]

미국 아리조나주 투산시는 도시 열섬의 해결 방법으로 1989년부터 조직적인 프로그램을 통하여 도시에 나무를 심기 시작하였다. 이 투산 수목 프로그램은 도시 녹화 프로그램으로 투산 클린 & 뷰티풀 회사(Tucson Clean and Beautiful)에서 시작되었고 정부 또는 개인의 인가와 기부로 운영되는 비영리 환경 프로그램이다.

이 프로그램은 미국 산림청의 범지구적인 나무심기 프로그램 (American Forests' Global Releaf program)의 한 분야이며 이 프로그램의 목적은 투산 지역에 나무 심기를 격려하고 촉진하기 위한 것으로 투산 지방에 사막에 잘 적응하는 500,000그루의 나무를 식재하는 것이다.

비록 에너지 절약에 관한 데이터가 몇 년만에 가능한 것은 아니지만, 미국 산림청 연구에서는 이 프로그램을 통해 다음 40년 동안에 2억 3650만 불(약 3,000억원)의 이익을 추정하고 있다. 즉, 컴퓨터 시뮬레이션의 계산에 의하면, 각 나무의 증산작용으로 인한

28_ (http://www.ci.tucson.az.us/tcb/tcbtothp.htm
http://www.eren.doe.gov/cities_counties/coolcit.html)

온도 감소로 각 나무당 227킬로와트/h(16.34불)를 절약할 수 있고 직접적인 그늘을 통해 61킬로와트/h(4.39불)를 절약할 수 있을 것이라는 것이다.

연구원들은 또한 500,000 그루의 나무를 심는 것은 40년 동안 폭풍에 대한 배수 관리에서 도시가 600,000불(7억8천만원)을 절약할 것이라고 추정하고 있다. 이 500,000 그루는 주민 한 사람 당 한 그루의 나무가 될 것이며, 이 프로그램은 냉방 비용을 줄일 뿐만 아니라 투산 지방의 도시의 삶의 질을 향상시킬 것으로 기대하고 있다.

투산 클린 & 뷰티풀 회사의 사장인 존 리오네티(Joan Lionetti)는 투산 수목 프로그램이 지역 환경에 대한 시민 의식을 높이는데 상당히 성공했으며, 이 프로그램은 초등학생에서 노인에 이르기까지 모든 사회 구성원들에게 도시를 아름답게 하고 시원하게 하는데 도움을 줄 수 있고 환경을 개선시키는데 도울 수 있는 방법을 가르쳐 준다고 이 프로그램의 효과를 설명했다.

이 프로그램에 개인과 단체는 스스로 나무를 심고, 정부 기관을 통해 가로수를 심으며, 학교 나무 심기 프로그램에 자원하거나 기부하고 아울러 투산 수목 프로그램의 회원이 되는 등 많은 방면으로 참가가 가능하다.

투산 수목 프로그램에서 도시의 나무심기를 위해 행하고 있는 방법과 노력을 살펴보면 다음과 같다.

첫째, 주거 지역에 수목을 제공한다. 투산 전기 회사의 덕분으로 투산 지역의 거주민들은 그들이 그들 집 주변에 나무 심기를 동의한다면 2*5 갤런 크기의 나무를 심을 수 있다. 주민, 단체(또는 직장 동료, 친구, 가족 단체)들이 투산 수목 프로그램에서 제공하는 신청서를 작성하면, 나무는 주민들이 가져갈 수 있도록 마을의 중심가에 배달되어 진다. 프로그램은 이른 봄(1-3월)과 가을 식재 기간(10-12월) 동안에 진행되며 자세한 식재와 관리에 관한 정보가 제공된다. 비용은 나무 당 3불(3,900원)이다.

300그룹 이상이 투산 수목 프로그램에 참가하고 있으며 1993년 프로젝트가 시작된 이래로 18,000 그루 이상의 나무를 제공했다.

둘째, 에너지 보존에 관한 교육을 위해 노력한다. 나무는 투산 지역의 공립 또는 비영리 학교에 제공된다. 나무는 여름 방학 동안의 관리를 위해 적절한 관개 시스템이 있는 곳에 심겨져야 한다. 학교에는 나무뿐만 아니라 나무 심기 실험과 나무 소개 슬라이드 또한 학교에 1-12단계로 제공된다.

또 다른 노력으로는 지역 조경가와 수목 전문가를 위한 세미나와 나무를 사용하여 냉방비를 줄이는 것에 관한 정보에 대해 학교 선생님들을 위한 에너지 보전 교육 연수 프로그램 등이 있다.

지역 단체와 투산의 전력회사는 또한 소비자들에게 에너지를 보전하기 위해 나무를 심도록 장려하는 정보 팜플렛을 발간하는 방법과 투산 수목 프로그램의 교육 분야를 지원하는 방법으로 참가하고 있다.

셋째, 커뮤니티를 위한 나무를 제공한다. 투산 수목 프로그램은 커뮤니티 미화를 포함하여 커뮤니티 주택 프로그램을 위한 그늘의 필요성, 비영리 조직을 위한 조경의 필요성 등 다양한 프로젝트에 수목을 제공한다.

넷째, 근린을 위한 수목을 제공한다. 투산 수목 프로그램은 그들 동네를 아름답게 하기 위해 도로를 따라 나무를 심기를 원하는 거주민들을 위해 적절한 기금을 제공한다. 또한 이 프로그램은 나무가 공공 도로에서의 권리(교통 시야 가시성, 실용선 취소와 보행자 출입 등)에 관한 문제를 일으킬 때 나무의 식재 허가를 도울 수 있다.

동네를 위한 나무는 도매 가격으로 제공되고 투산 수목 프로그램에서 그 비용의 반을 부담한다. 이때 나무는 보통 한 그루 당 4-5불이다.

다섯째, 기념나무 심기 프로젝트를 운영한다. 산타 크루즈(Santa Cruz) 강의 서쪽 제방을 따라 위치한 기념 나무 심기 프로젝트인 나무의 보도(ElPaseo de los Arbois)는 투산을 위해 투산 클린 & 뷰티풀 회사회사, 피마 주 공원과 Recreation Department에 의해 운영되고 있다. 이 공원은 600그루의 나무의 헌정을 위한 공간으로 1996년 4월에 오픈했다. 공원의 모든 나무들은 지금 현재 기부 사업으로 모두 팔렸으며 기념 나무 심기를 위한 새로운 부지를 현재 찾고 있다.

여섯째, 나무를 위한 관광 루트를 개발한다. 매년 가을, 투산 지역의 크고 특이한 나무들의 탐방을 위한 "오래된 푸에블로의 나무들(Great Trees of the Old Pueblo)"이란 관광 프로그램에 관광 여행객들이 가이드에게 안내되어 투산 지방을 찾는다. 참가자들은 여행이 끝나면 점심을 대접받으며 나무여행으로 생긴 돈은 나무은행에 기부된다. 나무 여행은 일년에 한번 6월 말 또는 7월 초순에 개최된다.

일곱째, 산림 교육 프로그램을 실시한다. 투산 수목 프로그램은 나무를 심고 보호하기 위한 목적으로 주민들에게 산림 훈련을 시키는 새로운 커뮤니티 프로그램을 실시하고 있다. 한번 교육받은 도시 산림관의 지원자들은 생존하는 나무의 적당한 관리가 필요함을 확신한다. 이 프로그램은 누구든 나무에 관심이 있는 사람은 참가할 수 있다.

산림 교육 프로그램은 나무 식재와 관리와 유지에 관한 자료를 제공한다. 산림 교육 프로그램은 투산 수목 프로그램 조정 위원회의 도움으로 발전되었고, 아리조나주 토지과로부터 일부분을 기부 받는다.

마지막으로 수목 관리 워크샵을 개최한다. 적당한 관리는 새로 심은 수목의 생존에 있어서 중요하다. 수목 관리, 식재와 유지 워크샵은 투산 수목 프로그램에서 대중을 위해 일년에 두 번 개최되며 수목 선택, 식재 가지치기와 관개 등 많은 것을 포함한다. 이 워크샵은 프로그램 참가자들이 워크샵에 참가해서 가지치기, 식수, 비옥화와 곤충과 병을 관리하는 것을 배워 사회와 도시 숲에 대해 책임감을 가지도록 하는 것이 목적이다.

(3) 동경도의 "동경 녹지계획"

① 녹지확충을 위한 동경계획

일본의 수도, 동경도는 과거 100년간 평균기온이 2.9℃ 상승하고 최근 10년간에는 열대야의 일수가 년간 약 7일정도 증가하고 있다. 또한 동경도 23구(區)의 하수관의 빗물 수용량은 한시간에 최대 50-60mm가 한계이나 최근 집중호우에 의한 우량(雨量)이 100mm를 넘어서는 것도 빈번히 일어나고 있다. 이것은 도시의 교통 마비 등의 혼란을 야기한다.

이러한 동경이나 오오사카 등에서의 집중호우다발이 지적된 것은 약 10년 전부터인데, 그 원인의 하나로 도시 특유의 어떤 기후 현상이 일컬어진다.

1992년 동경도 환경과학 연구소가 실시한 도내 및 주변부 100개소에서의 기온관측 결과를 기초로 작성한, 등온선[29]을 3차원적으로 표시해 보면 동경은 도심부를 중심으로 현저히 솟아 오른 모습을 볼 수 있다.

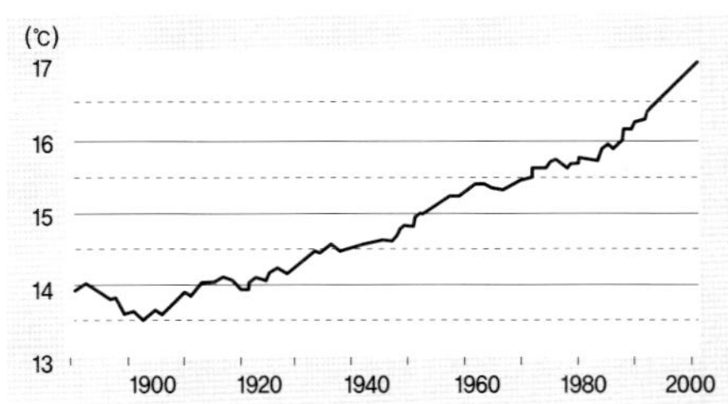

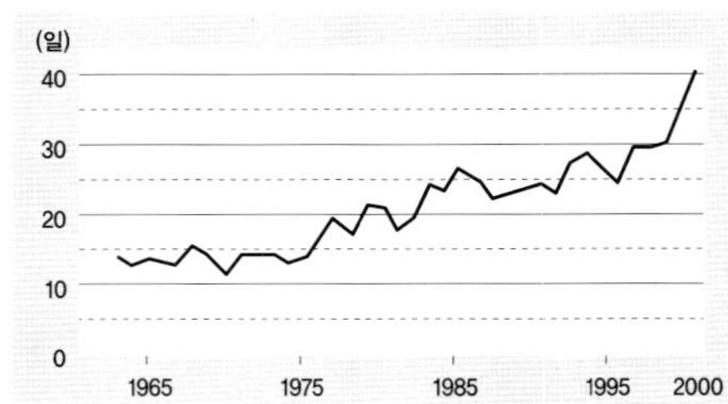

〈그림 1-56〉 동경 연평균기온 변화 그래프

〈그림 1-57〉 동경 열대야 일수 그래프

자료: http://www.sayego.com/cgi-bin/sayego

도시 열섬에 대한 대책을 강구하지 않는다면 약 30년 후에는 동경 도심부의 기온이 43도를 넘어설 것이라는 예측도 있다. 또한 다른 연구에서는 도시 열섬현상이 도심부를 중심으로 발생하여 그 영향이 교외에 파급되며, 특히 여름철의 남동풍에 의해서 동경 상공에서 발생한 열기가 사이따마방면으로까지 영향을 미친다고 발표했다.

이와 같은 도시 열섬현상을 일으키는 원인은 도시 활동에서 소비되는 에너지의 배기열 보다도 녹지의 상실이 더 크다는 것이 동경의 환경과학연구소 등의 최근 연구에서 밝혀지고 있다.

21세기를 맞이하는 오늘날, 경제나 환경 문제 등 커다란 전환점에 들어선 시점에서 동경은 50년 후의 수도의 장래상을 전망하면서 [동경 구상 2000-교류의 세계 도시를 목표로]를 책정하고 정책의 기본적인 골격을 밝히고 있다. 이 동경 구상 2000은 자연과 문화가 풍부한 도시를 목표로 도시 중에서 연결성을 가진 수공간과 녹지의 축을

29_ 같은 기온이 나타나는 지점을 연결한 선

형성함과 동시에 가까이 있는 녹지를 회복하여 녹지율을 1998년의 29%에서 2015년에는 32%까지 높이는 것을 정책 목표로 들고 있다.

동경 구상2000과 나란히 동경은 "수공간과 녹지가 네트워크된 풍(風)격도시-동경"을 목표로 2000년 12월에 "녹지의 동경 계획"을 책정하고 녹지가 가지는 기능을 활용함으로써 지속가능한 도시를 실현하기 위한 녹지 조성의 추진책을 제시하였다.

동경도와 이하 행정 단위에서는 부지의 녹화 지도나 공원의 설치, 가로수의 식재 등을 해왔지만 동경 전체에서는 녹지의 감소가 계속되어지고 있다. 약 반세기 동안 도심부에서는 야마노테선의 내측에 상당한 면적의 녹지가 소실되었으며 재개발 등에 의해 지금도 조금씩 감소하는 현상을 보이고 있다.

시가지에 있어서 녹지를 대폭으로 증가시키려 해도 이 이상의 녹화여지는 물리적으로 한정되어지는 상황이다. 그렇기 때문에 남겨진 녹화의 스페이스로서 건축물의 옥상이든가 베란다, 벽면 등에 대해서 착목해가는 방법이외에는 없다.

동경도에서는 옥상 등 녹화의 기본적인 과제를 검토하기 의해 동경도 빌딩 녹화검토회를 설치하여 옥상 등 녹화의 기본적인 과제에 대해서 검토해왔다.

오오노 타다오가 제안한 "동경의 빌딩녹화의 추진에 대해서"에서는 다음과 같이 논하고 있다. 그는 시가지는 그 대부분이 건축물이든지 도로의 부지로 채워져 있으며 녹화가 가능한 여지에서는 그 한계가 있다. 이로 인하여 건축물은 건폐율에 의해 면적이 제한되며 도로율도 거의 일정하다. 따라서 시가지에서는 녹화가 가능한 부지의 면적은 그의 잔여의 면적이라는 것이 되지만 구부에 있어서의 녹피율의 계산에서는 건폐율(평균60%)등이 변경되지 않는다고 한다면 전체의 20%정도밖에 없다 라고 하고 있다. 즉 이것은 부지의 녹화에 의해 동경부의 녹피율을 현재 이상으로 하는 것은 물리적으로 곤란하다는 것을 의미한다.

또한 동경부에서 1%의 녹지를 매수한다고 하면 2조엔이상의 거액의 자금이 필요로 하기 때문에 공원(구부면적의 5%정도)등의 용지매수가 가져오는 녹화는 용이하지 않다.

② 옥상녹화 작업

일본은 최근 도쿄 등 대도시를 중심으로 건물 옥상을 정원 등 녹색지대로 만드는 사업을 한창 연구, 추진중이다. 도시화의 진행으로 더 이상 지상에서 녹색지대를 만들기 어려우니 건물 위의 공간을 이용해 녹색지대를 확장하자는 것이다. 도쿄 23구는 1930년도에는 전체 면적에서 차지하는 녹색지대 비율이 50%를 넘었으나 60년대 30%대, 83년 이후에는 22%로 급격히 줄어들었다. 따라서 지금은 사실상 녹색을 늘릴 수 있는 공간은 옥상 밖에 남지 않았다는 소리가 나오고 있는 실정이다.

이에 따라 도쿄 도는 올 4월부터 전국에서 처음으로 조례를 통해 일정규모 이상의 신축 빌딩에는 반드시 옥상녹화를 하도록 의무화하고 있다. 2015년까지 치요다구의 면적과 맞먹는 1200헥타아르의 옥상을 녹화시키겠다는 야심찬 계획이다. 의무화 이전인 지난해 4월부터 12월까지 도가 옥상녹화사업을 행정지도한 결과, 대상건물 331동 가운데 172동이 옥상녹화를 실시해 2.76 헥타아르의 녹색을 창출했다.

도쿄 외에도 오사카, 센다이, 가나자와 등에서는 옥상녹화 사업에 일정 정도의 조성금을 주는 제도를 도입하고 있는 자치단체도 늘고 있다.

③ 옥상녹화의 효과

옥상녹화로 기대되는 가장 직접적인 효과는 도시의 열섬현상 완화이다. 열섬현상은 아스팔트 도로와 콘크리트 빌딩이 흡수해 축적하고 있는 태양열과 냉난방의 인공열, 대기오염물질에 의한 온실효과 등이 큰 원인인 것으로 알려져 있다. 일본 기상청 조사에 따르면, 도쿄는 특히 고온화 현상이 현저해 최근 100년간 평균기온이 2.9도 상승했다고 한다. 다른 중소도시가 같은 기간에 1.0℃ 정도 상승한 것에 비하면 엄청한 고온화이다.

도쿄 도는 옥상녹화로 녹지대를 증가하면 열섬현상이 상당히 완화될 것으로 보고 있다. 나무의 잎이 내뿜는 수분이 기화하면서 주위의 온도를 낮게 하는 효과 뿐 아니라, 빌딩의 콘크리트에 태양열이 직접 닿는 것을 방지함으로써 태양열 축적을 방지할 것이기 때문이다. 국토교통성 산하 `도시녹화기술개발기구'가 도쿄 23구에서 평평한 형태로 돼 있는 옥상 약 4140헥타아르의 절반을 녹화한다고 가정해 시산한 결과에 따르면, 여름의 최고기온이 0.8도 내려가고, 냉방경비도 하루 당 약 1억1천만엔(11억

원) 정도가 절약되는 것으로 나타났다. 이밖에 방음, 건물의 보호, 대기정화, 경관형성으로 인한 시민의 감정 순화 등의 효과까지 감안하면 이점이 한 두가지가 아닌 것으로 평가됐다. 한 환경단체의 간부도 "옥상녹화는 열섬현상을 완화하는 것뿐만 아니라 사람들의 마음을 부드럽게 순화하고, 도심의 새와 곤충의 휴식 장소도 된다"고 적극적인 환영을 표시했다.

옥상녹화 효과 가운데 빼놓을 수 없는 것이 경제적인 효과이다. 최근 거품붕괴로 곤경에 처해 있는 일본의 건설회사 등은 옥상녹화 사업이 재생의 활로가 될 것으로 보고 이 시장에 본격적으로 뛰어들 채비를 하고 있다. 시미즈건설과 가시마건설 등 일본의 대표적인 건설회사들이 이미 회사 건물 옥상에 모델 정원을 만들어 놓고 사업에 뛰어든 것을 비롯해 다른 건설회사들도 경사면 지붕을 녹화하거나 얇은 타일 형식의 녹화판을 붙이는 기술 등을 개발하거나 수입하고 있다.

동경은 도시밀도가 높고 지가(地價)가 비싸서 새로운 녹화공간을 만든다는 것이 어렵다는 것을 인식하고 기존의 도시의 옥상을 녹화하여 녹지를 확충하는 계획으로 도시환경문제를 해결안을 제시하고 있다.

8. 도시열섬 사례연구

1) 대구광역시의 도시열섬현상분석[1]

(1) 열섬현상의 개요

①개념

도심의 기온이 주변에 비해 높게 나타나는 미기후 현상으로 도시 지역은 건물이 고층화되고 지표가 대부분 아스팔트나 콘크리트로 피복되어 있으며, 인공열을 대기층으로 방출하게 되고, 각종 오염 물질이 기후에 영향을 주게 되어 도시의 등온선은 대체로 동심원상으로 나타나고, 도심부가 주변보다 온도가 높은 고온지대가 형성되어 발생한다.

열섬의 강도는 여름보다 겨울에 현저하고 낮보다 밤에 도심부와 주변부의 기온차가 심하게 나타나는데 이는 여름철 낮에 교외의 지표면은 풀밭 등에서 토양 수분의 증발산 작용으로 지표면의 열에너지가 흡수되어 기온이 낮아지지만 도심은 건물과 아스팔트, 콘크리트 등으로 덥혀 있어 지표면에 수분이 없기 때문에 열의 발산 작용이 미약하며 아스팔트나 콘크리트 건물은 일사에 의해 쉽게 가열되기 때문에 열을 방출할 수 없는 이유이다. 이로 인해 여름철 밤엔 열대야와 같은 현상을 발생시키기도 한다.

② 열섬현상의 요인

열섬현상은 다음과 같은 요인에 의해 일어난다. (표 1-21 참조)

ㄱ. 주택의 난방, 공장의 가동, 냉난방기의 사용으로 인한 인공열의 발생량 증대

ㄴ. 자동차 배기가스 등에 의한 대기오염 등 화석연료의 사용증가

ㄷ. 도시 내의 인공열의 발생 : 주거의 밀집률이 10%이상이 될 때 마다 약 0.16℃가량의 온도가 상승

ㄹ. 건축물의 건설이나 지표면의 포장 등에 의한 지상 피복의 상태 변화 등으로 인

1_ 김수봉(2002). 대구지역 바람길 조성을 위한 도시생태네트워크 시스템 구축에 관한 연구. 대구지역환경기술개발센터.

간생활이나 산업 활동에 수반된 복잡한 요인이 작용.

〈표 1-21〉 열섬현상의 요인

	요 인
지표면 피복의 인공화	녹지, 수면, 농지, 나지의 감소에 의한 증산효과의 감소
	포장면, 건축물에 의한 아스팔트, 콘크리트면 등의 증가에 의한 열 의 흡수, 축열의 저하, 반사율의 저하
인공배열의 증가	건물에서의 배열
	공장 등 사업활동에 의한 배열
	자동차 등에서의 배열
도시형태의 변화	도시형태의 변화에 의한 바람의 약화
	도시를 냉각시키는 대규모 녹지나 수면의 감소 등

③ 열섬현상의 문제점

대기권내에서는 지상에서 위로 올라갈수록 온도가 낮아지기(100m당 0.98℃정도) 때문에 오염된 공기덩어리가 주변의 공기보다 따뜻하다면 위로 상승할 수 있다. 왜냐하면 따뜻한 공기덩어리는 찬 공기보다 상대적으로 가볍기 때문이다(공기의 밀도차). 대기가 이러한 상태라면 대기오염 방지차원에서는 매우 바람직하다.

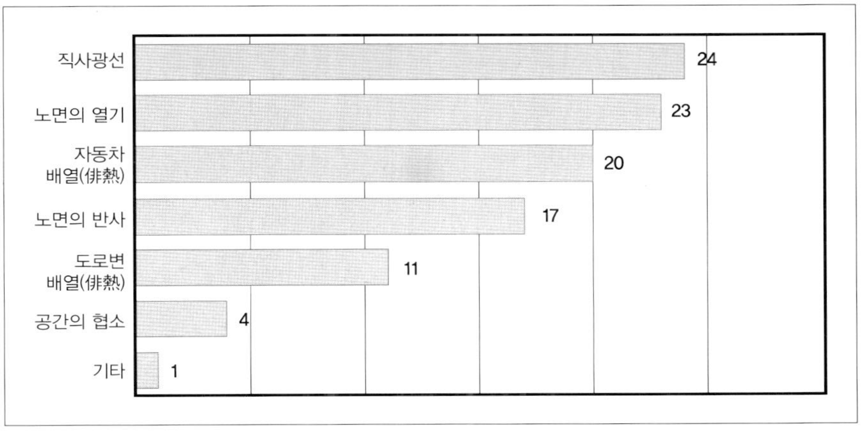

〈그림 1-58〉 간선도로변 보행에 있어서의 더위에 대한 불쾌감 요인
자료: 吉田 외, 보행자의식에서 본 도로공간의 열환경 평가에 관한 연구

자동차나 공장굴뚝 등에서 발생한 대기오염물질들이 지상에 체류하지 않고 공기의 상승 기류에 섞여 위로 올라가 확산될 수 있기 때문이다.

그러나 만일 위층의 공기가 아래층의 공기보다 기온이 높다라면 오염된 공기는 위로 상승하지 못하고 지상에 체류(정체)하게 된다. 이처럼 공기의 안정도는 오염물질의 확산에 영향을 미치며, 공기가 안정되어 있을수록 발생된 오염물질은 계속적 정체되므로 바람직하지 않다.

결론적으로 말하면 오염물질을 확산시키기 위해서는 대기의 기류가 활발히 운동을(상승기류) 하여야 하는데 열섬현상이 나타날 경우 도심의 하늘을 뜨거운 공기가 뚜껑처럼 덮고 있어 공기가 정체되게 된다. 도심주변 상공의 찬 공기에 눌려 움직이기 어렵기 때문이다. 이에 따라 배기가스를 포함한 대기 오염물질들도 함께 도심상공에 체류하면서 오염농도가 높아지게 되는 것이다.

한편, 도심지 내에 온도가 급상승하게 되면, 많은 시민들이 불쾌감을 갖으면서 생활하게 되고, 바깥나들이를 싫어하게 된다. 더위에 대한 시민들의 반응은 일반적으로 부정적으로 나타난다.(그림 1-58 참조) 특히, 열대야현상이 두드러진 때에는 시민들의 더위에 대한 불쾌감은 극에 달하기 때문에 도시열섬을 완화시킬 수 있는 방안은 모색되어야 한다.

(2) 대구시의 도시열섬현황 분석

① 시가지외 지역의 열섬현황분석

대구는 지형적인 영향에 의해 주변이 산(팔공산, 앞산, 와룡산, 비슬산 등)으로 둘러싸여 있는 분지형으로 〈그림 1-63〉에서와 같이 도심부 안쪽의 기온이 주변의 산지 보다 높게 나타나고, 도심부내에 건축물의 건설이나 지표면의 포장과 차량밀집, 주거지 밀집, 녹지공간의 부족으로 인한 다량의 열을 발생시킨다.

〈그림 1-59〉는은 대구광역시 전체의 온도분포 현황을 나타낸 것으로, 붉은 색에 가까울수록 온도가 높은데, 대체로 붉은 색은 도심지에 집중적으로 분포하고 있다. 또한, 대구를 에워싸고 있는 팔공산과 앞산주변으로 자연녹지가 광범위하게 분포하고 있어, 주변의 차량의 통행이 과다하더라도 열 발생을 억제시킬 뿐만 아니라 사찰, 석교, 등산로 등 건축물·포장재들의 재료가 자연소재로 이루어져 열 발생량을 억제시킨

다. 시가지 외곽을 흐르는 신천과 금호강, 낙동강 등 하천주변은 주변의 많은 열 발생 요인이 있으나 하천녹지를 중심으로 한 녹지환경으로 인해 열섬현상의 유발을 억제하고 있다.

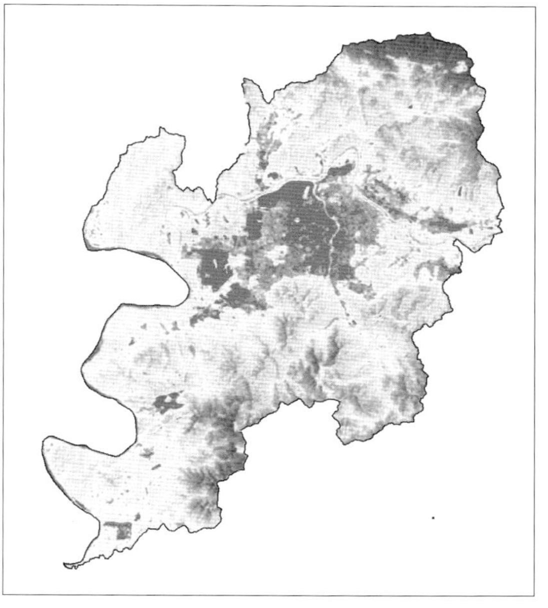

〈그림 1-59〉 대구시 온도분포 현황

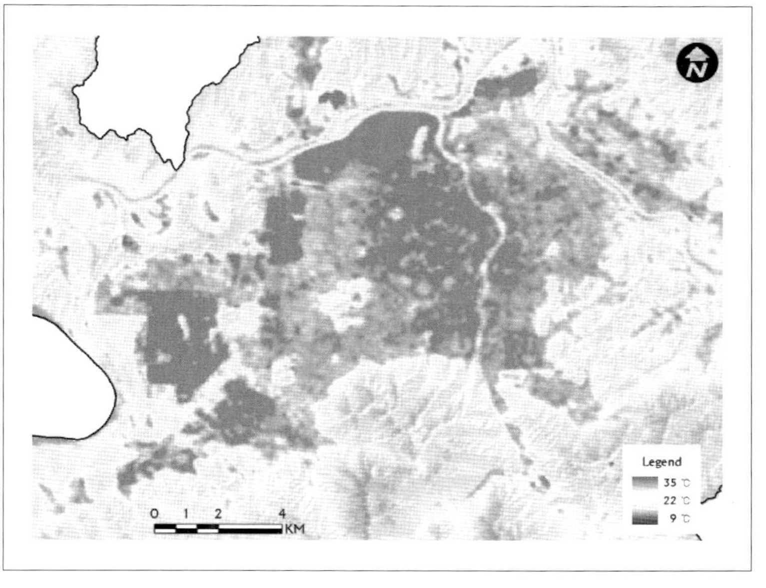

〈그림 1-60〉
대구시 시가지내
온도분포 현황

② 시가지내의 열섬현황분석

대구시의 시가지내 온도의 분포 현황을 보면 그림 1-61, 1-62, 1-63과 같으며, 주로 토지이용에 따라 온도분포를 달리하고 있으며, 주로 공단지역이나 도심지가 높은 온도를 나타내고 있음을 알 수 있다.

ㄱ. 도심공원 및 하천 주변의 열섬현황분석

- 도심지에 위치하고 있는 범물공원, 두류공원, 망우공원, 와룡공원, 침산공원, 대구대공원, 수성유원지주변이 색이 엷게 나타나는 것은 대규모의 인구밀집에도 불구하고 녹지공간의 충분한 확보로 수분의 발생을 유도하여 열 발생을 억제하기 때문이며, 도심을 가로지르는 신천 주변으로 열을 발생할 수 있는 요인이 많으나 신천 녹지화 사업으로 인한 열 발생량이 줄어들고 있다.
- 시가지 중심에 위치하고 있는 달성공원과 최근 조성된 국채보상공원, 2·28기념공

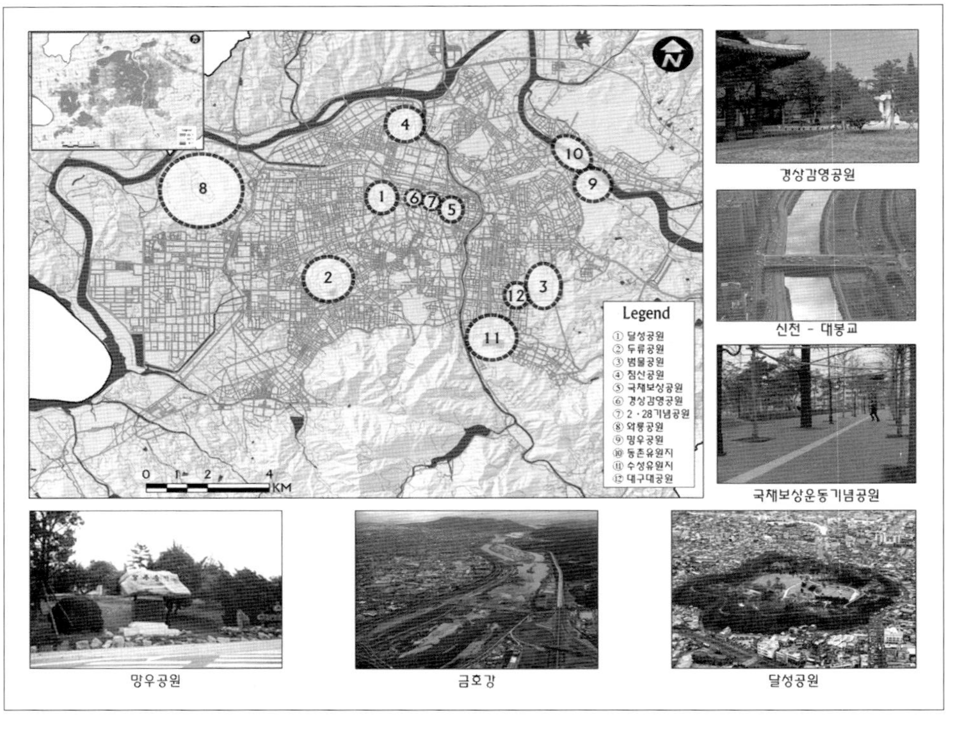

〈그림 1-61〉 공원 및 하천지역 열섬 분포도

원, 경상감영공원에 조성된 녹지로 인해 중심지임에도 불구하고 열 표시가 주변에 비해 옅게 나타난다. 와룡산과 앞산, 대덕산등 대구의 시가지를 둘러싸고 있는 공원들은 주변의 열 발생량과 현저한 차이를 나타내는데, 이는 자연수림으로 인 한 수분 발·흡수량이 많아 열을 냉각시키는 효과를 극대화시키기 때문으로 사료 된다.

- 금호강 및 낙동강을 비롯하여 수성유원지, 동촌유원지등 도심 내·외곽을 따라 흐르는 하천 주변 역시 하천이 가지는 냉열과 더불어 하천주변으로 형성된 초지 및 녹지공간으로 인해 열 발생을 억제시켜 열 발생 표시가 주변보다 옅게 나타나는 것으로 사료된다.

ㄴ. 공단지역 주변의 열섬현황 분석

- 도심지 내부에서 열 발생 표시가 짙게 나타나는 것은 논공공업단지와 달성공업단지, 성서산업단지, 제3공단과, 시지공단, 반야월 공단, 서구염색단지, 검단공단, 서대구산업 공단과 같은 대규모 공업지역이 도심지 내부에 위치함에 따라 발생하는 열량이 증가하며 그 주변으로 녹지공간의 부족, 수분발생 및 열 흡수와 같은 열섬완화 효과를 도와주는 요소의 부족으로 열 발생은 상대적으로 많아지고, 열섬현상이

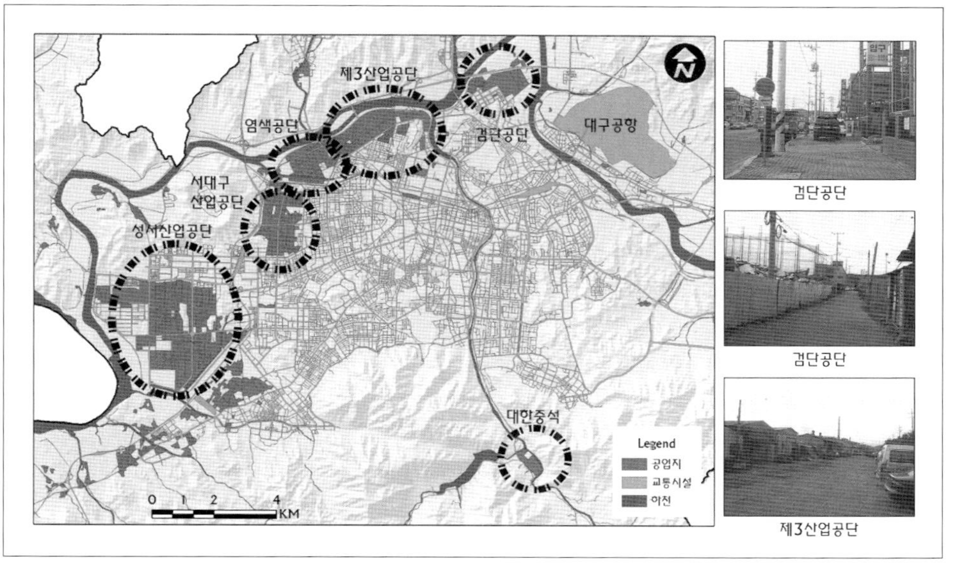

〈그림 1-62〉 공업지역 열섬 분포도

가속화되어 가는 것으로 사료된다.

ㄷ. 주거 및 상업지역 주변의 열섬현황분석

- 주택이 밀집된 지역(지산·범물택지지구, 칠곡택지지구, 동호동택지지구, 성서택지 지구, 황금동 주거지역 일대)보다 시가지 중심지(동성로, 대구역, 대구백화점주변, 반월당, 서문시장 등의 대규모 전통재래시장 등)가 더욱 많은 량의 열을 발생하고 있는 것으로 보아 건축물에서 발생하는 복사열과 아스팔트도로, 불투성 외장재, 차량의 배기가스, 인구이동의 빈번, 대기의 흐름을 방해하는 과밀한 고층의 건물군 등의 원인으로 사료 된다
- 그러나, 동성로, 서문시장 등 시가지 중심지를 제외한 상업지역에서는 주변의 발열량과는 거의 차이가 없음을 알 수 있는데 이는 특정된 지역(동성로, 서문시장 등)에 중심 상가가 편중되어 나타나는 현상으로 사료된다.

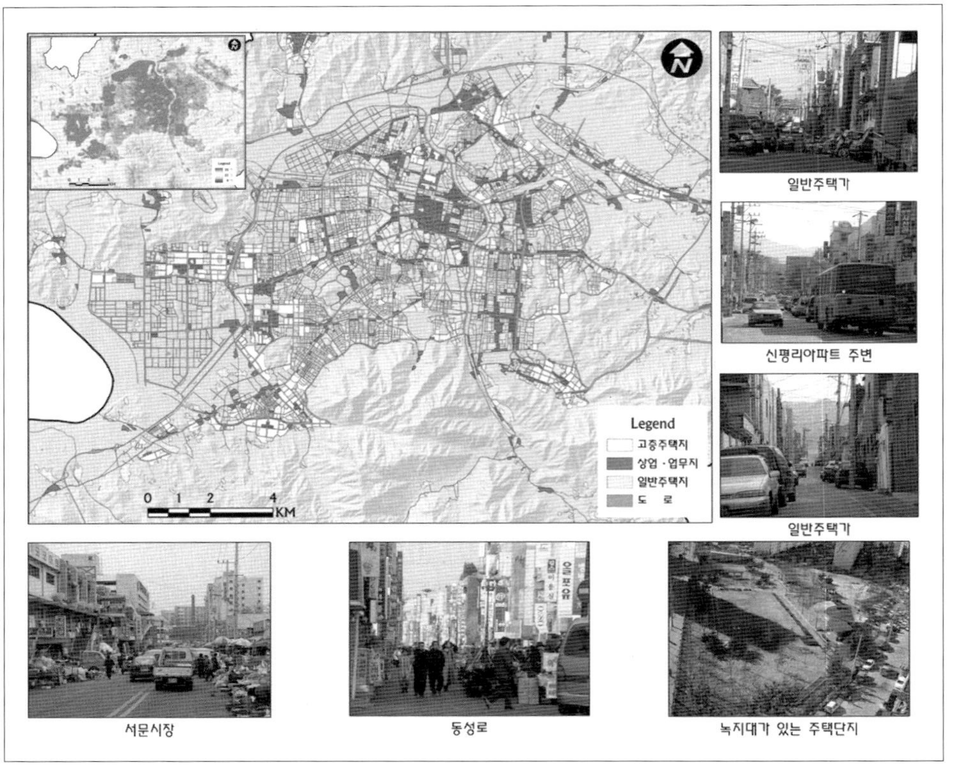

〈그림 1-63〉 주거 · 상업지역 열섬 분포도

2) 도시녹지의 도시열섬현상 완화효과 분석[2]

(1) 서론

도시는 마치 살아있는 생명체처럼 매일 변화를 거듭하면서 모습을 바꾸어가고 있다. 이러한 변화가 수십 년에 걸친 자연스러운 변화가 아니라 짧은 시간에 동시다발적으로 발생하기 때문에 환경에 압력을 가하여 도시환경을 악화시키는 결과를 초래하였다. 이러한 급속한 환경의 변화는 공간의 규모가 작을 때에는 크게 문제가 될 것이 없었으나 인구가 도시로 집중되고 산업화가 진행되어 도시가 팽창하면서 이러한 급속한 변화의 공간이 점차 확대되고 조밀해지면서 도시환경문제가 발생하기 시작하였다. 따라서 이제는 특정한 공간이 아니라 주변의 환경까지 고려한 개발계획을 시행하는 것이 당연한 일이 되었다.

특히 도시환경문제 중에서 가장 대표적이면서 도심과 비도심을 구분시켜주는 가장 큰 특징인 이른바 도시열섬(UHI: Urban Head Island)현상에 대해 주목할 필요가 있다. 콘크리트와 아스팔트 같은 인위적 시스템이 많은 도시는 인접한 교외지역에 비하여 평균기온이 높아 고온의 공기가 섬 모양으로 뒤덮고 있는 상태를 이루게 되는데 이를 열섬현상이라 한다.

대도시의 대기는 여러 면에서 교외지역의 대기와는 다르다. 수직적으로 들어선 대형 건물 및 공장들은 고르지 못한 지면을 형성하여 자연적인 공기 흐름이나 바람을 방해한다. 도심이 먼지 등에 의해 심하게 오염되었을 경우, 도시열섬현상으로 인해 더워진 공기는 먼지 지붕 형태가 되어 태양에너지의 지표 가열을 방해함으로써 공기의 수직 흐름이 감소되어 도심은 더욱 심하게 오염된다. 즉, 여름의 뜨거운 공기는 상부의 대기와 섞이지 못하고 층을 이루게 되며, 이 뜨거운 공기는 오염된 공기가 그 위의 깨끗한 공기와 섞이는 것을 막는다. 이로 인해 도심의 대기는 열을 저장한 채 도시로 방출된다. 따라서 대기오염은 도시열섬의 원인이 되며, 도시열섬은 대기를 다시 오염시키는 악순환이 반복된다(김수봉 외, 2004, 143-156쪽).

국외의 연구에 의하면 열섬현상은 청명하고 바람이 없는 밤에 그 정도가 심하며, 인근 전원지역에 비해 최고 12℃의 온도 차이를 보인다고 한다(Oke, 1981, 237-254쪽). 도시는 구조적으로 다양한 형태의 토지이용형태를 갖고 있기 때문에 이러한 기온의 차이는

2_ 김수봉 외(2006), 대구광역시 중구의 가로수 및 열섬 모자이크 현황분석, 한국환경과학회지 15권 14호.

현저한(대규모 혹은 많은 면적) 토지이용형태의 변화에 의해서 발생하게 되어, 도시화된 지역 내에서도 고온지역과 저온지역이 어지럽게 뒤섞인 모자이크 형태로 구성되는 것이 일반적이다. 경우에 따라서는 도시 내의 두 인접한 공원지역과 건축물이 꽉 들어찬 지역사이에서 최고 7℃의 온도 차이를 보이기도 한다(Spronken-Smith 외, 1998, 2085-2104쪽).

열섬현상에 관한 연구는 국내에서도 부단히 이루어져 왔다. 부경온(2000)은 자동기상관측자료를 이용한 서울의 기온수평분포 분석 연구에서 도시지역의 기온분포 형성요인으로 토지이용도(Land-use)가 중요함을 지적하였다. 서울의 경우에 최근 영등포, 양천 등에 새로이 높은 기온영역이 형성되고 있는데, 이는 예전에 비하여 도심지의 고층건물과 도포 포장율의 급증 등으로 도로피복상태가 바뀐 것이 도시고온화의 주요인이라고 그들은 지적하였다. 윤용한(2000)은 도시공원이 기온저감에 미치는 영향을 파악하였는데, 그 결과에 따르면 기온분포도로부터 고온역은 포장면, 나지 주변에서, 저온역은 수림지, 수면 주변에서 관측되며, 주거지역의 도시공원 보다 도심지역의 도시공원에서 기온저감효과가 더 크게 나타난다고 한다. 한편, 김수봉(2002)은 도시녹지시설인 가로수가 도시의 온·습도를 조절하여 미기후 개선에 미치는 영향을 분석하였으며, 공원이나 대규모의 녹지는 열섬현상을 완화시킬 수 있는 열섬저감 거점지역으로서 도시생태환경 네트워크를 위해서는 시가화지역내에 분포하고 있는 대규모의 공원이나 가로수 등의 녹지를 최대한 활용하여야 한다고 주장했다.

따라서 본 연구에서는 선행연구에서 제시된 열섬완화에 관한 제안들을 뒷받침하고 보다 구체화 할 수 있는 대구시 도시표면온도의 현황에 대한 실체적인 자료를 분석하여 도시열섬현상 완화를 위한 구체적인 제안을 검토하고자 한다.

(2) 연구방법

① 대상지 선정

대구광역시의 중앙지대인 중구(그림 1-64)는 대구발생의 근원지라 할 수 있으며 시청 등 주요 기관이 밀집되어 정보와 금융, 유통의 중심지로서 도심관리기능이 강화되고 있는 대구의 심장부로서의 역할을 수행하고 있다.

중구는 다른 행정구역에 비해 인구밀도가 높고, 공원 및 녹지의 면적이 부족하며 산림이 전무한 실정이다. 또한 중심시설과 대형 상가건물이 밀집되어 있어 유동인구가 가장 많은 지역으로서 교통량의 증가와 정체, 건축물의 밀집이 심한 지역이다. 이러한 이유에 기인하여 대구지역에서 추정된 인공열 산정의 연구(안지숙, 2001, 36-37쪽)에서 중구가 다른 행정구역에 비해 인공열이 가장 높게 나타났다.

이러한 현황을 미루어 볼 때 중구의 열섬현상이 가장 두드러지게 나타날 것으로 판단되며, 본 연구를 수행하기에 가장 적합한 지역으로 사료되어 대상지로 선정하였다.

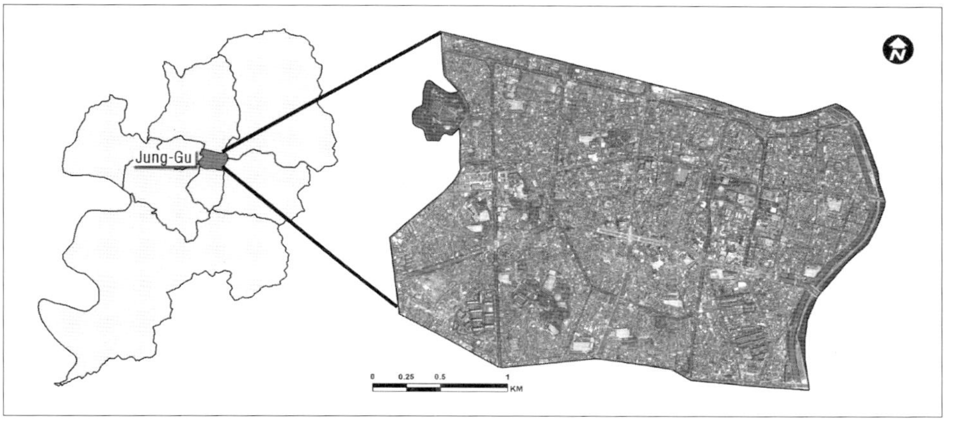

〈그림 1-64〉 대상지

② 분석자료

본 연구는 대구광역시에서 촬영한 항공사진 영상을 바탕으로 수행하였으며, ERDAS Imagine 8.5의 OrthoBase 모듈을 이용하여 항공사진 정사보정을 실시하였다. 사용된 항공사진 영상자료에 대한 정보는 〈표 1-22〉와 같다.

〈표 1-22〉 항공사진 정보

Division	Description
Data of tasking photographs	in November 2001
Film type	Black and white panchromatic infrared
Focal length	152.592mm
Scale	1:5,000
No. of photographs	30

또한 대상지의 토지이용현황 및 토지이용형태와 지표면 발산 온도와의 관계를 파악하기 위하여 국립지리원에서 발행한 1:25,000의 수치토지이용도와 1997년 Landsat TM영상을 사용하였다.

③ 항공사진 보정방법

항공사진은 일정고도와 방향으로 항공기를 운행하면서 연속적으로 촬영한 다수의 사진들로 구성된다. 따라서 이러한 사진들을 종합적으로 분석하기 위해서는 다수의 작은 사진들을 접합하여야 한다. 또한 다른 디지털 정보(수치지도, 위성사진)등과 병행하여 사용하기 위해서는 항공사진 정사보정이라고 불리는 작업들이 필요하며, 실제 지표상의 좌표들의 입력과정(GCP)등이 필요하다. 〈그림 1-65〉는 이러한 과정들을 도식화한 것이다.

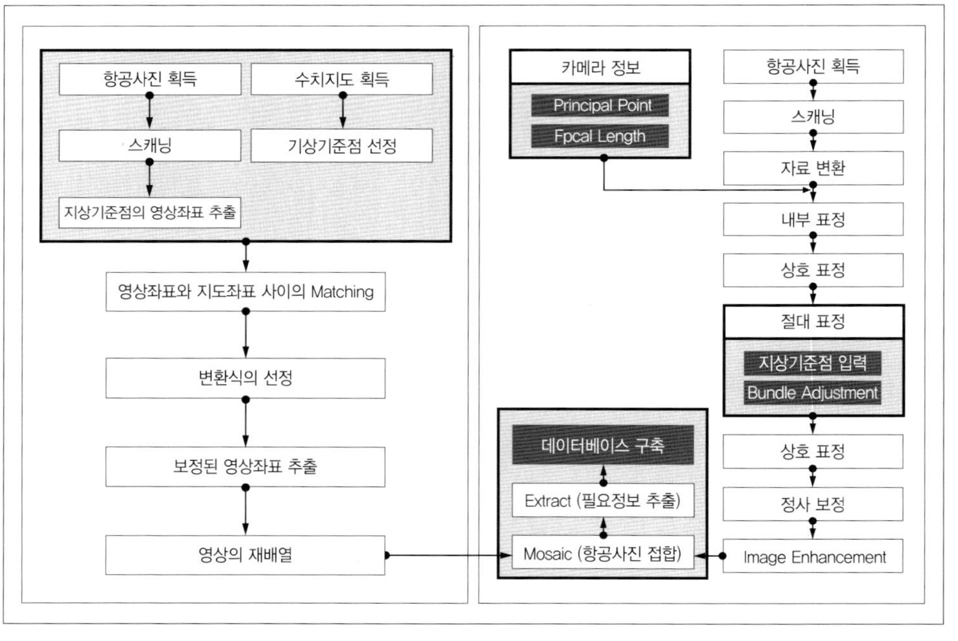

〈그림 1-65〉 항공사진 보정과정

항공사진의 위치를 보정하기 위한 방법으로는 크게 지상기준점(GCP: Ground Control

Point) 보정과 정사보정(Orthorectification)으로 구분된다.

지상기준점 보정은 일반적으로 모든 영상자료의 위치보정이 포괄적으로 사용되는 방법으로, 영상의 획득시 영상에 포함되어 있는 왜곡의 원인을 고려하지 않고 단지 왜곡 정도만을 분석한 후, 수집된 영상과 기준 지도를 연결할 수 있는 보정식을 구하여 영상의 왜곡을 보정해 주는 방법이다.

〈표 1-23〉 항공사진 보정방법의 장단점

구분	지상기준점 보정	정사보정
방법	• 왜곡 정도만을 분석	• 왜곡의 원인을 고려
장점	• 작업이 간단	• 정확한 보정 가능 • 적은 수의 지상기준점 요구 • 삼각측량방법의 적용 가능 • 많은 영상에 대한 동시작업 가능
단점	• 왜곡의 원인 무시 • 항공사진의 특성 무시 • 많은 지상기준점 필요 • 지상기준점의 분포가 큰 영향 • 지상기준점이 없는 지역의 경우 더 큰 오차 발생 가능성 내재 • 고도차가 큰 지역의 경우 정확한 보정이 불가능 • 인접 영상과의 접합시 불일치 발생	• 작업이 복잡 • 작업을 위해 다양한 자료 필요

자료: www.geosattek.com

반면, 정사보정은 지상기준점 보정과 달리 항공사진이 가지고 있는 왜곡의 원인을 모두 고려하여 기하학적으로 영상 촬영 당시와 똑같은 환경을 재구성함으로써 영상의 위치를 보정하는 방법이다. 이 방법은 수학적 계산에 그 근간을 두고 있으며, 많은 단계에서 적용되는 수학적 계산을 통해 미지 상수의 개수를 감소시킴으로써 적은 수의 지상기준점을 이용해서도 정확한 위치 보정이 가능하게 한다. 특히 산악 지역과 같이 정확한 지상기준점의 추출이 어려운 지역이 연속적으로 촬영된 경우 항공 삼각측량(Aerial Triangulation) 방법을 이용해 한 장의 사진 당 1~2점 정도의 지상기준점 만으로도 많은 수의 항공사진에 대하여 동시에 정확한 위치 보정을 수행할 수 있다는 장점을 가지고 있다. [표 9-3]은 이러한 장단점을 비교한 것이다.

본 연구에서는 작업이 복잡하지만 정확한 보정을 위해 정사보정 방법을 택하였으며, 정사보정과정은 〈그림 1-66〉, 〈그림 1-67〉, 〈그림 1-68〉과 같다.

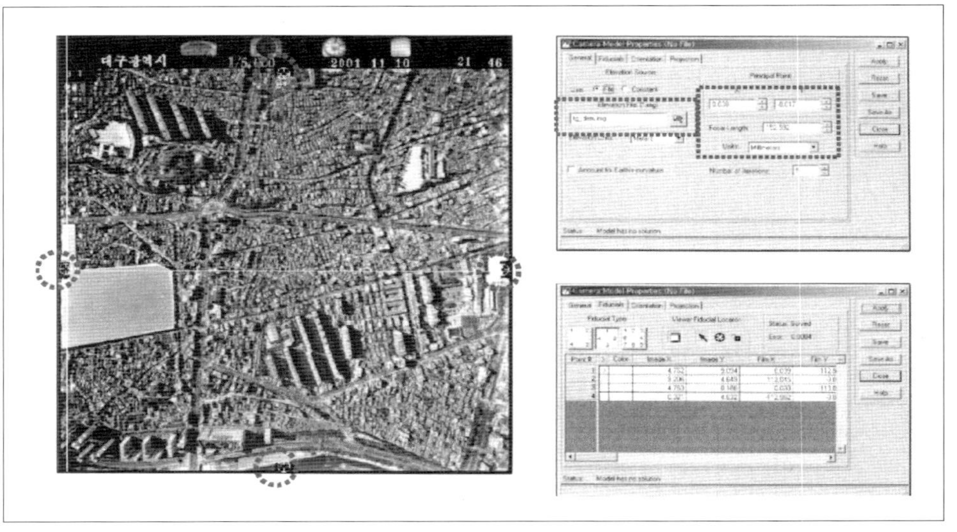

〈그림 1-66〉 정사보정 과정 - Fiducial mark

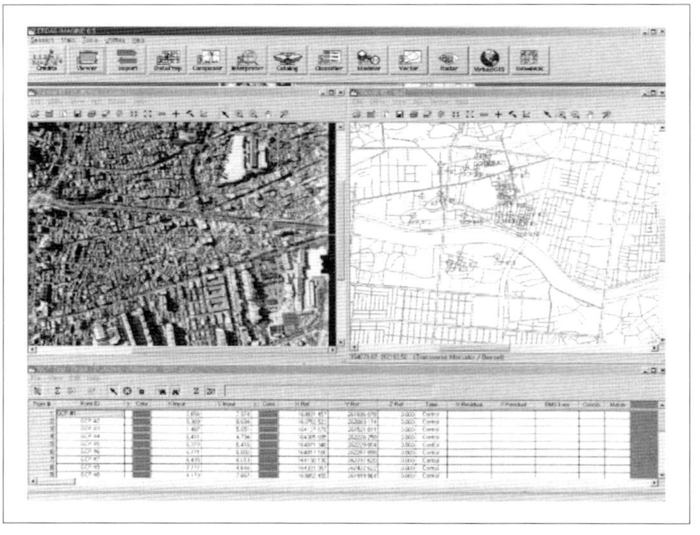

〈그림 1-67〉 GCP(Ground Control Points) 입력과정

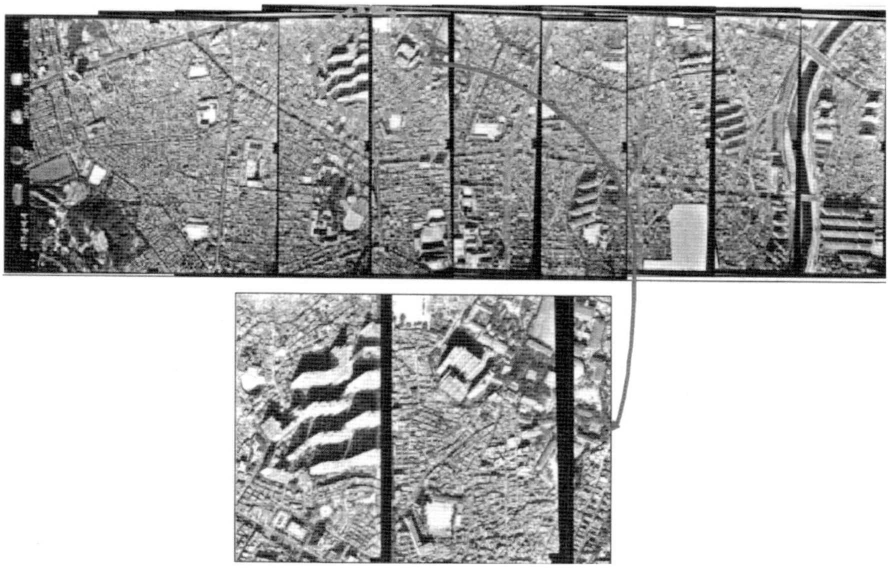

〈그림 1-68〉 Geometric Correction된 항공사진

④ 지표면 발산 온도 추출방법

지표면 발산 온도 추출(박경훈, 1998; 양인태 외, 1995, 59-70쪽)은 Landsat TM Band6 자료를 이용한 방법으로 시행하였다. Landsat TM 영상자료의 경우 몇몇 학자들에 의해 Band6의 수치값(DN; Digital Number)을 이용하여 지표면 온도를 구할 수 있는 변환식들이 개발되어 있는데, 본 연구에서는 NASA(National Aeronautics and Space Administration) 모델을 이용하여 지표면 온도를 추정하였다.

NASA 모델에서는 각각의 DN값에 대해 방사 및 기하학적으로 검정한 값을 QCAL이라는 기호로 표기하였으며, 이와 같은 QCAL값은 분광휘도(Lλ)로 전환하기 위한 값으로 6, 7, 8Bit의 DN값을 갖는다.

TM 스캐너의 방사적인 검정은 인공위성에서 전송된 원영상을 재배열하여 이루어지며, 이와 같이 검정된 수치영상자료는 특정 기간 동안 지상에서 처리된 모든 영상에 대해서 동일한 사후 검정범위를 갖게 된다.

〈표 1-24〉 Landsat TM의 Lλ 데이터

Band	LMINλ	LMAXλ
TM!	−0.15	15.21
TM2	−0.28	29.68
TM3	−0.12	20.43
TM4	−0.15	20.62
TM5	−0.037	2.719
TM6	−0.1238	1.560
TM7	−0.05	1.438

Data: www.nasa.gov

영상자료의 QCAL값에서 분광휘도(Lλ)로의 변환은 특정한 밴드에 대한 사후 검정범위의 극한값인 LMINλ와 LMAXλ가 [표9-4]에서와 같이 주어졌을 때, 다음 식에 의해 구할 수 있다.

$$L_{\lambda} = \frac{(LMAX_{\lambda} - LMI_{\lambda})}{QCALMAX} QCAL$$

QCAL; DN 단위로 계산되고 정량화된 복사에너지

LMINλ; QCAL=0일 때 분광 복사에너지

LMAXλ; QCAL=QCALMAX일 때 분광 복사에너지

QCALMAX; DN의 최대값(255), Lλ; 분광휘도

분광휘도 단위는($mW \cdot cm^{2} \cdot ster^{-1} \cdot \mu m^{-1}$)이며, 검정 후의 QCALMAX값은 물론 모든 TM 데이터에서 255 DN이다.

이상과 같이 구해진 방사값 Lλ을 다음과 같은 NASA 모델식에 적용하여 절대온도를 산출한다. 즉, 지구와 대기사이의 방사가 일정하다는 가정 하에서 [표 9-5]와 같이 인공위성을 발사하기 전의 검정상수를 이용하여 다음 식으로부터 표면 온도값을 얻을 수 있다.

〈표 1-25〉 Landsat TM thermal band의 검정상수

Satellite	LMINλ	LMAXλ
	K1 (K)	K2 (㎽ · ㎠ · ster^{-1} · μm^{-1})
Landsat-4	67.162	1284.3
Landsat-5	60.776	1260.56

$$T=\frac{K_2}{\ln(\frac{K_1}{L_\lambda}+1)}$$

상기 식을 통하여 얻어지는 온도는 절대온도이기 때문에, 이를 섭씨온도로 환산하기 위해서 273.15를 감한다.

섭씨온도(℃) = 절대온도(0K) - 273.15

⑤ **분석방법**

첫째, 정사보정 한 항공사진을 바탕으로 중구의 가로수 실제표면적을 추출하였다. 〈그림 1-69〉에서 보는 바와 같이 정사보정 한 항공사진 상에 가로수로 나타나는 부분에 대해서 수관폭을 고려하여 원형의 형태로 표시하였다. 대상지 내에 식재된 가로수의 수는 총 5,832 본이며, 이러한 자료를 바탕으로 모든 가로수를 원형의 형태로 나타내어 중구의 가로수 실제표면적을 추출하였다.

〈그림 1-69〉
가로수 실제 표면적 추출과정

둘째, 국립지리원에서 발행한 1:25,000의 수치토지이용도를 이용하여 대상지역의 토지이용현황을 파악한 후 검증을 위해 항공사진과 SPOT영상의 판독을 병행하였다.

셋째, 1997년 Landsat TM Band6 자료를 이용하여 대상지역의 지표면 발산온도를 추출한 후 앞에서 확보한 토지이용현황과의 관계를 파악하였다.

(3) 결과 및 고찰

① 가로수 실제표면적 산출

항공사진을 이용하여 분석된 대상지역의 가로수 총 표면적(수관면적)은 156,217.6m^2로서 대상지역 전체면적의 2.24%에 해당한다. 이러한 규모는 대상지역 내 수공간(하천) 면적의 3배가량에 해당하며, 달성공원의 약 1.2배에 미치는 크기이다. 또한 대구시의 센트럴파크로 꼽히고 있는 국채보상운동기념공원을 약 4개소 정도 조성할 수 있는 규모이기도 하다.

〈그림 1-70〉에서 보는 바와 같이 가로수는 중구 전체에 고르게 분포하고 있는 것을 알 수 있다. 이는 열섬완화 거점지역을 연결하는 녹지네트워크 조성이 가로수를 이용하여 가능하다는 선행연구의 내용을 가시적으로 뒷받침하는 결과라 할 수 있다.

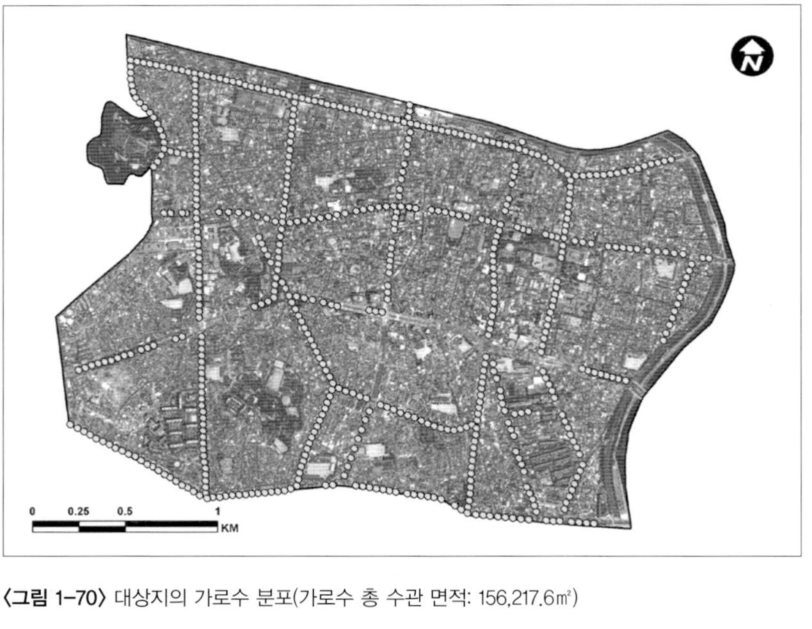

〈그림 1-70〉 대상지의 가로수 분포(가로수 총 수관 면적: 156,217.6㎡)

② **토지이용현황 분석**

토지이용은 인간의 활동과 직접적으로 관련된 토지의 구체적인 이용형태를 말하는 것으로, 대상지역의 토지이용현황을 파악하기 위하여 국립지리원에서 발행한 수치토지이용도(1: 25,000)를 이용하였다. 수치토지이용도는 2000년 초에 전국을 대상으로 구축사업이 시작되었으며, 제작방식은 국가지리정보시스템(NGIS)의 1: 5,000 지형도에서 철도, 도로, 하천 등의 주요 지형지물을 추출한 후, 1: 20,000 항공사진을 이용하여 토지이용 경계선을 수치화하고 현장지리조사를 병행하여 구축되었으며, 분류체계는 4개의 대분류와 14개의 중분류, 39개의 세분류를 가지고 있으며, 그 결과는 〈그림 1-71〉 및 〈표 1-26〉과 같다.

〈그림 1-71〉
대상지역의 토지 이용 현황

〈표 1-26〉을 통해 중구의 토지이용별 면적을 살펴보면, 일반주택지가 가장 높게 나타났으며, 공업시설은 50,820.7㎡로 가장 낮게 나타났다. 중분류로 나누어 보면 주거지 및 상업지가 4,301,010.1㎡로 가장 많은 면적을 차지하고 있으며, 이는 전체 면적의 약 62%에 해당된다.

대분류 중 열섬현상의 원인이 되는 요소를 포함한 도시주거지역의 면적은 6,681,878.0㎡로 대상지 전체 면적의 95.7%를 차지하고 있어 중구의 열섬현상이 얼마나 심각한지를 미루어 짐작할 수 있다.

반면, 열섬완화 효과를 지니는 하천, 인공초지와 유원지는 299,514.4㎡로 중구 전체의 약 4.3%에 지나지 않는다.

〈표 1-26〉 중구의 토지이용별 면적

구 분			면 적
도시 및 주거지	공공시설물	공공용지	291383.1㎡
		교육 · 군사시설	400,816.4㎡
	공업지	공업시설	50,820.7㎡
		도로	1,369,282.0㎡
	교통시설	철로 및 주변지역	53,078.6㎡
		고층주택지	215,487.1㎡
	주거지 및 상업지	상업 · 업무지	1,679,843.3㎡
		일반주택지	2,621,166.8㎡
수 계	하천	하천	51,839.5㎡
임 지	초지	인공초지	86,311.6㎡
임 지	기타	유원지	161,363.3㎡
합계			6,981,392.4㎡

*수치토지이용도상의 면적으로 통계연보에 나타난 면적과 다를 수 있음.

③ 토지이용형태와 지표면 발산 온도와의 관계

〈표 1-27〉과 같이 대상지역의 토지이용별 온도분포를 살펴보면 최대 33℃에서 최저 18℃로 대상지 내에서 15℃ 정도의 큰 온도차가 나고 있음을 알 수 있다.

최저표면 온도를 보인 곳은 하천(신천)으로 나타났고, 최대표면온도를 나타낸 지역은 도로와 상업·업무지로 나타났다.

공공시설물, 하천, 인공초지 및 유원지의 경우 대체적으로 낮은 온도를 유지하고 있는 것으로 나타났다. 이는 이러한 요소들이 열섬완화 거점지역으로서의 역할을 할 수 있음을 의미한다 하겠다.

〈표 1-27〉 토지이용별 온도분포

구 분			온 도		
			최 소	최 대	평 균
도시 및 주거지	공공시설물	공 공 용 지	23℃	30℃	26.1℃
		교 육 · 군 사 시 설	23℃	28℃	25.7℃
	공업지	공 업 시 설	28℃	31℃	29.1℃
	교통시설	도 로	22℃	33℃	27.1℃
		철 로 및 주 변 지 역	22℃	31℃	27.6℃
	주거지 및 상업지	고 층 주 택 지	23℃	29℃	25.5℃
		상 업 · 업 무 지	23℃	33℃	27.6℃
		일 반 주 택 지	24℃	30℃	27.4℃
수 계	하 천	하 천	18℃	25℃	22.3℃
임 지 임 지	초 지	인 공 초 지	20℃	28℃	23.7℃
	기 타	유 원 지	19℃	27℃	22.8℃

〈그림 1-72〉는 중구 전체에 대한 구체적인 도시열섬모자이크를 나타내는 것으로 오른쪽의 신천 변과 왼쪽 상단의 상업지역간의 현격한 온도 차이를 보이고 있음을 알 수 있다.

자세히 살펴보면 중심의 열섬지역을 둘러싸는 환상형의 띠와 같은 열섬저감지역이 형성되고 있으며, 그 외곽 열섬지역의 동남으로 다시 열섬저감지역들이 각기 떨어져 있기는 하지만 연결성이 강한 형태로 존재하고 있는 중첩된 형태의 열섬저감지대를 형성하고 있음을 알 수 있다.

〈그림 1-73〉은 대상지의 구체적인 표면온도에 대한 등온선을 나타낸 것이다.

열섬등온선을 바탕으로 열섬저감의 거점지역을 살펴보면 달성공원, 국채보상기념공원과 같은 공원지역, 계성고등학교와 같은 학교지역, 경북대병원, 계산성당, 청운맨션과 같이 비건폐지에 녹지가 집약되어 있는 지역 등과 같이 녹지가 면적으로 집약되어 있는 지역이 열섬저감의 거점으로 나타나고 있음을 알 수 있다.

특이한 것은 열섬현상이 두드러지게 나타나는 입지에 위치한 서문시장이 최고온도 지역보다 5~7℃ 정도 낮게 나타난다는 것이다. 이는 서문시장이 주변에 위치한 열섬저감지역에 둘러싸임으로써 열섬현상이 완화된 효과라고 사료된다.

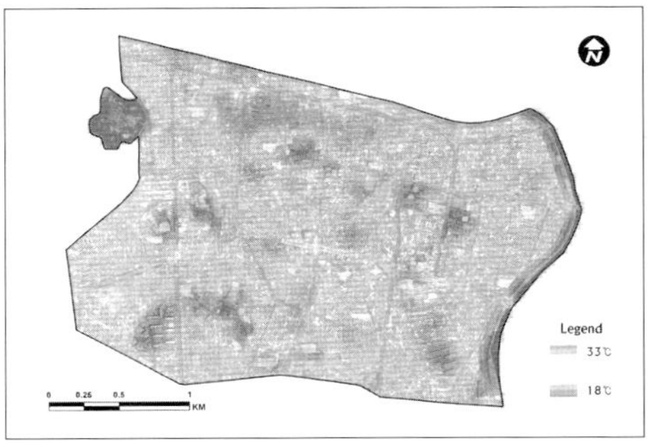

〈그림 1-72〉 대상지역의 열섬분포

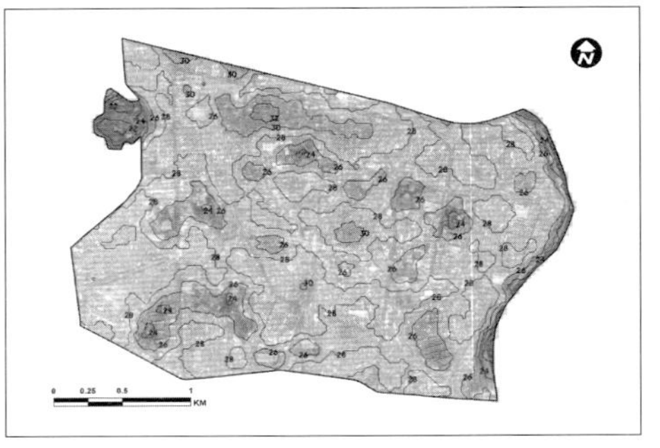

〈그림 1-73〉 대상지 표면온도에 따른 등온선

(4) 결론

본 연구는 대구광역시 중구를 대상으로 도시열섬현상 완화에 대한 구체적인 제안을 검토하고자 도시표면의 현황에 대한 실체적인 자료를 분석하였다. 이를 위해 항공사진을 이용하여 대상지 내 가로수의 실제표면적을 산출하였으며, 수치지도와 Landsat TM영상을 이용하여 토지이용현황을 분석한 후 토지이용형태와 지표면 발산 온도와의 관계를 분석하였다.

첫째, 항공사진을 이용하여 분석된 대상지역의 가로수 총 표면적(수관면적)은 156,217.6m^2로서 대상지역 전체면적의 2.24%에 해당한다. 이러한 규모는 대상지역 내 수공간(하천) 면적의 3배가량에 해당하며, 달성공원의 약 1.2배, 국채보상운동기념공원의 약 4배가 되는 규모다.

둘째, 대상지의 토지이용현황을 분석한 결과 열섬현상의 원인이 되는 요소를 포함한 도시주거지역의 면적은 6,681,878.0m^2로 대상지 전체 면적의 95.7%를 차지하고 있는 반면, 열섬완화 효과를 지니는 하천, 인공초지와 유원지는 약 4.3%에 지나지 않았다.

셋째, 토지이용상태와 지표면 발산 온도를 분석한 결과 최저표면 온도를 보인 곳은 하천(신천)로 나타났고, 최대표면온도를 나타낸 지역은 도로와 상업·업무지로 나타났다. 공공시설물, 하천, 인공초지 및 유원지의 경우 대체적으로 낮은 온도를 유지하고 있는 것으로 나타나 이러한 요소들이 열섬완화 거점지역으로서의 역할을 할 수 있음을 확인하였다.

또한 열섬등온선을 바탕으로 열섬저감 거점지역을 살펴보면 달성공원, 국채보상기념공원과 같은 공원지역, 계성고등학교와 같은 학교지역, 경북대병원, 계산성당, 청운맨션과 같이 비건폐지에 녹지가 집약되어 있는 지역 등과 같이 녹지가 면적으로 집약되어 있는 지역이 열섬저감의 나타나고 있음을 알 수 있었다.

이러한 분석 결과를 바탕으로 대구시 중구의 열섬현상을 완화시키기 위해서는 가로수를 활용한 도시생태환경 네트워크 시스템 조성이 절실하다고 사료된다. 이러한 도시생태환경 네트워크를 위해서는 본 연구에서 밝혀진 열섬저감 효과를 가진 요소들을 열섬저감 거점지역으로 정하고, 중구에 고르게 분포하고 있는 가로수를 이용하여 거점지역과의 연결성을 강화하여야 한다.

또한 가로수의 효과를 높이기 위해서는 가능한 구간을 대상으로 2열 식재를 하여 가로수의 표면적(수관폭)을 높이는 것이 필요하며, 열섬저감 거점지역과의 연결축 중간에 중소규모의 녹지를 확보하는 것이 바람직하다고 생각된다.

3) 옥상녹화의 환경 및 경제적 편익 분석[3]

(1) 서 론

산업 활동에 따른 온실가스 배출량의 증가와 대기오염의 심화, 삼림의 무분별한 벌채와 녹지의 급속한 파괴 등의 결과로 세계는 지금 지구온난화(Global warming)라는 거대한 환경문제에 봉착해 있는 상태이다. 이산화탄소 등의 온실가스 등에 의해 지구의 평균기온이 올라가는 현상으로 요약되는 지구온난화는 해수면의 상승, 생태계 파괴, 농작물 수확량의 감소 등 지구 전역에 심각한 환경파괴와 생태계 교란을 유발시켜 인류의 생존마저도 위협하고 있다.

이러한 지구온난화현상의 원인 중 인공열 발생의 근원지인 거대 도시의 출현은 간과할 수 없는 문제이다. 특히, 도심의 기온이 외곽지역보다 높게 나타나는 도시열섬(Urban Heat Island)현상은 도시환경문제의 결과물이자 지구온난화의 한 원인으로 주목

3_ 김수봉 외(2007).대구시 중구의 옥상녹화를 통한 환경 및 경제적 편익분석, 한국환경과학회지 16권 5호.

받고 있다. 도시열섬현상은 도시의 인공열 배출과 대기오염의 심화, 인공재료에 의한 도시 내 피복상태의 변화, 밀집된 건물배치 등이 주원인으로 작용하고 있다.

한편, 최근 도시열섬현상으로 인하여 여름철에 빈번히 발생하는 열대야는 도시의 사람들의 밤잠을 설치게 하는 경우가 허다했다. 또한 에어컨의 과다 사용으로 전력소비량이 증가하게 되며, 더불어 냉방기구들에 의해 뿜어져 나오는 인공열은 도시의 열섬현상을 한층 더 가중시켰다. 대구광역시 역시 최근 급속한 성장 및 도시화의 진행으로 이와 같은 도시환경문제에 직면하고 있다.

도시열섬문제를 해결하기 위해서는 삭막하고 인공구조물로만 이루어진 도심 내에 녹지를 확보한다거나 콘크리트 및 아스팔트 포장의 불투수면이 우점하고 있는 도시 내에 복사열을 반사시킬 수 있도록 알베도(albedo)를 높일 수 있게 하는 재료를 사용한다거나, 가로와 공원 등의 녹지의 네트워크화를 통한 녹지의 효과를 극대화함은 물론 이러한 네트워크화를 통해 도시외부의 시원한 공기를 도시 내에까지 끌어들일 수 있도록 바람길 통로를 확보하고, 건축물의 옥상녹화와 벽면녹화 등의 인공지반을 녹화하는 것을 비롯하여 도시열섬현상완화를 위한 다양한 연구가 이루어지고 있다(김수봉, 2002, 186-206쪽).

이러한 연구에 따르면 도시열섬현상의 완화를 위해서는 도시녹지의 역할이 중요하다는 것이 공통된 결과였다. 그리고 도시의 녹지는 기온의 저감, 대기정화, 미기후 조절, 소음 감소 등 물리적 안정감을 개선, 에너지 절약 그리고 도시의 쾌적성을 높이고 여가공간까지 창출하는 등 여러 가지 기능을 한다. 이러한 녹지의 기능을 활용하여 도심 내에 녹지를 확보하는 하나의 방법으로 옥상녹화를 적극 활용하여 도시열섬현상을 저감할 수 있는 것으로 기대된다. 왜냐하면 도심에 녹화를 위해서는 부지확보가 어렵고 땅값이 비싸서 새로운 녹지공간을 만든다는 것이 현실적으로 어렵기 때문에 기존 도시의 옥상을 녹화공간을 확충하는 계획으로 도시환경문제의 해결안을 제시하고 있다(일본조원학회, 2001, 65(1)).

아울러 이러한 옥상녹화는 환경적인 이익 외에도 경제적인 편익도 가져다주는 것으로 보고되고 있다. 일본국토교통성산하 '도시녹화기술개발기구'가 동경의 23개 구의 옥상 약 4,140헥타르의 절반을 녹화한다고 가정하였을 경우, 여름철 최고 기온이 약 0.8 ℃내려가고, 냉방경비도 하루에 약 11억 원이 절약된다고 보고하였다. 아울러 거품

경제의 붕괴로 곤경에 빠진 일본 건설회사 등은 옥상녹화 사업이 회사 재생의 활로가 될 것으로 보고, 이 시장에 본격적으로 뛰어들 채비를 하고 있다. 특히 시미즈건설과 가시마건설 등 일본의 대표적인 건설회사 들이 이미 회사 건물옥상에 모델정원을 만들어 놓고 사업에 뛰어든 것을 비롯해 다른 건설 회사들도 경사면 지붕을 녹화하거나 얇은 타일 형식의 녹화판을 붙이는 기술 등을 개발하거나 수입하고 있다(김수봉, 2002, 197쪽).

한편, 국내의 옥상녹화와 관련한 기존의 연구 유형을 살펴보면 크게, 정책적 대안 제시(이행렬, 2002, 이재준, 1996), 기술적인 연구(심경구 등 2000, 이영무 1998), 옥상녹화 활성화를 위한 사례연구(김유일 등 1996, 김동찬 2000) 그리고 옥상늑화에 따른 정량적 효과 및 도시 생태적 활용가능성에 대한 연구(김현수 등 1998, 김수봉 등 2003, 안태경 2003, 김인혜 2003)등이 있다. 그러나 옥상녹화를 통한 환경 및 경제적인 이익에 대한 분석을 시도한 연구는 아직까지 없었다.

따라서 본 연구는 대구광역시의 행정구역 중에서 공원녹지의 면적이 적고, 상가건물과 관공서 및 공공 문화시설 등의 밀집으로 인한 유동인구의 증가와 그로 인해 발생하는 교통량증가와 정체를 통해서 열섬현상이 가장 빈번하게 나타나는 대구광역시 중구를 대상으로 옥상녹화의 시행에 따른 환경 및 경제적 효과를 분석하여 옥상녹화를 활성화하기 위한 도시 환경계획 및 정책의 기초자료를 제공하는데 그 목적이 있다.

(2) 연구방법

① 대상지 현황

본 연구의 대상지인 대구광역시 중구는 주거지와 상업지가 주를 이루며, 인공구조물의 혼합·밀집된 인공경관위주의 공간구조로 이루어져 있는 대구광역시의 최고 중심지이다(표 1-28). 중구는 다른 행정구역에 비하여 인구밀도가 높고, 공원 및 녹지의 면적이 부족하다. 또한, 산림이 전무한 실정이며, 대구의 중심시설과 대형 상가건물이 밀집되어 있어 유동인구가 가장 많은 지역으로서 교통량의 증가와 정체, 건축물의 밀집 등으로 인한 인공열의 발생이 가장 높게 나타나는 지역이다.

대구지역에서 추정된 연평균 인공열 산정의 연구(안지숙, 2001, 36-37쪽)를 살펴보면 중구가 다른 행정구역에 비해 인공열이 가장 높게 나타났다. 이는 중구가 다른 행정구역에 비하여 행정구역면적대비 대형상가면적이 가장 높게 나타나고 상가가 밀집되어 있으며, 대형극장, 서점, 상가건물 등의 문화시설과 금융기관 등의 공공시설이 집중되어 있어 도심의 인공열 방출을 증가시키는 요인으로 작용을 하는 것으로 판단된다.

〈표 1-28〉 대구광역시 구(군)별 대형상가 면적비율

행정구역	총면적(㎡)	대형상가면적(㎡)	총면적/대형상가면적(%)
중구	7,080,000	147,588	2.08457
동구	182,360,000	53,565	0.00029
서구	17,510,000	81,163	0.46352
남구	17,450,000	55,424	0.31761
북구	95,530,000	37,097	0.03883
수성구	76,470,000	113,288	0.14814
달서구	62,260,000	323,183	0.51908
달성군	427,050,000	36,482	0.00854
계	885,710,000	847,790	0.09571

자료: 대구광역시, 대구통계연보(대구: 대구광역시청, 2003)

② 대상지 선정이유

중구를 본 연구의 대상지로 선정한 이유는 다음과 같다.

첫째, 〈표 1-29〉에도 나타나듯이 다른 행정구역에 비하여 공원녹지면적이 부족하다. 둘째, 대형상가 및 업무시설 등 인공구조물의 과밀로 인한 인공열 발생이 많다. 셋째, 옥상녹화를 유도하기에 용이한 관공서, 금융시설 등의 공공시설이 많다.

〈표 1-29〉 대구광역시 구(군)별 공원녹지면적 및 1인당 공원녹지면적

행정구역	총면적(㎡)	대형상가면적(㎡)	총면적/대형상가면적(%)
중구	7,080,000	147,588	2.08457
동구	182,360,000	53,565	0.00029
서구	17,510,000	81,163	0.46352
남구	17,450,000	55,424	0.31761

북구	95,530,000	37,097	0.03883
수성구	76,470,000	113,288	0.14814
달서구	62,260,000	323,183	0.51908
달성군	427,050,000	36,482	0.00854
계	885,710,000	847,790	0.09571

자료: 대구광역시, 대구시 공원, 유원지현황(대구: 대구광역시청, 2002).

③ 조사방법

본 연구를 위하여 도시열섬의 발생원인과 문제점, 도시녹지의 기능 그리고 옥상녹화의 효과와 관련된 문헌조사를 실시하였으며, 항공사진(축척 1:5,000, 2001년 11월)과 지적도(축척 1: 1,000) 그리고 현장사진촬영을 병행하여 옥상녹화 가능지를 파악하였다. 이렇게 파악된 옥상녹화 가능지의 면적을 산출하기 위해 항공사진과 지적도를 바탕으로 AutoCad 2002 프로그램을 이용하였다. 실제 대상지의 옥상녹화 가능면적을 산출하기 위해 대상지를 답사하여 가로와 도로 및 옥상부분을 사진촬영을 하였으며, 대상지내 건물옥상에 올라가 옥상면적을 직접 실측하였다. 항공사진으로 얻어진 옥상녹화 가능면적과 답사하여 실측한 면적을 비교하여 실제 옥상녹화 가능면적을 산출하였다.

④ 분석방법

분석은 다음과 같은 순서로 이루어졌다.

첫째, 2003년 6월부터 도시열섬과 도시녹지의 기능 및 옥상녹화에 관련한 논문과 참고문헌들을 통해 사전조사를 하고 대구광역시의 항공사진(축척 1: 5,000, 2001년 11월)과 중구 지적도(축척 1: 1,000) 그리고 현장답사사진을 바탕으로 지붕과 경사면이 있는 건물 그리고 임시건축물을 제외한 건물의 옥상부분을 선택하여 AutoCad 2002 프로그램을 이용해 대상지의 옥상녹화 가능지를 도출하고 그 면적을 산출하였다.

둘째, 산출된 옥상녹화 가능면적에 대한 오차를 보정하기 위해 대상지의 항공사진 및 지적도와 함께 4차례의 현장답사를 통해 옥상녹화 가능지의 파악 및 면적을 실측하여 오차를 보정하였다.

셋째, 기존 문헌조사에서 얻어진 자료를 이용하여 중구의 옥상녹화에 따른 기온저감, 에너지절약 등과 같은 환경적 효과와 옥상녹화 조성 시 소요 예상비용과 에너지 절약 및 녹지 확충으로 얻어지는 경제적 효과를 분석하였다.

(3) 결과 및 고찰

본 연구는 최근 대두되고 있는 도시열섬현상을 완화하기 위해 대구광역시 중구를 대상으로 옥상녹화 가능지를 파악하여 옥상녹화 가능면적과 녹지의 증가량을 산출하였으며, 옥상녹화 시 증가하게 될 녹지량에 대한 환경 및 경제적 효과를 분석해 보았다.

① 옥상녹화 가능지 분석

중구의 옥상녹화 가능지 분석에 있어서 개인연구의 한계를 넘지 않기 위해 옥상녹화 가능지는 다음과 같은 조건을 만족하는 곳으로 한정하였다.

첫째, 고층건물들이 가장 밀집되어 있는 상가 및 업무지역과 주거지역, 둘째, 공공시설 및 금융시설, 문화시설 등이 많이 분포하고 있는 지역, 셋째, 옥상녹화를 유도하기에 용이한 관공서 및 학교 등의 주요 시설들이 가장 많이 존재하고 있는 곳을 대표지로 선정하였다.

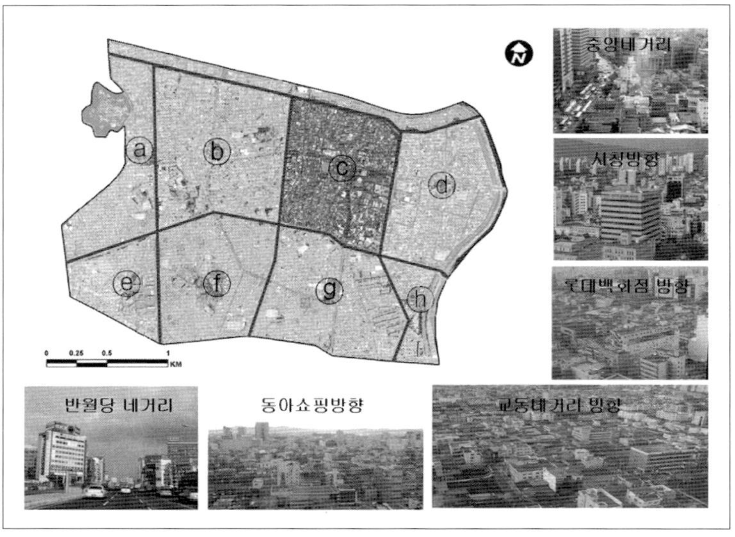

〈그림 1-74〉 조사대상지 선정을 위한 도면과 현장사진

이상의 조건을 만족시키는 옥상녹화 가능지를 추출하기 위해 〈그림 1-74〉와 같이 주요 도로를 중심으로 동서방면으로 태평로, 달구벌대로, 명덕로를 기준으로 나누었으며, 남북방면으로 큰장길, 달성로, 중앙로, 동덕로, 신천로 등과 같이 ⓐ부터 ⓗ까지 8개의 블록으로 나누었다.

이러한 방법으로 나누어진 8개의 블록 중 ⓒ구역이 대규모 상가건물을 포함하고 있으며 건물의 밀집도가 가장 높은 것으로 나타났다(대구광역시, 2002; 2003). ⓒ구역은 성내1동, 삼덕동 그리고 동인1·2·4가동을 포함하고 있으며, 관공서, 금융시설, 교육시설 그리고 복지시설 등과 같은 주요시설이 〈표 1-30〉에서와 같이 다른 행정구역에 비해 많이 밀집되어 있었다. 따라서 ⓒ구역을 옥상녹화를 시행하기에 가장 양호한 조사대상지역으로 선정하였다.

한편, 옥상녹화의 가능지는 지붕이 없는 건축물과 경사가 없는 평면인 건물옥상을 선택하였으며, 임시건축물은 옥상녹화 가능지에서 제외하였다.

〈표 1-30〉 대구광역시 중구의 주요 시설 개소 수

행정구역(C 구역)	주요시설 개소 수(개)	행정구역(C 구역)	주요시설 개소 수(개)
성내1동	72	남산1동	11
성내2동	13	남산2동	13
성내3동	5	남산3동	20
삼덕동	18	남산4동	8
동인1,2,4가동	23	대봉1동	2
동인3가동	4	대봉2동	20
대신동	18		

＊주요시설 : 관공서, 금융시설, 교육시설, 복지시설 등(의료 및 종교시설 제외)

자료: 대구광역시 중구청, 중구 동별 2003년 주요 업무추진계획 (대구: 대구광역시 중구청, 2003).

옥상녹화 가능지를 파악하고 그 면적을 산출하기 위해서, 〈1-31〉과 같이 2004년 4

월(11일, 17일, 25일) 대상지를 탐방하여 가로와 옥상부분 사진촬영과 현장 조사를 실시하였으며, 5월(9일, 20일)에 대구역 및 롯데백화점과 동아쇼핑 주변을 탐방하여 옥상부분 촬영과 관측을 하였다. 그리고 6월(6일, 25일)에 한국경찰고시학원 주변을 관측하고 상층부에서 주변 옥상의 모습을 촬영하였으며, 도로 및 주차장 그리고 주거지역의 일반주택지를 대상으로 면적과 거리를 실측하였다. 8월(5일, 12일, 24일)에 밀리오레건물 주변을 관측하고 상층부에서 주변 옥상의 모습을 촬영을 하였다. 이렇게 하여 파악된 옥상녹화 가능 건물수는 635개이며, 옥상녹화 가능면적은 92,054 ㎡이었다.

〈표 1-31〉 옥상녹화 가능지 파악을 위한 조사 일정표

현장조사 일정	조사 위치	비고
4월(11, 17, 25)	중구 조사대상지 일대	옥상녹화가능지 파악
5월(9, 20)	대구역 및 롯데백화점, 동아쇼핑 주변	도로 및 주차장실측
6월(6, 25)	한국경찰고시원 주변	일반주택 실측
8월(5, 12, 24)	밀리오레 주변	주변상가 실측

다음은 항공사진을 통해 얻어진 옥상면적과 실제 측정한 옥상면적을 비교하여 오차를 적용한 후 옥상녹화 가능 면적을 산출하였다.

오차를 보정하기 위하여 주거지역과 상업지역으로 나누어져 있는 조사대상지에 〈그림 1-75〉와 같이 100m×100m로 나누어 주거지역 10개 지역과 상업지역 10개 지역을 표본으로 선정하여 면적을 구하였다.

표본으로 선정한 20개의 옥상부분면적을 산출한 값은 〈표 1-32〉 및 〈표 1-33〉과 같다. 항공사진을 통해 얻어진 면적에 대한 오차를 줄이기 위해서 항공사진을 이용하여 얻어진 면적과 실측한 면적을 비교하였는데, 실측 면적을 100%로 보았을 때 항공사진에서 얻어진 면적은 각각 101.51%와 100.55%로 항공사진을 통해 얻어진 면적이 실제면적 보다 크게 나타난 것을 알 수 있었으며, 이를 통해 1.03%라는 오차를 얻어내었다.

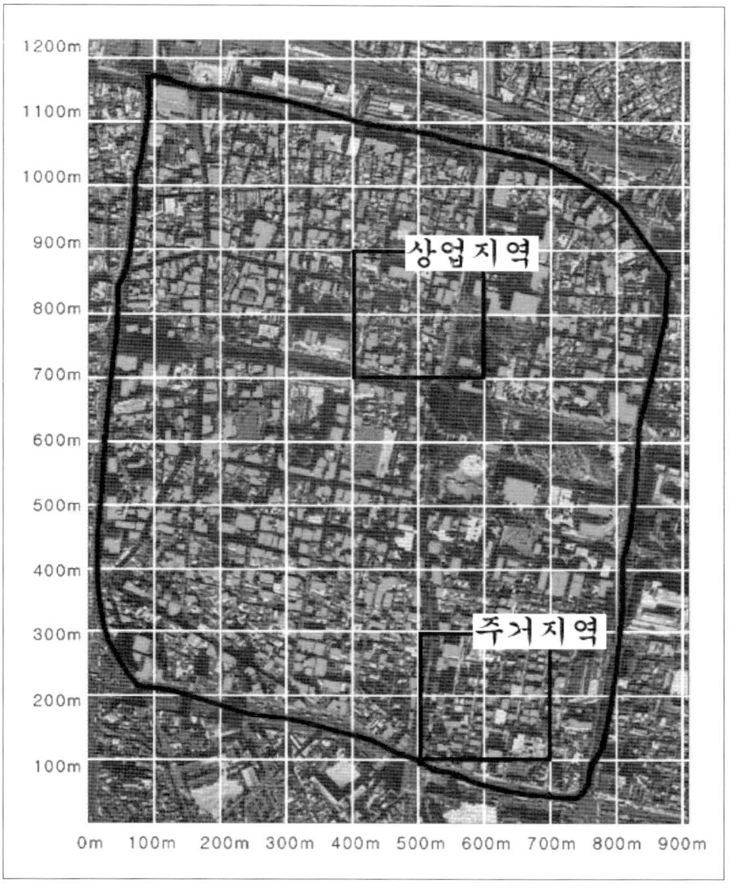

〈그림 1-75〉
옥상녹화 조사 가능
표본지역

〈표 1-32〉 상업지역의 옥상녹화 가능면적

위 치	항공사진 측정 면적(㎡)	실측 면적(㎡)
상업지역	56.13	68.07
	32.30	33.24
	163.67	142.45
	65.01	62.53
	68.27	84.39
	148.05	122.82
	234.80	246.18

위 치	항공사진 측정 면적(㎡)	실측 면적(㎡)
상업지역	33.88	28.17
	106.69	102.13
	90.80	94.72
합 계	999.6	984.7
대 비(%)	101.51	100

〈표 1-33〉 주거지역의 옥상녹화 가능면적

위 치	항공사진 측정 면적(㎡)	실측 면적(㎡)
주거지역	88.99	86.24
	96.81	84.67
	68.99	72.07
	60.06	64.45
	115.74	112.68
	74.44	80.43
	139.14	126.81
	77.44	82.74
	90.95	96.49
	63.95	65.07
합 계	876.51	871.65
대 비(%)	100.55	100

항공사진을 통해 얻어진 옥상녹화 가능면적(92,054 ㎡)에 오차를 적용하여, 〈표 1-34〉에서 보는 바와 같이 총 635개의 건물과 총면적 91,106 ㎡의 옥상녹화 가능면적을 산출하였다. 이는 C구역전체면적(751,206 ㎡)의 약 12%에 해당된다.

〈표 1-34〉 조사대상지의 옥상녹화 가능면적

구 분	면 적
조사대상지(C구역)	751,206㎡
옥상녹화가능면적(635개 건물)	91,106㎡ (12.13%)

② 옥상녹화의 환경적 효과 분석

㉠ 옥상녹화를 통한 녹지 확충

연구 대상지인 중구는 대구의 중심부로서 다른 지역에 비해 개발이 가장 많이 이루어졌기 때문에 도시환경이 가장 열악한 지역이다. 이러한 도심에는 많은 녹지가 필요함에도 불구하고 몇 개의 공원과 가로수 등을 제외하고는 푸르름을 찾아보기 힘든 실정이다. 또한 도심지에 녹지를 확충한다는 것은 지가가 비싸기 때문에 녹지조성에 필요한 용지확보에 따른 엄청난 비용이 들고, 현재 도심의 대부분에는 다양한 개발이 이루어졌기 때문에 녹지를 확충하기 위해서는 기존의 건물옥상을 고려하지 않을 수가 없다.

따라서 도심의 공간을 입체적으로 활용할 수 있는 옥상녹화를 활성화한다면 높은 지가의 대지를 매입하지 않고도 녹지량을 증가시킬 수 있을 것으로 생각된다.

〈표 1-35〉 조사대상지 옥상녹화 가능면적비율 비교

구 분	면 적 (㎡)	면적비율 (%)
조사대상지(C구역)	751,206	100
국채보상운동기념공원	42,509	5.66
2.28기념중앙공원	14,353	1.91
옥상녹화가능면적(635개 건물)	91,106	12.13

대구시 중구의 조사대상지(C구역)에 대하여 옥상녹화 시행함을 가정하였을 때, 〈표 1-35〉에서 보는 바와 같이 12.13%(91,106 ㎡)의 녹지를 확보 할 수 있는 것으로 추정되

었으며, 이 면적은 기존의 국채보상운동기념공원 면적(42,509 ㎡)의 2배, 또한 2.28기념중앙공원 면적(14,353 ㎡)의 6배가 넘는 면적이다. 한편, 중구전체에 옥상녹화를 시행하였을 경우에는 약 858,804 ㎡(7,080,000 ㎡(중구전체면적) × 0.1213(옥상녹화 가능지의 비율))의 추가 녹지를 얻을 수 있을 것으로 예상된다. 이는 2.28기념공원의 약 60개와 비슷한 면적이다.

㉡ 기온저감 효과

조현길 등(2003)의 연구에 따르면 옥상녹화를 시행하였을 경우, 여름철 잔디면의 온도는 21.9-33 ℃, 옥상면에서는 29.1-29.9 ℃, 옥상녹화가 되어 있지 않은 부분의 옥상면의 온도는 25.7-49.4 ℃로 나타나 옥상녹화를 한 경우 최고 16.4 ℃의 차이가 나타나 그만큼의 온도저감의 효과를 얻을 수 있다고 보고하였다. 또한 실내부분의 온도 분포에서도 옥상녹화의 경우는 29.8-30.9 ℃의 온도 분포를 기존옥상의 경우 29.1-32 ℃로 나타나 옥상녹화의 경우 최고 1.1 ℃의 실내온도를 낮출 수 있는 것으로 분석되었다. 녹지면적이 상이한 장소에서 여름철 대기온도와 습도를 실측한 동일한 연구에 의하면 녹지가 전무한 장소에 비해 기온이 낮은 것으로 나타났으며, 녹지피도가 12% 및 22%인 곳의 여름철 온도가 녹지가 전무한 장소보다 약 0.6 ℃ 및 1.4 ℃ 더 낮은 것으로 나타났다. 그리고 진병화 등(2000)은 녹지면적이 10% 증가할 때마다 평균최고기온은 0.9 ℃ 감소한다고 보고하였다.

그리고 외국의 경우 Huang et al.(1987)과 Profous(1992) 역시 수목피도 10%의 증가는 여름철 온도를 0.5-1 ℃ 감소시키는 역할을 한다고 하였다.

따라서 본 연구에서 얻어진 옥상녹화 가능면적은 91,106㎡로 대상지 내에 옥상녹화를 시행할 경우 12.13%의 녹지면적을 확충할 수 있을 것으로 추정된다. 따라서 기존의 연구결과를 바탕으로 종합해볼 때 대상지내 12.13%의 옥상녹화는 여름철 온도를 최소 0.5-1 ℃정도 저감 할 수 있을 것으로 추정할 수 있다.

㉢ 에너지절약 효과

식물은 증산작용이라는 신진대사과정을 통해 자신이 흡수한 양분을 증발시킨다. Robinette에 의하면 식물은 토양에서 수분을 흡수하고 광합성을 통해 잎으로 수분을 증발시키는데 여름철에는 하루에 2,400갤런(gallon=약 3.785195 l)으로 약 9,084 l라는 엄청난 양의 물이 1에이커(acre) 약 4,046m²의 잔디밭에서 증산작용과 기화작용을 통해 증발하는 것이라고 했다. 또 Federer는 나무가 갖는 이러한 증산작용효과를 에어컨과 비교하였는데, 수목이 하루에 100갤런의 물을 증발시키는 것을 기계적인 힘으로 환산하면 각각 2,500㎉/h의 에너지를 소비하며 하루 19시간 작동하는 5대의 에어컨의 힘과 같은 효과가 있다 하였다(박재철, 2004, 44-50쪽).

위 연구에 따르면 수목 1그루가 하루에 100갤런의 증산작용을 하며, 1에이커의 잔디밭은 하루에 2,400갤런이므로, 1에이커 약 4,046m²의 잔디밭은 수목 24그루와 같은 효과를 나타내는 것으로 사료된다.

조사대상지(C구역)의 옥상녹화 가능면적을 잔디만으로 녹화를 한다고 가정할 경우, 녹화면적 91,106m²는 약 22.5에이커, 즉 수목 540그루 정도가 증산작용을 하는 효과와 같다. 이는 2,500㎉/h의 에너지를 소비하며 19시간 작동하는 2,700대의 에어컨과 같은 효과다.

이로 인해 대상지에 옥상녹화를 시행하였을 경우 냉방에너지 사용량을 줄일 수 있으며, 냉방기 사용으로 인한 인공열의 발생이 줄어들 것으로 예상된다.

③ 옥상녹화의 경제적 효과 분석

㉠ 옥상녹화와 시가화구역내 녹화와의 경제성 비교

〈표 1-36〉 경제성 비교

	옥상녹화	시가화구역내 녹화	비고
녹화면적(㎡)	91,106	91,106	
용지보상비(백만 원)	전혀 없음	91,106	1,000,000원/㎡ (시가화구역내 녹화 시)
시공단가(원/㎡)	25,000	100,000	
개략적 공사비(백만 원)	2,278	9,111	
공사비 합계(백만 원)	2,278	100,217	공사비 차액 : 97,939

〈표 1-36〉에 따르면, 도심에 새로이 91,106 ㎡만큼의 녹지량을 늘리기 위해서는 우선적으로 용지를 확보하여야 하며, 이러한 용지 등이 국·공유지, 시유지와는 다르게 사유지이면 대략 보상비를 100만원/㎡으로 보았을 때 전체 910억 원 정도의 용지보상비가 소요되는 반면, 옥상녹화는 기존 건축물의 옥상을 활용하기 때문에 용지보상비는 전혀 없다. 그리고 조성비 측면에서 살펴보면, 대상지의 옥상녹화 가능면적을 보급형 옥상녹화시스템을 이용하여 녹화할 시 공사비는 23억 원 정도로 예상되지만, 일반적인 시가지내 녹지공간을 조성할 시는 91억 원 정도의 공사비가 소요될 것으로 판단된다.

따라서 기존 건축물의 옥상을 활용하여 녹화할 시 소요되는 공사비와 일반적으로 시행하는 시가지 도시녹화조성비를 비교하였을 경우 대략 980억 원이라는 경제적인 비용저감 효과가 있다 추정할 수 있다.

㉡ 에너지절감 효과

앞의 절에서 대상지(C구역)의 옥상녹화 가능면적 91,106㎡(약 27,560평)에 잔디만으로 녹화하였을 경우 2,500㎉/h(소비전력 0.6㎾)의 에너지를 소비하는 2,700대의 에어컨이 19시간 작동하는 것과 같은 효과를 나타낼 것으로 분석되었다. 이때 소비되는 전력량을 한전의 전기요금계산법으로 환산해보면 약 8,064,380원/일으로 나타났다. 따라서 대상지(C구역)에 옥상녹화를 했을 경우 하루 약 8,064,380원(연간 29억 원)의 냉방비용이 절감되는 것과 같은 효과를 얻을 수 있을 것으로 판단된다.

(4) 결론

본 연구는 대구광역시 중구를 대상으로 도심의 녹지 확충을 위한 옥상녹화의 환경 및 경제적 효과를 분석하기 위하여 항공사진, 지적도, 그리고 Auto Cad 2002 프로그램을 이용하여 옥상녹화 가능지를 도출하고 그 면적을 산출하였으며, 현장조사와 옥상면적의 실측을 통하여 보정을 실시한 후, 옥상녹화를 통해 확보될 수 있는 녹지면적으로부터 환경 및 경제적 효과를 분석해 보았다.

먼저 옥상녹화의 환경적 효과를 분석한 결과는 다음과 같다.

조사대상지역에 옥상녹화를 시행하였다고 가정하였을 때, 대상지(751,206㎡)의 12.13%인 91,106㎡의 녹지를 확보할 수 있는 것으로 나타났으며, 녹지면적 12.13%의 증가는 여름철 기온을 0.5-1℃정도 저감시키는 효과를 얻을 수 있을 것으로 추정되었다.

그리고 옥상녹화 가능면적 91,106㎡(약 27,560평)에 잔디만으로 녹화를 하였을 경우 기온저감을 위해 2,500㎉/h(소비전력 0.6㎾)의 에너지를 소비하는 2,700대의 에어컨이 19시간 작동하는 것과 같은 효과가 있는 것으로 추정되었다.

옥상녹화의 경제적 효과를 분석한 결과는 다음과 같다.

도심에 새로이 91,106 ㎡만큼의 녹지량을 늘리기 위해서는 우선적으로 용지를 확보하여야 하며, 이러한 용지보상비가 910억 원 정도 소요될 것으로 추정된다. 또한 확보된 용지를 녹지공간으로 조성할 시에 약 91억 원의 공사비가 예상되어 도심의 새로운 녹지공간 조성에는 총 1,001억 원의 투자가 필요한 것으로 나타났다. 반면 옥상녹화는 기존 건축물의 옥상을 활용하기 때문에 용지보상비는 전혀 없고, 조성비는 대상지의 옥상녹화 가능면적을 보급형 옥상녹화시스템을 이용하여 녹화할 시 23억 원으로 예상된다.

따라서 기존 건축물의 옥상을 활용하여 녹화할 시 소요되는 공사비와 일반적으로 시행하는 시가지 도시녹화조성비를 비교하였을 경우 대략 980억 원이라는 경제적인 비용저감 효과가 있을 것으로 판단된다.

또한, 앞서 언급한 환경적 효과에서 옥상녹화 가능면적 91,106 ㎡(약 27,560평)에 잔디만으로 녹화를 하였을 경우 2,500 ㎉/h(소비전력 0.6 ㎾)의 에너지를 소비하는 2,700대의 에어컨이 19시간 작동하는 것과 같은 효과가 있을 것이라 언급하였는데, 이것은 하루에 약 8백만 원 정도(연간 29억 원)의 냉방에너지 사용비용을 절감할 수 있는 것으로 추정되었다.

II 그린디자인의 이해: 조경디자인을 중심으로

1. 조경디자인

2. 조경디자인의 변천

3. 조경디자인 설계과정

4. 조경디자인 수목 패턴

1. 조경디자인

1) 정원과 조경[1]

조경디자인을 공부하기 위하여 제일먼저 알아야 할 내용은 정원과 조경의 차이를 이해하는 것에서 출발하는 것이 좋다. 어쩌면 정원이 조경디자인분야의 시초라 할 수 있고, 그 디자인 양식에는 작가의 예술관이나, 민족성, 종교, 사회구조와 자연환경, 표현의 소재 등이 고스라니 담겨있는 역사적 산물이다. 그리고 19세기 중반에 시작된 근대 조경디자인은 이러한 정원양식을 수용하면서 당시의 급변하는 도시환경의 여러 가지 요구를 수용하면서 급속히 발전하면서 오늘에 이르렀다.

먼저 정원(庭園)은 영어의 가든(garden)과 불어인 자르딩(jardin)의 번역어로서, 일본의 경우 메이지(明治, 1868-1910)[2]초기부터 사용되었다고 한다. 정원이 과연 garden이나 jardin의 번역어로서 적합한 지의 여부에 대해서는 여러 가지 논의가 있었지만, 유럽의 정원 즉 garden은 '식물을 재배하기 위해 울타리를 친 장소'이며, 정원이라고 하기보다는 '채소의 재배 혹은 가축을 기르기 위하여 주위가 둘러싸인 토지'를 의미하며, 기능적인 측면을 강조하는 원(園, 일본어 その(소노))에 해당된다고 하겠다.

유럽의 가든(Garden)은 티그리스·유프라테스강 유역의 메소포타미아와 나일강유역의 이집트에 그 원류를 둔다. 이곳에서 BC 3,000경에 일본의 정(庭, 즉 일본어 にわ(니와))[3]에 해당하는 garden이 생겨났으며, 성서에도 에덴동산은 푸른 수목과 관목으로 둘러싸인 녹음과 위안을 위한 장소라고 되어 있다. 따라서 서양의 garden은 "庭"과 "園" 두 가지의 의미를 동시에 가지고 있는 결합어로서 정원이라는 번역어로서 아무런 문제가 없다.

1_ 이 글은 김수봉(2000)편저 〈도시환경녹지계획론〉 pp.27-39의 내용을 가필하여 재구성하였습니다.

2_ 일본의 근대가 시작된 시대. 다이쇼-쇼와-헤이세이로 이어짐.

3_ 원래는 원시공동체의 영역(territory)을 뜻했으나 정의 현대적 의미는 〈옥외생활공간〉 또는 〈옥외환경〉이라고 할 수 있으며, 결국 우리가 만드는 정원은 결국 협의의 옥외환경조성을 의미한다고 하겠다.

우리나라의 경우 예전에는 일본의 정원(庭園)이 아니라 정원(庭苑)이라는 용어를 사용했다고 하여 우리나라의 정원학회에서도 庭苑을 쓰고 있으나, 일반적으로는 정원(庭園)이라는 용어를 사용하고 있다. 그래서 우리나라에서의 '정원(庭園, garden)'이란 단어는 역사가 오래된 말이 아니다. '庭園'은 약 100년 전 메이지 초기 일본의 학계에서 사용되기 시작한 이래 우리에게 수입되어 국어사전에도 올라 있는, 한국과 일본의 현대 일상용어다. 중국에서는 정원보다 '원림(園林)'이란 말이 통용된다. 옛날에는 정원을 나타내는 한자어로 포(圃)나 원(園)·유(囿)·원(苑) 등의 용어가 많이 사용되었는데, 정원을 구성하는 주된 요소가 식물 중심이면 포(圃)나 원(園)을, 동물들을 기르거나 사냥과 같은 행위가 수반되는 공간에는 유(囿)나 원(苑)이란 한자를 주로 사용했다.

이들 한자에서 흥미로운 점은 포(圃)나 원(園)·유(囿)의 경우와 같이 글자들이 모두 '큰입 구(口)'를 부 한다는 사실이다. '구'는 담을 싼다, 둘러싼다는 의미이므로, 동양 문화권에서의 정원이란 말속에는 담을 쌓아 공간을 주변으로부터 독립시킨다는 행위가 본질적으로 내포되어 있음을 알 수 있다. 이러한 점은 서양에서도 똑같이 발견된다. 영어의 'garden'은 히브리어의 'gan'이란 단어와 'oden' 또는 'eden'이란 말의 합성어인데, gan은 울타리 또는 에워싼다는 뜻을 함축한 보호나 방어의 의미이고, oden이나 eden은 즐거움이나 기쁨이라는 어의를 가지고 있다 한다. 또 'paradise'라는 말도 둘러싼다는 의미의 'pairi'와 형태를 만든다는 'diz'라는 고대 페르시아 말의 합성어다.

요컨대 "동양이든 서양이든 정원은 일정한 공간을 한정하고, 한정된 공간을 자신의 의도에 따라 순치(馴致)시키는 행위를 밑바탕에 깔고 있는 개념이며, 한정하고 순치하는 방식이 보편적 흐름을 형성할 때 우리는 그것을 가리켜 하나의 정원 양식이라 부르게 된다"(이유직).[4]

한편, 일본에서 조경(일본어 造園)[5]은 다이쇼(大正)시대(1912-1926년) 중반 다무라(田村) 등이 영어인 "Landscape Architecture"의 번역어로서 시작되었다. 우리가 주목해야 할 것은 당시 일본에는 이미 작정(作庭), 조정(造庭), 정조(庭造) 등과 같은 造園외에

4_ 이유직(2002), 문화와 나, 여름호

5_ 우리나라의 경우는 영어 Landscape의 우리말 "풍경(風景) 혹은 경관(景觀)"에서의 산수나 풍물이 가지는 미·시각적인 아름다움에 초점을 맞추어 일본어 造園이라는 용어대신에 『造景 조경』이라는 명칭을 사용하고 있다. 이는 오히려 실용성에 근거하여 Landscape Architecture를 '조원(造園)'이라고 번역한 일본의 경우보다는 우리가 현재 쓰는 '조경'이 원어가 가진 근대적인 의도, 즉 '우리 모두를 위한 경관(景觀)만들기'라는 의미에 더 부합하는 것으로 사료된다. 한편, 우리나라에서의 造園은 단순히 정원만들기라는 뜻 그 이상도 그 이하도 아니다.

“Landscape Architecture”의 다양한 번역어가 있었음에도 일본의 학자들은 造園을 선택하였다. 미국의 경우 “Landscape Architecture”라는 말에는 민중을 위한 “庭 (즉, 생활환경)”만들기라는 의미가 포함되어있으며, 그 밑바탕에는 전통적인 정원, 즉 어느 특정 개인을 위한 정 혹은 원 만들기를 초월하려는 옴스테드(F. L. Olmsted)의 바람이 있지 않았나 생각된다. 따라서 일본의 번역자들은 당시의 미국조경이 가진 실용성에 착안하여 “원(園)”이라는 단어를 사용했으며, “정(庭)”에서는 드러나지 않은 근대조경의 의미를 감지했을 것이라고 생각된다. 다시 말해서 조경이라고 하는 것은 근대적인 의도, 즉 민중을 의식한 “庭” 만들기 또한 “園” 만들기였다.

미국의 경우 옴스테드 이후, 즉 20세기에 들어와서야 Landscape Architecture라는 단어가 자리를 잡기 시작했다. 그러나 단어가 정착되었다고 해서 반드시 창설자들의 의도처럼 그 언어가 이해되었다는 것은 아니었다. 1930년대에 들어와서 미국조경은 에크보(G. Eckbo) 등에 의해서 엄청나게 발전되었다. 신진 조경가들은 “조경은 무엇인가” 그리고 “그 목적은 어디에 두어야 하는가” 등과 같은 근본적인 문제를 제기했다. 당시의 문제의식은 에크보의「경관론 : The Landscape We See」으로 그 결실을 맺었다. 특히 경관이라고 하는 것은 I see(특정 개인이 보고 즐기는 경관)가 아니고 We see(대중이 보고 즐기는 경관)이라고 함에 에크보가 당시 다른 동료들과 고민하여 이룬 조경의 본질이 숨어있다고 하겠다.

즉 조경은 근대 이전의 정원과는 달리 특정한 일인이나 소수를 위하여 정 이나 원을 만드는 작업이 아니라 모두와 다수를 위한 정 혹은 원을 조성하는 작업이라는 근대성과 민주주의가 밑바탕이 된 직업인 것이다.

〈표 2-1〉 근대 시민사회의 특징[6]

타인과의 관계(정치 경제), 자연과의 관계(생산 과정), 자기와의 관계(윤리 혹은 정신)라고 하는 세 가지 관계가 기계론적으로 그리고 방법주의적으로 조직되는 것, 여기에 근대의 인간관계인 시민사회의 독자적인 성질이 있다. 먼저 대타관계부터 보자. 사람과 사람을 엮어서 소통(communication)시키는 근대 특유의 대타관계는 시민

6_ 진기행(1999) 근대성에 관한 역사철학적 탐구 — 서설, 철학논총 19, 중 일부.

사회이다. 근대사회의 각 영역에서 사람들은 각각의 이해관심에 따라서 행동한다. 관심은 항상 자기에로의 관심이다. 이것을 추상화하면, 대자관계로서의 계산적 이성으로 되고, 이 이성은 자기와 타자를 대상화한다. 이념적으로는 근대인은 어떤 경우에도 자기 자신과 환경을 '표상'으로서 파악하며, 표상을 전달하고 소통한다. 시민사회에서는 대상화하고 표상 하는 인간관계의 매체는 항상 물체적인 것이다. 그것이 경제에서는 화폐이며, 정치에서는 국가권력이며, 일상생활에서는 다양한 물적인 매체이다. 대상화하는 이성이 이들 물적(物的)인 매체를 생산한다. 시민적 소통은 자기, 타인, 모든 관계를 물화(物化)하며, 또한 이러한 물화 없이는 합리성도 성립하지 않는다. 물화는 근대의 소통의 근본 특징이다.

다음으로 대자연관계를 보면, 근대에서는 인간의 자연에 대한 관계행위는 무엇보다도 먼저 노동이다. 근대인의 노동의 특질은 그 에토스(ethos, 사람의 자연적 성향, 기질, 도덕적 성격)오- 노동관에 있다. 노동의 에토스는 세속적 금욕에 의해 뒷받침된 근면에 있으며, 직접적 소비의 단념이다. 이 노동관의 특질은 자연에 대하여 지배와 관리의 관점으로부터 관계하는 점에 있다. 자연은 기계이며, 만들고 해체할 수 있다고 하는 세계관(세계의 기계화)은 자연을 실험의 대상으로 삼고, 자연을 폭력적으로 처리하는 정신의 구축 방식을 의도한다. 이 자연에 대한 계산을 합리적으로 행하는 폭력적인 관계를 물질적으로 체현하고 있는 것이 바로 근대 기술이다.

마지막으로 대자관계를 살펴보자. 근대인이 자신으로 향한 정신의 존재방식을 이성이라 부른다. 그것은 세계를 대상화하고 표상하는 동시에 자기를 대상화한다. 그것은 곧 자기 내 반성(自己內 反省)과 분석적 이성이다. 이 이성은 계산과 계량중심의 이성이다. 근대합리성은 세계를 계량적으로 객체화한다. 모든 것의 질(質)을 사상하고 양(量)으로서 측정하는 것, 양으로 환원된 요소를 양적 비율에 따라서 구성하는 것, 이러한 조작은 기계론적 세계상 없이는 할 수 없다. 세계를 제작할 수 있다고 결단하는 정신만이 근대이성에 어울린다. 반성과 분석에 의한 내부의 대상화와 외부세계의 대상화는 동시에 일어나는데, 그것은 세계의 기계화와 하나이다.

이상과 같은 배경에서 정원(庭園)과 조원(造園)은 각각 「Garden」 및 「Landscape Architecture」의 번역어로서 별 이상이 없다고 생각된다. 그러나 조경이론과 정원이론은 상대적으로 구별될 필요가 있다. 간략하게 그 차이점을 이야기하면, 정원이 보편적인 것을 직관(直觀)하여 그것을 종이·그림물감·돌(식물)·소리·기호 따위 물질적 재료에 의하여 표현하고, 이것을 관상자(觀賞者)에게 직관시키고자 하는 작품을 만드는 예술론[7]이라고 한다면 조경은 창조 과정에 앞서 디자인 리서치, 사고, 실험 모델, 상호

7_ "예술론은 고대 그리스 이래로 존재해왔으나, 그 주장하는 바는 각양각색이었으며, 그 중 가장 오래되고 널리 알려진 것은 '예술모방설'이다. 아리스토텔레스가 《시학(詩學)》에서 "예술은 자연을 모방한다"고 한 것을 본떠서 레싱은 "예술은 자연의 완성이다"라고 하였으며, 와일드는 이 것을 뒤집어서 "자연은 예술을 모방한다"고 주장하였다" (네이버 백과사전).

교감적 실험 및 조정 과정, 재설계 과정 등을 거쳐 상품을 만드는 디자인론[8]이라고 할 수 있다. 한편 정원예술의 발전이 봉건사회 및 르네상스와 관련이 있듯이 조경의 탄생은 시대적으로 근대시민사회와 중대한 관계를 가진다. 따라서 민주주의와 조경은 관계가 있다.

요약하면 정원은 봉건 및 르네상스시대를 배경으로 일인 혹은 소수의 권력자를 위해 조성하는 예술적 행위를 중시하는 정(庭)이라는 예술품 만들기라면 조경은 근대시민사회를 바탕으로 의사결정의 프로세스를 중시여기는 디자인으로서 시민모두를 위한 정(庭)만들기라는 상품을 제공하는 것이다. 따라서 조경의 탄생 배경에는 근대시민사회가 있다는 것을 반드시 이해하여야 한다. 현대 조경디자인의 창시자인 에크보의 디자인론에 대하여서는 다음 장에서 좀 더 자세히 다루기로 한다.

2) 현대 조경디자인론의 창시자 가렛 에크보[9]

가렛 에크보(Garret Eckbo, 1910년 11월 28일 – 2000년 5월 14일)는 1910년 뉴욕의 쿠퍼스타운(Coopers Town)에서 태어나 버클리소재 캘리포니아주립대학교(UC Berkeley)에서 학부를 마치고, 하버드대학교에서 석사학위를 취득하였다. 에크보의 디자인이론은 그가 하버드대학교에 재학 중일 무렵부터 싹트기 시작하였다. 1920년대 당시의 유럽에서는

8_ "현대 디자인은 18세기 후반부터 19세기 초에 걸쳐 일어난 산업혁명에 의한 기계 · 기술의 발달 때문에 일어나게 된 여러 문제와 밀접한 관계를 가져왔다. 특히 J.러스킨(1819~1900), W.모리스 등이 최초로 문제를 제기함으로써 현대에 이르는 일련의 디자인 운동이 전개되었다. W.모리스는 기계에 의한 대량생산 때문에 생활제품의 질이 극도로 타락하게 되었다는 비판에서, 수공예적인 생산방법을 통하여 좋은 질의 제품을 대중에게 보급해야 된다는 미술 · 공예운동(Arts and Crafts Movement)을 전개하였다. 이 운동은 곧 유럽에 영향을 미쳐 프랑스의 아르 누보(Art Nouveau), 독일의 J.슈틸, 오스트리아의 제체시온(Sezession), 이탈리아의 스틸레 리베르티(Stile Liberty) 등으로 확대되었다. 현대디자인의 이론과 실천은 후에 독일공작연맹(DWB:Deutcher Werkbund)을 거쳐 바우하우스(Bauhaus) 때 완성되었다. 독일공작연맹은 예술과 공업과 상업이 잘 협동하여 훌륭하게 만드는 굿-디자인(good-design) 운동을 실천하였으며, 바우하우스는 산업과 접촉함으로써 디자인의 사회화운동에 기본이 되는 교육적 성취와 현대 디자인의 이정표를 정립하였다. DWB의 목적은 제품의 규격화 · 표준화(standardization)를 수립하는 데 있었다. 이러한 시도에 곧 반대 견해가 일어났는데, 그것은 주로 H.v.de 벨데의 예술가적이고 개성주의를 주장한 J.슈틸류의 견해에 의한 것이었다. 이러한 이념상의 대립은 바우하우스 시대에서도 W.그로피우스(1883~1969)와 J.이텐(1888~1967)의 이념논쟁으로 확대되었으며, 오늘날에도 미의 공리성을 추구하는 방향과 미의 절대성을 추구하는 가치체계로 분리되어 있으나, 이러한 두 가지 가치체계를 오늘의 사회에서 균형 있게 공존할 수 있게 한다면 어느 정도 현대 디자인의 성과를 달성할 수 있게 될 것이다. 예술을 민주화한다는 이념과 예술을 산업화한다는 방법을 통해서 어느 정도 질의 윤리적 평준화에 접근할 수 있을 것이다" (네이버 백과사전).

9_ 김수봉 외 (2003). 환경과 조경. 문운당. 390-396쪽 참조.

현대건축의 움직임이 르 코르뷔제(Le Corbusier)[10]를 중심으로, 영국에서는 조경분야의 움직임이 터나드(Christopher Tunnard)를 중심으로 일어나고 있었다. 이 새로운 움직임은 터나드와 그로피우스(Walter Gropius)[11]를 통하여 하버드대학교로 전해졌고, 이 운동은 '전통의 형식에 구애받지 않고 현대의 요청에 의하여 형태를 결정 한다'는 기능주의를 표방하였다.

전쟁을 피해 미국으로 건너온 그로피우스는 건축에 대한 유럽인의 생각을 전하며 건축의 사회적인 역할에 대하여 미국인의 맥락에서 가르쳤는데 에크보는 이후 그로피우스 문하에서 건축을 공부하였다. 에크보는 그로피우스의 가르침을 바탕으로 사회와 공간디자인의 관련성을 인식하며 조경디자인은 장소가 항상 인간의 삶과 활동의 중심이 되어야 함을 깨닫게 된다. 당시 영국의 조경가 크리스토퍼 터나드는 조경이 건축과는 달리 근대 예술과 함께 사회과학뿐만 아니라 사회적 예술이어야 한다고 주장하면서 조경디자인의 롤 모델로 근대 건축을 제안하였다.

한편, 옴스테드 이후의 전통적 조경디자인론에 식상한 에크보에게 '기능주의'는 그에게 있어 가장 큰 조경디자인 이론의 기준이 되었다. 그는 전통적인 조경과 단절함으로 그의 독자적인 이론의 경지에 도달하였다. 에크보의 사상은 크게 다음과 같은 두 가지 형태로 나눌 수 있다. 하나는 조경을 과학적 식견과 예술적 감성의 종합화로 이해하려는 태도이며, 다른 하나는 조경디자인에 의해 이루어진 기반을 사회적, 경제적, 그리고 문화적인 여러 관계 안에 두려는 자세다. 그리고 그가 주장하는 '의식적 디자인'이란 이 두 형태위에 서서 문제를 해결해가는 과정이며, 이것이 그가 주장하는 '토탈디자인'이다. 즉 조경디자인=과학적 객관성+예술적 감성+사회+문화+경제적 배경을 말한다.

10_ 1887년 스위스의 라쇼드퐁 출생하였고, 본명은 Charles Edouard Jeanneret 이다. 그는 화가였고 조각가였으며, 더 비밀스럽게는 시인이었다. 그가 조각, 시를 위해 투쟁한 것은 아니었다. 그는 오직 건축만을 위해 싸웠다. 건축만이 사람들을 위해 할 수 있는, 정열적이고 복잡한 그의 희망을 충족시킬 수 있었기 때문에 다른 어떤 것에서도 느낄 수 없었던 격렬함을 갖고 건축에 임했다. 그의 논문은 《건축을 향하여(1922)》 《위르바니슴(1924)》에서 종합되었고, 또한 구체적인 도시스케일로 계획한 《현대도시(1922)》 《파리의 부아장계획(1925)》 등으로 국제적인 합리주의 건축사상을 만들어 갔다. 1927년 제네바의 국제연맹회관 현상설계에서 그의 응모작이 최종단계에서 심사위원단에 의해 거부된 것을 계기로 근대전위건축의 가치를 옹호할 조직체의 필요성을 통감하여, 다음해에 근대건축국제회의(CIAM)의 창설을 추진했다. '집은 살기 위한 기계'라는 그의 유명한 말은 그에 관한 것을 제대로 표현하지 못했다. 정말 그를 나타내는 말은 '집은 삶의 보석상자여야 한다.'는 말이다. 그는 항상 도시를 꿈꿔왔다. 그의 '찬란한 건물군' 건설안은 거대한 정원에서 솟아나는 탑들이다. 그는 이 세기의 가장 매혹적인 수도원과 교회를 지었다. (http://kcm.kr/dic_view.php?nid=39882)

11_ 발터 아돌프 게오르크 그로피우스(Walter Adolph Georg Gropius, 1883년 5월 18일~1969년 7월 5일)은 모더니즘을 대표하는 독일의 건축가이다. 근대 건축의 4대거장 (르 코르뷔지에, 프랭크 로이드 라이트, 루트비히 미스 반 데어 로에와 함께)의 한 명으로 여겨진다. 바우하우스의 창립자이며, 1919년부터 1928년까지 초대 교장을 맡았다. 하버드 대학 교수이며 인터내셔널 건축의 주창자다.(위키백과사전에서)

그가 현대 조경디자인의 지침을 제시한 저서〈삶을 위한 조경 Landscape for Living〉[12]의 머리말에서 전통을 고집하던 당시의 미국 조경계를 격렬한 어조로 비판하면서 "조경이 한때 건축과의 합성이었던 때가 실제로 과거에 있었다. 그러나 그와 같은 의미의 조경은 이제는 존재하지 않는다." 라고 주장하면서 조경디자인이 앞으로 조경이 중심적인 이념이 되어야 한다고 제안하였다. 그리고 에크보는 디자인과 계획의 차이와 공통점에 대하여 다음과 같이 분명하게 선을 그었다. 에크보는 "조경디자인은 사람들의 이용과 즐거움을 창조하기 위하여 조경요소에 의식적으로 질서를 부여한다. 이것은 현대문화의 틀 속에서 중요한 역할을 한다. 또한 인류가 처음으로 집을 짓고 농경을 시작한 이래로 역사적으로 존재해 온 디자인은 인간과 대상물 사이의 3차원적인 질서를 부여하며, 계획은 2차원적인 추상화"라고 주장하면서 디자인은 3차원적인(시각적·공간적)이며 계획은 2차원적인(추상적·평면적)인 것에서 그 차이가 있음을 분명히 하였다. 이울러 그는 조경 작품 속에 '점'·'선'·'면'의 공간구성요소를 선명하게 구분, 구성함으로써 근대추상미학의 창시자인 칸딘스키(Kandinsky, W.) 이론의 철저한 조경적 구현자가 되었으며 실제 작품 속에서는 근대건축의 원리인 3차원적 공간성을 '바닥면', '벽면', '천장(개)면'으로 구성되는 옥외실(outdoor room) 개념으로 표현하였다.[13]

에크보는 조경디자인의 목적은 단순히 외부공간을 물리적으로 배열하는 것이 아니라, 인간과 대지 사이의 연속적인 조화를 만들어 가는 것이라고 주장하면서 조경디자인은 기본적인 공간의 연속성, 즉 감성적인 세계의 창출에 그 목적이 있음을 강조했다.

한편 에크보는 정원을 통하여 과거와 현대를 가로지르는 사회·문화적 차이를 날카롭게 지적하면서 "영국정원은 결코 영국이외의 토지에서는 탄생될 수 없었고 일본정원은 일본 이외의 토지에서는 생성될 수 없는 것"이라고 하였다. 과거 정원양식은 필연적인 존재가치를 지니고 있음 지적하고 '역사, 전통, 문화, 르네상스, 이태리, 프랑스를 너무 존경'하고 있는 당시의 조경계의 태도에 의문을 제기 했다. 에크보는 이러한 조경계의 태도에 대하여 '우리는 몸으로 체험해야 한다. 그리고 현대의 장소와 인간의 기술에 기초하여 그 체험을 조경디자인을 통하여 살려내야 한다'고 주장했다. 그의 이러한 주장의 배경에는 그의 역사관과 무관하지 않다. 그는 '영국 풍경식정원은 풍경이 인간과

12_ Eckbo, G.(1960), Landscape for Living, Dodge Co., 4, 5, 6, 10, 11쪽

13_ http://blog.naver.com/younrake?Redirect=Log&logNo=1568457

자연과의 융합을 의미하는 것이 아니라 민중과 동떨어진 특수계층의 사람들과 경관 사이에서 온정주의가 만들어진 것'이라고 비판하였다. 그는 '당시의 영국 사회는 아직 자연풍경과 인간의 융합을 기대하기에는 사회적 분위기가 충분하지 못했으며, 융합을 만들어 낼 충분한 객관적인 조건이 처음부터 조성되어야 한다. 그리고 민주주의에 의해 인간 사이에 서로 계급의 벽이 없는 관계가 성립될 때 비로소 인간과 자연의 융합은 가능'하다고 주장했다. 우리는 그의 주장에서 인간과 자연의 융합이 가능한 조경디자인은 반드시 민주주의라는 토대위에서만 가능하다는 그의 역사의식을 엿볼 수 있다. 이러한 그의 사상은 1969년 저술한 책〈우리의 경관 The Landscape We See〉의 제목에서도 잘 볼 수 있다. 그가 책의 제목에 'I'대신 'We'로 표현한 것은 조경디자인의 목적이 왕이나 귀족 집단과 같은 소수의 집단을 위한 경관 만들기가 아니라 불특정 다수인 대중을 위한 경관 만들기에 있다는 그의 주장과 일치한다. 당시 그의 생각은 오늘날 조경을 공부하는 학생이나 조경가 그리고 일반사회에서도 경관을 바라보는 시각에 대해 일종의 경종으로 받아들여야 할 것이다.

3) 조경디자인의 목적

조경의 목적에 대해서 생각 해 본적이 있는가? 조경이 다른 건설업과 구별되는 가장 큰 특징은 자연을 다루고 자연미를 취급한다는 데 있다고 하겠다. 전 교토대학(京都大學校)교수였던 나카무라 마코토(中村 一)는 1984년 한국조경학회에서 행한 〈축소와 자연미〉라는 주제강연(한국조경학회지, 1985, pp. 131-134)을 통하여 〈자연〉을 조경의 매우 중요한 주제라고 전제하고, 생물이나 암석 그리고 물 등과 같은 자연재료를 사용하는 것이 건축이나 토목과 같은 다른 건설업과 구분되는 특징이라고 주장했다. 그 예로서 조경의 작업이 건축이나 토목의 작업에 비하면 손으로 하는 작업이 대단히 많다고 하면서 이 손으로 하는 작업의 장점을 없애지 않는 것이 자연미를 키워나가는 것이라고 했다. 그는 조경과 직접적으로 관계되는 Horticulture(園藝 원예)의 어원은 hortus, 결국 채소의 재배 혹은 가축을 기르기 위하여 주위가 둘러싸인 토지를 의미하며 기능적인 측면을 강조하는 園(원, その)의 경작을 말하며, 이 원예작업 할 때 손으로 하는 작업

이라는 것은 인간과 대상사이의 매개(인터페이스)가 적다는 것이다. 그는 자연의 재료를 사용하여 자연미[14]를 표현하는 것이 조경의 큰 목적 중의 하나 이기 때문에 자연미를 연구하는 것은 조경의 본질을 연구하는 것이며 아울러 조경의 방법론을 세우는 것이라고 주장했다. 여기서 조경의 목적은 분명해졌다 바로 자연의 재료를 사용하여 자연미를 표현하는 것이다.

이러한 자연미는 두 가지의 축소에 의해 구체적인 형태화가 가능하다고 그는 주장했다. 하나는 대상의 축소이며 또 다른 하나는 관계의 축소다. 대상의 축소의 예는 축경처럼 어떠한 대상을 〈진: 접고(도구화)〉, 〈선: 짧게하고(소형화)〉 〈미: 채워넣는(상징화)〉 방식을 통하여 축소하는 것이다. 특히 마코토교수는 「미」의 두 가지(대상과 관계) 축소의 특징을 설명했다. 그는 우선 대상의 축소가 가진 특징인 상징화에 대하여 일본 정원에 흔히 표현되는 섬(시마)를 예로 들면서 "… 이처럼 커다란 풍경을 축소하여 표현하는 것은 일본정원의 특징이지만, 여기에 축소해서 표현된 풍경은 고대사람들의 생활환경을 상징하고 있다. 그 전형적인 예는 고대에 있어서의 시마(섬)의 표현이다.… 중국과 일본의 섬을 비교해 보면, 중국의 섬은 신선이 사는 섬이라고 여겨 신비주의적인 색채가 농후한데 비해 일본의 섬에는 인간이 사는 섬이라고 할 수 있는 자연의 표현을 볼 수 있다. 어느 것을 보아도 시마(섬)와 같은 축경은 원시적 상징주의 기법이고, 오늘날에도 좁은 공간에서 자연미를 들여놓기 위해서 이를 충분히 응용할 수 있다. 대상을 축소시키는 형태는 이와 같이 상징화의 형태라고 간주할 수가 있다"라고 주장하였다. 한편 이어령교수는 그의 책 〈축소지향의 일본인〉에서 "차경은 직접 눈에 보이는 자연을 정원으로 끌어들인 것이지만, 축경은 더 멀리 있는 자연을 '밧줄'로 잡아끌어 온

14_ 플라톤의 모방이론에서 예술은 자연의 모방인 관계로 자연미가 예술미보다 높은 가치를 지닌다고 주장한다. 칸트 역시 아름다움이란 그것에 직면하며 직접적인 관심을 취할 수 있어야 하기 때문에, 자연 자체이거나 또는 자연으로 여겨지는 것이어야 한다고 주장한다. 그러나 헤겔은 이러한 고전적인 주장과는 반대의 주장을 제기한다. 자연미는 학적인 설명을 할 수 없을 뿐더러 정신 속에서 태어난 아름다움이 아니라는 것이다. 예술미는 감각적인 가상일지라도 정신 속에서 태어난 아름다움이며, 따라서 예술미는 사유의 영역 안에 있는 관계로 자연현상보다 높은 지위를 갖는다고 말한다. 또한 헤겔은 진리를 밝히는 것이 예술의 내적인 목적일 뿐 아니라 본질이라고 주장한다. 헤겔에서 예술이란 유한성의 내용과 형식들로부터 자유롭게 하는 것이며, 감성적인 것과 현상하는 속에서의 절대정신의 현존이며 또한 궁극적으로는 진리의 전개인 것이다 (김준연 배용준 저(2003), 예술과 철학, 문경출판사– http://seoye7.tistory.com/192). 이렇듯 헤겔은 예술미를 고급의 미라고 하고, 자연미를 저급의 미로 취급하였다. 이에 대하여 나카무라교수는 자연미와 예술미를 저급과 고급으로 구분하지 말고 〈초급〉과 〈고급〉으로 할 것을 제안하면서 "흔히 우리는 고급과 저급이라는 구분에서 저급을 가볍게 느낀다. 그러나 고급과 초급이라는 관계를 달리 생각해보면, 초급은 결코 가벼운 것이 아니라 대등한 관계가 될 수 있다. 즉 초급이 없다면 고급도 존재할 수 없기 때문이며, 고급의 미에 이르기 위해서 초급의 미는 꼭 필요한 것이다" 라고 주장했다. 그래서 자연미는 고급의 미인 예술미에 이르기 위한 초급의 미인 것이다.(원본 참조)

것"[15] 이라고 했다.

한편 관계의 축소라함은 복잡하고 간접적인 관계로부터, 단순하고 직접적인 관계로의 축소를 의미하는 것이라고 하면서 〈진: 만들고(형식화)〉, 〈선: 한데 엉키어 뭉치게 하고(집단화)〉, 〈미: 취하게(구체화)〉하는 형태로 가능하다고 하였다. 그는 관계의 축소란 대상과의 거리라는 관계를 축소시키는 것이며 이 때 대상이 점점 〈구체화〉된다고 하면서 "자연미는 이 구체화에의 방향에서 포착되는「미」라고 생각할 수 있다. 여기서 주의해야 할 것은 자연의 대상이 존재해도 그리고 그 대상에 거리적으로 가깝게 있다 해도 그것만으로써는 자연미가 포착된다고는 할 수 없다는 것이다. 결국 자연미가 성립하기 위해서는 인간과 대상의 사이에「매개(媒介)」즉 인터페이스(interface)[16] 가 반드시 있어야 된다는 것이다. 앞에서 수작업에 관한 이야기를 했는데, 손으로 작업하는 것만으로 매개 그 자체도 축소되고 짧아지지만 설혹 짧다고 해도 이 매개는 필요하다"고 주장하면서 그 매개의 예로 일본의 문학 장르인 〈하이쿠(俳句)〉를 예로 들었다.[17]

15_ 이어령(2003), 축소지향의 일본인, 문학사상사, 138쪽.

16_ 인터페이스(interface, 문화어: 대면부, 결합부) 또는 접속기는 사물 간 또는 사물과 인간 간의 의사소통이 가능하도록 일시적 혹은 영속적인 접근을 목적으로 만들어진 물리적, 가상적 매개체를 의미한다.(위키백과사전) 즉 인간과 자연이라는 대상사이의 소통을 가능하게 해주는 매개를 말한다.

17_ 우리의 시조와 비슷하나 하이쿠(俳句)는 5, 7, 5의 음수율을 지닌 17자로 된 일본의 짧은 정형시로서 계절을 상징하는 키고(季語)가 필히 있어야 하며 짧은 시의 형태인 만큼 한꺼번에 읽어 내려가는 것을 막기 위해 기레지(切字)라는 것이 필수조건이다. 키고는 계절을 상징하는 시어를 가리키는 말로, 특정한 계절을 환기시키면서 오랜 일본시가의 흐름 속에서 형성된 미의식을 함축적으로 나타낸 것이다. 우리나라와 마찬가지로 일본도 4계절이 확실하다는 것을 자랑으로 삼고 있다. 이 특징을 정형시의 필수요건으로 삼았다는 점을 통하여 일본인에게 있어 4계절이 얼마나 소중한 것이었나를 미루어 짐작해 볼 수 있다. 계절을 상징하는 키고는 시대의 변천과 더불어 새롭게 만들어지기도 하며, 새로운 상징어를 작품에 적용하기 위해 해마다 새로운 세시기(歲時記)가 출판되고 있는 실정이다. 우리나라에서는 세시기하면 연말연시의 연중행사를 지칭하는 말로 이해하기 쉬우나 일본의 세시기는 동식물, 기후, 풍토, 연중생사 등의 계절을 상징하는 모든 언어를 망라한 것을 일컫는 말로, 하이쿠 창작의 기본 교과서가 되기도 한다. 기레지(切字)는 5, 7, 5 음율의 어느 한 단락에서 끊어줌으로써 강한 영탄이나 여운을 줄 때 사용하는 표현을 지칭한다. 예컨대 『～や(～이여)』『～かな(～로다)』『～けり(～구나)』와 같은 것이다. 기레지는 짧은 시의 폐단이라 할 수 있는 단순구조를 벗어날 수 있는 좋은 수단이 된다. 짧은 시의 어느 한 부분을 끊어줌으로써 그 다음 부분과의 산순 연결을 피하고 중층적인 효과를 노릴 수도 있다. 그러나 근래에 들어와서는 계어(季語)와 기레지라는 제약이 서서히 사라지게 되면서 하이쿠가 일반대중들 속에 깊이 침투하게 된다. 짧은 시의 형태이기 때문에 나타내고 싶은 것을 산문처럼 구체적으로 나타낼 수 없지만, 시로 나타내지 못한 여백을 작자나 독자들 나름대로 메울 수 있다는 점이 매력적인 요소가 되는 것이다. 하이쿠는 함축적인 표현을 통해 자신의 감정을 표현하는 수단으로 일본인에게는 생활 수단과도 같은 역할을 한다. 이와 같이「하이쿠」는 자연의 풍물을 중요한 대상으로 한며, 계절을 표현하는 말을 반드시 사용허야한다 등과 같은 약속이 있다.

〈그림 2-1〉
인터페이스(매개)의 예

나카무라교수는 이 「하이쿠」를 자연미를 포착하는 매우 훌륭한 매개[18]라고 하면서 "초급의 예술로서 우리들의 감정에 자연미를 심어준다"고 했다 그는 유명한 하이쿠 작가인 마츠오 바쇼오(松尾芭蕉, 1644-1694)[19]의 작품 중에 "오래된 연못(古池) / 개구리 뛰어드는 / 물소리 퐁당!" 이라는 유명한 시구를 예로 들었다. 한편 이 시구는 많은 사람들에게 여러 가지의 이미지를 부여하고, 또 여러 가지의 다양한 해석이 가능하다. 하이쿠는 짤막한 몇 글자에 많은 것을 함축한 채 엉뚱한 힌트만 제시해 놓고 나머지는 독자의 상상에 맡긴다는 점에서 선시(禪詩)적인 분위기가 느껴지기도 한다. 그러나 원래 하이쿠는 반드시 계절적 미학을 살리고 해학적 요소가 살아 있어야 한다는 점도 간과해서는 안된다.

"…개구리…퐁당!" 역시 계절감과 해학을 놓치지 않은 작품이다(유옥희, 2000). 그러나 무엇보다도 하이쿠는 원래 연작시인 렌가(連歌)를 여는 첫 구절을 뜻했으며 렌가가 궁정에서 불리던 노래였다면 하이쿠는 민중의 삶과 애환을 노래하였다. 그리고 필시 원

18_ 영문학자 김욱동(2003)에 따르면 서양문화권에 비하여 동양문화권의 시가들이 자연과 환경의 중요성을 일깨우는 작품이 많았다고 전제하고, 서양의 시인들이 자연에 눈을 돌린 것은 산업혁명으로 인하여 자연과 환경이 파괴되기 시작하면서부터라고 했다.

19_ 우리나라 윤선도가 활약하던 시대인 17세기에 활약했던 일본의 유명한 하이쿠(俳句) 작가로서 자연에 얼마나 순응하고 자연과 얼마나 깊은 교감을 갖느냐에 따라 예술가의 자질을 가늠하려고 했다고 한다. 바쇼오는 한낱 말장난에 불과했던 초기 하이쿠에 자연과 인생의 의미를 담아 문학의 한 장르로 완성시킨 인물.

래 봉건시대의 무사였던 마츠오 바쇼오가 평범한 소시민이 되어 민중을 위한 시가인 하이쿠작가가 된 동기에는 근대적의도가 숨어있었다고 우에쓰기(上杉武夫)는 주장했다(김수봉, 2000).

한편, 나카무라교수는 1940년대 일본에서 벌어졌던 유명한 구와바라 다께오(桑原武夫, 1904-1988)[20]의 제2예술론 논쟁을 예로 들면서 애매한 자연미와 보편성을 가진 자연미와 구별할 것을 주장하였다. 그는 "「하이쿠」에 의해서 포착되는 자연미의 대상이 애매한 것은 오히려 자연미의 특징이며 설혹 애매하더라도 자연미에는 보편적인 중요성이 있다. 예를 들면, 앞에서 언급한 바쇼오(芭蕉)의 시구 중에 오래된 연못이라는 말로부터 떠오르는 주관적 이미지는 여러 가지 형태를 띠겠지만, 객관적 대상으로서 생각하면 이「오래된 연못」은 실제 일본 전역에 존재하는 농업용수를 담아두는 농업용 관개저수지라는 느낌이 든다. 이 농업용 저수지라는 대상이 지니는 존재의 보편성이야말로 「오래된 연못」라는 시구의 보편적 가치를 지탱해온 것이다. 그런데, 요즈음 이 저수지는 특히 일본의 도시주변에서 점점 파괴되고 소멸되어 가고 있으며, 농촌에서도 저수지의 존재는 점차 찾아보기 힘들다. 만약 일본에 저수지가 널리 존재하지 않더라도 「오래된 연못」라는 시구의 가치가 변하지 않고 지속 될 수 있을까? (내 생각에는) 그렇지는 않을 것 같다" 고 하였다.

〈그림 2-2〉
우리나라 저수지의 봄 풍경

20_ 그가 쓴「第二芸術論 · 現代俳句에 관하여」는 昭和 21年 9月잡지「世界」에 발표되어 현재까지 그 논쟁이 계속되고 있다고 한다. 구와바라는 제1예술이란 근대 프랑스문학과 같이 많은 말을 사용해서 대상을 정확하게 묘사하고 예를 들면 풍경에 관해서도 세계의 모든 사람들에게 보편적인 이미지를 부여할 수 있는 고급스런 예술을 구와바라는 제1예술이라고 했다.

결국 그의 주장은 자연의 대상이 존재해도 매개가 없으면 자연미는 포착되지 않으며, 그 반대로 하이쿠라는 매개가 있어도 가장 중요한 자연의 대상이 없다면 역시 자연미는 포착되지 않을 것이라는 것이다. 따라서 하이쿠를 조경(디자인요소)(이)라는 말로 대신한다면 조경(디자인요소)(이)라는 매개를 통하여 자연이라는 대상과의 거리를 줄여서 자연의 아름다움을 만들어내는 것이라고 할 수 있겠다. 그리고 조경이라는 매개가 있더라도 역시 자연이라는 축소를 구체화할 수 있는 중요한 대상이 없다면 자연미는 포착되지 않을 것이다.

다시 말해서 조경가는 자연의「대상」과 그것에 대한「관계」라는 두 요인을 축소시킴으로서 자연미를 추구한다고 하겠다. 이는 어디까지나「대상」이나「관계」모두가 존재해야한다 것이며, 이 둘 중 어느 한쪽이라도 없다면 자연미는 결코 얻을 수 없으리라는 것이다.

따라서 조경은 인간과 생물이 공생하는 환경을 조성해야하는 특별한 임무를 부여받았다고 할 수 있으며 자연환경은 보전·보존하고, 인공환경은 개선·복원·창조해야 할 역할이 요구된다(심우경, 2003)고 하겠다. 그렇기 때문에 조경가는 조경디자인의 여러 요소를 통하여 자연을 도시 곳곳에 적극적으로 도입하여 지난 세월 산업화의 여파로 병든 환경과 인간을 치유(healing)하고, 인간과 생물이 공생하는 건강한(healthy) 환경을 조성하여, 도시생태계에 머무르고 있는 인간과 생물 모두가 조화로운(harmony) 그리고 행복한(happy) 삶을 누릴 수 있도록 해야 한다.

4) 조경디자인의 매개

한편 좀 더 구체적으로 조경디자인에 있어서 자연미를 구체화하기 위한 매개 혹은 인터페이스에는 어떤 요소들이 있을까? 아마도 조경디자인에 있어서 그 매개는 지형, 식물재료, 건축물, 포장(혹은 돌), 부지 내의 시설물, 물 그리고 돌 등이 가장 기본적인 요소가 아닐까? 이 요소들은 고유의 특성과 역할을 가지고 있으며 디자인을 통하여 공간을 창조하고 그 공간에 생명을 부여한다. 조경가가 풍경화가와 같다면 이러한 디자인요소들을 매개로 마치 화가가 물감으로 캔버스에 풍경화를 그리듯 공간을 만들고 그 공간에서의 분위기를 연출한다. 부스교수(N. K. Booth, 1983)[21]에 따르면 땅의 특징인 지형(〈그림 2-3〉)은 경관의 바닥면을 말하며, 환경내의 서로 다른 여러 가지 요소들을 지탱해주고 하나로 엮어주는 역할을 하며, 공간의 특성을 나타내주고 공간을 제한하는 역할도 한다. 아울러 외부환경의 틀, 토지이용, 조망, 배수, 미기후 등과 같은 다양한 인자들에게 영향을 미친다. 그리고 지형은 여러 가지 방법으로 고형체(solid)와 공동(void)을 만들어 낼 수 있는 조형성을 가지고 있다.

〈그림 2-3〉
골프장의 지형 (landform)

식물재료(〈그림 2-4〉)는 경관 내에 생명력을 부여하는 매우 중요한 조경디자인 요소다. 이들은 시간이 경과함에 따라 성장하고 변화하는 살아있는 요소로서 조경의 목적인 자연미를 가장 잘 나타내주는 매개이다. 부드러우면서 때로는 불규칙한 모양과 생동감이 있는 푸르른 모습은 외부환경에 쾌적함을 선사한다. 아울러 식물재료는 3차원적인 둘러쌈에 의한 공간을 구획지음과 아울러 미기후조절, 대기정화, 그리고 토양을 안정화 시키는 역할을 하고, 이들의 크기, 형태, 색깔, 질감 등에 의해 중요한 시각적 요소로도 작용한다.

21_ Booth, N.(1983), Basic Elements of Landscape Architectural Design, Elsevier Science Publishing, N.Y. 306~307쪽. 부스교수의 책은 사실 이 책을 집필하는데 가장 많은 도움을 주었던 책이다. 부스교수가 제안 한 6가지 디자인요소에 저자가 돌(쌓기)요소를 더 첨부하였다.

〈그림 2-4〉 식물재료

한편 건축물(〈그림 2-5〉)는 인간 활동이 일어나는 외부환경에서 단단하고 굳은 고형성의 모습을 보여주는 요소로서 지형이나 식물재료에 비해서 비교적 견고한 조경디자인 매개다. 구성요소로서의 건축물은, 환경에 있어서 개개의 대상물로서도 중요시되며 공간을 한정하는 건물군으로 배치되어서는 그 공간의 연속적 경험을 하게하는 역할도 한다. 아울러 건축물은 대개 외부환경의 기능과 활동을 체계화 시키는데 있어서 고정적이고 불변의 공간의 제한을 규정하기 위해서 세워지는 디자인요소다.

〈그림 2-5〉 건축물

다음에 알아볼 조경디자인의 매개는 (바닥)포장 이다. 포장(〈그림 2-6〉)은 바닥면을 구성하는 재료를 말하며, 지형, 식물재료, 건물에 비하여 평면적이고 사람의 보행이나 자동차의 운행 등과 같이 강도가 높고 반복적인 기능에 잘 견디기 위해서는 무엇보다도 견고해야한다. 또한 이 포장은 직선적인 것과 그렇지 않은 것이 있으며, 지면 위에서 일어나는 여러 다양한 사용을 구분해 주어야 한다. 그리고 공간에서의 척도감과 독특한 고유성을 부여하여 공간에 대한 좋은 인상을 만들어 주는 역할도 한다.

〈그림 2-6〉 바닥포장

부지 내의 시설물(〈그림 2-7〉)은 또 다른 조경디자인 요소다. 이 단지 내의 시설물은 이용자들이 외부공간을 편리하게 잘 이용하는데 직접적인 영향을 주는 3차원적인 요소다. 계단, 램프, 벽, 담장, 그리고 의자 등과 같은 시설물은 외부공간에서 사람들에게 인간적 스케일 감을 느끼게 해주고 아울러 안락함과 편리함을 준다. 한편 이 시설물이 집합을 이루고 있을 때는 지형이나, 건물, 식물재료에 의해 구성되는 공간적, 기능적 측면을 보강해 줌으로서 일종의 건축적 속성을 갖는 요소로도 사용된다.

〈그림 2-7〉
단지 내의 시설물(벤치)

조경디자인 요소 중 물(〈그림 2-8〉)은 경관에 강한 흥미를 부여하는 아주 특별한 요소로서 마치 식물재료처럼 생명력과 활기를 주는 생동감이 있는 디자인매개다. 물은 변화와 유동성이 높은 요소이므로 이용자들에게 시각 혹은 청각적으로 고요함을 주는 정적인 매개체이나, 사람을 재미있게 해주는 자극적인 효과를 위해 동적인 요소로도 사용된다. 그러나 어떻게 표현되던지 물은 사람들의 아주 관심을 쉽게 끄는 매력이 있는 특별한 요소임에는 분명하다.

〈그림 2-8〉 물요소

우리나라의 조경디자인에서 자연을 가까이 하기 위해 특별히 중요시 여겼던 조경디자인요소는 '돌(쌓기)'였다(<그림 2-9>). 돌은 자연적으로 존재하는 소재 중 가장 견고하고 내구적(耐久的)이며, 그 무게나 압축강도가 흙이나 나무 등 다른 천연재료에서 볼 수 없는 성질을 가지고 있다. 이러한 특성으로 인하여 돌(쌓기)은 다른 자연적인 조경디자인요소인 나무나 물에 어떤 형태와 운동과 공간을 부여한다. 그리고 자라는 나무와 흐르는 물이 사람의 피부나 살과 같은 것이라면 돌(쌓기)은 마치 뼈에 해당하는 것이다. "돌의 골격에 의해서 비로소 자연은 축소될 수 있고, 좁은 공간 속으로 그 전체의 구조를 집어넣을 수가 있다."[22] 우리식 돌쌓기는 바른층 쌓기라고 하여 돌의 면 높이를 같게 하여 가로줄눈이 일직선이 되도록 쌓는 방법을 말하고 일본정원에서 주로 사용하는 돌쌓기는 계단식의 들여쌓기라고 한다.

<그림 2-9>
바른층 돌쌓기

22_ 이어령(2003), 139~140쪽

5) 디자인과 스케일[23]

조경공간을 구성하는 요소들은 사람이 사용하는 것을 전제로 디자인되고 구체화된다. 그리고 그 요소들은 반드시 사람의 이용에 즉 인간의 몸에 잘 맞도록 디자인되고 조형되어야한다. 따라서 사람에 잘 맞는 조경공간을 창조하기 위해서 조경디자이너들은 인간의 몸에 관한 이해의 폭을 넓혀야 한다. 육체의 경험을 바탕으로 도시의 역사서를 쓴 리차드 서넷(Richard Sennett)교수의 〈살과 돌-서구문명에서 육체와 도시 Flesh and Stone- The Body and the City in Western Civilization〉에 따르면 "서구문명은 오래 전부터 육체의 존엄성과 다양성을 살리는데 어려움이 있었다. 나는 이러한 육체적문제가 어떻게 건축, 도시설계, 그리고 계획실무에 나타났는지 이해하려고 하였다. (중략) 내가 처음 공간에서의 감각 상실을 연구하기 시작했을 때, 문제는 전문적인 능력의 부족인 듯했다. 현대의 건축가와 도시학자가 디자인과정에서 공간과 인간 육체와의 긴밀한 연계를 놓쳐 버린 것으로 이해했다."고[24] 하면서 그는 공간에서 감각 상실이란 문제에 대하여 광범위한 원인과 역사적 근원을 이 책에서 파헤쳤다. 특히 조경디자인 분야에서 특히 주목할 내용은 고대 그리스 아테네의 몰락을 수동적인 몸과 능동적인 몸의 차이에서 기인했다고 주장한 부분이다. 당시 그리스사람들은 운동으로 잘 단련된 미소년의 나체를 도시번영의 상징으로 보아 서있는 자세를 자신감과 인품이 우월한 것으로 보았다. 반면 앉아 있는 자세를 여인이나 노예들이나 취하는 열등한 자세로 보았다. 그에 따르면 그리스 아테네의 '아고라'는(능동적인) 서있는 몸의 대표적 공간으로 이곳에서는 소식과 정보가 수평적으로 자유롭게 오고 갔으며 도편추방(ostracism)과 유배와 같은 중요한 정치적사건을 처리한 그리스 아테네 민주주주의 상징적인 곳이었다(〈그림 2-10〉).

23_ 스케일에 대한 아이디어는 진양교교수의 글 환경과 조경 제 155호 "조경: 사람과 땅이 어울린 이야기(2) -요컨대 몸이 문제다-" 에서 많은 도움을 받았다.

24_ 리차드 서넷지음 임동근 외 옮김(1999), 살과 돌, 문학과학사, 13쪽.

〈그림 2-10〉
아테네의 아고라

한편(수동적인) 앉아있는 몸의 대표적인 공간은 아고라에서 10분 거리의 프닉스언덕 이라고 했다. 이 프닉스언덕[25]은 좁은 아고라에서 많은 사람들이 제기하는 넘쳐나는 의견을 조율하기 위해 그리고 많은 연설자의 말에 청중들이 집중하기가 어려운 점등을 해결하기 위하여 만든 일종의 야외극장이다. 그에 따르면 "아고라의 옥외 생활은 대부분 걷거나 서 있는 육체들 사이에서 일어나는 반면, 프닉스언덕에서는 관객들의 앉아있는 육체를 정치적으로 이용했다. 그들은 수동적이고 상처받기 쉬운 자세에서 자신을 제어 하도록 노력해야 했다. 이런 자세에서 그들은 아래로부터 있는 그대로의 목소리를 들었다."[26] 아고라에서는 사람들의 관계가 수평적으로 서로 의견을 주고받는 평등이 존재하는 곳이었으나, 이 곳 프닉스의 야외극장에서는 몇몇 달변가들이 연설대에 올라가 현란한 수사학을 동원하여 앉아있는 관중들을 선동하던 중우정치가 난무 하던 곳이었다. 이러한 중우정치는 프닉스의 극장식 공간구조가 이러한 선동정치를 하는데 기여한 무대장치였을 것이다. 리차드 서넷교수는 이러한 앉아 있는 몸과 서있는 몸의 차이로 아테네 민주정치의 희비를 갈랐다고 했다. 그리스 아고라에서 서있는 몸과 프닉스언덕에서의 앉아있는 몸과의 차이는 불과 40-50센티미터였다. 요컨대 몸이 문제라는 이야기다(〈그림 2-11〉).

25_ 그리스 아테네의 아크로폴리스(Acropolis)는 신들의 영역이었고, 아레오파구스 언덕(Areopagus Hill)이 집정관의 자리였다면 일반 시민들은 프닉스언덕(Pnyx Hill)에서 집회를 열었다고 한다.

26_ 리차드 서넷지음 임동근 외 옮김(1999), 살과 돌, 문학과학사, 61쪽.

〈그림 2-11〉 프닉스언덕

한편 르네상스 시대의 레오나르도 다빈치의 원 속의 몸(〈그림 2-12〉)은 로마사람 비트로비우스(Vitruvius)[27]의 인체 구조해석에 근거한 것으로 수평으로 펼친 팔의 길이와 신장은 동일하며, 움직이는 팔과 다리가 구성하는 원의 중심은 배꼽이며, 이 배꼽은 신장의 황금분할점에 있음을 보여 준다. 큰대자로 펼쳐진 몸의 가로와 세로의 길이가 같다는 이야기는 우리나라의 한坪의 크기도 사람의 키를 6자로 보았을 때 다빈치의 정사각형의 면적과 정확하게 일치한다.

27_ 비트로비우스는 BC 1세기 경에 활약한 고대 로마의 기술자, 건축가이다. 그의 일생에 관한 모든 것은 오직 그의 저술을 통해 유추해낸 것일 뿐이다. 그는 율리우스 카이사르 로마군단의 건축기사로 스페인과 갈리아 등에서 복무한 것으로 보이며 아마도 군막사, 공성장비, 가도, 다리건설 등의 공병일을 담당하였던 것으로 보인다. 후에 아우구스투스가 그에게 재정적 지원을 하였다고 한다. 그는 파눔(Fanum, 현재의 이탈리아 파노)의 한 바실리카를 직접 건축했다고 저서에 썼으나 현재는 전혀 남아있지 않다. 그의 저술로 알려진 《건축십서》(De achitectura)는 10권으로 구성된 일종의 건축학 논문이며, 로마건축의 집대성이라고 할 만하다. 도시계획과 건축일반론, 건축재료, 신전, 극장 · 목욕탕 등 공공건물, 개인건물, 운하와 벽화, 시계 · 측량법 · 천문학, 토목도구 및 군사용 도구 등 건축기술과 관련된 거의 모든 것을 다루고 있다. 이는 그리스 건축에서 상당한 영향을 받았는데 규칙적인 비례와 대칭구조, 고전적 형식미를 강조했다. 그에게 있어 건축은 새나 벌이 둥지를 짓는 것과 마찬가지로 자연의 모방이었으며, 따라서 건축의 재료는 자연에서 구한 것이고 인간에게 휴식처가 되어야한다고 생각하였다. 또 건축구조는 세 가지 본질을 반드시 갖추어야한다고 하였는데 그것은 견고함(firmitas)과 유용성(utilitas), 또 아름다움(venustas)이다. 그리스 건축양식을 도리스, 이오니아, 코린토스 양식으로 분류한 것도 비트루비우스이다. 그의 죽음에 관해서 알려진 바는 없다. 그는 르네상스 시대에 이르러 재조명되는데, 그의 《건축십서》는 1414년 피렌체에서 재발견되어 르네상스 건축가들에 빠르게 각국 언어로 번역되어 널리 읽혔으며 고대 로마 건축 연구 및 르네상스, 바로크, 신고전주의에 이르기까지 엄청난 영향을 미쳤다. 레오나르도 다 빈치는 그의 영향을 받아 유명한 비트루비우스 해부도를 그렸다.(위키백과에서)

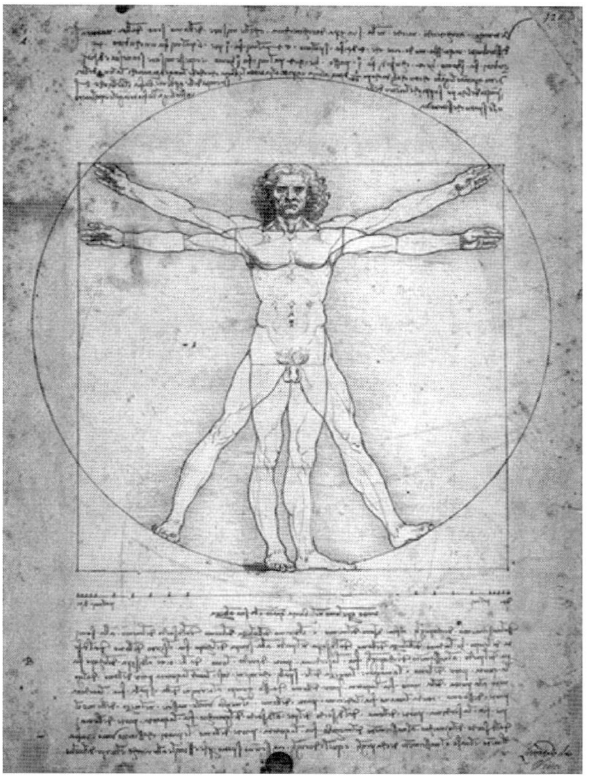

〈그림 2-12〉
비트로비우스의 인체해석에 근거한
다빈치의 그림

그리고 배꼽에서 발끝까지의 길이와 배꼽에서 머리끝까지의 길이의 비는 1:0.618이다. 우리는 이 비례를 황금비[28]라고 한다. 한편 배꼽에서 머리끝까지를 a, 배꼽에서 발끝까지를 b, 그리고 전체 신장을 c로 두었을 때 c:b(183:113) = b:a(113:70) = 1: 0.618이다. 팔을 한껏 펴들었을 때의 전체 몸의 길이와 그 손끝에서 그림의 性器의 위치까지의 길이의 비(226:140) 역시 1:0.618이며, 손끝에서 성기의 위치까지의 길이와 성기에서 발끝까지의 길이의 비도(140:86) 역시 1:0.618에 가까운 황금비다(〈그림 2-13〉).

28_ 황금비(黃金比) 또는 황금분할(黃金分割)은 주어진 길이를 가장 이상적으로 둘로 나누는 비로, 근사값이 약 1.618인 무리수이다. 기하학적으로 황금분할은 이미 유클리드(원론 3, 141)가 정의한 이래 예술분야, 특히 건축, 미술 등에서 즐겨 응용되었다.(위키백과에서)

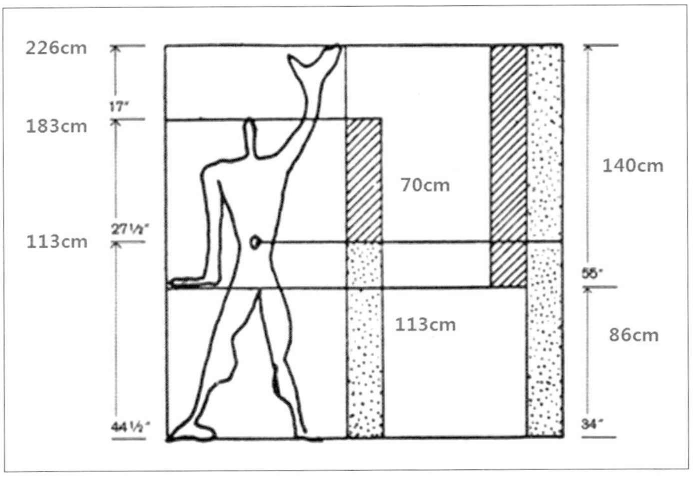

〈그림 2-13〉
인체에서 발견되는 황금비

한편, 생활공간을 구성하는 요소는 인간이 사용하는 것을 전제로 하며, 이러한 인간의 사용을 전제로 만들어진 모든 가구, 거실, 욕실, 부엌, 복도, 계단, 집, 도로, 공원, 마을, 도시 등의 공간도 결국은 인간이 그 단위의 기본이 되어 공간을 구성하고 있다. 이런 기본 단위로서 인체의 인식과 이해가 조경디자인의 경우 근본적인 기준이 된다.

디자인이라는 것이 생기기 전에는 공간을 육체노동과 협업에 비중을 두고 조성된 건축, 정원 그리고 마을은 신체모듈을 기준으로 만들어졌다. 그러나 현대 조경디자인에 있어서 공간조작을 할 경우에는 노동과 협업에 의해 공간을 만드는 것이 아니라 설계도면이나 입면도 등의 설계도면이나 CG 등에 의한 개념적인 공간조작을 한다. 공간조작을 함에 있어서도 최종적인 기준이 되는 것은 자신의 신체에 관한 이해와 더불어 뒷받침되는 신체감각 즉 스케일감이다. 한편 모듈이란 고대 그리스 로마 건축에서 건축 각 부분의 길이의 단위와 그 비율이 이상적일 때를 가리키는 모듈러스(modulus)를 어원으로 한다.

근대적인 디자인기법의 성립에 있어서 신체적 특성을 최초로 언급한 사람은 프랑스의 건축가 르 코르뷔지에다. 코르뷔지에는 도시와 건축의 기본단위로서 모듈러의 개념을 제창하였다.

이는 인체척도를 기준으로 한 공간 기준단위의 제안이었다. 그는 가구에서부터 방, 건축, 도시에 이르기까지 모든 것을 모듈러에 근거하여 디자인에 적용하였으며[29], 그가

29_ 르 코르뷔지에가 인체척도를 기준으로 한 획기적인 도시공간구성의 시도는 결과적으로 단순한 공간의 반복으로 인해 기계적인 도시공간을

제시한 인체척도의 개념은 인간공학의 발전과 함께 요즘에 와서는 공간설계의 기초가 되고 있다(〈그림 2-14〉).

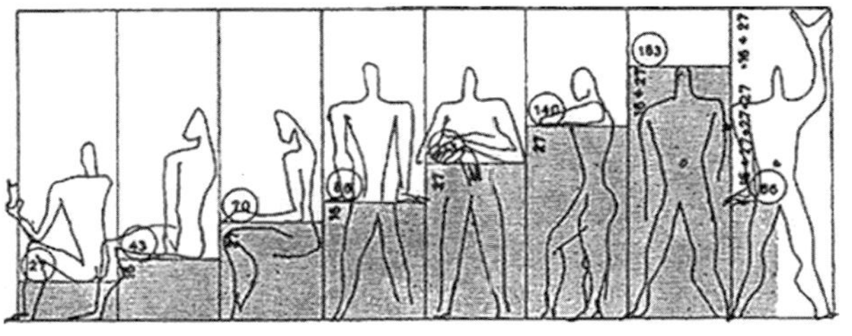

르 꼬르뷔지에의 모듈(기준치수) 스케치, 17, 27, 43의 기본수치들이 반복되면서 일련의 동일 모듈 수치군을 완성해 나간다. 꼬르뷔지에모듈군의 장점이자 특징은 그 수치군들이 황금비를 반복해간다는 점이다.(27, 43, 70… 또는 86, 140, 226…등 (단위는 인치)

〈그림 2-14〉
르 코르뷔지에의 모듈러(Modulor)

스케일감과 인체척도를 인해하기 위해 가장 좋은 방법은 자기 신체감각의 의식화와 이를 바탕으로 몸을 수치적 이해하는 것이다(그림 2-15). 우선 자신의 신체를 시작으로 손의 크기, 보폭, 앉은키와 그 때의 각 사이즈 등을 실측해 본다. 이는 초보 디자이너에게 외부공간의 정원이나 공원에 이르기 까지 스케일 감각을 익히고 추상적인 인식습득을 위한 중요한 전제가 된다.

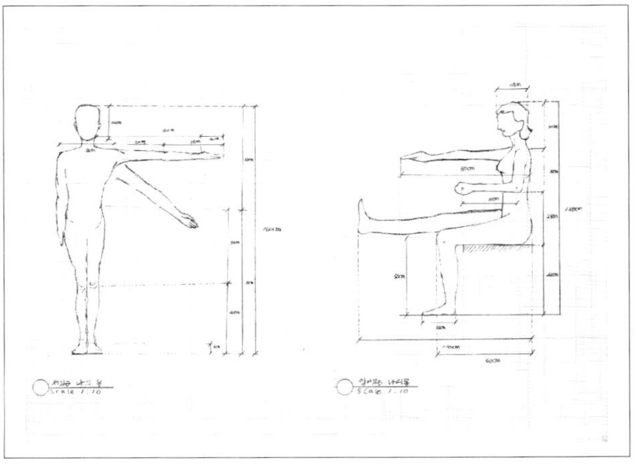

〈그림 2-15〉
신체를 직접 실측한 서있는 몸과 앉아 있는 몸(10학번 백지혜 작품)

만들어 그 단조로움과 비인간성으로 인해 비판을 받았다.

한편 실측한 몸의 사이즈는 간단하게 그래프용지를 이용하여 스케치하고, 1/10정도의 척도로 도면화 해본다. 도면화 할 때는 각 사이즈를 도면상에 기록해두고 암기해 두는 게 좋다. 이 수치를 기억해 두어야 외부공간의 벤치(〈그림 2-16〉), 계단, 포장면, 그리고 수목(〈그림 2-17〉) 등의 재료를 줄자를 사용하지 않고도 그 공간이나 요소의 사이즈를 예측 할 수 있다. 신체에 의한 예측과 도면화는 자신의 신체감각으로 공간체험을 한다는 의미를 동시에 가지고 있음을 명심하자.[30]

〈그림 2-16〉 인체에 적합한 공원벤치의 최적치수

〈그림 2-17〉 자신의 신체를 통한 수목 스케일의 이해 (11학번 심보람 사진)

외부공간이 복잡해 보여도 건축공간의 타일이나 벽돌, 콘크리트 블록, 기둥의 간격 등이 반복되어 있음을 알고 신체감각을 통하여 그 모듈러를 찾아낸다. 그 다음으로 외부공간에 나가서 스케치를 통하여 스케치북에 공간의비율과 분위기를 대충 파악하여 마음으로 신속하게 완성하는데 이때 스케치의 묘사는 중요하지 않다. 스케치가 끝나면 신체를 이용하여 입면을 〈그림 2-18〉과 〈그림 2-19〉와 같이 실측해본다. 실측할 때는 줄자나 측량기는 사용하지 말고 자신의 신체 중 스케일을 알고 있는 손, 신장, 발길이 혹은 보폭을 이용하여 개략의 치수를 기록하면 된다. 이때 척도는 1/10~1/100

30_ 사사카 요지(2008), 81쪽.

이 적당하다. 입면도가 완성되면 평면도의 실측을 같은 방법으로 행한다. 최초 실측은 90도로 구성되는 건축공간부터 시작하는 것이 좋다.[31]

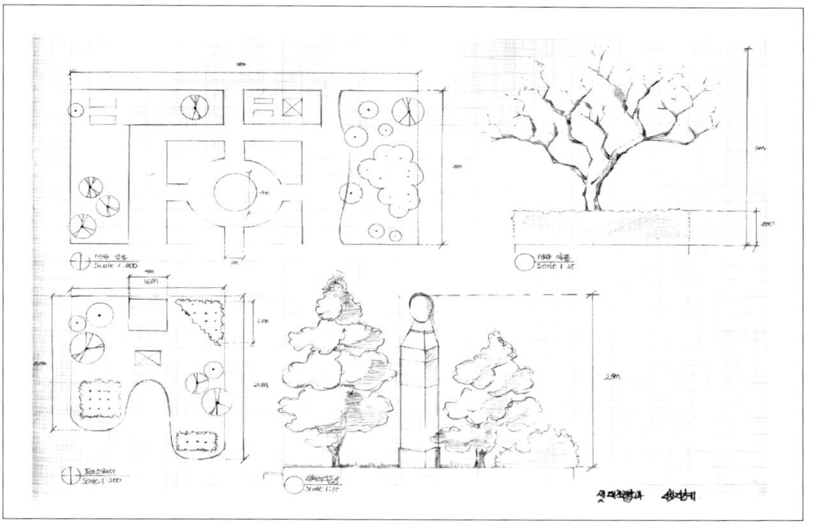

〈그림 2-18〉 신체를 이용한 공간스케일의 실측 Ⅰ(10학번 백지혜작품)

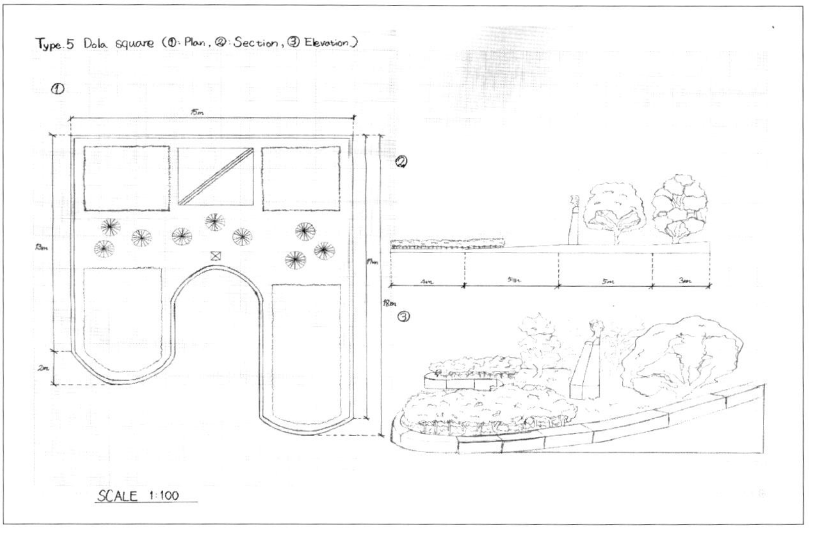

〈그림 2-19〉 신체를 이용한 공간스케일의 실측 Ⅱ(10학번 김현진작품)

31_ 사사카 요지(2008), 82~83쪽.

2. 조경디자인의 변천

1) 조경디자인의 유형(pattern, form)

Lyall(1991)[1]은 조경디자인에서 나타나는 몇 가지 특징들을 40가지의 사례연구를 통해 소개했다. Lyall의 사례연구는 도시의 광장과 박물관으로부터 공원이나 정원에 이르기까지 폭넓은 것이었다. 그의 연구는 현재와 미래 경관의 모습을 실제적으로 기록한 자료이기도 하지만, 동시에 조경공간의 새로운 길을 모색하는 계기가 되었다. 그가 범주화한 최근 20년 동안의 경관기능과 유형에 따른 6가지 조경디자인 유형을 살펴보면 다음과 같다.

① 로렌스 할프린(Lawrence Halprin)이 설계한 Seattle Freeway Park(〈그림 2-20〉)[2]과 같은 〈도시의 현지사정을 반영하는 조경디자인〉

② 젤리코 경(Sir Geoffrey Jellicoe)의 Sutton Place near Guildford (〈그림 2-21〉)과 같은 〈문화적 맥락의 개념을 가진 조경디자인〉

③ 추미(Bernard Tschumi)의 Parc de la Villette, Paris과 같은 〈구조적 경관으로서의 조경디자인〉

④ 코핀과 로스톤(J'orn Copijn and Peter Rowstorne)의 NWM Bank, Amsterdam의 디자인과 같은 〈건축구조물과 연관성을 가지는 조경디자인〉

⑤ 노구치(Isamu Noguchi)가 설계한 Two Town Center, South Coast Plaza, Costa Mesa, California (〈그림 2-22〉)와 같은 〈주관적이며 시각적인 조경디자인〉

1_ Lyall, S., Designing the New Landscape, London: Thames and Hudson, 1991.

2_ 1976년 미국 워싱턴州 시애틀의 고속도로로 인하여 다운타운과 퍼스트빌딩 지구가 약 15년간 분리 되었다. 이 계획은 고속도로로 야기된 도시의 분절을 배제하기 위함에 그 목적을 두었다. 이 계획의 특징은 지상부에 공원을 조성하고 그 아래로 고속도로가 통과하도록 하였으며, 특히 인상적인 '물의 협곡'에 그 초점을 두었다. 거대한 식재박스는 고속도로 상에 돌출되어 있었고 이는 녹음수로 시각적인 배경을 만들고, 아울러 바람을 막는 기능에 하도록 하였다. 그리고 공원에서 아래 고속도로의 달리는 차를 볼 수 있도록 하였다.

⑥ 야콥슨(Preben Jakobsen)의 Broadwater Park, Denhem과 같은 〈복원된 자연으로서 조경디자인〉

한편, Rutledge는 조경(공원)디자이너가 염두에 두어야할 가장 중요한 2가지 요소는 미적인 요소와 기능적인 요소라고 주장했다. 아무리 아름답게 조성된 곳이 할지라도 기능적으로 불합리하고 이용에 불편함이 있다면 훌륭한 디자인이라고 할 수 없으며, 기능이 충족 되었다고 하더라도 미적으로 결여된 공간이란 조화로운 디자인이라고 할 수 없기 때문이다. 그는 조경디자인의 미적인 요소에는 반드시 기본적인 의문점에 대해 명쾌하고도 논리적인 해답을 줄 수 있어야 한다고 했다. 즉, 왜 이러한 색상을 쓰게 되었는지 또는 왜 꼭 3차원적 외형을 갖추고 있는 것인지 아니면 왜 열린 공간인지 혹은 울타리가 쳐져야 하는 것인지에 대한 분명한 근거가 있어야 한다는 것이다. 왜냐하면 미적인 문제는 시각을 전제로 하기 때문이다. 또 조경디자인의 기능적인 요소의 경우는 언제든지 운영될 수 있도록 정비된 기계의 수요나 일의 진행과정, 예산, 자료, 이용에 대한 자유나 제한사항, 안전 혹은 반달리즘도 조경디자인의 미적인 요소와 함께 고려되어야한다고 했다(Rutledge, 1972).[3] 이러한 조경디자인의 미적인 요소와 기능적인 요소는 우리가 조경디자인 특성을 조경사를 통해 다룰 때 핵심적인 사항이 된다. 따라서 미래의 조경디자인 전략을 세우기 위해서는 조경디자인의 미적인 요소와 기능적인 요소를 정립시키는 일이 무엇보다 중요하다고 하겠다.

〈그림 2-20〉
Lawrence Halprin이 설계한 Seattle Freeway Park
자료: http://www.seattle.gov/parks/park_detail.asp?ID=312

3_ Routledge, A., Anatomy of a Park, New York: McGraw Hill, 1971.

〈그림 2-21〉
Sir Geoffrey Jellicoe가 설계한 Sutton Place near Guildford
자료: http://www.youtube.com/atch?v=lJrPSTj6BZg

〈그림 2-22〉
Isamu Noguchi가 설계한 Two Town Center, South Coast Plaza, Costa Mesa, California
자료: http://www.nctimes.com/entertainment/attractions/article_1246327c-a880-5238-83a0-280cae3b78c1.html

그렇지만 이와 같이 각각 다른 역사적 배경과 다른 디자인 특성을 지닌 모든 조경 디자인을 한 가지 특정한 도구로 분석해 범주화하기란 불가능한 일이다. 그러므로 이론적인 연구가 뒷받침되지 않은 경우에는 조경공간의 유형을 분류한다는 것이 참으로 어렵고도 복잡한 과제이지 않을 수 없다.

Thompson(1993)[4]은 그의 논문에서 Baljon의 저서인 〈Designing Parks〉와 Fieldhouse와 Harvey의 공저인 〈Landscape Design〉을 통하여 조경디자인 유형을 비교분석을 했다. Thompson에 따르면 반기능(反機能), 자의(自意), 복수(複數) 그리고 반어(反語) 등을 모토로 하고 있는 포스트모던 운동에 부합하는 조경디자인 유형이 새로운 전환점의 계기를 이루고 있다(Thompson, 1993, p.125)고 주장했다. Thompson에

4_ Thompson, I., Landscape Design: Signpost to a Post-modern Future, Landscape, 18(3), 1993, pp. 122-129.

따르면, 〈Designing Parks〉의 저자인 Baljon(1992)[5]은 그의 책에서 역사적으로 비추어 볼 때 '디자인 도구'에 기초하여 조경디자인 유형을 다음과 같은 3가지로 분류했다.

① 고전주의형(예: 큰가로, 꽃화단, 수로, 분수, 계단폭포, 자수화단)
② 풍경형(예: 잡목숲, 하-하 수법, 개울, 폭포, 넓은 잔디밭)
③ 모더니즘형(예: 수목 군락, 산울타리, S자형 연못, 유희 운동장, 테라스, 꽃밭)

한편 Fieldhouse와 Harvey(1992)[6]는 Baljon의 역사적 배경을 근거로 하는 조경디자인 구분과는 달리, 전 세계를 통하여 현재 가장 뛰어나 조경디자인의 사례를 수집하고 그것을 다시 조경공간의 주제에 따라 4가지 범주로 분류했다. Fieldhouse와 Harvey가 분류한 조경공간의 4가지 유형의 기준은 다음과 같다.

① 레저와 레크리에이션 협동 조경공간유형
② 상업적 조경공간유형
③ 공공적 조경공간유형
④ 교육적 조경공간유형

Fieldhouse, Harvey 혹은 Baljon과는 달리 Thompson은 최근 몇 년간의 조경디자인을 근래의 조경디자인작업의 기조가 된 고전주의, 모더니즘 그리고 포스트모더니즘의 조합으로 보았다. 그는 고전적인 것, 모던적인 것 그리고 포스트모던적인 것 3가지 모두가 비슷하게 현대 공원녹지디자인 현장에서 표현되고 있다고 주장했다.

이러한 배경에서, 아마도 조경이 가지는 사회적 의미는 시대에 따라 변해왔으며 이와 더불어 조경디자이너들의 디자인 기준도 이러한 사회적 의미를 바탕으로 다양하게 적용되었을 것이다. 이러한 디자인 기준의 변화는 각 시대마다 다양한 조경공간을 탄생시켰다. 이를테면, 이태리 노단(露壇)식정원, 프랑스 기하학(幾何學)식정원, 빅토리아시

5_ Baljon, L., Designing Parks, Amsterdam: Architecture & Natura Press, 1992.

6_ Fieldhouse, K. and Harvey, S. (eds.), Landscape Design, London: Laurence King, 1992.

대 영국 풍경(風景)식정원, 그리고 최근의 하이라인파크와 같은 도심재생형공원 등이 그 좋은 예일 것이다. 대개의 조경공간은 그 사회나 국가가 안고 있는 사회적 목적이나 이데올로기[7] 그리고 시대의 흐름에 부합하는 디자인의 특성에 영향을 받아왔다.

한편 디자인의 대상영역은 보통 커뮤니케이션(Communication)디자인, 제품(Product)디자인, 환경(Environmental)디자인 등과 같이 3가지 큰 영역으로 구분된다. 조경디자인이 마지막 환경디자인 영역에 속한다고 볼 때 그 디자인의 평가는 디자인도면으로 평가하는 것과 공원과 정원 등의 실제 조경공간이 조성되어 조경적경관이 현실화 된 시점에서의 평가 등 두 가지 관점으로 나눌 수 있다. 이러한 평가 방법에 대해서는 의견이 다양하지만 조경디자인의 긴 역사를 통하여 볼 때 도면으로 디자인평가를 내리는 것은 지극히 당연한 것으로 받아 드릴 수 있다. 그 예로 디자인 컴피티션(design competition) 즉 설계경기를 예로 들 수 있다.

세계의 공원의 대명사 또는 근대공원의 원조인 뉴욕시의 맨하탄에 있는 면적 340ha의 센트럴파크는 1800년대 후반에 계획이 입안되고 건설, 개원된 공원이지만, 이 공원은 설계경기 방법이 제일 먼저 적용되었다. 그렇다면 이 설계경기를 시점으로 하는 도면에 의한 디자인평가의 관점은 무엇일까.

그 관점의 중심은 전체적인 평면디자인의 유형(형태)이라고 할 수 있다. 녹지공간의 평면디자인 유형이라고 하면, 구체적으로 부지의 분할을 말하며, 원로(園路)의 형태, 물, 수목군(매스), 잔디(스페이스) 등의 구성요소의 배열형태이므로 공간의 기능과 동선의 상태, 경관성 등이 평가의 기준으로 채택되고 있다는 것은 당연히 예상할 수 있다. 본 장에서는 조경의 역사에 등장하는 조경공간을 대상으로 그 디자인 유형(design pattern)의 특징을 도면을 중심[8]으로 대칭적(Symmetrical) 부지분할 패턴과 비대칭적(Asymmetrical)인 것과의 차이, 직선 원로패턴과 곡선 원로패턴의 차이, 축선 구성의 디자인특징, 지형적 변화와 디자인의 문제 등과 같이 시대마다 다르게 적용된 디자인기준의 관점과 이 관점에 영향을 준 사회적 의미에 대하여 살펴보고자 한다.

7_ 이데올로기(Ideologie) 또는 주의(主義)는 일반적으로 사람이 인간 · 자연 · 사회에 대해 규정짓는 현실적이며 이념적인 의식의 형태를 가리킨다.(위키백과)

8_ 도면이 없는 경우에는 항공사진 등 그 부지의 평면을 잘 이해할 수 있는 자료를 이용하였다.

2) 이태리 · 프랑스식 정원 유형

이태리식(혹은 露壇(建築)式) 빌라[9]가든과 평면 기하학식정원으로 대표되는 "이태리·프랑스식 정원 유형"으로는 피로 리가로(Pirro Ligaro)가 설계한 티볼리(Tivoli)의 에스테 장(Villa d'Este, 〈그림 2-23〉)과 앙드레 르 노트르(Andre Le Notre)의 작품인 보르비콩트(Voux-Le-Vicomte)를 그 예로 들 수 있다. 고전적 기하학식정원(classical geometry garden)은 정원에 디자인된 기하학식 외형, 대칭적 배열 그리고 중후한 건축물을 통해 당시 왕과 귀족들의 부와 권력을 상징화하고 있다.

먼저 이태리식 빌라정원은 부유한 상인들과 도시군주들에 의해 르네상스 스타일로 꾸몄다. 이 빌라정원이 탄생한 중심지역은 로마와 플로렌스의 교외지역 티볼리(Tivoli)와 프라스카티(Frascati)였으며, 별장의 주인들은 그들의 골동품애호 취미를 위하여 옛 그리스와 로마의 발자취를 답습하고자 했다. 이곳에 지어진 빌라의 부지는 빌라의 안전성보다는 주변의 전망이나 기후에 의해 결정된 것이었다. 따라서 이곳 빌라의 터는 대개 언덕 중턱에 위치했는데 이는 언덕에서의 전망과 기후가 매우 좋았기 때문이다. 그리고 테라스는 길게 뻗어있어서 명상이나 사색을 하면서 거닐기에 아주 좋았다(Jellicoe, 1987, p.155).[10] 또 한 가지 이태리식 빌라가든만의 특기할만한 점은 '물'을 자주 이용하거나 '상록수' 혹은 '돌'을 정원의 지형적인 특성에 맞게 배치하였다는 것이다. 한편, 빌라의 정원에 사용되는 물은 빌라보다 높은 곳에 위치한 강에서 끌어와 사용했으며, 카스케이드(cascade 계단식분수)나 연못(fountain), 제트식 분수(jet 외줄기분수) 그리고 수영장(pool) 등과 같이 여러 형태로 정원을 따라 흐르게 했다.(Laurie, 1975, pp. 22-23).[11]

이처럼 르네상스시기의 빌라정원은 통일된 하나의 도식 내에 모든 부분이 복잡한 기하학식 도형으로 꾸며져 있고, 이러한 기하학식 디자인은 축을 중심으로 배열되기도 하고 대칭을 이루기도 하여 정원의 규모나 기능 면에서 극장과 같은 인상을 주거나 마치 어떤 장엄한 의식(례)를 치르는 느낌을 주기도 하였다. 결국 이태리식식 빌라정

9_ 빌라는 고대 로마의 상류계급이 머무르던 농촌 주택을 의미했다. 빌라의 어원은 옛 라틴어의 거주와 생산용 을 위한 농가를 의미했는데 실제 빌라는 농가로는 이용되지 않고 일정기간동안 소유주가 도시를 떠나 머무르는 장소로 애용되었다.

10_ Jellicoe, G. and Jellicoe, S., The Landscape of Man, London: Thames and Hudson, 1987.

11_ Laurie, M., An Introduction to Landscape Architecture, New York: American Elsvier, 1975.

원은 정원을 이루는 범위 내에서는 다소 자유롭기도 하였지만, 자연적인 생물요소인 식재 보다는 건축구조물이나 시설물요소를 더욱 강조하여 표현하였다. 그래서 이태리 빌라정원을 '노단(건축)식정원'이라고도 한다.

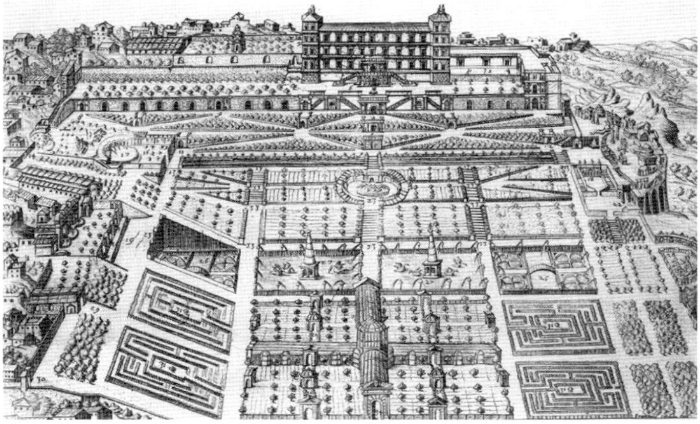

〈그림 2-23〉
빌라 에스테(Villa D'Este)

한편 천재적인 조경가 앙드레 르·노트르(Andre Le Notre, 〈그림 2-24〉)는 그의 조국 프랑스가 부와 권력이 최고조에 이르렀던 시기(루이 14세)를 잘 이용하여 프랑스 정원 스타일을 개혁하고, 보·르·비콩트(Voux-Le-Vicomte)와 베르사이유(Versailles)와 같은 걸작(傑作: 매우 훌륭한 작품)을 통하여 자신의 능력을 보여주었다. 르·코르비쥐에가 직선을 너무 중시한 나머지 "사람의 길은 똑바른 길, 굽은 길은 당나귀길"이라고 그가 했던 말은 너무나도 유명하다. 하지만, 조경디자인에 있어서도 직선과 곡선의 중요성에 대한 주장은 지금도 끊임없이 계속되고 있다. 직선을 기준으로 한 녹지공간의 대표적 예가 바로 이 프랑스의 평면기하학식 정원이다. 이것을 탄생시킨 앙드레 르·노트르는 베르사이유 정원의 디자이너로서 유명하지만 실제 그의 처녀작은 베르사이유가 아니라 같은 프랑스의 보·르·비콩트의 정원이며, 이 작정(作庭)을 루이 14세가 주목하여 그 후 베르사이유의 작정(作庭)을 그에게 맡겼다. 클리포드(Clifford)에 따르면 르·노트르만이 영국의 브라운(Lancelot Brown)에 견줄만한 위대한 조경가라고 칭송하였고, 아울러 르·노트르는 비율에 대한 세련된 감각을 지니고 있었으며, 비범한 조경학적인 수단

을 동원하여 놀라운 일들을 성취했다.(Clifford, 1962, pp.85-86)[12]

〈그림 2-24〉 앙드레 르 노트르

위에서 살펴본 것처럼 이태리정원과 프랑스정원은 서로 다른 것에 비중을 둔 디자인 특징을 지니고 있는데, 사실 이태리와는 전혀 다른 프랑스 북부의 경관과 기후 특성이 17세기 프랑스 정원스타일을 형성하는데 큰 영향을 끼쳤다. 즉 프랑스 북부의 경관과 기후는 프랑스 평면기하학식 정원만의 기본적인 특성을 결정짓는 역할을 하고, 동시에 표준적인 프랑스정원디자인과 이태리식 정원디자인의 몇 가지 차이점을 설명해 주는 열쇠가 되기도 한다. 이를테면, 프랑스 북부는 언덕이 많은 이태리의 로마와 플로렌스(피렌체)와는 달리 비교적 넓은 평지가 많고 숲이 울창하게 우거져 있다.(Laurie, 1975, p.25) 보·르·비콩트의 정원은 남북 1,200m, 동서 600m의 구형(矩形)의 부지로서 면적은 약70ha(1ha=10,000 m²)에 이르며, 궁전은 부지의 북단, 동서방향에서 중앙에 위치하고, 궁전의 축선이 그 남쪽 면으로 펼쳐지는 정원의 전체구성에서 기준선(基準線)이 되고 있다. 정원은 중앙의 축선을 따라 띠부분이 장식화단·케스케이드·커넬로 편성되

12_ Clifford, D., A History of Garden Design, CANTABOOKS (Canterbury, KEN, United Kingdom, 1962.

고, 남측은 빽빽한 숲(보스케 Bosquet, 叢林)[13]으로 둘러싸여져 있다(〈그림 2-25〉).

〈그림 2-25〉
보르비콩트(Voux-Le-Vicomte)

동시대의 이태리식 정원과의 비교를 통하여 프랑스의 기하학식 정원시대에 성행했던 디자인경향을 몇 가지 특별한 요인들로 간략하게 요약해보면 보·르·비콩트(Voux-Le-Vicomte)와 같은 저택(Chateaux)정원은 이태리식 정원보다는 개방적이면서도 넓고 큰 규모로, 드라마틱하지는 못하지만 주위를 압도하는 과도한 기하학무늬 그리고 어떠한 자연적인 외관도 금기시하며 단순하면서도 반복적인 세심한 정원요소의 사용이 그 주된 특징으로 꼽을 수 있다. 뿐만 아니라, 프랑스식 정원에서는 의례적 축을 이루는 기하도형들의 크기가 점차적으로 커지는 것을 볼 수 있는데, 그것은 외부로부터 정원이 시작되는 곳에서 정원內 가장 중심이 되는 건축물까지의 기하도형이 크기 면에서는 점차적으로 작아지지만, 건축물에 가까울수록 중요도에서는 더 큰 비중을 차지하고 있음을 보여주는 것이다. 바꾸어 말하면, 건축물과 가까운 거리의 정원디자인스케일은 비록 작지만 보다 면밀하고 디테일하며 정원내의 중요한 부분으로서 진가를 가진다고 하겠다. 그리고 축을 이루는 주위는 정원 너머의 경관을 시원스럽게 내다볼 수

13_ 일종의 경관적 효과를 기하기 위해 조성된 수림(樹林)으로, 면적이 광대한 프랑스식 정원에서 많이 볼 수 있다. 프랑스식 정원의 보스케는 대개 기존 수렵림(狩獵林)을 이용하여 그곳을 통과하는 통경선(通經線:vista)을 만든 예가 많으나 때로는 수만 그루의 거목(巨木)을 식재하여 조성한 예도 있다. 대칭형에서는 그 패턴이 명확하지 않거나, 면적이 광대할 때 이것을 해소시키는 방법으로 흔히 보스케라고 하는 수림을 통과하는 통견선, 즉 비스타를 형성시키고 있다. 이러한 수법을 쓰면 통견선 양쪽에 자리잡은 키 큰 나무에 의해 시계(視界)가 좁혀지므로 축선(軸線)의 존재를 의식시키게 되고, 정원의 광대함을 강조하는 결과도 된다. 보스케 형성이 잘된 대표적 정원으로는 A.르노트르(1613~1700)가 설계한 베르사유 궁원(宮苑)과 보 · 르 · 비콩트정원이 있다.(네이버 백과사전)

있게 하였다.(Manning,1993)[14]

〈그림 2-26〉
베르사이유 정원: 녹색융단에서 바라본 모습

아울러 르·노트르(Le Notre)는 이 시기의 프랑스 정원공간을 강한 축 중심의 배치, 대칭적 구조, 수학적 비율로서 강조하였다. 이것은 당시 프랑스가 누렸던 부와 권력을 상징적으로 나타냈을 뿐만 아니라, 16세기 프랑스의 엄격하면서도 규범적인 사회구조를 잘 반영하기도 하였다. 이러한 프랑스 정원디자인의 외관은 선과 공간의 커다란 연장과 확장이라고 할 수 있다. 자연에 대한 인간의 우월성을 과시하기 위해 정원內의 자연적인 식물재료는 극도로 절제하였으며, 모든 자연적인 경관은 단지 사람의 손길을 거쳐 가는 인공적인 매개물에 불과한 것이었다. 그의 손을 거친 걸작 베르사이유 정원(〈그림 2-26〉)은 앙드레·르·노트르가 원래 늪지와 사냥터였던 총면적 2,473ha(현재는 814ha)중 약 300ha를 조성하여, 숲 속의 공간을 어떤 형태로 만들 것인가라는 출발점에서 축정(築庭)한 대표적인 프랑스 평면기하학식 정원이다. 이 정원의 구성은 내원으로서의 쟈르댕(jardin)과 외원으로서의 파르크(parc)로 구성된다. 쟈르댕 즉 정원으로서의 내원의 부지분할은 십자형의 중앙운하는 물론이고, 양측이 마로니에의 가로수 사이에 있는 중앙의 녹색융단(잔디밭), 그리고 파르테르(parterre)[15]로 불리는 화단의 배치형태까지 직선을 이용하고 있고, 파르크 속을 종, 횡, 대각으로 뻗은 원로 아래도 물

14_ Manning, O., Principles and History, Introduction to Landscape Paper 2, Department of Landscape, The University of Sheffield, 1991.

15_ 여러 화단을 구분 배치해서 그 배치된 모양 자체가 하나의 장식이 되도록 꾸민 정원.

론 직선이다. 이와 같이 16세기에서 17세기에 성행한 프랑스 '저택(Chateaux)'정원은 당시 프랑스에 만연했던 중앙집권적 전제정치와 과학적 사상에 바탕을 둔 기하학적 특성[16]이 결합하여 조경디자인의 미와 기능에 영향을 주었는데, 이러한 조경디자인 경향 혹은 취향은 유럽의 네덜란드(Het Loo), 영국(Hempton Court) 그리고 멀리는 러시아(Peterhof 피터 대제의 여름궁전) 등으로 퍼져 나갔다(Adams, 1991).[17]

3) 영국 풍경식 정원 유형

Clifford(1962)[18]는 유럽의 18세기에서 19세기를 '양식(樣式)의 혁명기(The Great Revolution of Taste)'로 명명하고 정원역사상 유례가 없는 정원대변혁이 1830년경에 시작되었으며, 또 이러한 반향은 다른 어떤 예술분야에서도 필적할 수 없는 것이라고 하였다. 더 나아가서 그는 이러한 과도기적 시기 즉, 고전주의에서 낭만주의로 변화해 가는 이 시기의 정원유형을 '회화적 정원(picturesque garden)', '시적 정원(poetic garden)' 그리고 '추상적 정원(abstract garden)' 등 3가지로 나누었다. 쉽게 얘기해서, 이 시기의 조경디자인이 지니는 특징은 '감정적 정서'를 중요시 했으며, 인간의 손길을 거친 인공적인 기하학식 도형과 같은 표현을 기피하고, 자연과 조화를 이루고자 하는 욕망을 충실히 표현해 주는 '낭만적 풍경(romantic landscape)'이라는 말로 간단히 설명할 수 있겠다. 따라서 Crowe(1981)[19]는 당시의 경관유형의 본질은 이상화된 자연그대로의 경관이며, 이러한 자연의 시골풍경 같은 경관이야말로 영국인들의 상상력에 불을 지핀 팔라디안 건축양식[20]의 합일이라고 하였다.

16_ 르노트르의 디자인에서 나타나는 기하학적 정형성은 그가 데카르트의 해석기하학을 실질적인 구성도구로 삼았기 때문이며, 정확한 비례에 의한 구성(composition)과 의도된 원근법적 시각 역시 당시를 지배했던 데카르트의 수학적 개념을 바탕으로 하고 있다(한국조경학회편, 서양조경사, 199-200쪽)

17_ Adams, W. H., Nature Perfected: Garden Through History, London:Abbeville Press, 1991.

18_ Clifford, D., 전게서

19_ Crow, S., Garden Design, Chichester: Country Life, 1981.

20_ Palladian architecture is a European style of architecture derived from the designs of the Venetian architect Andrea Palladio (1508-1580). The term "Palladian" normally refers to buildings in a style inspired by Palladio's own work; that which is recognised as Palladian architecture today is an evolution of Palladio's original concepts. Palladio's work was strongly based on the symmetry, perspective and values of the formal classical temple architecture of the Ancient Greeks and Romans. From the 17th century Palladio's interpretation of

한편 Manning은 '영국 풍경식정원 유형'은 단 한가지의 스타일이 아니라 4가지의 서로 다른 독특하고 뚜렷한 스타일로 발전해 나갔다고 주장했다. 그는 풍경식유형이 '과도기(Transitional Landscape Garden)'에서 '성숙기(Mature Landscape Garden)'를 거쳐 '회화(繪畫)기(Picturesque Landscape Garden)' 와 '절충기(Reptonian Compromise Landscape Garden)'로 발전해 나갔다고 제안했다.

한편 Manning교수에 의하면 '과도기 조경디자인 유형'을 가장 잘 보여주는 조경디자인 유형의 예는 John Vanbrugh경에 의해 디자인되어 1699년부터 1712년 사이에 만들어졌던 Castle Howard(〈그림 2-27〉)라 할 수 있다.

〈그림 2-27〉
하워드 城(Castle Howard)
자료: http://onelondonone.blogspot.com/2010/12/christmas-at-castle-howard-yorkshire.html

하워드 城(Castle Howard)의 조경디자인 유형은 자연경관에 대한 시적, 목가적인 풍경은 시적 이미지와 더 구체적으로는 외국에서 수입된 그림(특히 Claude Lorrain의 그림)의 영향을 받았다. 이러한 수입된 그림들은 소박한 생활이 영위되던 옛 그리스의 이상향이

this classical architecture was adapted as the style known as Palladianism. It continued to develop until the end of the 18th century. 팔라디안 건축스타일이란 베니스의 건축가 팔라디오에 의해 시작된 유럽의 건축 유형이다. 이 유형의 특징은 고대 그리스와 로마의 사원에서 발견되는 고전적인 정형미와 균제미, 원근법 등에 기초한 건축 작품을 말한다. (위키 피디아)

었던 '아카디아의 구성물' 혹은 '신성한 묘'의 이미지를 이끌어 내는 동인(動因)이 되었는데, 이로 인해 이전에 디자인되었던 정원의 기하학식 외형은 부드러움과 자유스러움에 그 자리를 양보하고, 많은 건축의 외관이 자연스럽게 자라나는 나무나 수풀에 의해 여유와 부드러움을 가질 수 있게 되었다. Jellicoe경은 낭만시대의 과도기적 경관유형을 잘 보여주고 있는 Howard성 도면을 보면 가로수 부근의 권위적인 직선을 저택(mansion)에서 배제시킨 혁신적인 아이디어를 엿볼 수 있다고 했다.

한편, 18세기 당시 조경가 Kent[21]와 영국 귀족들이 로마를 여행하면서 Salvator Rosa, Nicolas Poussin 그리고 Claude Lorrain의 그림들을 직접 보았다. 사실 Salvator Rosa, Nicolas Poussin 그리고 Claude Lorrain(〈그림 2-28〉)의 그림들은 당시 로마를 여행한 영국귀족들에게 상당한 감명을 주었는데, 그것은 그들의 그림이 이상화된 자연풍경을 소재로 언덕과 계곡, 큰 구름이나 햇볕에 반짝이는 나무들이나 나무 아래 어우러진 몇몇의 사람들과 건축물로 부드러움이나 어두움의 운치를 살려낸 작품들이었기 때문이었다.

〈그림 2-28〉
Claude Lorrain의 풍경화(Landscape with Apollo and Mercury)

21_ 윌리엄 켄트는 1721년 켄싱턴 궁전 장식을 의뢰 받고 귀국, 에디슨, 포프등과 교류하면서 조경계로 입문하게 되었다. 그는 다재다능한 인물로써 화가이자 건축가, 조각가, 가구디자이너로 많은 활동을 펼쳤다. 그러나 진정 그를 유명하게 한건 자연은 직선을 싫어한다는 자기만의 신조로 정원의 세부에까지 종래 양식의 형태를 없애고자 하였기 때문이다. 직선적인 원로, 가로수, 산울타리 등을 모두 없애고, 부드럽고 불규칙적인 연못과 시냇물과 곡선의 원로로 만들었으며 자연을 그대로 묘사하는 것이 아니라 이상화 시켰다. 또한 알렉산더 포프의 모든 정원은 회화라는 주장에 공감했고 정원이란 그림과 같고 목가적인 것이라고 믿어 영국의 전원풍경을 회화적으로 묘사하고자 하였다. 그리하여 그는 '근대적 조경의 아버지', '풍경식 정원의 원조'로 불리었다. 그의 대표작은 Chiswick House, 스토우원의 수정안, Rousham, Wilton House등이 있다.

만일 이러한 낭만적 풍경이 영국에서도 재창조될 수 있다는 가능성을 염두에 두었기에 조경가 Kent를 위시한 영국귀족들은 이탈리아의 실제적인 자연풍경도 직접 보았을 것이다.[22] Lasdun(1991)[23]의 지적처럼, 이러한 자연풍경을 소재로 한 그림들로 인해 이 당시 이탈리아여행을 몸소 체험한 사람들이 공원이나 정원에 대해 비로소 "풍경(landscape)"이라는 용어를 사용하게된 것은 실로 의미가 있는 일이었다. Howard성을 설계했던 조경디자이너 Vanbrugh는 가상의 전원적인 이미지를 좁은 범위 내에서 만들어내고자 노력하고, 또 자신의 그러한 디자인 소신을 보다 넓은 공원규모에 적용시킨 사람이다. Vanbrugh 는 주택을 전체부지의 중앙에 배치하고, 가로수길이 주택에서 멀리 떨어져 집이 외부의 세계와는 완전히 단절되게 설계하였는데, 그의 이러한 디자인 구현방식은 처음에는 실현되지 못했지만, 후에 와서 제 모습을 갖게 되었다. 실제로도 Vanbrugh가 디자인한 하워드 성의 공원부지는 매우 넓었으며, 자연그대로의 전원적 풍경을 살린 아카디아적 풍경의 모습을 지녔다.

뿐만 아니라, Buckinghamshire에 있는 Stowe정원(〈그림 2-29〉) 또한 시적이며 목가적인 '과도기 풍경정원'이라고 할 수 있는 또 하나의 좋은 예임과 동시에 Le Notre의 기하학식 정원 디자인이념과는 완벽한 대조를 이루는 실례가 되기도 한다. 스토우원(園)은 찰스·브릿지맨(1680-1738), 윌리엄·켄트(1685-1748), 그리고 란셀롯·브라운(1715-1783)과 등과 같은 영국의 풍경식정원의 저명한 디자이너가 차례로 관여했던 녹지공간이다. 현재의 스토우원(園)은 그 독특한 수목군의 패턴에서 한눈에 영국의 풍경식스타일인 것처럼 보이지만, 정원디자인의 골격을 자세히 보면, 다른 풍경식정원에서는 거의 보이지 않는 축선이 있음을 알 수 있다. 그 이유는 최초로 이 정원의 디자인에 손을 댄 것은 브릿지맨이었으며, 처음의 디자인 형태인 정형식정원을 프랑스의 군사용 호(trench) 만드는 기법인 '하-하(ha-ha, 〈그림 2-30〉)' '개념'[24]을 도입함으로서 주위의 전원풍경을 정원경관으로 적절히 조화시켜 풍경식정원으로 조성한 것이었다. 그 후, 켄트

22_ Fleming, L. and Gore, A., The English Garden, London: Spring Books, 1988.

23_ Lasdun, S., The English Park, London: Andre Deuch, 1991.

24_ Ha-ha is a term in garden design that refers to a trench, one side of which is concealed from view, designed to allow an unobstructed view from a garden, pleasure-ground, or park, while maintaining a physical barrier in one direction, usually to keep livestock out that are kept on an expansive estate or parcel. It also may be used to mean a ditch, one side of which is vertical and faced with stone, the other face sloped and turfed, making the trench, in effect, a retaining wall, sometimes known as a "deer leap".(위키피디아)

와 브라운이 정원의 개조에 관계함에 따라 많은 통로 선이 명확한 디자인패턴이었던 정형원(整形園)은 비정형적인 것으로 변해갔다. 이런 의미에서 Crowe는 Bridgeman과 Kent의 영국적 풍경원칙에 의해 만들어진 Stowe정원이 정적인 풍경정원이라기 보다는 생동감이 있는 풍경정원이라는 측면에서 필시 영국에서 가장 전형적인 풍경정원이라고 주장하였다.[25]

〈그림 2-29〉 Stowe 정원

그러나 추상적이며 목가적 풍경정원인 '성숙기 풍경정원(Mature Landscape Garden)'은 Lancelot Brown[26]에 의해 발전되었다. Brown은 Kent가 Buckinghamshire의 Stowe정원에서 일할 당시 어린 소년정원사로 Kent의 일을 돕고 있었다. Lancelot Brown은 Capability Brown이라는 별명을 가질 정도로 무엇이든지 해내고야 마는 특별한 능력을 가진 사람이었지만, 사실 Kent와는 달리 어떠한 건축과 관련된 어떠한

25_ Crowe(1981), 앞의 책.

26_ Lancelot Brown (1716 – 6 February 1783), more commonly known as Capability Brown, was an English landscape architect. He is remembered as "the last of the great English eighteenth-century artists to be accorded his due", and "England's greatest gardener". He designed over 170 parks, many of which still endure. His influence was so great that the contributions to the English garden made by Charles Bridgeman and William Kent are often overlooked; even Kent's apologist Horace Walpole allowed that Kent had been followed by "a very able master". Lancelot Brown was born in Kirkharle, Northumberland, and educated at Cambo School. He began work by serving as a gardener's boy at Sir William Loraine's seat at Kirkharle Hall. From there, he moved to Wotton Underwood in Buckinghamshire, a minor seat of Lord Cobham. In 1741, he joined Lord Cobham's gardening staff at Stowe, Buckinghamshir where he served under William Kent, one of the founders of the new English style of landscape garden. 다할 나위없는 영국이 낳은 풍경식 정원의 최고 정원사로서 '캐퍼빌리티 브라운'이라고 불렸다. 그가 영국식 정원에 쌓아 올린 업적이 너무 위대해서 브리지 맨이나 켄트의 업적은 종종 간과(看過)되곤 했다.(위키피디아 참조)

배경도 없었다. Brown의 풍경디자인 방식은 정원 내에 건축물을 배제하고, 물이 흐르는 자연적인 형태나 지형, 나무들을 원래의 모습 그대로 살리는 것 등이 특징 이었다. Brown이 직접 디자인한 Blenheim Palace(〈그림 2-30〉)에서 잘 보여주고 있듯이, 정원內의 기하학식 외형이 모두 사라지고 단순한 공원부지에 별다른 장식물이나 건축물이 만들어지지 않았다는 것이 브라운식 풍경디자인의 특성이라고 할 수 있다. 정원內의 풍경요소인 연못, 수풀, 나무, 잔디, 굽어진 마차 길 등이 흐르는 물처럼 단절되지 않고 매끄럽게 연결되어, 정원內의 모든 것이 넓고 부드러웠으며 곡선으로 처리되어 완만해 보였다.

〈그림 2-30〉
ha-ha를 이용한 수법의 예

Brown식 풍경디자인이 지니는 부드러움과 소박함 그리고 틀에 얽매이지 않은 비규칙성은 위에서 언급한 완전한 풍경정원유형 이외에도 다른 한 가지 경관유형을 만들어내는데, 그 유형을 '회화기(그림같은) 풍경정원(Picturesque Landscape Garden)'라고 한다. 이를테면 바위, 계단폭포(cascade), 덤불이나 잡목, 썩은 나무 같은 디자인 요소들이 '회화기 풍경정원'을 이루는 요소라고 할 수 있다. Laurie[27]는 '회화기 풍경정원'은 실제 성실한 정원관리와 생산적인 농업활동에 의해서만 그 외관이 유지될 수 있으며, 그것은 그림같은 풍경이 농장과 들판을 모두 에워싸고 있기 때문이라고 하였다. 뿐만 아니라, 그는 자연의 체계에 어우러지는 회화적 풍경을 조성하기 위해서는 생태학적 원리

27_ Laurie(1975), 앞의 책.

에 대한 이해를 기반으로 해야 할 것을 주문했다.

1783년 Brown의 사후(死後), Humphrey Repton[28]은 Brown이 가졌던 디자인정신의 계승자가 되기로 결심했다. 그러나 Repton은 Brown의 디자인을 그대로 답습하는데 만 머무르지 않고, 집과 정원을 연결하는 테라스를 복원하고 Brown이 지녔던 일정한 방식을 벗어나 Brown의 디자인 방식을 보완하고 절충하였다. 따라서 그의 정원스타일을 우리는 '절충기 풍경정원'이라고 부르자. Repton의 새로운 풍경디자인 수법은 Brown식 성숙기 풍경디자인에 비해 보다 친밀한 느낌과 정서를 가지고 있었다. 즉, Repton은 '하-하'의 기능을 하던 테라스, 울타리, 난간에 있었던 꽃밭을 다시 집 주위로 옮겨 풍경을 보다 정감이 있는 분위기로 만들었다. Manning(1993)은 Repton식 '절충기 풍경정원'은 Brown식 '성숙기 풍경정원'과 '회화적(Picturesque)풍경정원'의 결합이며, 낭만시대 풍경식정원에서 무시되었던 정원기능을 보강하기 위한 기하학식 정원으로의 복귀가 한데 어우러지면서 생겨난 풍경정원의 유형이라고 하였다. Fleming과 Gore[29]에 따르면 Repton식 정원은 Brown식의 풍경과는 대조적으로 '인공적'이라고 설명하면서, 그의 화단은 완곡한 부드러움을 지니고 있는데 반해, 그의 정원은 잔디에 관목을 심는 등과 같은 어색함을 가졌다고 하였다. Repton식 정원의 잔디는 산뜻하게 잘 정돈되어 있고, 원로는 자갈로 덮었으며, 식물원과 가든하우스가 따로 마련되어 모든 것이 조화와 통일을 이루고 있었다. 그런데, 이러한 〈조화와 통일〉이야말로 바로 Repton이 궁극적으로 얻고자한 목표였다. 이렇게 해서 그리스의 옛 이상향이었던 아카디아(Arcadia)식 경관은 Hunter(1985)가 말한 것처럼 낭만시대에 잠깐 머물다 사라진 풍경유형이 되었다. 그러나 결론적으로 Repton식 풍경유형의 특성을 일컫는다면, '성숙기 풍경정원'에 비해 보다 자유스러우면서도 보다 복합적 성격을 띠고 있는 점이라 하겠다.

28_ Humphry Repton (21 April 1752 – 24 March 1818) was the last great English landscape designer of the eighteenth century, often regarded as the successor to Capability Brown; he also sowed the seeds of the more intricate and eclectic styles of the 19th century. To help clients visualise his designs, Repton produced 'Red Books' (so called for their binding) with explanatory text and watercolours with a system of overlays to show 'before' and 'after' views. In this he differed from Capability Brown, who had worked almost exclusively with plans and rarely illustrated or wrote about his work. Repton's overlays were soon copied by the Philadelphian Bernard M'Mahon in his 1806 American Gardener's Calendar.
To understand what was unique about Repton it is useful to examine how he differed from Brown in more detail. Brown had worked for many of the wealthiest aristocrats in Britain, carving huge landscape parks out of old formal gardens and agricultural land. 렙톤은 영국 풍경식정원의 마지막 위대한 정원사로서 브라운의 후계자였다. 그는 정원의 공사 전과 후의 경관을 그림으로 그리고 물감으로 채색을 해서 고객들에게 설명해주는 붉은 표지로 만들어진 레드북을 만들었다. 렙톤과 브라운의 차이점은 바로 이러한 세심함에 있었다.(위키피디아)

29_ Fleming and Gore(1979), 앞의 책

4) 빅토리아식 풍경공원 유형

19세기 빅토리아시대 풍경식공원 유형은 영국의 산업혁명으로 인해 큰 영향을 받은 조경 디자인유형이라 할 수 있다. 이는 산업혁명 당시의 사회개혁가들이 공장 근로자들을 위해 보다 좋은 작업환경을 제공하고자 했고, 이울러 도시환경의 질을 향상시키기 위해 노력했기 때문에 탄생한 유형이라고 할 수 있다. '빅토리아식 풍경공원' 유형은 이러한 사회적 배경을 바탕으로 조경디자이너 Joseph Paxton[30]에 의해 그 흐름이 주도되었는데, Paxton은 영국에 처음으로 빅토리아식 풍경공원인 Birkenhead Park를 만들어 그 소유를 개인이 아닌 공공의 소유로 하였다. Chadwick에 의하면, Paxton은 John Claudius Loudon[31]의 "가든에스크 사상(Gardenesque idea)"에 큰 영향을 받았으며, 사실 Loudon은 Repton의 공원디자인에 관한 글을 쓴 작가로서 Repton의 소규모 낭만적 경관에 대해 자신의 견해를 피력하곤 했다.[32] 그에 따르면 당시 급부상하고 있던 도시근교의 빌라가든에 딸린 소규모 정원, 도시외곽과 신흥산업도시에 지어진 소규모맨션에 있는 정원 그리고 공원이라고 하기에는 아주 조그마한 부지가 바로 Repton식 소규모 풍경이라는 것이다. 그리고 이러한 Repton식 소규모 정원에 식재된 수목과 다양한 개개의 식물들의 아름다운 모습이 마치 전시장의 그림처럼 전시되어있는 정원에 대하여 Loudon은 '정원미(gardensque)'라는 새로운 명칭을 부여하였다. Manning교수에 따르면, gardenesque는 식물의 종류별 그리고 특징별 전시 자체를 강조하고, 보통은 잔디에 불규칙적인 방식으로, 그러나 가끔은 공원이라는 공간內에 어떠한 특별한 식물들이 군집으로 식재하기도 하지만 제각기 흩어져 분산된 형태 혹은 그 모습이 일정치 않은 상태의 정원을 말하기도 한다. 이와 같이

30_ Sir Joseph Paxton (3 August 1803 - 8 June 1865) was an English gardener and architect, best known for designing The Crystal Palace(수정궁). Although he remained the Head Gardener at Chatsworth(채스워스), the Duke allowed him to undertake outside work – like the Crystal Palace and his directorship of the Midland Railway. He worked on public parks in Liverpool, Birkenhead(버큰헤드공원), Glasgow, Halifax and the grounds of the Spa Buildings at Scarborough.(위키피디아)

31_ John Claudius Loudon (8 April 1783 - 14 December 1843) was a Scottish botanist, garden and cemetery designer, author and garden magazine editor. Around 1803, Loudon published an article entitled Observations on Laying out the Public Spaces in London. It recommended the introduction of lighter trees rather than those with dense canopies. Loudon established himself as a city planner, decades before Frederick Law Olmsted and others began to work. In 1832, Loudon established the design theory entitled Gardenesque. In this style, attention was given to the individual plant and placement in the best conditions for them to grow to their potential. (위키피디아)

32_ Chadwick, G. F., The Parks and The Town, London: Architectural Press, 1966.

Loudon의 '정원미(gardenesque)'개념은 정원이라는 비(非)기하학식 구획공간구조內에 원예농업예술의 디스플레이가 중심이 되는 것으로서, 예를 들면 나무-관목, 잔디, 언덕, 연못과 같은 여러 종류의 것들이 완만하게 구부러진 길로 연결되어 있다고 하였다.

이렇게 Loudon의 정원미(Gardenesque)이념이 Paxton에게 많은 감명을 주었던 것은 명백한 사실이다. 그리고 실지로도 Paxton은 도시공원을 설계하면서 정원이론과 정원꾸미기 유형에 관한 자신의 관심을 유감없이 표출하였다. 이를테면, Paxton식 공원형태는 잘 관리된 잔디밭, 연못, 그리고 굽이진 공원산책路 등으로 특징되는데, 1843년 Paxton이 설계한 Liverpool근처 Birkenhead市 Birkenhead Park는 빅토리아식 풍경공원의 전형적인 형식을 잘 보여주면서, 도시근교의 공공 레크리에이션 장소로서의 조화를 절묘하게 이루어내고 있다. 따라서 Chadwick이 말했던 것처럼, Paxton이 남긴 가장 의미심장한 공원은 공원운동의 발전에 미친 영향 면에서 볼 때 Birkenhead Park(〈그림 2-31〉)[33]라고 할 수 있다.

Laurie는[34] Birkenhead Park디자인이 지닌 특성에 대해서 일반인들이 소풍이나 운동을 즐길 수 있는 곳으로서, 맑은 공기와 여가시간을 선용하여, 자연을 직접 체험할 수 있는 자연스러운 환경이야말로 사람들에게 물질적, 정신적 안정을 준다고 하였다. 또 Chadwick은 Birkenhead Park 조경디자인의 핵심적인 부분은 크리켓이나 활쏘기 등을 할 수 있는 공간과 원형 순환식 원로 패턴이었다. 그리고 이 공원의 위치는 도로와 인접해 있었고, 중심가의 원활한 교통소통을 위해 공원을 가로지르는 횡단도로는 필수적이었으며, 공원 내에는 모든 부분이 步道로 연결되어 있고 공원 주위의 교통이 보다 편리하게 연결될 수 있게끔 완비되었다고 하였다(Chadwick, 1961).[35]

33_ Birkenhead Park is a public park in the centre of Birkenhead, on the Wirral Peninsula, England. It was designed by Joseph Paxton and opened on 5 April 1847. It is generally acknowledged as the first publicly funded civic park in Britain. (위키피디아)

34_ Laurie(1975), 앞의 책.

35_ Chadwick, G. F., 앞의 책.

〈그림 2-31〉

Birkenhead Park의 모습

한편, New York의 Central Park가 조성된 1885년 당시 미국 조경디자이너 Olmsted는 영국의 Birkenhead Park를 방문하여 큰 감명을 받았으며, 이 경험을 바탕으로 하여 그가 Central Park를 설계할 당시에 명료한 순환원로 시스템을 그 공원에 도입하였다. 이런 면에서 볼 때 Birkenhead Park의 탄생은 영국에 있어서 조경디자인 역사의 소위 "팩스톤 시대(Paxtonian era)의 출발점이 되었다. Paxton의 이와 같은 세기적인 업적은 Birkenhead Park 외에도 영국 Glasgow의 Queen's Park와 Coventry Cemetery와 같은 풍경식 공원에서도 찾아볼 수 있다. Paxton식 풍경공원 스타일은 같은 시기의 프랑스를 비롯한 유럽이나 미국의 도시공원디자인에 큰 영향을 주어, 1852년 Paris의 Bois de Boulogne는 "빅토리아식 풍경공원"의 많은 영향을 받게 되었다. Paris의 Bois de Boulogne의 이전의 모습인 〈그림 2-32〉와는 달리 Paxton의 영향을 받은 후에는 〈그림 2-33〉과 같이 굽어진 길이나 우아한 곡선을 이루는 보우팅 호수 그리고 풍부하게 장식된 화단과 같은 디자인 요소로 인해 영국식 도시공원의 성격과 시설을 그대로 가지고 있다.

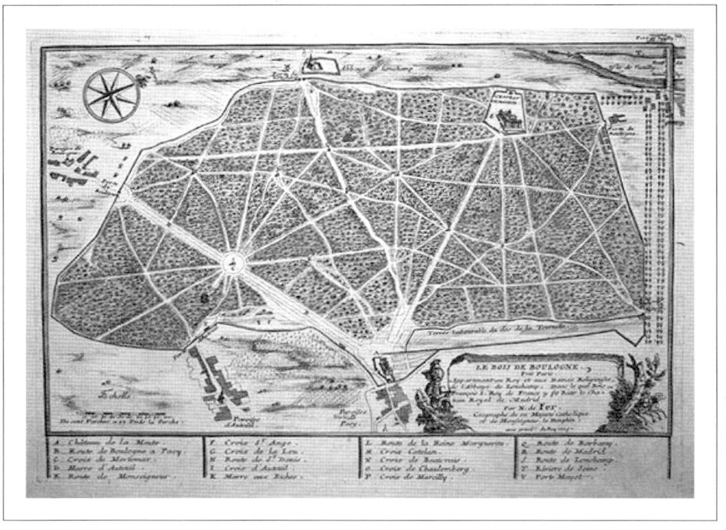

〈그림 2-32〉 Bois de Boulogne의 1705년의 그림은 아직 팩스톤 스타일이 아니다

유럽이 이와 같이 Paxton식 도시공원에 큰 의미를 두고 있을 때, 미국의 도시공원 디자인 또한 19세기 영국 도시공원 디자인과 상당히 유사한 형태를 띠고 있었다. F. L. Olmsted와 같이 영국식 도시공원 디자인에 감명을 받은 조경디자이너들은 Paxton 스타일의 특징인 '자연스러움'이나 '비형식성'이 가진 개념을 매우 높이 평가하고, 미국 도시공원디자인에 그 특징을 도입하여 성공을 거두었다.

한 시대를 풍미했던 "빅토리아식 풍경공원"유형이 가진 의미는 영국과 유럽 그리고 북미의 도시인들에게 자연을 접할 수 있는 여러 가지 모습의 풍경을 제공한 점이라고 하겠다.

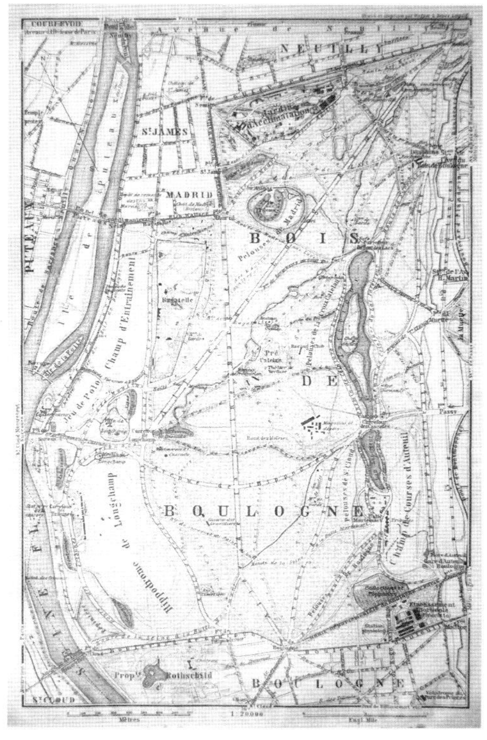

〈그림 2-33〉

Paxton영향을 받은 Bois de Boulogne

5) 20세기 레크리에이션 공원 유형

Chadwick에 따르면 20세기의 초반 25년 즉, 1925년경까지는 영국의 도시공원은 조경가Thomas H. Mawson(1861-1933)36의 영향을 크게 받았다고 한다. Mawson은

36_ Thomas Hayton Mawson (born 5 May 1861, Scorton, Lancashire; died 14 November 1933, Applegarth, Hest Bank, Lancaster, Lancashire, aged 72), better known as T. H. Mawson, was a British garden designer, landscape architect, and town planner. Later Mawson designed gardens in various parts of Britain, and others in Europe and Canada. In London he designed gardens at The Hill, in Hampstead for Lord Leverhulme. The impressive 800ft long pergola is now open to the public as part of the West Heath. He designed Rivington Gardens and Lever Park in Lancashire also for Lord Leverhulme.[5] Padiham Memorial Park (1921) was another commission in Lancashire.

In 1908 he won a competition to lay out the Peace Palace gardens at The Hague. He also advised on the development of the Great Smoky Mountains National Park in the United States. One of Mawson's more noted plans was for the city of Calgary, Canada. Mawson's vision, had it been implemented, would have changed what was then a dusty prairie town, into a city of the City Beautiful movement. From 1910 to 1924 he lectured frequently at the school of civic design, Liverpool University[1]. He also contributed articles on garden design to The Studio magazine and its annual The Studio Year Book of Decorative Art. In the 1920s he designed gardens for Dunira, a

Repton식 정원디자인에 깊은 인상을 받았으며 또 Loudon의 소규모 정원개념을 발전시켰다고 한다. 그는 도시공원디자인의 4가지 유형을 완벽한 기하학식 경관, 형식적 경관, 영국식 경관 그리고 자연형태를 그대로 유지한 경관디자인으로 분류했다고 한다. 그리고 무엇보다 강조되어야할 Mawson의 공원디자인의 특징은 정자(pavilion), 샘(fountain) 그리고 인근 지역 주민들이 서로 교제할 수 있는 정원의 디자인에 있었다(Chadwick 1966).[37] 1차 세계대전 이후 Mawson은 자신의 공원디자인의 철학을 1922년 Blackpool의 Stanley Park(〈그림 2-34〉)의 설계를 통하여 정형-비정형(formal-informal)이 이루는 복합형 공원디자인의 가장 완벽한 모범을 보여 주었다. Stanley Park의 가장 핵심적인 목적은 레크리에이션공간을 편리하면서도 경제적으로 개발하는데 있었다. 따라서 Stanley Park는 정형적인 "이태리식 정원"과 함께 사교의 중심이 되는 곳으로서 골프코스와 같은 다양한 스포츠와 게임시설을 공원에 제공하였다.

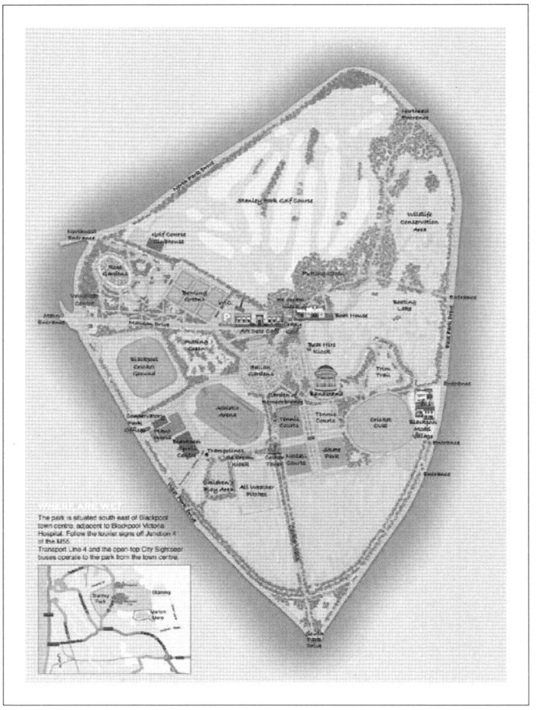

〈그림 2-34〉 Blackpool의 Stanley Park

country house in Perthshire. In 1923 he became president of the Town Planning Institute, and in 1929 the first president of the Institute of Landscape Architects.(위키 피디아)

37_ Chadwick, G. F., 앞의 책.

한편, Jellicoe(1987)에 의하면, 유럽에서 레크리에이션을 주요 목적으로 조성된 최초의 근대공원은 Amsterdam의 Bos(Forest) Park(〈그림 2-35〉)라고 하였다. 사실 Amsterdam의 Bos Park는 이미 1928년에 구상이 이루어졌으나, 1934년이 되어서야 비로소 그 모습을 갖추게 되었는데, Bos Park야말로 19세기 '빅토리아식 경관' 공원 유형과는 전혀 다른 조경디자인 개념이 적용된 공원이었다. 다시 말해서 공원디자인유형이 사회적·사상적 요인의 변화에 따라 수동적 휴식인 산책이나 경치감상 등에서 탈피하여 보다 다양한 스포츠와 캠핑 등과 같은 능동적이고 적극적인 휴식이 가능한 공원 디자인 유형을 보여 주었다.

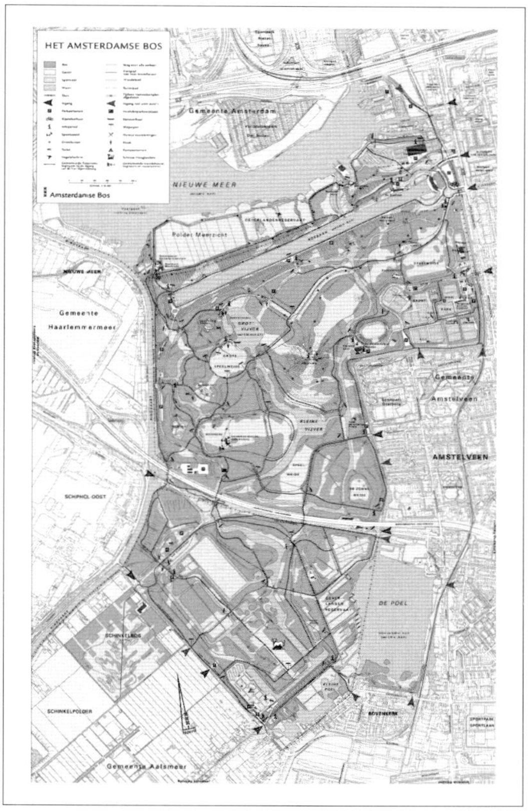

〈그림 2-35〉 Amsterdam의 Bos(Forest) Park

유럽의 Bos Park가 모습을 갖추어 가던 시기인 1930년대 미국의 근린공원은 스포츠를 즐길 수 있는 운동장 시설과 전통적 경관이 공존하는 형태에서 이 두 기능의 통합을 이루었다. 이렇게 바뀐 공원디자인형태는 참으로 다양했는데, 무엇보다도 공원부지는 야구시합을 위해 마운드와 육상트랙에 유리하도록 편평하게 고르고, 공원內의 수변공간도 심미적인 목적이 아니라 수영장시설과 같은 실질적인 목적으로 계획되었다. 또 예전에 잔디로 단정하게 단장되었던 곳은 다양한 스포츠를 즐길 수 있는 운동장으로 그 모습을 대신했다. 왜냐하면 이 시대에 등장한 개혁공원(reform park)의 진정한 목적은 공원의 아름다움에 있었던 것이 아니라, 실질적인 이용에 있었기 때문이었다.

한편 1940년대에서 1970년대의 도시공원디자인 유형을 살펴보면 1951년 영국 박람회(The Festival of Britain)와 관련하여 공공정원에 18·19세기 초반의 "빅토리아식 회화적 풍경정원"이 지니는 분위기를 재창조하고자 한 시도를 찾아 볼 수 있었다. 그러나 당시의 공원디자이너들은 무엇보다도 도시공원의 새롭고 다채로운 변화를 찾고자 노력하였는데 특히 그들은 보행자를 위한 인도, 보행자 위주의 쇼핑센터, 광장, 시장, 소공원, 그리고 옥상정원 등을 크게 선호하였다. 그것은 부분적으로는 도시에 증가하는 빌딩 숲을 막기 위함이기도 하였지만, 다른 한편으로는 공원조성에 드는 막대한 경제적 비용을 줄이기 위한 목적도 있었다. 게다가 당시의 조경디자이너들은 무릇 도시공원은 레크리에이션을 위한 시설일 뿐만 아니라, 도시민들의 만남의 장소 혹은 어린이들을 위한 놀이터의 기능까지 겸비해야한다고 믿었다. 아마도 그 이유는 조그마한 공간이라도 어린이들이 방과 후 시간을 보낼 수 있게끔 해야 한다고 생각했다. 이런 연유로 어린이 놀이터가 도시공원 안에 처음으로 마련되었다. 이 시기 영국뿐만 아니라 독일의 조경디자이너들은 도시공원이라 함은 모든 종류의 레크리에이션 시설이나 만남의 장소 그리고 야외극장과 같은 일반시민을 위한 문화적 시설까지도 제공해야한다고 믿었다. 왜냐하면, 도시공원의 전형적 디자인은 방문객을 위한 다양한 이용을 제공하는 데 그 목표가 있기 때문이며, 그렇기 때문에 도시공원은 다양한 기능이 참작된 형태로 디자인되었다. 그래서 미국의 경우도 Cranz(1982)[38]가 언급한 것과 같이, 이 시기의 미국 공원디자인이 지니는 전형적인 특징은 레크리에이션 시설에 있으며, 이전의 어떤 시기보다도 도시공원內에 소방서나 방공호, 임시간이주택의 수가 많아지고 다양해졌다고 한다.

38_ Cranz, G., The Politics of Park Design, London: MIT Press, 1982.

1970년대 도시공원 디자인은 매우 다양하고 혁신적인 패턴을 보여 주었다. 과학기술의 발달로 인한 현대식 장비를 이용하여 넓고 평평한 평지를 언덕과 골짜기로 새롭게 변형시켜 궁극적으로는 인공적인 공원공간을 창출해냈다. Dereck Lovejoy와 그의 동료에 의해 설계된 Paris의 La Courneuve공원(〈그림 2-35〉)[39]은 공원디자인에 있어 "변형과 환상"(transformation and illusion)이라는 좋은 본보기가 되었다. 이들 Dereck Lovejoy에 의하면, 공원부지를 La Courneuve공원처럼 모델링하는 주된 이유는 첫째, 공원內 별로 좋지도 나쁘지도 않은 주위 사물을 시각적으로 없애버리는 것이며 둘째는, 공원內 평지로만 일관된 단조로움을 수정·보완하는 것이겨 셋째는, 잘 걸러진 쓰레기로부터 나오는 수입과 경제적 혜택을 되돌려 받을 수 있도록 하는 것 그리고 넷째는, 프랑스內 A16 고속도로를 병합하고 인터체인지와 주요 철도 노선을 연결하는 것이다. 이러한 모델의 공원디자인계획은 자연지형이 편평한데서 구릉을 지니게 되는 공원으로 바꾸어 기존 공원이 새롭게 확장되는 초석이 되었다.

Manning(1993)에 따르면 40년대에서 70년대에 이르는 이 시기의 특징은 콘크리트로 일관된 밋밋한 연장(延長), 기하학적 혹은 생태형태주의적(biomorpic, 브라운식)[40] 양식에 의한 잔디와 몇 그루의 나무, 빈약한 경관이미지 그리고 공간구조에 대한 무관심이나 소홀함, 잘못 인식된 추상, 소극적 사회설비, 경비절감 혹은 이러한 것을 모두 합친 모든 것이라고 주장했다. 그리고 이러한 조경디자인은 1950년대와 60년대 영국 혹은 다른 여러 나라에서도 널리 이용된 디자인 방식이었다.

39_ 이 공원은 면적 400ha의 공원으로 파리에서 Boulogne woods (1,000 ha)와 Vincennes woods (850 ha)에 이어 3번째로 규모가 큰 공원이다.

40_ Biomorphism(생태형태주의) is an art movement that began in the 20th century. It attempts to morph artistic design elements into naturally occurring shapes, or patterns reminisent of nature. Taken to its extreme it attempts to force naturally occurring shapes onto functional devices, often with mixed results. 생태적 미학은 순수 장식적 목적을 충족시키기 위한 자연 형태를 이용하는 것이 목적 이었고, 기계를 기계처럼 보이게 하지 않는다. (위키피디아)

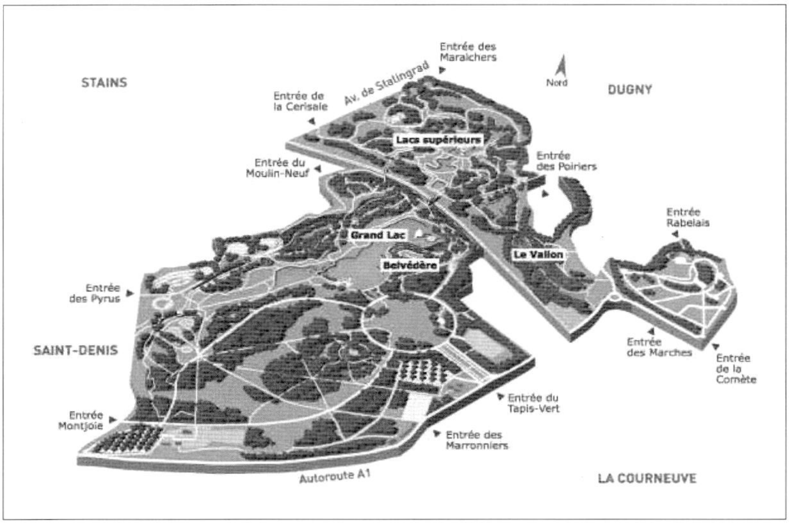

〈그림 2-36〉 Paris의 La Courneuve공원

6) 20세기 후반의 다양한 경관 유형

일반적으로 말해서, 20세기 후반에 나타난 조경디자인의 특성은 대체적으로 모던(modern)한 건축스타일에 의존하고 있는데, 여기에는 물론 모더니즘뿐만 아니라 포스트모더니즘, 신고전주의, 그리고 해체주의까지도 포함되어 있다. Lyall에 따르면,[41] 최근 20년간 새롭게 조성된 공원녹지 경관은 주요한 디자인 핵심 무엇인지 그리고 그 디자인 사고방식이 어떠한 것인지를 규정할 하나의 통일된 움직임이 전혀 없었다고 한다. 왜냐하면, 20세기에는 이러한 공원녹지를 디자인하는 일이 건축이라는 급진적인 분야의 한 부분으로 그다지 중요치 않은 활동으로 여겨졌기 때문이었다. 그것은 또, 모더니즘운동 당시의 건축가들은 경관을 기분 좋은 대상으로 여기지 않았기 때문이기도 하다. 실제로 당시 건축운동의 선구자격이었던 바우하우스(Bauhaus: 1919년 건축가 발터 그로피우스(Walter Gropius)가 미술학교와 공예학교를 병합하여 설립하였다. '바우하우스(Bauhaus)'라는 이름은 독일어로 '집을 짓는다'는 뜻의 하우스바우(Hausbau)를 도치시킨 것이다. 이 학교의 주된 건립 이념이 건축을 주축으로 삼고 예술과 기술을 종합

41_ Lyall, S.,(1991) 앞의 책.

하려는 것이었음에도 단 한 시간의 조경 수업이 없었다고 한다.

그러나 포스트모던시기에는 절충주의, 분열주의, 연관성 없는 규칙체계의 배열, 역사결정론, 아이러니, 은유 그리고 위트 모두가 가능했다. 이러한 새로운 미적인 환경에 조경디자이너들은 새로운 자기 확신을 가지게 되었다. 포스트모던적 새로운 경관은 다원적이며, 근원이라든가 규율이라는 커다란 다양성에서 창조될 수 있었다. 따라서 20세기 공원녹지의 특징은 예전 스타일에다 20세기의 문화적 움직임에서 나온 여러 가지가 조합된 복합경관이다. Thompson에 의하면,[42] '다양한(pluralistic)'이라 말은 이론적·획일적 그리고 고전주의와 모더니즘이라는 꽉 죄는 구속을 벗어버리고, 가치와 의미의 근원을 포용하는 것이라고 하였다. 그렇기 때문에 "다양한 경관유형"이라는 것이 그 진로에 있어 어떠한 뚜렷한 방향도 제시하지 않고자 하는 것처럼 보이기도 하지만 그것이 바로 "다양한 경관"유형이라는 것이 단 하나의 단어나 문장으로 정의하기에는 어려움이 따른다는 것을 뜻한다.

이 장에서는 단지 "다양한 경관"유형의 몇 가지 보기들 즉, "새롭게 조성된 경관유형"(예 Parc de la Villette)와 "지역특성을 살린 경관유형"(예 ecological and community garden)을 중심으로 살펴보았다.

먼저 Tschumi[43]에 의해 디자인된 파리의 빌레트 공원(Parc de La Villette, 〈그림 2-37〉)는 1982년-1983년 국제 공모전에서 수상한 작품으로서 조경디자인의 색다른 패턴을 보여주고 있다. 그의 Parc de la Villette는 공원이라는 곳이 단순히 맑은 공기를 공급해 주는 '녹색의 폐'로서의 기능보다는, 죽어가는 지역이나 거리에 새로운 생명력을 불어넣는 '심장'으로서의 역할을 하는 공원이 설립되어야하는 당시의 필요성을 반영해주는 계기가 되었다. Parc de la Villette는 디자인만이 혁신적이거나 다양했을 뿐만 아니라, 공원에 이용자들을 위한 실질적이고 특별한 시설 즉, 스낵바, 까페, 준-스포츠

42_ Thompson, I.,(1993), 앞의 책.

43_ Bernard Tschumi (born January 25, 1944 Lausanne, Switzerland) is an architect, writer, and educator, commonly associated with deconstructivism(해체주의). Born of French and Swiss parentage, he works and lives in New York and Paris. He studied in Paris and at ETH in Zurich, where he received his degree in architecture in 1969. Tschumi has taught at Portsmouth Polytechnic in Portsmouth, UK, the Architectural Association in London, the Institute for Architecture and Urban Studies in New York, Princeton University, the Cooper Union in New York and Columbia University where he was Dean of the Graduate School of Architecture, Planning and Preservation from 1988 to 2003. Tschumi is a permanent U.S. resident. (위키피디아에서)

장, 경찰서, 자전거용 도로, 아이스링크가 공원에 있어야 함을 보여주었다. Parc de la Villette의 이러한 점들은 Le Notre로 대표되는 전통적인 프랑스식 공원디자인을 참조한 것으로 보인다. 특히 Lyall은 Parc de la Villette를 만든 Tschumi의 디자인은 '건축물과 경관의 혼합물이다'라고 주장했다. 공원內의 건물은 40개의 폴리(folies, 〈그림 2-38〉)로 구성되어 있으며, 밝은 홍색의 구조는 구성파 스타일로서 차를 마시는 공간이나 탁아소, 인포메이션 부스는 기능적으로 짜여져 있으며 그 외의 건물 일부는 정원과 잘 연결되어 있다. 건물과 가로수길 사이로는 구불구불한 길과 주제공원의 길이 나 있으며, 주제공원의 많은 것들이 서로 다른 여러 조경디자이너들에 의해 디자인되었으며, 바닥의 주된 표면은 표준적인 파리의 고운 흙과 자갈로 이루어지고 일부는 잔디로, 일부는 공놀이를 위해 제공되어 있다. Tschumi는 파리의 공원 스타일로부터 독특한 요소들만을 선별하여 Parc de la Villette에 배치하였는데, 이를테면 방대한 스케일, 직선의 전망, 가로수의 모양과 심지어 건물 내 기둥도 19세기 후반 프랑스 그리고 영국경관 전통으로부터 선별된 것이었다. 그러나 La Villette공원이 여느 공원과 다른 점은 사람들이 공원에서 단순히 산책만 하거나 나무들을 보고 감탄하는 그 이상의 것을 할 수 있게 하였다는 것이다. 다시 말해서 La Villette공원은 여러 가지 행사를 다채롭게 할 수 있는 공원이라는 것이다 즉 이 공원에서는 대중음악 콘서트와 같은 큰 행사에서부터 과학박물관에서의 교육용 놀이 혹은 복원된 마켓 홀에서 다양한 쇼핑 등의 소규모 행사에 이르기 까지 다양한 경험을 할 수 있는 곳임을 뜻한다. '공원 속의 도시, 도시 속의 공원'이 바로 이 Parc de la Villette 공원이다.

Parc de la Villette와 같은 "새롭게 조성된 경관" 유형의 특징은 기하학적 혹은 생태형태주의적(biomorphic, 브라운식, 추상적인지만 살아있는 수목과 같은 형태를 한) 디자인, 무드, 의미, 연계적인 것들을 수반하는 디자인 요소들 그리고 고차원적 질서가 지니는 추상적 아름다움을 자유롭게 결합시킨 극단적인 작품이다. 그리고 그러한 고차원적 질서 안에 형식이 파괴되고 서로 상충되는 기하학 도형들은 기존의 옴스테드식 공원에서 발견되는 관습적인 질서 자체를 거부함으로써, 거기에 오히려 새로운 해결방안을 제시하고 있다.

한편 주민참여와 관련하여 조경디자이너들은 지역 주민과 그 지역이 가지고 있는 고유한 특성뿐만 아니라, 현 시대의 생태운동에 특별한 관심을 보여야 한다. 이와 같

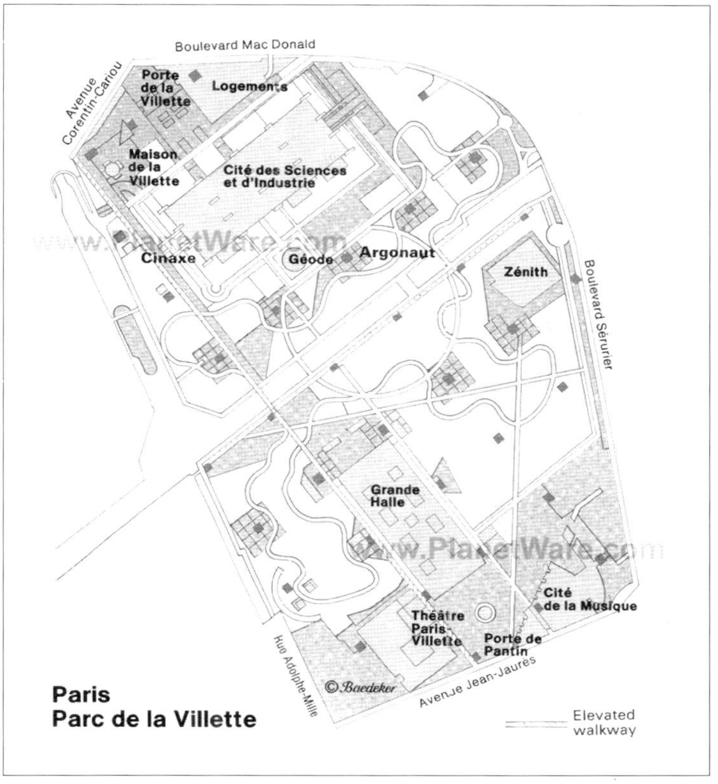

〈그림 2-37〉 Parc de la Villette, 파리

자료: http://www.planetware.com/map/parc-de-la-villette-map-f-villette.htm

〈그림 2-38〉 Parc de la Villette의 폴리

은 관점에서 London의 윌리암 커티스 생태공원(The William Curtis Ecological Park, 〈그림 2-39〉〈그림 2-40〉)그 당시 생태운동을 보여주는 대표적인 곳이라 할 수 있으며, 이러한 움직임은 1970년대 네덜란드와 영국에서 자주적으로 발전되었다. 생태공원의 시초는 Bloemendaalse Bos로 1952년 네덜란드에서 Jae, P.Thijsse라는 교사가 haarlem에서 학생들에게 자연을 이해시키고자 하는 교육목적을 가지고 조성되었다. 1977년 영국에서 도시민과 어린이에게 자연을 쉽게 접촉할 수 있도록 윌리암 커티스 생태공원(the William Curtis Ecological Park)이 조성되어 8년동안 지속되다가 1985년에 폐쇄된 후 생태공원재단이 발족되어 영국을 중심으로 공원 조성 시 생태공원의 개념이 도입되었고, 이후 독일, 캐나다 등에서도 같은 개념으로 생태공원이 조성되었다.

이러한 생태공원의 잔디나 물, 수림지역은 자연 그대로의 상태에서 자라나는 풀들이나 자연천이 그리고 관리상태에 따라 그 성격이 결정된다. 생태공원 재단법인에 의하면, William Curtis Ecological Park[44]는 '공원녹지의 새로운 유형'이며, 이러한 생태공원들은 도심 속 자연이라는 공통적인 맥을 가지고 있다. 이처럼 생태공원의 부지를 형성하는 일은 18세기 귀족정치에 의한 것이라거나 19세기 박애주의 사업가 혹은 20세기 전문가에 의해 결정되는 것이 아니라, 다수 보통사람들의 당당한 권리라고 Nicholson-Lord[45]는 주장하면서, 이제는 우리의 관심을 지역 주민의 요구사항이나 소망에만 국한시킬 것이 아니라, 지역을 둘러싸고 있는 세계에 대한 지역 주민의 개념이 달라지고 있는데 까지 확장시켜야 할 것이라고 주장했다.

Hester[46]는 전통적인 공원녹지가 사람들이 제공받기를 원했던 것을 충족시켜 주지 못했기 때문에 사람들의 기대를 저버렸다고 말하면서, 전통적 조경디자이너들은 '하드웨어(hardware)', 즉 공원외형이 어떻게 보일지 또, 어떤 재료를 사용할지 그리고 순환도로가 어떻게 계획될지 등에 관심을 두었기 때문에, 공원이용자들은 그저 자신들의 안전이나 친구들과 함께 있는 것에만 관심을 두었다. 그런 이유에서 기존의 많은

44_ The William Curtis Ecological Park was the UK's Britain's first urban ecology park. Max Nicholson and the Trust for Urban Ecology created it on a derelict lorry park near Tower Bridge in London in 1976. It was named for the 18th century botanist William Curtis. In 1985 it was returned to the site owner, the London Docklands Development Corporation, who provided the Stave Hill Ecological Park in Rotherhithe as a replacement. City Hall and Potters Fields Park now occupy the site.(위키피디아에서)

45_ Nicholson-Lord, D., The Greening of the Cities, London: Routledge & Kegan Paul, 1987.

46_ Hester, R. T., Jr., Planning Neighbourhood Space, New York: Van Nostrand, 1984.

〈그림 2-39〉 William Curtis Ecological Park조성 후

〈그림 2-40〉 William Curtis Ecological Park조성 전

근린공원이 전문가나 시청의 공원과 직원들에 의해 이용자들은 무시한 채 일방적으로 공원이 디자인되고 개발되었다(Gold, 1972).[47] 또 Francis(1984)는 많은 전통적 기존 공원이 실패한 것은 디자인이나 관리에 있어서 이용자들의 직접적인 참여가 부족했기 때문이라고 지적했다. New York市와 Sacramento市의 지역공동체 공원녹지에 관한 Francis(1984, 1987)의 연구[48]를 살펴보면 지역공동체 혹은 지역참여디자인을 토대로 한

47_ Gold, S. M., Nonuse of Neighbourhood Park, Journal of American Institute of Planners, 38, 1972, pp. 369-378.

48_ Francis, M. et al., Community Open Space, Washington D. C.: Island Press, 1984.

지역공동체 공원녹지의 사회적·경제적 이윤이 일반적인 도시공원에 비해 월등함을 보여 주었다. Francis(1984)가 말한 지역공동체 공원녹지 규모는 1에이커 미만의 소규모로서, 지방에서 개발되는 적은 비용의 유지비와 이용자들에 의해 직접 개발·유지되며 인근의 여러 지역주민들이 참여하는 공원이라고 했다. 예를 들어 Hough[49]는 영국 런던시립공원과 인접한 지역공동체 공원녹지 사이의 비용과 이용실태에 관한 중요한 차이점들을 보여주었다(〈표 2-2〉). 아래의 표에 의하면, 시립공원은 지역공동체 공원녹지에 비해 개발비용에 있어서는 무려 15배, 보수비용에 있어서는 2.5배나 되는 차이를 나타내고 있다. 거기에다 시립공원에 성인이용자가 전무(全無)한데 비해 지역공동체 공원녹지 이용자들은 1만9천명으로 추산되었으며, 어린이 이용빈도 또한 시립공원에 비해 2배나 많았다.

〈표 2-2〉 런던의 시립공원과 지역공동체 공원간의 비용과 이용의 차이

비용/방문객	시립공원	지역공동체 공원
개발비용	75,000 파운드	5,690 파운드
문화파괴행위 비용	24,000 파운드	20 파운드
유지관리비용	10,176 파운드	4,200 파운드
성인방문객	없음	19,000명 (대략)
어린이방문객	35,000명	49,640명 (단체) + 25,000명
개발기술 및 개발비용조성	시민세금으로 재개발	지방기업에서 기부된 자금과 공원조성을 위해 지원한 노동력으로 부지를 개수

자료: Francis (1984, p.13)에서 인용했으며, Hough(1983, p.58)를 참고 했음

이처럼 공원디자인 면에서 높이 평가되는 지역특성이 살아있는 경관[50]은 Hough(1984, pp.6-9)[51]가 주장처럼 전통적으로 市에서 일관적으로 계획되고 조성된 잔디밭, 잘 정리된 꽃밭, 나무, 분수, 그리고 잘 꾸며진 공간으로 규정되는 인공적인 경관보다 훨씬 풍

Francis, M, Some Different Meanings Attached to a City Park and Community Gardens, Landscape Journal, Vol. 6 (2), 1987, pp.101–112.

49_ Hough, M., Metro Homested, Landscape Architecture, January, 1983, pp. 54–58.

50_ Frampton은 건축분야에서의 이러한 운동을 'critical regionalism'이라고 했다. Frampton, K., Modern Architecture, London: Thames and Hudson, 1985.

51_ Hough, M., City Form and Natural Process, London: Routledge, 1984.

부한 문화적 전통을 지니고 있다. 따라서 Francis[52]는 뉴욕 지역공동체 공원은 공동체 공원의 개념을 토대로 한 지역특성을 가진 공원녹지디자인 유형이라고 할 수 있다.

따라서 '지역특성을 살린 경관'유형에 관심을 보이는 최근 공원녹지 디자인 경향은 생태학운동과 지역공동체공원 스타일을 토대로 하는 디자인전통과 지역 고유의 경관특성 그리고 지역주민의 요구를 참작하는 제3의 공원녹지유형으로서 좋은 본보기가 되고 있다. 이러한 지역의 생태계의 특성과 지역주민의 의사를 잘 반영하는 지역공동체 정원이나 공원은 미래세대를 고려하고, 자연보호, 시민참여, 사회형평 그리고 자급경제를 그 주요 원칙으로 하는 지속가능한 도시개발을 위해 우리가 반드시 고려하여야 할 현시대의 공원녹지 디자인 유형이 아닐까 생각된다.

7) 21세기 조경디자인의 새로운 이론: 랜드스케이프 어바니즘(Landscape Urbanism)

미국에서 발생한 조경은 시간의 변화에 따라 조경의 정의와 의미도 변해 왔으며 초창기에는 '인간의 이용과 즐거움을 위하여 토지를 다루는 기술'로 정의 하였다. 1975년에는 조경을 다시 '유용하고 즐거움을 줄 수 있는 환경의 조성에 목표를 두고 자원의 보전 및 관리를 고려하며, 문화적·과학적 지식의 응용을 통하여 설계·계획 또는 토지의 관리 및 자연과 인공요소를 구성하는 기술'이라고 새롭게 정의하였다. 1990년도에 이르러 조경 분야는 단지계획, 도시설계, 지역경관계획, 공원 및 레크리에이션 계획, 토지개발계획, 생태계획 및 설계, 역사보존, 사회행태를 기반으로 한 조경설계 등으로 다양하게 확대되었다. 근래에는 조경을 '자연환경과 인공환경의 연구, 계획, 설계, 관리 등으로 예술적·과학적 원리를 적용하는 분야'로 새롭게 정의하고 있다.

우리나라의 경우 조경을 환경디자인·계획분야의 하나로 생각하여 건축설계·도시디자인을 포함하는 도시환경디자인의 주요 분야로 취급하고 있다. 즉 다루는 범위가 매우 넓은 것도 조경분야의 큰 특징이라고 할 수 있다. 따라서 조경은 시대와 장소에 따라 그 성격과 역할을 달리 한다고 하겠다.

이러한 배경에서 요즘 조경분야에서 떠오르는 화두는 단연 랜드스케이프 어바니즘

52_ Francis, M. et al., Community Open Space, Washington D. C.: Island Press, 1984.

이다. 제임스 코너(James Corner)에 따르면 랜드스케이프 어바니즘은 서로 다른 학문적 영역의 협력과 통합에 대한 청사진으로 해석하고 있다. 이때의 통합이라고 함은 서로 미묘하게 대립하고 있는 '랜드스케이프'와 '어바니즘' 두 용어 사이의 이념, 프로그램, 그리고 문화적 내용의 차이를 함께 수용하거나 포괄하는 개념이라고 그는 주장하고 있다. 아울러 랜드스케이프 어바니즘은 조경이 건축, 토목, 도시계획 등의 인접분야와 영역을 넘어 토지이용계획 및 설계를 하는 것이며, 1997년 미국 일리노이대에서 찰스 왈드하임의 주도로 랜드스케이프 어바니즘 심포지움 개최로 공론화 되었고, 랜드스케이프 어바니즘은 도시를 살아있는 유기체로 보고 조경이 건축, 도시계획등과 융합하여 도시순환적인 계획, 설계 등을 그 주요 내용으로 하고 있다.

가장 중요한 이 이론의 핵심은 지금까지 조경의 접근방법이 도시에서 인공적인 것과 자연을 둘로 나누는 이분법적인 사고였다면(예, 뉴욕의 센트랄파크) 이 새로운 조경 이론은 자연과 인공을 따로 구분하지 말고 하나로 보자는 통합적인 접근방법인 것이다. 도시에서 인공을 악으로 보았던 이안 맥하그의 접근과는 생태적 프로세스를 중요시한다는 점에서는 같으면서도 인공을 더 이상 도시의 악으로 여기지 않는다는 측면에서는 매우 다른 접근 방법인 것이다. 즉 '지금까지 도시공간이 건축, 도시, 조경, 행정, 문화영역, 시민의 삶 등 과 상관없이 개별적으로 계획되고 디자인되어진 것에 대한 반성과 앞으로는 이러한 분야가 함께 힘을 모아 도시공간을 만들어 가자는 실천의 장을 마련해주는 통섭의 실천적 패러다임이 바로 랜드스케이프 어바니즘이다. 찰스 왈드와임의 주장대로 랜드스케이프 어바니즘은 도시를 전체적인 조직으로 바라보아야 한다. '경관'도 끊임없이 변화하고 성장하고 쇠퇴한다는 진화론적인 힘을 가지고 있다는 메시지가 바로 통섭과 혼성, 진화와 과정을 포함하는 것이다.[53]

한편 이러한 랜드스케이프 어바니즘 이론을 잘 적용시킨 사례로서 최근 2구간을 완공한 뉴욕의 하이라인파크(〈그림 2-41〉)가 있다. 이 프로젝트의 핵심은 인공(버려진 철도)과 자연(공원)을 따로 구분하지 않고 하나로 보고 접근했다는 것이다. 아래의 하이라인을 취재한 중앙일보의 요약 기사를 소개한다.[54]

53_ http://blog.naver.com/hongdolry/60118468412

54_ 원문: http://life.joinsmsn.com/news/article/article.asp?Total_ID=5691302&ctg=12&sid=5899

하이라인은 원래 인근에 도살장이 있어 '죽음의 애비뉴'로 불리던 맨해튼 로어 웨스트사이드10 애비뉴에 1934년 건설된 화물열차용 고가철도였다. 교통의 발달로 차츰 이용이 줄다가 1980년에 철도 운행이 중단됐다. 1999년 시민단체 '하이라인의 친구들(Friends of Highline)'이 결성돼 2003년 뉴욕시의 지원으로 철거 위기에 있던 하이라인을 공원으로 개발하는 계획이 세워졌다. 2004년 설계 공모전에 52개 팀 중 '제임스 코너 필드 오퍼레이션'이 당선됐다. 이듬해 시공에 들어가 1구간 이 2009년 6월 9일 완공됐으며, 2구간 은 2년 만인 2011년 6월 8일 베일을 벗었다. 미국의 대표적인 디자이너 브랜드인 캘빈 클라인이 탄생 40주년 기념행사를 가졌던 곳이 바로 이 하이라인 파크였다고 한다. 그리고 2009년 6월 마이클 블룸버그 뉴욕 시장은 "(하이라인은) 뉴욕시가 시민에게 준 최대의 선물" 이라고 '하이라인(Highline)' 개막행사에서 말했다고 한다. 이 잡초만 무성했던 맨해튼 웨스트사이드의 화물전용 고가철도는 뉴욕 시민의 보전 노력으로 '21세기 센트럴파크'로 변신하게 되었다. 총 길이 2.3㎞, 지상 2~3층 건물 높이(지상 약 10m)의 하이라인에는 300여 종의 야생화가 자라고, 일광욕 데크와 벤치들이 늘어서 있다. 이 하이라인에서는 뉴저지의 전망과 허드슨강의 노을, 패셔니스타(fashionista)[55]들이 모여드는 미트패킹 디스트릭트의 야경이 한눈에 들어온다고 한다. 하이라인파크의 탄생으로 공원 주변은 뉴욕에서 가장 집값이 비싼 동네가 됐다고 하며, 프랭크 게리, 장 누벨, 시게루 반 등 유명 건축가들의 빌딩과 렌조 피아노가 설계한 휘트니 박물관이 들어설 예정이다.

8) 하이라인 Q&A

● 예산과 기간: 건축은 2005년 봄에 시작됐다. 설계 7년(2004~2010), 시공에 6년(2005~2011), 총예산은 1, 2구간만 약 1억5000만 달러(약 1,600억원)다.

● 하이라인의 컨셉트: '아그리텍처(agri-tecture:agriculture와 architecture의 합성어)다. 자생하는 자연과 인공의 통합을 일컫는 말이지만, 더 중요하게는 도시의 과거와 미래,

55_ 뛰어난 패션 감각과 심미안으로 대중의 유행을 이끄는 사람(네이트 국어사전)

보존과 개발 등 흔히 상반관계로 이해되는 관계들의 공존을 가능케 할 유연성 있는 사고와 그 실현을 위한 구체적 건축설계를 의미한다.

● 센트럴파크 등 기존 공원과 차이점: 하이라인은 사용이 중단된 과거의 도시 기반 시설에 내재한 가치를 끌어내 현대의 요구에 맞게 재해석한 공공 공간이다. 색다른 공간이란 점 말고도 하이라인은 '미래에 대한 대응은 역사의 표피적 복원이나 일률적인 철거·개발이 아닌 창의성과 유연성으로 가능하다'는 것을 시사한다.

● 유사한 철도공원: 설계 초기 참고했던 파리의 '프롬나드 플랑테(Promenade plant〈00E9〉e)'가 고가철도를 이용했다는 점에서 하이라인과 같다. 하지만 주변 도시 공간과의 관계성과 공공공간으로서의 활용도 등에서는 차이가 있다. 하이라인이 도시와 역사의 역동적 관계를 중시한 활동성 중심의 공간이라면, 프롬나드 플랑테는 도시와의 대조와 거리감이 강조된 회화적(picturesque)인 정원이라 할 수 있다.

● 공사가 구간별로 나누어진 이유: 급하게 설계해 빨리 완공하겠다는 생각보다 시간을 들여서 제대로 계획하고 또 한 구간에서 고칠 점이 발견되면 다음 구간의 설계에 반영하겠다는 의도였다. 이렇게 장기간에 걸쳐서 다단계로 이루어지는 방식은 현존하는 도시와 새로 지어지는 건축물이 더 유기적인 관계를 맺게 하는 데 도움이 되기도 한다.

● 1구간(〈그림 1-42〉)과 비교해 2구간의 새로운 점: 1구간은 20m 정도의 넓은 공간이 있어 다양한 프로그램 구성이 가능했다. 하지만 2구간은 10m 너비로 훨씬 좁아서 평면에서 오는 다양성보다 수직적 변화가 주 소재가 되었다. 계단식 의자나 잔디에서 높이의 변화를 체험할 수 있다. 새로운 시각에서 도시를 느껴볼 수 있게 해줄 뿐만 아니라, 도시가 하이라인을 보는 시선도 더욱 새롭게 만든다.

● 하이라인이 뉴요커에게 준 것: 기존의 산업 공간을 보는 관점을 바꾼 것 같다. 버려진 철도가 철거되지 않고 공원으로 바뀌면서 뉴욕 시민들은 공공 공간에 대한 희

망을 되살리고 미래에 자신들의 도시를 어떻게 가꿔가야 할 것인가를 생각하게 된 것 같다.

이처럼 버려진 철도가 철거되지 않고 공원으로 바뀌면서 뉴욕 시민들은 공공 공간에 대한 희망을 되살리고 미래 자신들의 도시를 어떻게 가꿔가야 할 것인가를 생각하게 하는 뉴욕의 하이라인파크는 랜드스케이프 어바니즘을 실천한 대표적인 조경디자인의 사례가 되었다.

〈그림 2-41〉
하이라인파크

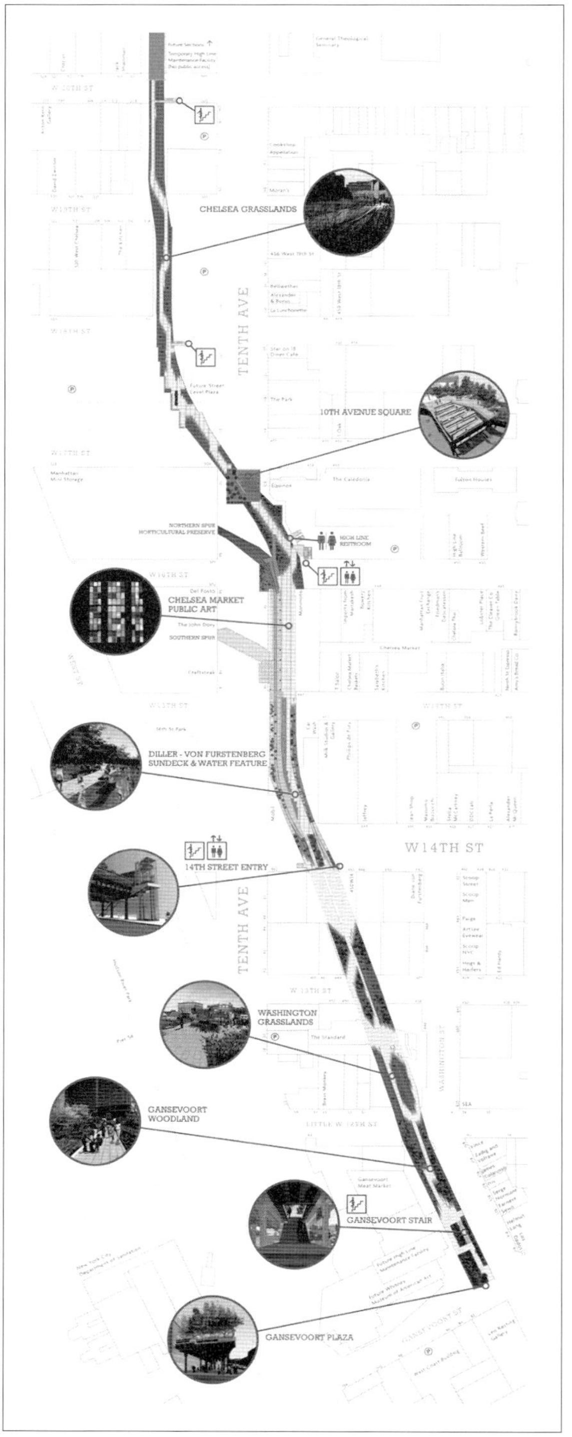

〈그림 2-42〉 Highline Park 섹션 1의 지도

3. 조경디자인 설계과정[1]

1) 디자인 과정

대부분의 조경디자이너들은 디자인과정이라는 분석적이고 창조적인 일련의 사고단계를 도입하는데 이것이야 말로 공공성을 띤 조경 디자인이 정원예술과 구별되는 가장 큰 차이점이라고 하겠다. 그래서 어느 유명한 조경전문가는 '디자인은 프로세스가 주도한다' 고 주장한다. 디자인 프로세스는 조경가로 하여금 모든 설계요소들이 프로젝트의 요구사항에 종합적이고 효과적으로 합치하도록 하며, 미적으로도 만족할 수 있는 하나의 완성된 조경디자인에 이르도록 한다. 한편 앞에서 살펴본 디자인 요소들은 요소들 간의 상호 관련성을 고려하지 않고 설계요소 각각에 대해서만 초점을 맞추었다. 그러나 조경디자이너는 이러한 요소들은 개별적으로 설계하지는 않으며, 이러한 개별 요소들은 철저하게 파악하여 객관적인 사고와 디자이너의 감각을 동원하여 이들을 어떻게 잘 조화시키는가에 프로젝트의 성공여부가 달려 있다고 하겠다. 즉, 부지의 지형이 건물이나 식물재료, 포장 등에 어떤 영향을 미칠 것인가에 대한 고려가 없이는 바람직한 결과를 기대하기는 어렵다. 각각의 설계요소는 서로에게 영향을 준다는 것이다.

조경디자인은 기본적으로 "디자이너와 클라이언트 즉 의뢰자"라는 관계에 의하여 성립된다. 따라서 설계과정은 다음의 내용을 포함하며 클라이언트를 위하여 다양한 역할을 한다. 먼저, 디자인 안을 창조하기 위한 논리적인 틀을 제공하고, 다음으로 결정된 디자인 안이 디자인 환경(부지, 의뢰자의 요구, 예산 등)에 적합하리라는 확신을 주며, 세 번째로는 대안들을 비교하고 검토함으로써 의뢰자를 위하여 최선의 토지 이용을

1_ 이 장은 Booth, N.(1983), Basic Elements of Landscape Architectural Design, Elsevier Science Publishing, N.Y. 282-305쪽. 과 사사키 요지 외(2008) 지음, 랜드스케이프 디자인, 박보신 외 옮김, 조경, 170-183쪽을 참고 하였다. 아울러 제17회 대구광역시 조경상에 공모한 작품들을 대구광역시 공원녹지과의 협조를 받아 소개하였다.

결정함에 있어 도움을 주며, 마지막으로 의뢰자에게는 그 디자인 안을 선정한 이유에 대하여 설명하고 해명하는 근거를 마련해 준다.

디자인과정은 "문제해결과정(problem solving process)"라고도 말하며 반드시 그렇지는 않지만 대개 연속적인 일련의 단계를 따른다. 이는 건축가나 산업디자이너, 엔지니어 혹은 과학자들이 문제해결을 위해 사용하는 것과 동일한 단계라고 생각하면 된다. 조경디자인을 위해 사용하는 전형적인 디자인과정은 다음과 같다.

(1) 과제의 정리: 과제명, 사업목적, 공간적 범위, 사업기간, 그리고 대상지의 위치 등을 간단한 설명한다(그림 2-43).

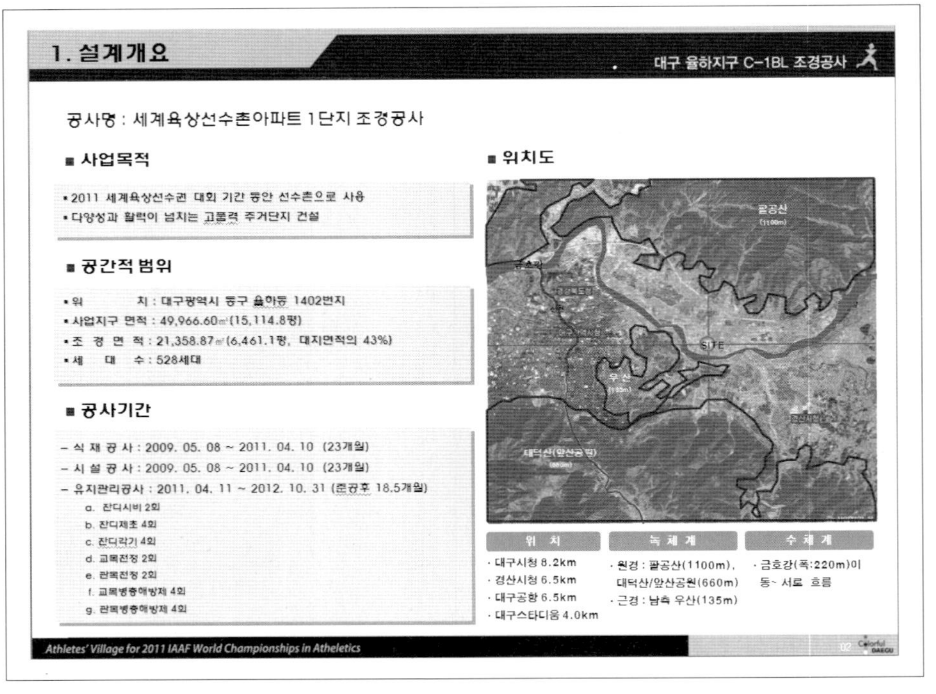

〈그림 2-43〉 과제의 설명 (제 17회 대구광역시 조경상 공모작)

그리고 디자이너는 클라이언트의 요구사항(설계 여건)을 정확하게 파악하고, 정리하는 것에서부터 설계를 시작해야 한다. 디자이너가 염두에 두어야 할 사항은 〈그림 2-44〉과 같다.

① 대상지: 어디에 계획 되는가? 계획 범위는 어디까지인가?
② 계획내용: 무엇을 계획하고 싶은가? 어느 정도의 규모를 생각하고 있는가?
③ 의뢰자 의향: 어떤 이미지를 가지고 계획자에게 의뢰하고 있는가?
④ 일정: 언제까지, 혹은 몇 년(몇 개월)의 실행계획이라고 생각하고 있는가?
⑤ 예산: 시공비를 어느 정도로 생각하고 있는가?
설계에서 드는 비용을 어느 정도로 생각하고 있는가?
⑥ 법규: 설계상 고려해야만 하는 법규, 조례, 규칙 등이 계획대상지에 있는지?

〈그림 2-44〉
과제에 대한 기본적인 사항의 정리
참고: 사사키 요지, 2008

(2) 부지 답사를 포함하는 조사 및 분석 단계(problem seeking process)에서는 〈그림 2-45〉, 〈그림 2-46〉, 〈그림 2-47〉에서 처럼 기본계획도의 작성, 부지조사(자료수집)와 분석(평가), 의뢰인과의 인터뷰, 그리고 프로그램의 개발 등이 포함된다. 디자이너는 이 분석단계를 통하여 대상지의 장단점, 필요로 하는 것 그리고 불필요한 것, 고려해야할 것 등의 항목을 정리하여 디자인의 목적을 명확히 한다. 이 단계를 통하여 디자이너의 디자인 의도가 분명해지고 디자인 작업의 출발점이 된다.

• 랜드스케이프 디자인이 당담하는 공간은 대단히 크기 때문에 계획가는 대상지만이 아닌 그 주변지역과의 관계성을 염드에 두고 설계를 진행해야 한다.

① 공간적 정보
◎ 지세: 지형의 기복, 사람이 이용하는 공간으로서의 적정성
◎ 기후조건: 사람, 동식물의 적용 정도
◎ 대상지의 위치 여건: 미시적인 것에서 거시적인 것으로 전국, 도, 시 등의 정비계획과의 관련성, 교통망, 인접하는 도시와 자연의 상황
◎ 주변과의 관계성: 경계, 차이, 조화, 융합, 속성 등

〈그림 2-45〉
대상지의 기본적인 조사 1
참고: 사사키 요지, 2008

◎공간구성요소의 분석

- 점적 요소: 중요시설, 랜드마크, 교차점 등의 결절점
- 선적 요소: 도로의 위계(고속도로, 차도, 보도 등의 구성)
  하천, 수로, 상하수도, 전선, 철도, 경계
- 면적 요소: 용도 구분(산림, 농지, 택지, 공업용지, 상업용지)
  소유 형태(사유지, 공유지, 특별구 등)
  인지 상태(가시성⇄비가시성 등 감각 인지의 정도)

- 토지이용계획도 – http://luris.mltm.go.kr/web/index.jsp (토지이용규제정보서비스)

〈그림 2-46〉
대상지의 기본적인 조사 2
참고: 사사키 요지, 2008

② 시간적 정보

◎과거: 발전의 추이, 행정 및 민간 선호 양상의 추이

◎현재: 진행 중인 관련 프로젝트, 이용 상황

◎미래: 향후 발전 예측, 행정 및 민간 구성 방향

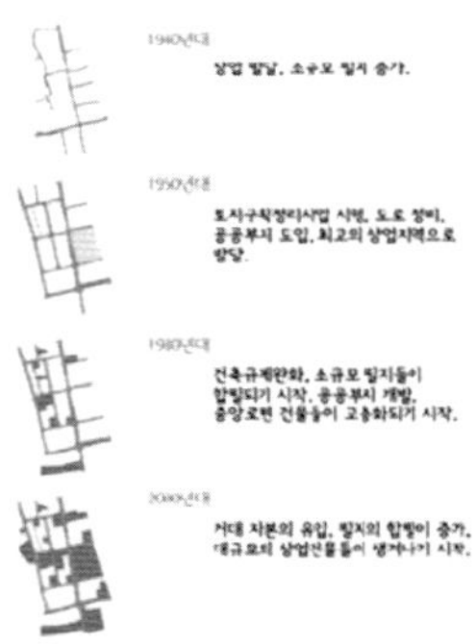

③ 사회적 정보

◎이용 시간대에 의한 변화: 오피스타운, 유흥가, 베드타운 등

◎이용자층의 변화: 원주민, 여행자, 통과 교통 등

◎문화, 언어, 종교, 가치관 등의 분포

〈그림 2-47〉 대상지의 기본적인 조사 3
참고: 사사키 요지, 2008

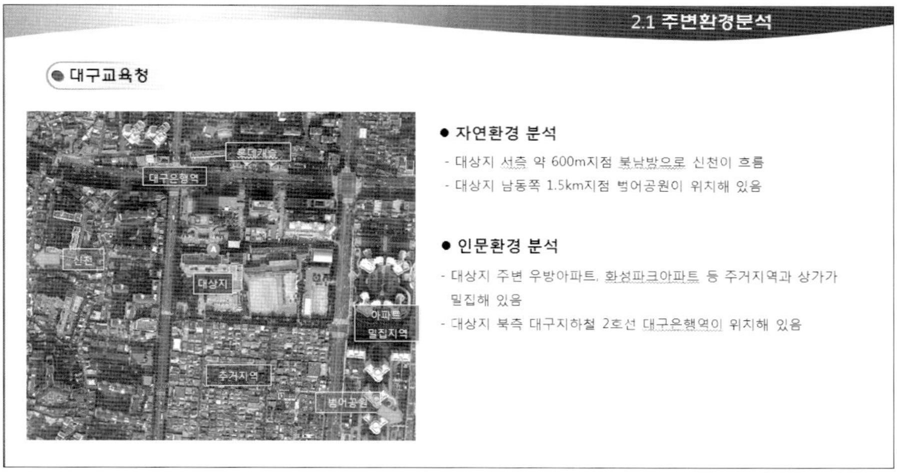

〈그림 2-48〉 인간과 환경의 관계

(3) 기본디자인 단계에서는 무엇보다도 디자인 콘셉트(디자인의 목적)를 이전 프로세스에서의 분석을 바탕으로 정한다. 콘셉트는 보는 사람 모두에게 그 일관성이 납득되어야 한다. 그래서 개념은 하나의 글자 혹은 하나의 그림으로 그 표현이 가능하다. 다음으로 그 목적을 달성하기 위한 개념적 기능 다이어그램, 부지 상의 기능 다이어그램, 개념도, 형태구성의 검토, 예비 디자인, 기본계획, 개념적 디자인, 디자인의 프로세스 등을 구상해 간다. 다이어그램은 개념을 추상적으로 표현한 것으로, 최종안을 찾기 위한 통로와 같은 것이며 디자이너와 클라이언트(그림2-49 참조) 사이에 공감대를 형성하기 위한 그림으로 보면 된다. 그래서 다이어그램은 콘셉트와 계획의 중간 역할을 하도록 알아보기 쉽게 표현한다.

다이어그램과도 상통하는 것으로서 그 의미에서 본다면 개념이란 하나의 글자 혹은 하나의 문자로 표현이 가능하다.

담론(discourse)적 접근방법

"사물의 존재" → "표현 공간" = "표상의 질서" → "사물의 질서"

표상 분절화 인식

〈그림 2-49〉
콘셉트(개념)의 의미
참고: 사사키 요지, 2008

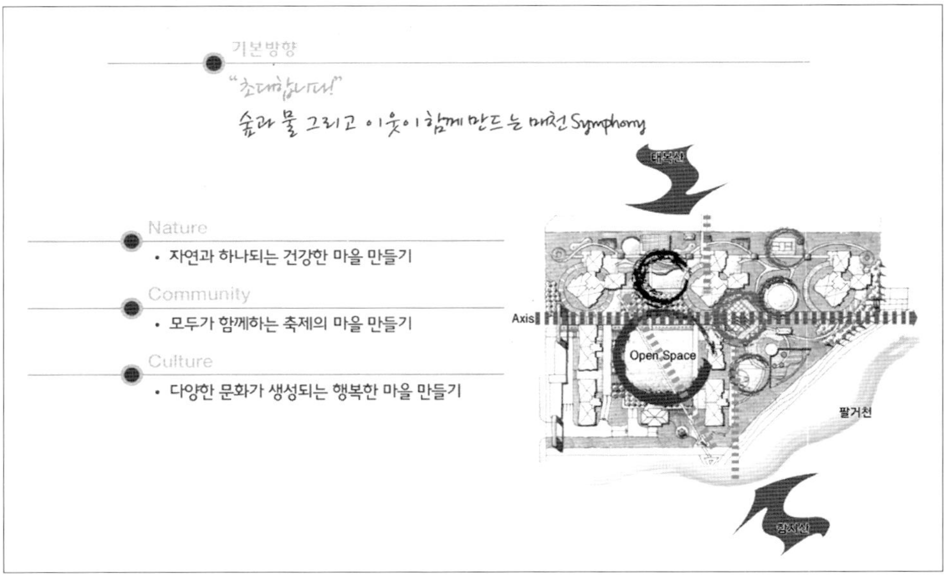

〈그림 2-50〉 디자인 콘셉트의 예 (제 17회 대구광역시 조경상 공모작)

〈그림 2-51〉 디자인 콘셉트의 예 (제 17회 대구광역시 조경상 공모작)

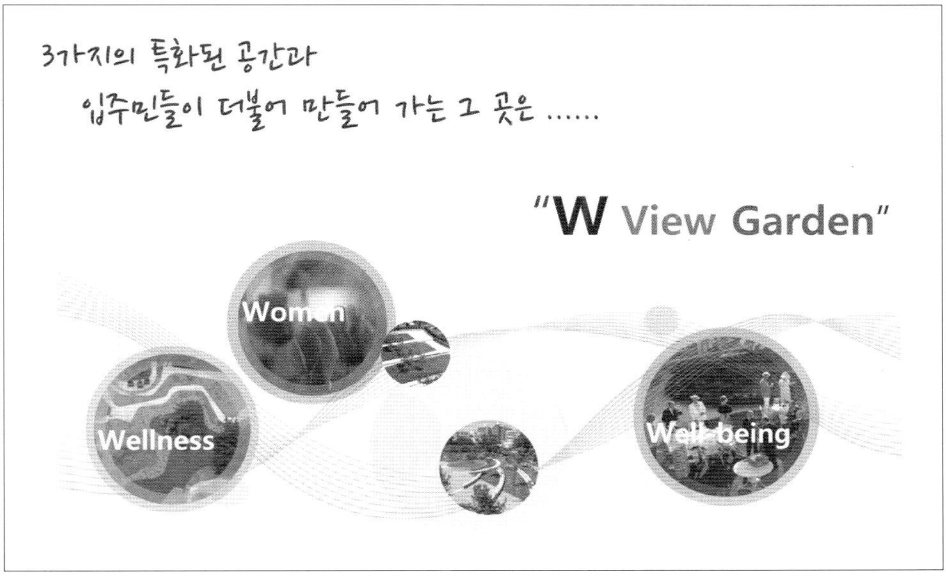

〈그림 2-52〉 디자인 콘셉트의 예 (제 17회 대구광역시 조경상 공모작)

라) 다이어그램의 작성

개념을 추상적으로 표현한 것으로 클라이언트와의 사이에 공통인식(comsensus)을 양상시키기 위한 도식화된 표현이 가미된 것이다.

①개념을 나타내기 위한 다이어그램

- 기본적인 조사, 분석을 통해 얻어진 것
- 계획안의 근거가 되는 사고를 나타낸 것
- 계획안에 의거하여 미래상을 시뮬레이션 한 것

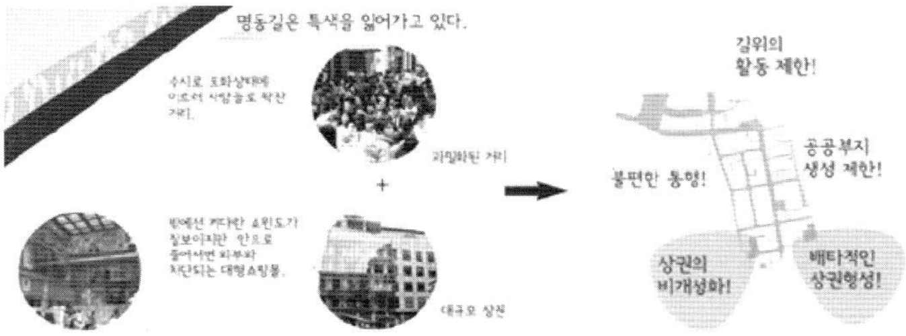

〈그림 2-53〉 다이아그램 작성의 예 (참고: 사사키 요지, 2008)

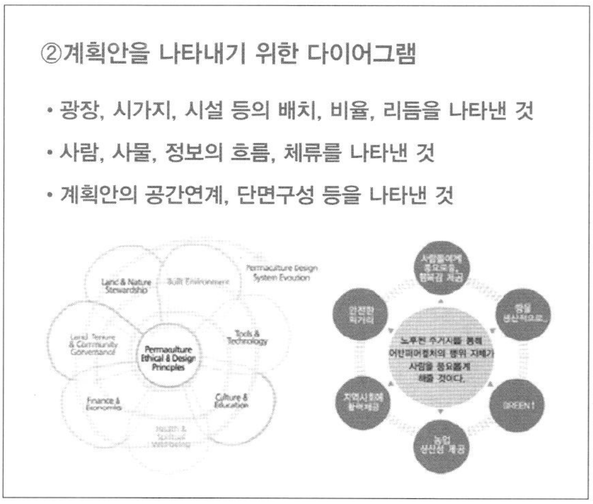

〈그림 2-54〉
다이아그램 작성의 예
참고: 사사키 요지, 2008

(4) 스터디단계: 이 단계에서는 기본적인 조사·분석을 기초로 하여 구체적인 형태를 표현하기 위한 학습과정이다. 계획 대상지를 어떻게 조성할 것인지에 대한 구상을 끝내고 콘셉트와 다이어그램을 기반으로 디자이너로서 구체적인 공간구성을 제시할 수 있게 스케치 등의 방법으로 학습하는 시기다(〈그림 2-56〉).

〈그림 2-55〉 디자인 콘셉트와 다이어그램의 예(제 17회 대구광역시 조경상 공모작)

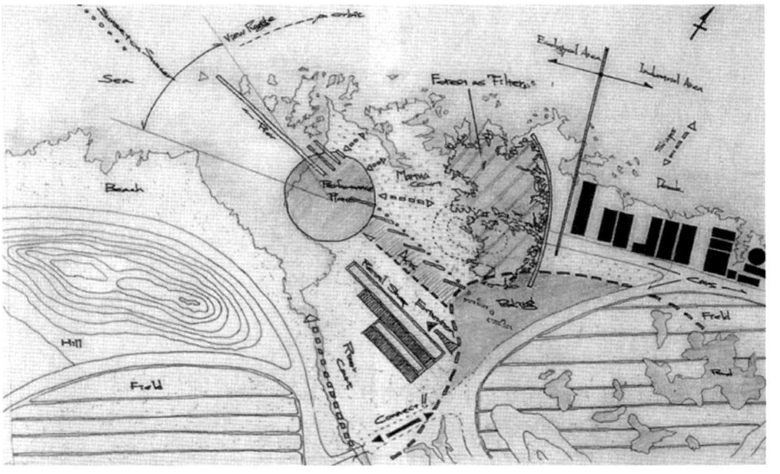

〈그림 2-56〉 스케치에 의한 스터디의 예 (참고: 사사키 요지, 2008)

(5) 디자인도면의 작성단계에서는 콘셉트시트, 다이어그램, 마스터플랜, 조감도, 단면도, 식재계획도, 시설물 계획도, 포장계획도 그리고 입면스케치, 식재상세도, 그리고 관수상세도 등의 작성이 포함된다. 모든 프로젝트에 이 모든 도면이 다 필요한 것은 아니며 디자이너가 클라이언트를 잘 설득하기 위한 도면을 준비하면 된다(〈그림 2-57〉).

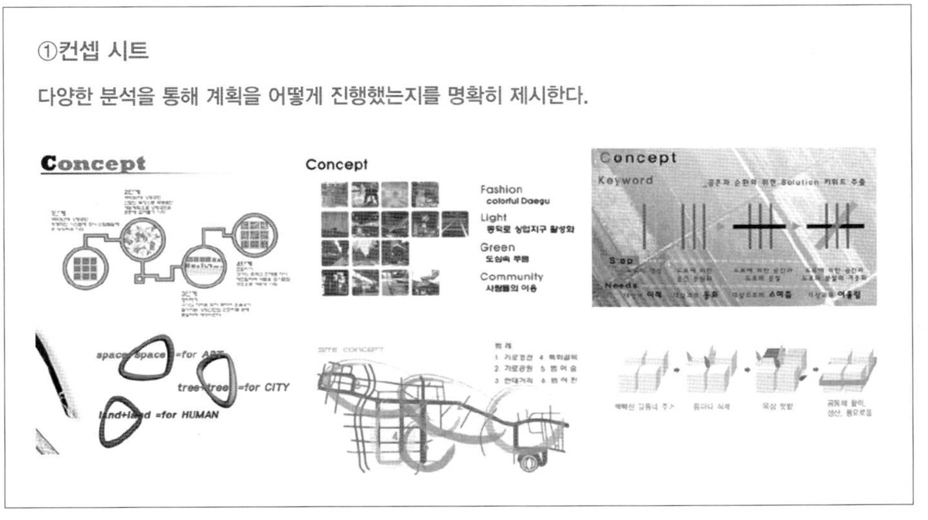

〈그림 2-57〉 콘셉트시트(Concept Sheet 대한민국조경대전출품작들의 예)

콘셉트시트는 다양한 분석을 통하여 계획을 어떻게 진행했는지를 명확하게 제시하면 된다.

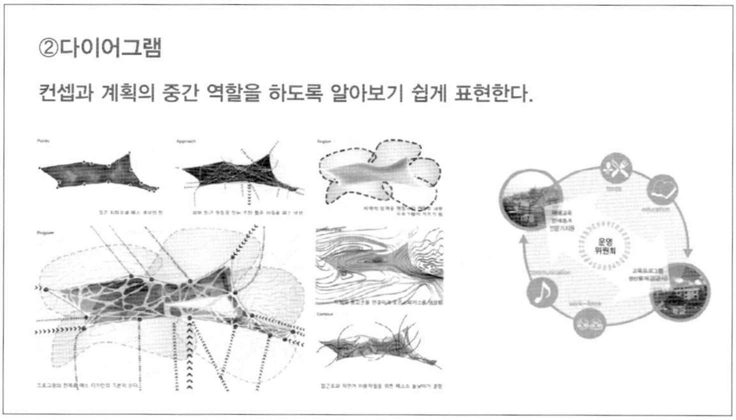

〈그림 2-58〉 콘셉트시트(Concept Sheet 대한민국조경대전출품작들의 예)

디자인 과정에서 디자이너의 생각과 아이디어를 정립하여 이것을 요약함으로써 일목요연하게 표현하는 기본적 기법인 다이어그램은 콘셉트와 디자인의 중간 역할을 하기위하여 누가 보아도 알아보기 쉽게 간단하게 표현하는 것이 좋다.

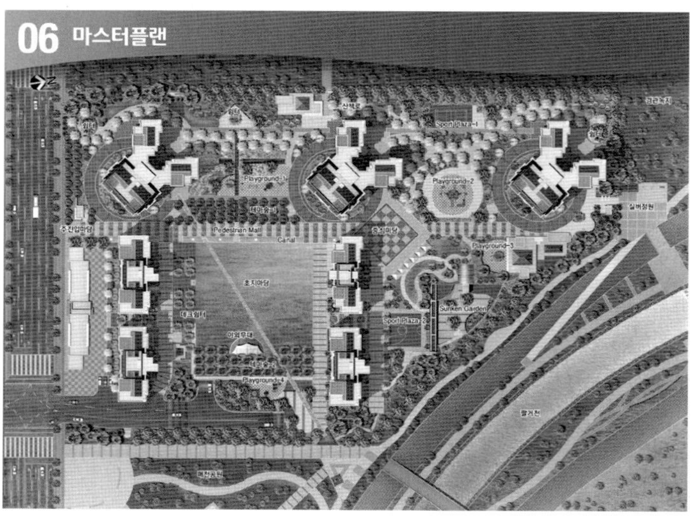

〈그림 2-59〉
마스터플랜의 예
(제 17회 대구광역시 조경상 공모작)

일정한 프로젝트(project)의 실시를 위해, 프로젝트의 목적이나 목표에 따라 개요를 설정한 기본계획을 말하는 마스터플랜은 계획의 전체를 알아 볼 수 있도록 만든 전체 평면도이다. 평면도의 스케일은 규모에 따라 다양하지만, 설정되어있지 않다면 자신의 표현을 잘 보여줄 수 있도록 적절한 스케일을 정하면 된다.

〈그림 2-60〉
조감도
(Bird eye's view 제 17회 대구광역시 조경상 공모작)

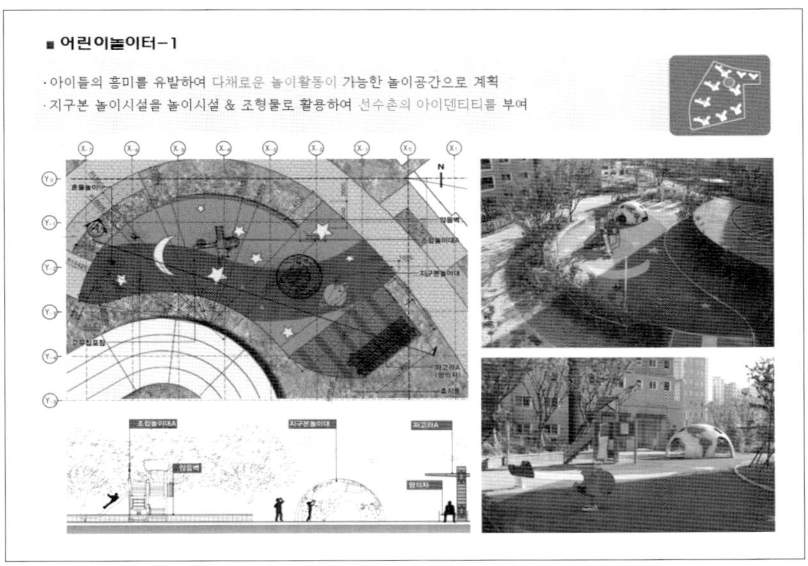

〈그림 2-61〉 어린이 놀이터 단면도(Sections, 제 17회 대구광역시 조경상 공모작)

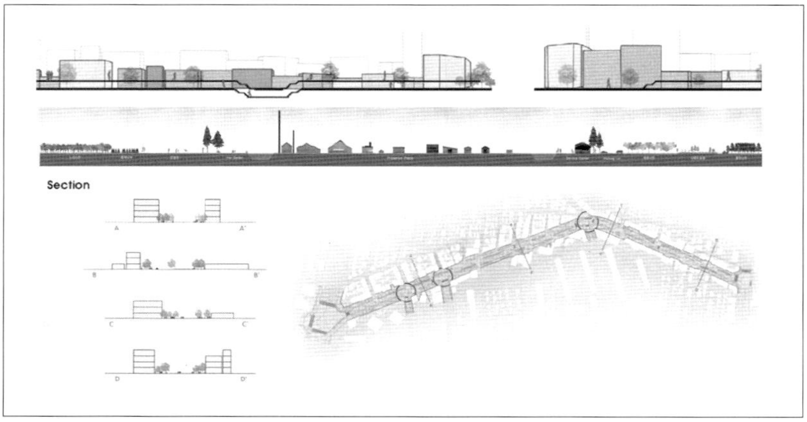

〈그림 2-62〉 단면도의 모습(Sections)

단면도는 디자인의 수직방향의 구성을 보여주기 위한 도면이다. 평면도와 단면도를 통하여 클라이언트가 공간구성을 쉽게 이해할 수 있기 때문에, 평면도와 같은 스케일이나 밀도로 표현하는 것이 좋다(〈그림 2-61〉 〈그림 2-62〉).

〈그림 2-63〉 식재계획도(제 17회 대구광역시 조경상 공모작)

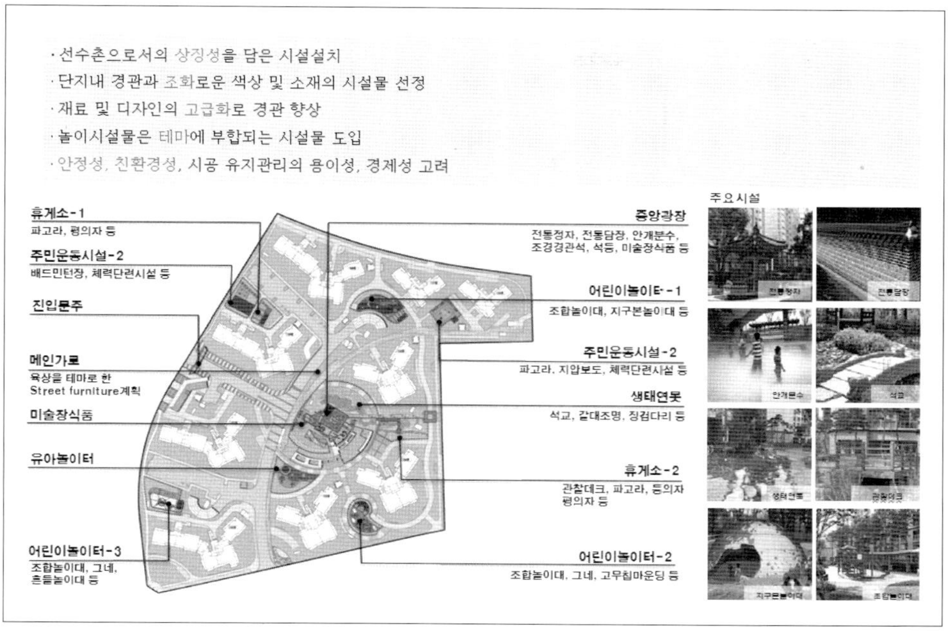

〈그림 2-64〉 시설물계획도(제 17회 대구광역시 조경상 공모작)

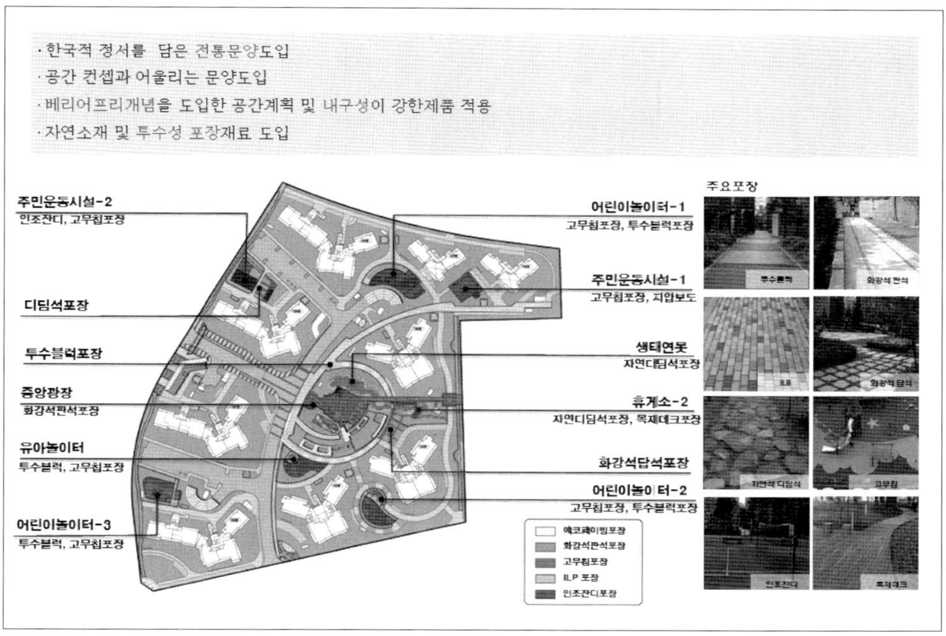

〈그림 2-65〉 포장계획도(제 17회 대구광역시 조경상 공모작)

〈그림 2-66〉 입면스케치(제 17회 대구광역시 조경상 공모작)

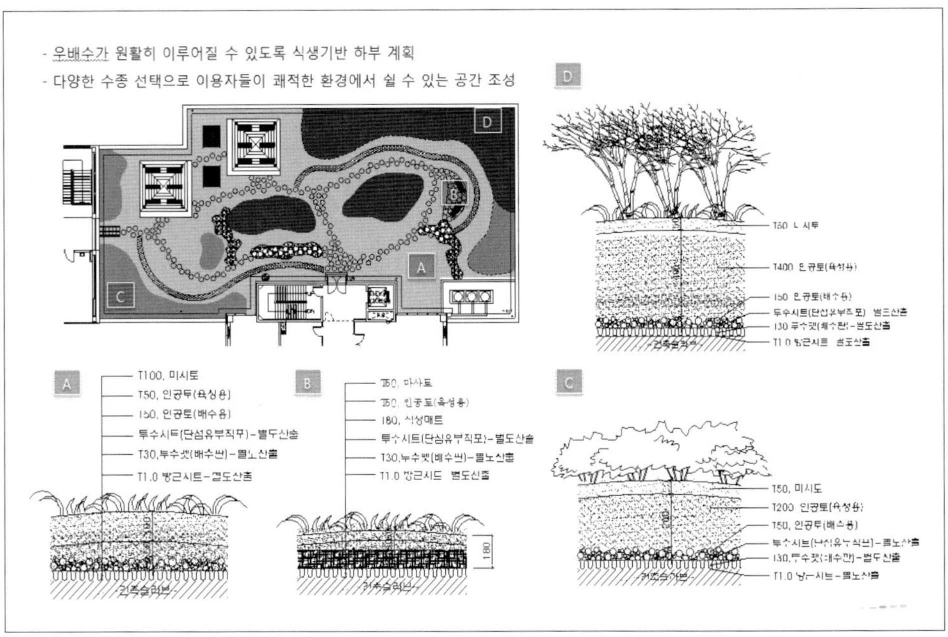

〈그림 2-67〉 식재상세도(제 17회 대구광역시 조경상 공모작)

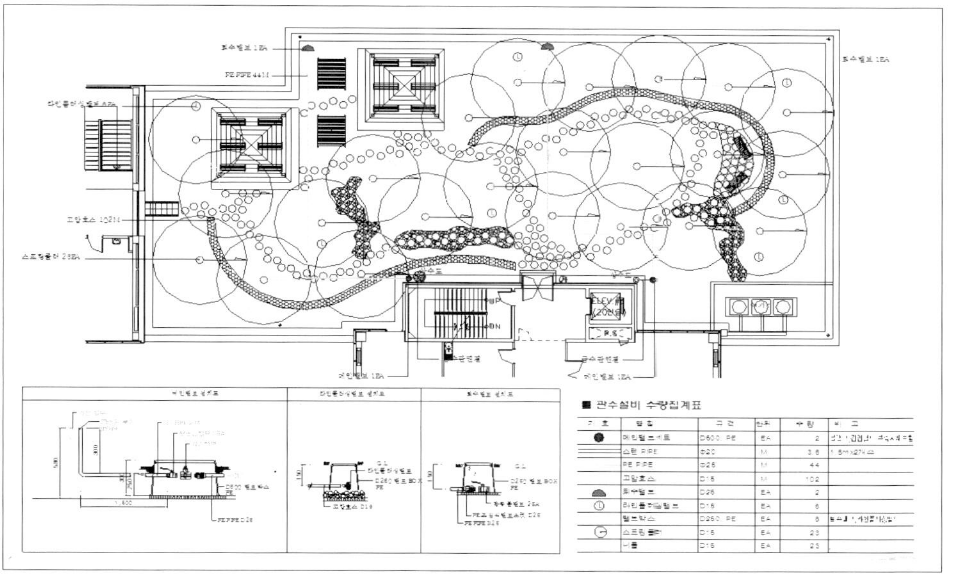

〈그림 2-68〉 식재상세도(제 17회 대구광역시 조경상 공모작)

(6) 엑소노메트릭(Axonometric), 아이소메트릭(Isonometric)은 공간의 구성을 입체적으로 나타내는 것이다. 퍼스펙티브(Perspective)는 투시도법이라고 말하며 사람이 눈으로 볼 수 있는 원근법을 이용한 표현방법이다. 그리고 마지막으로 모델(Model)은 모형제작을 통한 공간표현을 말한다. 색과 소재는 될 수 있으면 실재와 아주 가깝게 표현하고 목적에 따라 폼보드나 점토 그리고 석고 등의 재료를 사용한다.

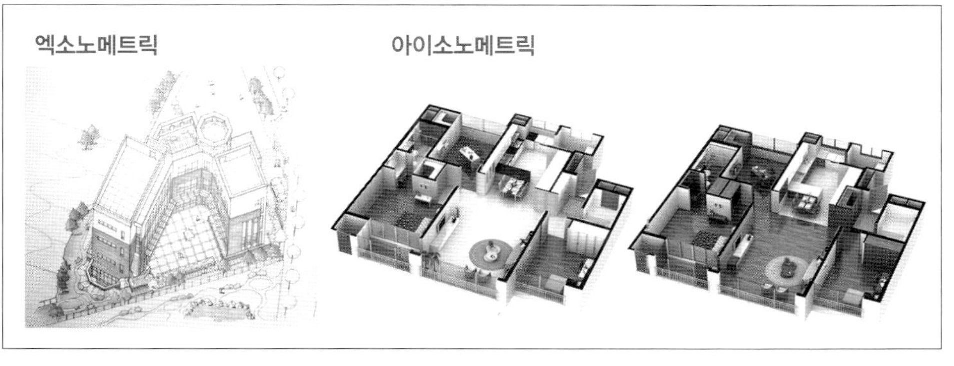

〈그림 2-69〉 엑소노메트릭(Axonometric)과 아이소메트릭(Isonometric)

〈그림 2-70〉 투시도의 모습

〈그림 2-71〉 모형의 예시

2) 디자인 과정의 예

본 장에서는 학생들의 디자인과정에 관한 이해를 돕기 위해서 실제 학생들이 디자인의 과정을 충실히 따라서 수행한 프로젝트를 소개한다. 본 프로젝트는 2011년도 2학기 계명대학교 건축학대학 생태조경학과 공간마케팅 스튜디오시간에 실제 마케팅 기법을 조경디자인에 적용하여 수행한 어린이 놀이터 프로젝트와 2012년도 1학기 현대도시공원론수업 중 공원재개발 디자인과정을 소개한다.

I play, therefore I am.

- 아이는 논다, 그래서 아이다. -

알파걸즈
(김현진, 백지혜)

---

1. 프롤로그

넛지마케팅:똑똑한 고객의 마음을 여는 힘은 무엇일까?

넛지마케팅이란 기업을 똑똑한 고객 가까이 가도록 하는 것이며, 똑똑한 고객의 구매욕구를 슬쩍슬쩍 찌르는 마케팅 활동을 의미한다. 넛지마케팅은 똑똑해진 고객을 대상으로 고객 중심의 역마케팅을 전개하는 것이다.

우리는 이러한 넛지마케팅을 어린이 공원에 접목시켜 디자인 해 보았다.

아이들이 가장 잘 놀 수 있는 공간은 어떤 공간일까? 놀이터는 어린이들에게서 떼 놓을 수 없는 장소이다. 아이들에게 떼 놓을 수 없는 공간을 우리 사회에서, 도시커뮤니티 속에서 어떻게 만들어 가야 할까?

요즈음 아이들은 놀이터 보다는 컴퓨터나 오락기 같은 전자제품에 더 큰 관심을 가진다. 하지만 이것은 좋지 못한 현상이다. 아이들은 방안이라는 틀에서 벗어나야 한다. 아이들에게 더 좋은 흥미를 주어야 한다.

크게 배우는 자가 많으면 현인이 많은 것(大學者多則賢人多耳)이라는 뜻의 가진 대현동, 이것을 모티브로 하여 놀이터를 통해서 아이들에게 흥미를 주고 더불어 자연스럽게 배움을 습득할 수 있도록 창조적인 디자인을 하였다.

우리아이 창의력 키우기, 대구시 대현 어린이 놀이터에서 색다른 디자인과 놀이터 내에 프로그램으로 아이들에게 즐거움과 배움을 동시에 전해 주고 싶다. 우리 아이들이 놀이터라는 공간에서 큰 꿈과 비전을 가질 수 있기를 바란다.

우리는 어린이 공원의 이용자들에게 이 공간에서 무언가를 주어야 한다. 그 무언가는 아주 가치 있는 것이어야 한다.

2. 대상지 소개 & 문제점

대현어린이 공원의 이용자들은 어린이들도 많았지만 어른들 역시 많았다. 그 중에서도 바람을 쐬러 나온 노인이용자, 아이들의 보호자들이 많았다. 이용률은 평일 낮 시간대를 제외한 모든 시간대에는 붐비는 편이였다. 이러한 점을 보면 이 이곳이 대현동의 유일한 공원이며 시민들에게 사막의 오아시스와 같은 장소라는 생각이 많이 들었다.

대현어린이 공원은 2006년 6월에 조성되어 비교적 타 공원에 비해 깨끗한 편이였다. 하지만 놀이기구 중간 중간에 낙서된 곳, 데크가 망가진 것, 수공간이 없다는 점 등 여러 문제점을 가지고 있었다. 가장 큰 문제점은 공원 주변에 차가 너무 많이 주차되어 있었다. 이러한 점은 공원 안에서 무슨 일이 일어나는지 제대로 확인 할 수없다. 그래서 불미스러운 일들이 발생 할 수도 있다. 그래서 볼 라드와 같은 요소를 설치하여 공원 주변에 주차를 금지해야 한다.

두 번째 문제점은 테니스장을 제외하고는 운동시설이 아무 것도 없다는 점이다. 아이들은 테니스장에서 테니스가 아닌 야구, 축구와 같은 운동을 하고 있었다. 이러한 모습을 보니 아이들이 원하는 운동시설이 모두 갖추어 지지 않아 안타깝다는 생각이 많이 들었다. 게다가 막상 테니스장에서 테니스를 하는 사람은 전혀 없으니 무용지물이라는 생각도 들었다. 그리고 자전거 도로가 필요하다는 생각이 많이 들었다. 자전거를 타는 이용자들은 많은데 자전거 도로가 없을뿐더러 도로 폭이 좁아 부딪히거나 공원에서 자전거를 제대로 탈 수 없는 경우가 많이 때문이다.

세 번째 문제점은 불필요한 공간, 시설물들이 많다는 점이다. 대현 어린이 공원에는 보도의 폭은 1m채 되지 않지만 그 주변의 잔디밭(들어갈 수 없는 구역)은 아주 넓었다. 전체적인 공원의 단면도를 보면 잔디밭이 너무 많아 비실용적이다. 차라리 보도를 더 넓히고 자전거 도로와 같은 시설물이 들어서면 어떨까 하는 생각이 들었다. 그리고 지압로와 같은 시설물등 이용자가 없어 없어져야 할 요소가 많은 편이다. 이러한 불필요 한 것보다는 이용자들에게 필요한 것을 만들어 주고 싶다는 생각이 많이 들었다.

아이들에게도 불필요한 시설물은 존재했다. 그것은 바로 놀이기구이다. 그네, 미끄럼틀과 같은 시설물의 경우는 식상하기에 바로 지겨움을 느낀다. 그래서 이용하지 않는 것 같다. 좀 더 획기적이고 재미있는 놀이기구가 필요하다는 생각이 들었다.

3. 일정

9월 29일	대상지 선정(여러곳으로 선정) 본리 어린이 공원(대구 달서구 본리동), 금강 어린이 공원 (대구광역시 동구 신서동), 대현 어린이 공원(대구 북구 대현동) 중 대현어린이 공원으로 선정; 가장 문제점이 많이 보였으며 높은 이용률에 비해 낮은 시설상태로 인해 개선해야 할 점이 많다고 느껴졌기 때문
10월 6일	대상지 방문(1차; 전체적인 공원의 모습 파악)
10월 13일	대상지 방문(2차; 세부적인 공원의 모습 파악) 인터뷰(조사 대상 : 대현 어린이 공원의 초, 중, 고등학생 이용자 및 성인이용자들), 관찰 ① 주로 이용하는 계층 파악 ② 주로 이용하는 시설물 파악 ③ 주로 무엇을 하는지 파악 ④ 주로 이용하는 시간대 파악 ⑤ 기타등등
10월 17일	대상지 분석(문제점) 관찰, 인터뷰한 내용을 정리하여 분석
10월 18일	디자인 컨셉 설정(4U)
10월 20일	마스터플랜 (전체적인 도면완성)
10월 27일	섹션 및 펄스펙티브완성
11월 4일	사진 정리 및 판넬 문구 작성
11월 11일	판넬완성
11월 18일	1차 판넬 점검 및 수정
11월 24일	2차 판넬 점검 및 수정
11월 29일	최종 점검 및 완성

4. 기본 조사 분석 & 7E

대현동은 대구광역시 북구에 있는 동으로 1.22㎢의 면적에 1만 7657명의 인구가 거주하고 있다. 신천에 인접해 있는 주거지역이다. 1975년 한학자 류석우(柳奭佑)가 국립대학인 경북대학교의 양현을 기원하면서 "크게 배우는 자가 많으면 현인이 많은 것(大學者多則賢人多耳)"이라는 뜻으로 마을 이름을 대현동이라고 불렀다고 한다.(네이버 백과사전)

그리고 대현동에 위치한 유일한 어린이 공원이 바로 대현 어린이 공원이다. 대현휴먼시아2단지 외 7개의 아파트가 있으며 신암초등학교 등 여러 기관이 위치하고 있다. 그 밖에 경북대학교가 주변에 위치해있어 주변에 많은 상가가 위치하고 있다.

대현어린이 공원의 지형은 전체적으로 평평한 지형이 아닌 경사가 진편이다. 경사가 진 지형에는 보도가 있고 평평한 지형에는 테니스장이나 파고라, 놀이시설이 위치하고 있었다. 이곳에는 배롱나무, 도토리나무, 은행나무, 산딸나무 등 약 10가지 정도의 수목이 식재하고 있었으며 몇몇 나무에는 이름이 표기되어 있었지만 대체로 나무이름이 표기되지 않아 아쉬움이 많이 들었다. 그래서 인지 아이들이 나무이름에 대해 잘 모르는 경우가 많았으며 어른들 역시 무엇이 무슨나무인지를 모르는 경우가 많았다.

이 곳에는 바닥의 포장재료가 아주 탁월했다. 미끄럼틀, 그네와 같은 놀이 기구가 있는 장소에는 탄성포장재로 되어있어 비교적 안전한 편이다. 그리고 보도에는 타일벽돌로 구성되서 별 어려움 없이 산책을 할 수 있었다.

이곳의 시설물로는 대형 미끄럼틀, 소규모의 운동기구, 파그라, 벤치, 테니스장, 지압로 등 다양한 요소가 있다. 따라서 여러가지 활동을 즐길 수 있어 공원에 있는 동안 알찬 시간을 보낼 수 있을 듯 했다. 하지만 위생상태가 별로 좋지 않았으며 데크같은 경우 부서진 부분이 있어 안전상태 또한 좋이 못했다.

하지만 수공간이 없어 정말 아쉬웠다. 이곳의 아이들은 분수, 실개천과 같은 수공간을 원했지만 물이라고는 제대로 나오지 않는 개수대 밖에 없어 안타까운 마음이 많이 들었다. 개수대는 사람들이 대체로 많이 이용했지만 주변 상가의 상인이 와서 음식물을 씻었는데 주변이 지저분해서 위생적으로 별로 좋지 못했다.

대현어린이 공원의 특이한 점 중 한 가지는 돌을 아주 실용적이게 활용했다는 것이다. 아이들은 공원 중간 중간에 위치한 바위위에 앉아 놀았으며 돌을 이용하여 지압로를 만들었으며 돌을 이용하여 간판을 만들었다. 그 밖에도 돌은 아주 흥미롭게 이용되어 있어 재밌기도 했으며 흥미로운 모습을 자아냈다.

5. 디자인 내용(컨셉)

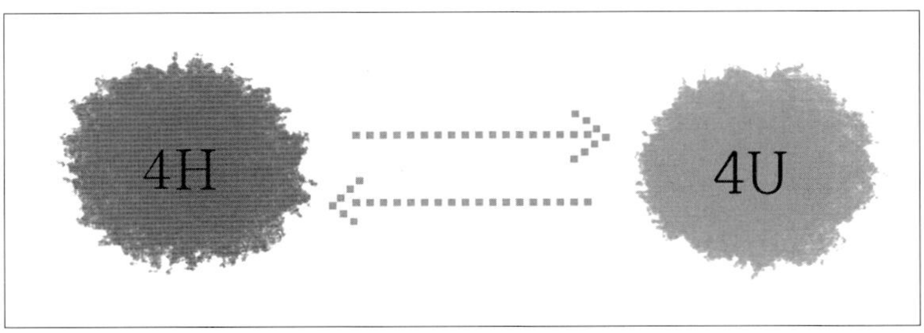

교수님께서 늘 강조하시던 4H(Healing, Healthy, Happy, Harmony)를 생각하다가,

이와 비슷한 유형인 이용자들의 입장에서 생각해낸 4U(Useful, User, Universal design, Unique)의 컨셉이 탄생하였다. 4U는 발음 그대로 포유. '당신을 위한' 이라는 큰 의미를 내포하고 있으며, '유용하게 이용자들이 유니버셜한 디자인으로부터 특별함을 느낀다.' 는 우리들의 생각을 잘 담아낸 컨셉이기도 하다. 이번 프로젝트를 하면서 이용자들 입장. 즉, 이 공간을 이용하는 소비자의 입장에서 생각을 많이 하다보니 여러 가지 문제점들을 보안하는 컨셉을 내세울 수 있었던 것 같다.

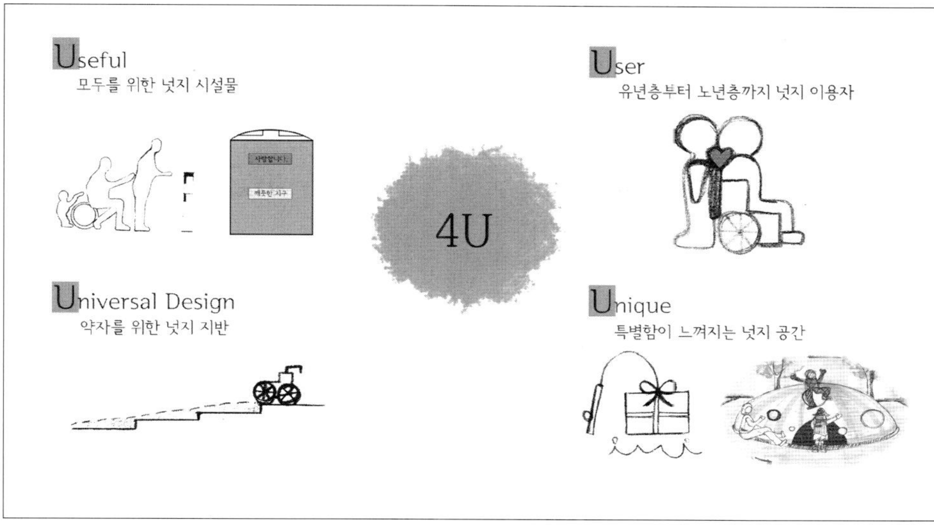

6. 프로그램

우리들은 사람들이 부드러운 권유로부터 함께 참여하며, 소통하는 공간이 필요하다고 생각했다. 그리하여 컨셉으로부터 만들어진 공간에서 이루어 질 수 있는 행위의 프로그램을 만들어 보았다.

그 첫 번째로 사적인 공간과 공적인 공간을 구분시켜주는 벽으로부터 우리들은 한 가지의 프로그램을 제안한다. 아이들에게 창의력을 길뤄주고 싶은 마음이 컸기 때문에 큰 도화지를 만들어주었다. 그 전에는 삭막했던 벽만있던 공간이 이제는 아이들 마음대로 낙서할 수 있도록 캐릭터 그림을 그려놓아 친숙한 공간을 만들어 주었다.

두 번째는 작은 실개천의 유용함을 강조하는 프로그램이다.

위에서부터 밑으로 유유히 흐르는 실개천에서 아무런 활동이 일어나지 않으면 이 공간의 필요성은 낮아질 것이다. 그리하여 사람들의 마음을 움직일 수 있도록 만든 프로그램이 소원종이배 띄우기이다. 한편으로 생각하면 유치하기 짝이 없는 행위일지라도 이런 정서적인 활동이 오히려 사람의 마음을 움직일 수 있는 프로그램이라 생각되어 우리들은 이렇게 만들어 보았다.

마지막으로 요즘 주위에서도 일어나고있는 '양심 우산제도'를 연상시키는 프로그램 중 하나인데, 바로 '양심 도서관'이다. 실제로 이 대현어린이 공원에서는 도서관이 있는 미니 버스가 다닌다고 한다. 하지만 매번 보고싶을 때 마다 버스는 오지 않아서 아이들이 많이 아쉬워한다. 그리하여 대현의 의미와 맞게 아이들뿐만이 아닌 여러층들에게 쉼터를 제공해주고자 한다.

Master Plan (Before & After)

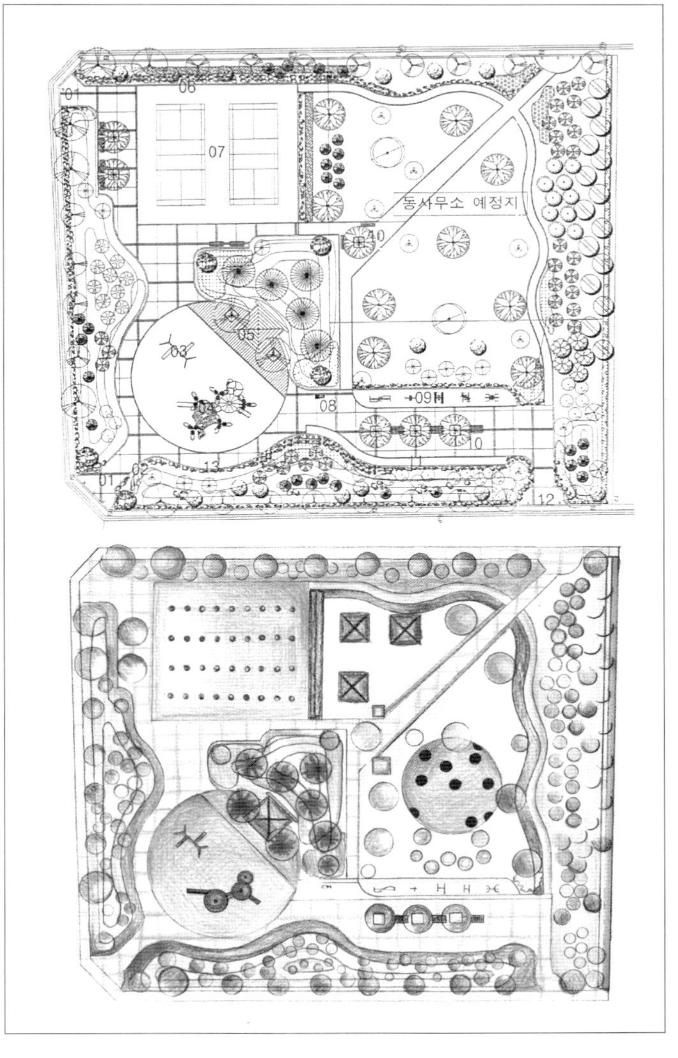

Sections

밑에서도 잘 보여주고 있듯이 대현어린이공원은 지형이 평탄한 부분이 있는 반면에 평탄하지 않은 굴곡진 지형을 볼 수 있다. 이렇게 지형적인 특성을 잘 반영하여 우리들은 이렇게 공간을 구성해 보았다.

A-A'

B-B'

Perspectives

How to make landscape panel Beautiful

생태조경학과
정희령 & 김가령

Keimyung University
More than a dola
Captain Kim Soo Bong

How to Make
landscape panel Beautiful

Contents 목차

STORY 1 제목 TITLE을 빛나게 하는 TIP

옛을 품은 터

그곳에 특색을 더하다

01 패널을 살려주는 캘리그라피 02 패널과 어울리는 제목정하기

STORY 2 작품의도의 예고편 프롤로그

근대시대, 대구의 가장 요충지였던 경상감영의 터 옛 정취와
역사가 남아있어야 할 그 곳엔 사람들의 무관심과 허전함만이 존재한다.
이젠 그 곳에 특색을 더하여 옛 감영의 이미지 복원과 그로인한 공원의
활성화로써 도시와 공원의 공생이 이루어질 수있도록 한다.

STORY 3 사이트 정보 알아보기

대구광역시 중구
포정동 21번지
면적 - 14,835.87 ㎡

04/28까지

Site 조사, 분석 컨셉 정하기

STORY 4 대상지주변 보기 사이트 분석

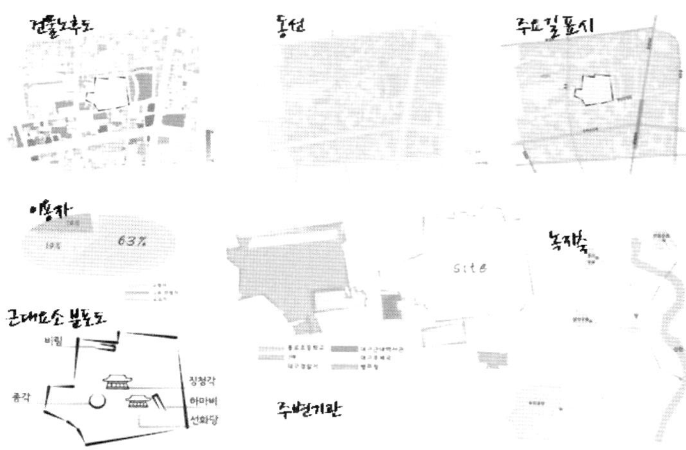

STORY 4 대상지주변 보기 / 사이트 분석

공원외분석 - 공원의 위치 주변중요기관의 밀집, 동선 등을 보았을 때 접근성이 용이하며 위치적으로 요충지라는 것을 알 수 있다

공원내분석 - 문화재(징청각, 선화당)가 있고 다른 역사적인 요소들이 없으므로 역사적인 부분과 문화적인 부분으로써 아주 중요한 역할을 할 수 있다는 것을 알 수있다

이용자분석 - 다른 공원에 비해 젊은 층보단 고령층이 많다는 것을 알 수있다

STORY 5 경상감영의 / 과정보기

안동→대구 경상감영 이전 → 3차례의 화재로 타버림 → 재건축→경북도청으로 사용

'경상감영공원'으로 재탄생 ← 담장 없애고 공원전체 재구성 대구역사보존과 문화유산을 알리는 교육의 장으로 활용 ← 청사가 다른 곳으로 이전 '중앙공원'으로 최초개장

STORY 6 기존공원의 / 문제점

경상감영의 특색을 잃어가고 있다

영남지방 뿐 아니라 대구의 중심역사 터

옛을 품은 터에 공원을 도입하였지만

공원의 특색은 점점 희미해져 가고

역사또한 특색과 함께 사라져가고 있다

옛 역사성과 문화재를 알리고자 공원화 되었지만
시간이 지날 수록 역사성의 상실과 문화재의 존재감이 희미해져 갔다
이렇듯 특색이 없는 공원이 되면서부터 도시와의 공생이 어려워졌다

STORY 7 작품의 컨셉 정하기

The 하기 : 기존의 공원에 특색을 더하기 변화하기 공생하기

특색이 없는 밋밋한 기존의 공원

특별한 요소를 더하다

특색이 채워지다

밋밋한 공원에 특색을 '더하다' 특색있는 공원으로 '변화하다'
도시와 공원이 '공생하다' 라는 개념을 바탕으로 디자인을 하였다

05/14까지

컨셉에따른
디자인 프로세스와 전략
솔루션 디자인하기

STORY 8 어떻게? -디자인과정

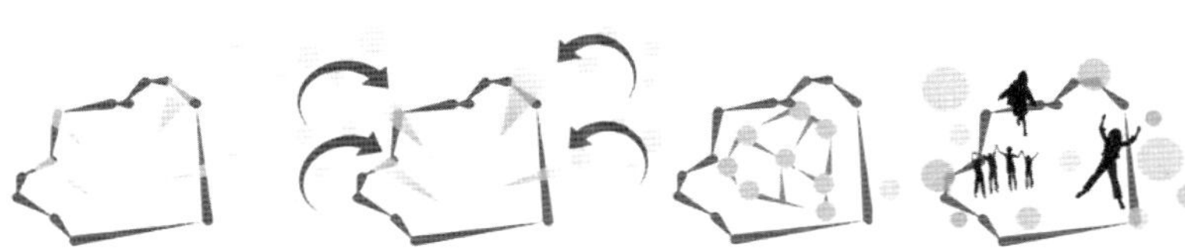

특색이 필요한 공간들 찾아내기

특색적인 요소 더해주기

특색과 기존의 역사적인 요소들을 연결

경상감영의 역사적의미가 보존됨과 동시에 다양한 특색들이 더해진 공원으로 재탄생

STORY 9

어떻게?
–디자인 전략

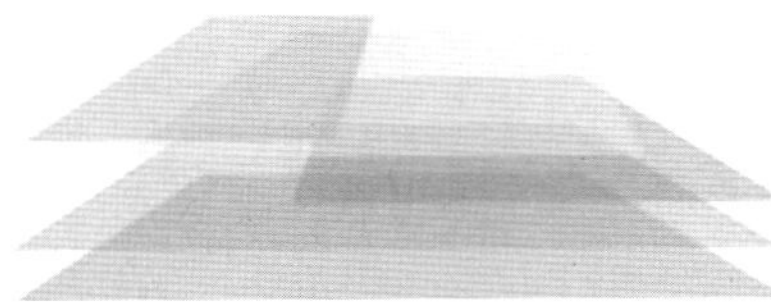

전략1. 역사적인 요소에 특색 더하기
전략2. 잊혀져가는 문화재에 존재감 더하기
전략3. 이용률 낮은 공간에 참여공간 더하기
전략4. 식재에 의미 더하기

STORY 8

어떻게?
–디자인과정
–디자인 전략

개념을 바탕으로 공원에 특색이 필요한 곳을 찾아 그 곳에 특색을 더하고
본래 공원의 역사적인 요소와 특색을 연결시키는 디자인과정을 통해
전략을 네 가지로 세워보았다

첫번째. 역사적인 요소에 특색을 더하여 역사성 보존

두번째. 잊혀져 가는 문화재에 존재감 더하기

세번째. 이용률이 낮은 공간에 참여할 수 있는 공간을 더하기

네번째. 식재에 의미를 더하기

이렇듯 더하기 개념을 도입한 전략을 세워 공원이 특색으로 채워질 수 있도록 하였다

STORY 10 디자인 진행하기

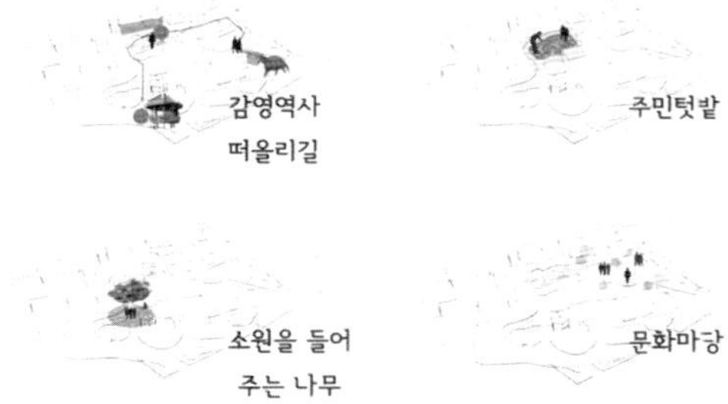

STORY 10 디자인 진행하기

전략에 따른 프로그램을 네가지로 진행시켜 보았다

감영역사 떠올리길 프로그램- 본래 공원에 있던 역사적인 요소 하마비(입구쪽)
비림(중심뒷쪽)과 전망대(출구쪽) 이 세가지를 연결코스로 만들어
공원을 프로그램에 맞춰 흥미롭게 이용할 수 있도록 하였다

소원을 들어주는 나무 프로그램- 기존공원에 있던 노거수(느티나무)를 소원을
들어주는 나무로 지정하여 이용자에게 재미적 요소를 주었다

주민텃밭 프로그램- 이용률이 낮은 공간에 주민텃밭을 가꿀 수 있도록 하여
시민참여를 늘리고 방문률을 높였다

문화마당 프로그램- 공원의 중심부쪽 공간을 문화마당 공간으로 바꾸어
문화적으로 이용자들이 자유롭게 즐길 수 있도록 하였다

STORY 11 식재 디자인하기

기존 식재에 특별한 수목을 더하다

세 공간을 나누어 기존의 식재바탕에 특색있는 수목식재를 더하였다 :대구를 상징하는 교목&관목

STORY 11 식재 디자인하기

기존 공원에 다양한 식재디자인이 되어 있기 때문에
'더하기'의 개념을 바탕으로 특색있는 수목들을 기존식재에 더하는 디자인을 하였다

수목들 종류는 참나무 전나무 목련 철쭉 진달래 찰꽃나무로써
대구를 대표하는 역사적인 교목, 관목이다

STORY 12 시설물 디자인하기

경상감영공원 주 이용자 '노인'을 위한 유니버셜 디자인

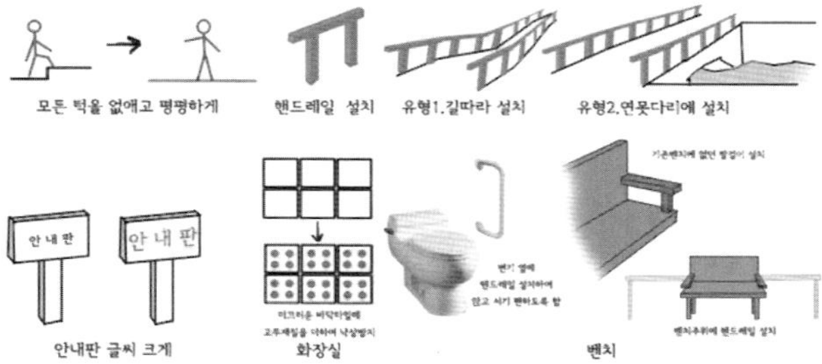

STORY 12 시설물 디자인하기

'모두를 위한 디자인' 이라고 불리우는 유니버셜 디자인을 도입하여 시설물디자인을 하였다
본래 공원의 시설물디자인은 일반사람들에게 맞게 디자인이 되어있었다
하지만 공원의 주 이용자들은 노인들이 대부분이었다
그래서 노인들이 좀더 편하게 이용할 수 있도록 일반적인 디자인을 바탕으로 하고
노인을 위한 디자인을 더하여 결론적으로는 모든 이용자층이 편하게 이용할 수있도록 하였다

05/23까지

판넬작업

STORY 13 디자인 기대효과

역사성 회복 

역사와 현대적인 특색이 공생하므로써

특색있는 공원으로 재탄생 

도심과 동떨어져있던 공원이 도시와 공생하게 된다

기존 이용자 보존 & 이용자계층 다양화 아울러 이용자 계층의 다양화로 사람과 사람의 공생까지 이루어짐

STORY 13 디자인 기대효과

밋밋한 공원에 옛 역사성을 되살리는 디자인과
특색적인 디자인을 더하였을 때 공원의 역사성회복과
공원의 이미지가 특색있는 공원의 이미지로 바뀔 수 있다는 것을 기대해 볼 수있다

아울러 기존이용자(노인)들을 보존하고
공원의 이미지 변화로써 이용자 층의 확대로
향후엔 다양한 이용자 층의 조화를 기대해 볼 수있다

STORY 14 디자인 보기 섹션

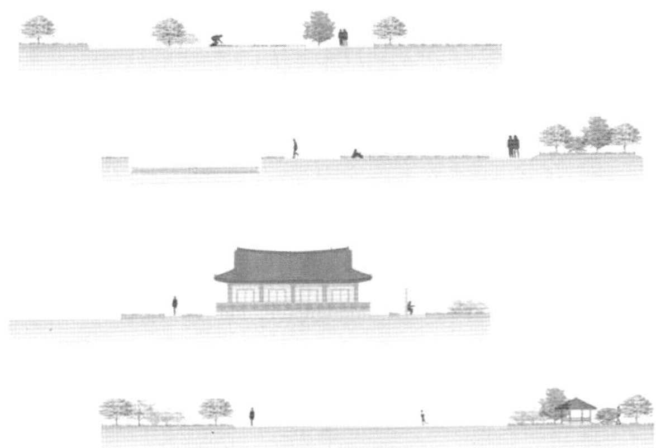

STORY 15 디자인 보기 펄스펙티브

05/24

크리틱, 마무리작업 후

최종판넬

Thank you
감사합니다

Do you have any Questions?

4. 조경디자인 수목 패턴

다음은 2011년도 1학기 생태조경학과 강의 〈생태조경의 이해〉 중 (생태조경학과 2학년 정진주)학생이 직접 공원을 방문하여 디자인의 기본원리인 균형(balance), 균제(Symmetry), 반복(Repetition), 통일(Unity), 대비(Contrast), 축(Axis), 질감(Texture), 리듬(Rhythm) 그리고 점진(Gradation)의 관점에서 수목디자인의 패턴을 관찰한 내용입니다. 독자들의 수목디자인에 대한 이해에 도움이 될 것 같아서 소개합니다.

생태조경학개론
2011. 5. 31 prof. 김수봉

수목리포트

경상감영공원 & 국채보상공원

생태조경학과
정진주

차례

1. 균형(Balace) / 2. 균제(Symmetry) / 3. 반복(Repetition) / 4. 통일(Unity) / 5. 대비(Contrast)

6. 유사(Simirality) / 7. 축(Axis) / 8. 질감. (Texture) / 9. 리듬(Rhythm) / 10. 점진(Gradation)

참고서적: 조경미학, 이현택 저, 태림문화사, 2000, 03. 01

1. 균형(Balance)

무의식중에도 우리는 우리가 바라보는 모든 것에서 균형을 찾고자 한다. 수목배식에서 비대칭적 균형은 형태와 색상, 질감의 차이에서 형태상으로 균형잡힌 느낌을 줌으로써 실현된다. 균형이라는 것은 보여질 뿐만 아니라 느껴지는 것이기도 하다.

색상이라는 것은 풍경에다 시작적인 중량감을 첨가함으로서 균형을 잡는데 영향을 미칠수도 있다. 색상 자체가 중량감에 영향을 주기도 하지만 동일 색상 내에서도 명도가 높은 색은 가벼워 보이고 낮은 색은 무거워 보이기 마련이다. 따라서 식재지의 한쪽 끝에 밝은 색상의 수목을 심었다면 다른 한쪽 끝에는 다소 작고 어두운 색상의 수목을 심음으로서 시각적으로 균형을 이룰 수 있다.

질감 또한 거친 질감은 시각적으로 무거워 보이고 보드랍고 섬세한 질감은 가벼워 보인다. 동일공간 내에서 질감이 바뀔 때는 거친 질감을 나타내는 수목과 균형을 이루기 위해서는 보다 많은 양의 섬세한 질감을 주는 수목이 요구된다.

균형은 경관의 깊이에도 영향을 미치므로 전경, 중경, 원경의 경관에 있어서도 서로 간에 균형이 유지되어야 한다. 만약 경관이 균형을 잃게 되면 하나의 요소가 지배적이 되어서 전체적으로 구성을 깨뜨리게 된다.

국채보상공원

색상이 다른 수목을 배치함으로서 색상의 차이에 따른 중량감을 느낄수 있다.

국채보상공원

질감이 다른 수목을 배치함으로서 질감의 차이에 따른 중량감을 느낄 수 있다.

2. 균제(Symmetry)

균제의 어원은 'Symmetry'라는 그리스어로서 '자로 잴 수 있다'는 의미를 지닌다. 균형에서와 같이 설사 거리와 크기가 다르다 할지라도 시각적인 안정감만 주면 되는 것이 아니라 크기와 거리와 색상 등 모든 면에서 중심축을 기준으로 합동이 되는 것이기 때문에 시각적으로 안정되어 있는 균형의 가장 단순한 형태가 되는 것이다. 한 부분만 보아도 전체를 파악할 수 있기 때문에 이해도가 빠른 것이 균제의 특징이다. 그러나 무엇보다도 균제된 조형은 좌우가 균형 잡히어 있으므로 공평함과 엄숙함, 위엄의 초인적인 위력을 상징하게 되어 왕국이나 신전, 사찰 등에서 많이 사용되오 온 미적 요소이다.

조경의 구성은 형태와 공간을 두가지 방법으로 구성하기 위하여 대칭을 활용할 수 있다. 먼저 대칭으로 완전한 평면구성을 할 수 있다. 또 다른 방법은 대칭 조건을 부지 일부에만 만들고 그것을 중심으로 형태와 공간 패턴을 불규칙하게 구성할 수도 있다. 후자의 경우에는 건물을 대지나 프로그램상의 보기드문 조건에도 적용할 수 있다. 규칙적이고 대칭적인 조건 자체는 구성에 있어 보다 의미 있고 중요한 공간을 만들 수 있다.

축의 조건은 대칭의 조건이 동시에 존재하지 않아도 관계없으나 그 반면 대칭의 조건은 구조가 그것을 중심으로 이루어지는 축이나 구심점의 존재를 함축하고 있지 않으면 존재할 수 없다. 욱은 2개의 점으로 이루어지지만 대칭의 조건은 공통의 선(축) 또는 점(중심)을 중심으로 같은 패턴의 형태와 공간이 균형 있게 배열되어야 한다.

국채보상공원

산책로를 중심축으로 동일한 수종을 동일한 위치에 식재하여, 좌우대칭의 형태를 취하고 있다.

대칭적 균형은 문간의 양측이나, 집의 양끝부분, 혹은 부지의 뒤쪽 귀퉁이의 양편에 동일한 수종을 식재함으로서 만들 수 있으며 한 면은 다른 면을 반사한 것처럼 반사경의 효과를 나타낸다. 이러한 형태의 균형은 너무나 짜여져 있는 느낌이기 때문에 보다 자연스러운 느낌을 주어야 하는 디자인에서는 사용하기 곤란하다. 대부분의 조경요구도와 우리가 살고 있는 건물은 비정형적이기 때문에 단지 특별한 상황에서만 대칭적 구현이 요구된다.

3. 반복(Repetition)

동일한 요소나 단위가 시간적, 공간적으로 되풀이 되어 일어날 때 이를 반복이라 한다. 전체적인 구성이 단순하기 때문에 이해가 빠르고 통일감을 얻기 쉬우나 짜증스럽고 권태로운 부정적인 면도 있다. 이와 같은 단조로움을 깨뜨리고 쾌감을 돋우기 위해 여러 가지 변화를 삽입하는 경우가 많다. 우리는 아무렇게나 이루어진 구성에서 각 요소들이 상호 인접 또는 근접해 있을 때와 그들이 공통으로 갖고 있는 시각적 특징이 있을 때 요소들을 그룹으로 짝짓는 경향이 있다. 반복의 원칙은 하나의 전체구성 속에서 반복되는 요소에 질서를 부여하기 위하여 이와 같은 두 가지 지각개념을 활용한 것 이다.

반복의 가장 단순한 형태는 많은 요소들은 선형으로 배치하는 패턴이다. 각 요소들은 하나하나 완전한 개성을 갖지 않아도 되나 반복적인 양식으로 그룹이 형성되어야 한다. 다만 각 요소들은 각자의 독특함을 가지고 반면에 전체에 속하도록 공통의 특징와 성질만을 공유한다. 형태와 공간이 반복적인 양식 속에서 구성될 수 있도록 하는 특징으로서는 크기, 모양, 세부적 특성과 같은 것이 있다.

조경배식에서 반복은 특정한 식물재료 뿐만 아니라 형태, 질감 또는 색상에서 보다 더 잘 나타날 수 있다. 같은 질감을 느끼게 하는 서로 다른 식물재료들을 부지 내에 반복 식재 함으로서 동일 질감이 반복되어 단순미가 나타난다. 이와 같은 방법으로 같은 색상을 나타내는 식물재료는 설사 그 종류가 다르다 하더라도 단순미를 살려준다. 식물재료의 형태에 있어서의 반복성은 우리의 시선을 편안하게 유도하고 친숙한 경관을 만들어 준다.

동일한 식재형태를 반복하면 그 식물재료는 보다 강한 충격효과를 나타냄으로서 부지에 통일성을 더해준다. 만약 화목류가 한곳에 군식되어 있다면 다른 곳에서도 이러한 형태가 나타나야 한다는 것이다. 하지만 반복을 표현하고자 할 때에는 단조로움을 막기 위해 주의 깊게 사용하여야 한다. 식물재료에 있어서의 다양한 형태, 질감, 색상 등은 반복을 조절해 주고 흥미를 유발시키는 중요한 요소이다. 동일 수종으로 된 가로수나 경계식재, 건축의 열주나 시골마을의 동일한 형의 초가나 기와로 형성된 모양 등이 이 형식에 속하며 하나의 독특한 아름다움을 낳게 된다.

경상감영공원 가로수는 반복의 가장단순한 형태이다.

4. 통일(Unity)

통일에서 중요한 점의 하나는 전체가 부분보다 두드러져 보여야 한다는 것이다. 부분들은 상호 아무런 연관이 없는 것들의 집합체가 아닌 전체로서 지각될 수 있는 것이어야 한다.

시각적 통일감을 주는 방법에는 게슈탈트심리학에서 말하는 형태의 통합이 있다. 균형에서도 언급했듯이 사람들은 무의식중에 다양한 구성요소들을 관련지어 주는 어떤 조직적인 것을 찾아내고자 한다. 따라서 통합의 요인(근접,반복,연속 등) 은 통일감을 주는 기법이 된다.

가로수를 식재할 때에도 가로변의 건축물이 큰 경우에는 주변에 식재되는 수목도 거기에지지 않을 만큼 큰 수목(느티나무, 은행나무, 플라타나스 등)으로 하고 주택지 등과 같이 비교적 작은 건물일 경우에는 다소 작은 수목(단풍나무, 목련, 배롱나무 등)을 택해야 한다.

또한 가로변의 건물형태에 따라서 가로수를 선정하는 것도 가로경관을 향상하는 방안이 될 수 있다. 즉 가로변 건축물의 높이가 달라 통일감이 없고 산만할 경우에는 동일 수종의 가로수를 식재하여 수목에 의한 통일감을 주고 반대로 가로가 너무 통일되어 단조로운 경관이 되었을 때는 가로수의 수고에 변화를 주어 스카이라인에 변화를 줄 수도 있다. 아름다운 조형의 기본이 다양함 속의 통일이라는 것은 원칙이라 해도 좋을 것이다.

경상감영공원

건축물의 가로가 통일감이 없는 경우에는 수목의 배치로 통일감을 주었다.

경상감영공원

건축물의 가로가 통일감이 있는 경우에는 높낮이가 다른 수목을 식재함으로서 수목의 스카이라인의 변화감을 주었다.

5. 대비(Contrast)

대비란 성질 혹은 분량을 달리하는 둘 이상의 요소가 공간적으로 또는 시간적으로 근접할 때 나타나는 현상이다. 예를 들면 크기의 대소, 길이의 장단, 강도의 강약 등이 있다.

대비는 반대, 대립, 다양함 등으로 우리의 흥미를 자극하고 흥분시키는 다이나믹한 효과를 지닌다. 흥미는 변화에 의해 생기고 변화는 균등치 않는 불균등에 의해 생긴다. 인간의 마음은 대조(대비)나 사물 사이의 상이점에 민간하게 반응한다. 이와 같이 다양한 상이가 아름다움을 증대시키는 것을 대비라 한다.

다시말하면 서로 반대되는 요소가 개재되어 전체적으로 조화를 이루고 있는 형식이다. 이 경우 특정의 반대요소는 형이나 색상이나 방향 어느것이라도 무방하다. 큰것과 작은 것, 밝음과 어두움 등 상호 반대되는 요소가 가까이 있음으로 해서 서로의 성질을 더욱 강하게 부각시킨다.

이와 같이 대비는 서로 다른 요소가 근접함으로서 시각을 강하게 유인하는 효과가 있기 때문에 동적이고 신선한 감을 주며 초점을 만들 수 있으나 자칫 잘못 사용되었을 때에는 오히려 역효과를 가져와 경관을 산만하게 깨뜨려 이해하기 어렵게 만드는 경우도 있다.

국채보상공원

국채보상공원

높낮이 및 수구, 색감 등이 다른 여러 수종의 나무가 식재되어 강한 대비를 일으킨다.

6. 유사(Simirality)

어느 형태의 부분 상호간 또는 그 형태와 다른 형태 사이의 관계가 유사한가 대비인가에 따라 아름답다고 느껴지기도 한다. 대비의 반대 개념이 유사라 생각해도 무방하다.

한편 대비는 앞서 살펴 본 바와 같이 확실히 서로 다른 것을 표시하는 것이기 때문에 형태의 통합요인은 아니다. 그러나 복잡한 형태가 되면 통합적인 대비를 포함해야 한다.

건축과 같은 커다란 구조물이 모두 유사하게 통합된다는 일은 없다. 지붕과 별의 색채가 대비를 이루든지 저층의 주택단지나 또는 마을의 중심에 교회의 탑이 솟아서 대비를 이루는 것이다.

위에서 말한 유사는 형태의 통합상에서 유동 요인으로 나타날 때와 마찬가지이다. 유사물이 모여서 알맞은 집단을 만드는 것은 자연계의 동물이나 식물, 광물의 분포에 있어서 공통적인 경향이다. 인종이건 어떤 수목의 종류이건 다수가 한곳에 모여서 동질적인 환경을 형성한다. 이것의 시환경 중 기본적인 아름다움이다.

국채보상공원

건축물(분수)와 유사한 형태로 나무를 식재하여 조형물과 조화를 이루고 있다. 통일의 요소가 너무 강하므로 변화라는 매력이 없고 지루하고 자극을 흐리게 하는 느낌을 분수의 동적인 느낌이 보완해주고 있다.

7. 축(Axis)

축은 디자인에 있어 형태와 공간을 구성하는 가장 기본적인 수단일지도 모른다. 축은 공간 속의 두점이 연결되어 이루어진 하나의 선이며, 형태와 공간은 그것을 중심으로 규칙적으로 또는 불규칙하게 배열될 수 있다. 비록 눈에 보이지 않는 상상에 의한 것이지만 축은 힘있고 탁월한 규칙수단이다. 축은 곧 대칭선이 될 수도 있지만 대칭이라 함은 균형이 요구되므로 그것과는 다르다.

축이 시각적 힘을 가지기 위해서는 축의 양 끝부분이 종결되어야 한다. 외부공간의 간잡이에에 있어 방향성이 있는 경우에는 끝 부분에는 무엇인가를 배치해야 한다. 축의 끝 부분에 목적물이 없다면 앞으로 진행함에 따라 공간의 질이 떨어지고 공간이 발산적으로 되어 박력이 생길 수 없다. 만일 공간의 끝에 목적물이라던지 무언가 사람을 긴장시키는 것이 있다면 진행하는 공간 내에도 박력이 생기기 쉽다. 이와 같이 외부 공간에 목표물 같은 것이 있으면 그만큼 공간에 매력이 생기며, 공간에 매력이 있으면 목표드 다시 강하게 되는 상호작용이 일어난다.

축선의 종점을 한접으로써 축의 개념을 보다 강화시킬 수 있다. 이러한 종점응 평면상에서는 단순히 선일 수도 있고, 혹은 축과 일치하는 선형공간을 한정하는 수직면일 수도 있다. 또한 하나의 축은 형태와 공간의 대칭적인 배열로서도 이루어질 수 있다. 축의 종착요소는 시각적인 초점을 주고 받는데 기여한다.

경상감영공원

우리나라 전통건축의 수공간에서는 축선상 또는 축의 좌우에 시각대상물을 연속적으로 배치하여 좌우대칭을 만드는 경우가 많다.

경상감영공원

교목을 중심으로 두 관목이 대칭을 이루고 있다.

8. 질감(Texture)

디자인의 과정에서의 질감은 시각적 쾌감을 주고, 정서적인 성격을 제고하여 공간감을 창출함으로서 표현에서 감성을 자극하여 현실감을 제고하는데 기여하는 조형요소이다.

조경소재 중 나무, 자연석, 자갈 등의 자연재료와 벽돌, 콘크리트 등의 인공재료는 각각 다른 감정을 전달한다. 자연재료는 수십년에 걸쳐 풍상에 닳은 부드러운 이미지를 그대로 느끼게 하는 반면, 인공재료는 무언가 거칠고 비인간적인 감을 느끼게 한다. 금속재료는 금속이 지닌 무겁고 차며 매끈한 감을, 직물에서는 따뜻하고 보드라운 느낌을 받는다. 선에서 주는 감정과 같이 매끈하고 보드랍고 고운 질감에서는 섬세한 여성적인 느낌을 받고 거칠고 무거운 질감에서는 우직한 남성적인 느낌을 받는다.

같은 질감을 지닌 대상물도 감상거리에 따라 질감은 다르게 보인다. 때로는 가까이에서 보게 되면 아름다운 것도 상당한 거리를 두고 보게 되면 제대로 효과를 나타내지 못하는 경우도 있다. 가까이에서 보면 거친 질감도 멀어지면 거친감이 소실되고 고운질감으로 느끼게 된다. 따라서 특수한 수종의 잎이나 꽃 또는 특수한 형태의 자연석 등의 질감을 감상자에게 제대로 전달하기 위해서는 주 감상 지점에서의 거리관계에 유의해야 한다.

국채보상공원

국채보상공원

거친 질감(돌)은 고운 질감(꽃, 잔디)에 비해 눈에 잘 띄고 윤곽이 굵으며 진취적이다. 따라서 시선을 끌기 위해 한곳이나 초점적 분위기를 연출하고자 할 때 주변에 비해 거친 재료를 사용하면 강한 느낌의 분위기를 느끼게 된다. 거친 질감은 관찰자에게 접근하는 느낌을 주기 때문에 실제 거리보다 가깝게 보인다. 고운 질감은 거친 질감보다 늦게 지각된다. 관찰자와의 거리가 멀어짐에 따라 시야에서 가장 먼저 소실되며 실제 보다 멀어지는 경향이 있다.

9. 리듬(Rhythm)

리듬의 어원은 '흐른다'는 뜻의 동사 rhein을 어원으로 하는 그리스어 rhythomos에서 유래한 것으로서 넓은 뜻으로는 시간예술, 공간예술을 불문하고 신체적 운동, 심리적, 생리적 작용, 나아가서는 존재일반과도 깊이 연관되어 있다. 디자인에서는 선, 모양, 형태 또는 색상 등이 규칙적이거나 조화있는 반복을 이루는 것을 의미한다. 그것은 디자인에게 형태와 공간을 구성하기 위한 방법으로서의 반복과 기본 개념이 동일하다.

거의 모든 조경양식에는 본질적으로 반복적인 요소가 혼합된다. 수목과 구조물들도 일정한 차이를 두고 되풀이 되어 공간의 반복적 구조 모듈을 형성한다.

건축에서도 창과 문을 만들어 채광, 통풍이나 경관을 받아들이고 내부로 출입할 수 있도록 건물의 외벽에 반복적으로 구멍을 낸다 공간은 건물 프로그램상 유사하거나 혹은 반복적인 기능적 요구를 수용하기 위해 되풀이 된다.

전체 경관이 한눈에 드러나는 경우보다 진입해 가면서 새로운 경관이 연속적으로 펼쳐질 때 훨씬 변화있는 리듬감을 만들 수 있는 것이다.

국채보상공원

국채보상공원

조경에서 나타나는 순차적 리듬을 느낄수 있다. 또한 진입해가면서 새로운 경관이 연속적으로 펼쳐지고 있다.

10. 점진(Gradation)

점진은 단순히 동일한 단위가 규칙적으로 되풀이 되는 반복보다는 훨씬 동적인 것으로 하나의 성질이 조화적인 단계에 의해 일정한 질서를 가지고 증가하거나 감소하는 것을 말한다. 이때의 일정한 질서는 급수적인 성질을 가지기 때문에 단순한 반복보다는 훨씬 아름답고 복잡한 미를 표현하며 흥미를 가지게 한다.

수목배식에 있어서도 특정한 형이 점차 커지거나 반대로 서서히 작아지는 형식으로 큰 나무에서 점차 작은 나무로 또는 반대의 형을 이루는 것도 점진에 해당한다.

우리나라의 사찰이나 고궁에서 볼 수 있는 석탑들도 기단에서부터 층층이 올라갈수록 폭과 높이에 일정한 비례[체감비례]를 적용하여 서서히 줄어드는 점진현상을 응용함으로서 안정감 있고 균형 있는 미를 느끼게 한다.

앞서 설명한 반복과 점진은 어느 경우에도 특정의 인자가 단순히 복잡하든 간에 반복된다는 점에서 양자 모두 리듬을 낳게 된다. 따라서 크게 보면 점진도 리듬의 형식에 포함될 수 있는 것이다.

경상감영공원

멀어질수록 서서히 관목이 작아지는 느낌을 주기위해 교목에서 관목 순으로 배치하였다.

경상감영공원

멀어질수록 점차 커지는 느낌을 주기위해 관목에서 교목 순으로 배치하였다.

옥상조경의 이해 III

1. 옥상조경의 개념

1) 옥상조경의 정의

우리나라의 경우 옥상조경에 대한 정의를 살펴보면, 옥상녹화와 옥상조경 등이 개인이나 연구주관기관에 따라 혼동되어 사용되고 있다.

옥상조경은 인공지반 조경 중 지표면에서 높이 2m이상인 곳에 설치한 조경을 말하며, 단 발코니에 설치하는 화훼시설은 제외(건축법 제 32조 제2항, 국토해양부 조경기준 제1장 제3조)하며, 옥상, 데크, 침상, 광장, 발코니, 베란다 등의 건축물, 지하시설물 위, 하천복개 상부, 인공 산 혹은 인공 암벽 등 인위적인 구조물 위의 조경(한국조경학회, 1990)이라고 정의하고 있다. 국토해양부 조경기준 제 4장 13조에 따르면 옥상 및 인공지반에는 건조한 기후와 바람에 강한 수종인 초화류 (바위연꽃, 민들레, 난쟁이 붓꽃, 한국잔디류 등), 관목류(철쭉류, 회양목, 사철나무, 무궁화 등), 교목류(단풍나무, 향나무, 섬잣나무, 비자나무 등)를 식재해야한다고 명시하고 있다.

서울시에서는 옥상녹화를 인공적인 구조물 위에 인위적인 지형, 지질의 토양층을 새로이 형성하고 식물을 식재하거나 수공간을 만들어서 녹지공간을 조성하는 것이라고 정의하고 있다. 그리고 옥상녹화는 도심지역의 부족한 녹지공간을 확보하기 위한 인공대지활용이라는 측면과 지상녹지면적을 더 확보하기 어려운 도심에서 녹지량을 확대할 수 있는 대안이라고 주장하고 있다.[1]

이규석(1999)은 그의 논문에서 옥상녹화를 넓은 의미에서 인공지반위에 설치된 모든 녹화를 뜻하며 좁은 의미로는 건축물 상부 또는 중간층의 노출된 공간으로 사람의

1_ http://www.seoul.go.kr/envi_info/green/roof/1226526_12752.html

출입이 가능한 부분의 녹화라고 정의하였다.

한편 한국인공지반녹화협회[2]에서는 옥상녹화의 도심지역의 부족한 녹지공간을 확보하기 위한 인공대지의 활용이라는 측면과 도시환경에 자연적인 요소를 도입하고 있다는 점을 강조하고 있다.

인천발전연구원(2007)의 최근 옥상녹화관련 최근 보고서에 따르면 우리나라의 경우 옥상녹화와 옥상조경에 관한 뚜렷한 용어 구분이 되어 있지 않다고 주장하면서 옥상녹화와 옥상조경 두 가지 다를 만족시키는 정의를 내리고 있다. 그들은 옥상녹화를 건축물상부 또는 중간층의 노출된 공간 등의 인공지반공간을 대상으로 식물을 식재하거나 쉼터 또는 텃밭 등을 조성하여 도시환경을 개선하거나 쉼터의 기능 등을 부여한 공간조성이라고 정의 내렸다.

그리고 이춘우(2008)는 최근의 논문에서 옥상녹화를 '인공지반조경 중 지표면에서 높이가 2미터 이상인 곳에 설치한 조경'으로 자연지반보다 높은 인공적인 구조물 위에 인위적인 토양을 만들어 식물을 이용한 식재를 하여 녹지공간을 조성하는 것이며 개임 및 공공건물 옥상 등의 지상을 떠나 인공지반에 설치되는 것이라고 정의하고 있다.

따라서 우리나라의 경우 옥상녹화가 인공지반이라는 물리적인 측면을 강조하고 있다면 옥상조경은 그 지반 위에 식물 등으로 장식하여 정원 등을 조성하는 것에 좀 더 중점을 두고 정의하고 있다고 하겠다.

그리고 외국의 경우도 옥상녹화를 인공 구조물의 표면에 주로 환경적·심미적인 것을 목적으로 녹화하는 것으로 정의하면서 옥상정원(roof garden), 그린옥상(green roof), 하늘정원(sky garden) 그리고 생태옥상(eco-roof, living roof) 등으로 같이 부르고 있다 (The Garland Company, 2004a; Uribis, 2007).

2_ http://www.ecoearth.or.kr

한편, 독일의 경우는 옥상조경을 조성과 관리의 측면에서 크게 세 가지로 분류하여 옥상피복녹화(Green Roof), 혼합형그린옥상(Green Roof Hybrid) 그리고 옥상정원(Roof Garden)으로 분류하고 있다. 옥상피복녹화는 하중은 경량, 저비용으로 조성하여 일반적으로 사람들의 출입이 금지된 (저)비관리·경량형이며, 혼합형그린옥상은 중간정도의 조성비용에 경량에서 중간정도의 하중에 비(저)관리형이지만 관리형처럼 사람의 출입이 가능하며, 마지막으로 옥상정원은 고비용에 하중은 중량형이며 사람들의 출입이 가능하도록 만들어진 관리·중량형 옥상조경이다. 이러한 분류는 우리나라의 환경부(1998)나 한국인공지반녹화협회 등에서의 옥상조경분류법과 거의 동일하다.

이처럼 옥상조경의 정의는 개인이나 기관에 따라 다양하나 쉽게 이야기하면 건물옥상의 일부나 전부를 방수처리해서 옥상의 전부 혹은 부분을 식물과 토양 혹은 물을 이용하여 녹화공간을 조성하는 것을 말하며, 우리나라에서는 옥상조경과 옥상녹화가 거의 같은 개념으로 쓰이고 있다. 따라서 본서에서도 옥상조경과 옥상녹화를 따로 구분하지 않고 같이 쓰기로 한다.

2) 옥상조경의 종류[3]

앞에서 언급했지만 옥상조경은 옥상녹화(인공지반녹화)와 혼용하여 사용되고 있다.

우리나라의 경우 옥상녹화는 일반적 분류, 유지관리방식에 따른 분류, 적용방식(면적)에 따른 분류, 적용대상 건물에 따른 분류, 지붕경사에 따른 분류 그리고 활용성에 따른 분류 등 크게 여섯 가지로 나눌 수 있다. 특히, 한국조경학회(2003)는 일반적인 분류, 적용방식, 적용대상 건물에 따른 분류, 그리고 지붕경사에 따른 분류 등을 제시하였다. 한편, 옥상녹화 시스템이란 건물 또는 구조물의 외피, 식재기반, 식재층으로 구성된다. 그리고 건물 구조물의 외피는 슬라브, 단열층, 방수층 등으로 구성되며, 식재기반은 방수·방근층, 배수층, 토양여과층 그리고 토양층으로 구성된다.

3_ 인천발전연구원(2007), 생태도시조성을 위한 옥상녹화 활성화 방안을 참조.

(1) 일반적인 분류

옥상녹화는 세가지 유형으로 구분 가능한데, 이는 독일의 구분방식과 거의 동일하다.

① 저관리 · 경량형(Extensive Roof Planting)

조성할 때 토심은 20cm 이하로 하고 인공경량토를 사용하며 관수, 예초, 시비 등의 관리는 최소로 할 수 있도록 한 것으로, 유지관리가 어려운 기존의 건축물 옥상이나 지붕에 주로 활용한다.

② 관리 · 중량형(Intensive Roof Planting)

정원을 조성할 때 토심은 20cm 이상으로 하는데 주로 60~90cm가 적당하다. 이는 지피식물, 관목, 교목 등으로 구성된 다층식재에 유리하며, 관수, 시비, 그리고 전정 등의 관리가 필요한 유형이라 할 수 있다. 구조적인 문제가 없는 곳에 적용하는 것이 좋다.

③ 혼합형(Hybrid Intensive Roof Planting)

혼합형은 토심을 30cm 내외로 하고, 지피식물과 키가 작은 관목위주로 식재하여, 저관리를 지향하면서 관리·중량형을 단순화시킨 것이다.

〈그림 3-1〉 저관리 · 경량형

〈그림 3-2〉 관리 · 중량형

〈그림 3-3〉 혼합형

(2) 적용방식에 따른 분류

적용방식에 따라 분류하면 옥상이나 지붕 전체를 녹화하는 전면녹화방식과 옥상의 일부를 녹화하는 부분녹화방식으로 구분할 수 있다.

① 전면녹화

옥상녹화의 효과를 극대화할 수 있는 장점이 있다. 그리고 녹화의 효율성과 경제성을 고려할 때 부분녹화보다 전면녹화가 바람직하다.

② 부분녹화

기존의 플란트 박스형이 대표적인 예이며, 적용대상공간이 구조적인 한계를 가지고 있거나 방수 또는 배수 등의 문제로 전면녹화가 불가능한 경우에 적용하는 것이 바람직하다. 특히 경계부의 처리를 상세하게 하고 소재선택에 유의해야 한다.

〈그림 3-4〉 전면녹화

〈그림 3-5〉 부분녹화

(3) 적용대상건물에 따른 분류

적용대상건축물은 기존건물인지, 신축건물인지의 여부에 따라 기존건물녹화와 신축건물녹화로 구분한다.

① 기존건물녹화

정밀안전진단을 통하여 녹화가능 하중의 산정이 필요하며, 녹화가능 하중에 적절한 시스템을 구성해야 한다. 토양층의 무게가 전체 시스템의 무게를 좌우하므로 낮은 토심으로 계획하고 기타 기존건물의 방수와 배수 등 제약조건을 반영해야 한다.

② 신축건물녹화

다양한 녹화시스템 유형의 적용이 가능하며, 주어진 조건을 고려하여 명확한 유형 설정이 요구된다. 그리고 신축건물녹화의 경우는 새로운 건물의 옥상에 녹색공간을 조성하는 작업으로 구조체와 녹화시스템을 일체화할 수 있는 장점이 있다.

(4) 지붕경사에 따른 분류

지붕경사에 따른 분류는 크게 평탄형과 경사형으로 분류한다.

① 평탄형

평지붕 및 평탄한 옥상에 적용되는 시스템으로 사람의 이용을 전제로 할 경우 평탄형이 바람직하다. 구조체의 배수와 기울기 설정에 유의해야 하고, 다양한 옥상녹화의 유형을 적용할 수 있다.

② 경사형

경사지붕에 적용되는 시스템으로 우수나 바람으로 인한 시스템의 붕괴나 토양유실을 방지할 수 있는 보다 구체적인 개발을 필요로 한다. 관리를 최소화할 수 있도록 특히 관수대책을 잘 수립하고 주로 저관리·경량형 녹화시스템을 적용한다.

〈그림 3-6〉 경사형

〈그림 3-7〉 평탄형

(5) 유지관리방식에 따른 분류

유지관리에 따른 분류는 1999년 환경부의 〈보급형 옥상녹화 가이드북〉에서 제시한 유형으로 관리형, 저관리형, 그리고 비관리형으로 나뉜다.

① 관리형

식생 및 시스템의 내구성에 대한 지속적이고 집약적인 관리가 가능한 경우, 사람의 접근이 용이하고 공간의 이용이 전제된 경우, 일반적으로 교목을 식재하는 중량형의 경우, 그리고 집약적 관리가 필수적인 경우(혼합형)에 적용하며 관수는 시스템의 토심, 식재 플랜을 결정하는 데 중요한 변수로 작용한다.

② 저관리형

시스템의 유지관리 요구도를 최소화한 경우, 사람의 접근이 어렵거나 녹화공간의 이용을 전제로 하지 않은 경우, 식물의 생장과 시스템의 유지관리에 필요한 최소한의 관수, 시비, 예초, 전정 등의 관리가 필요한 경우에 적용하며, 저관리 가능한 식재플랜의 작성이 중요하여 일반적으로 지피식물을 적용하는 것이 좋다.

③ 비관리형

시스템의 내구성과 건물의 안전관리 외에 관수, 시비, 예초, 전정 등의 관리를 전혀 하지 않은 경우, 그리고 식물이 자생할 수 있는 식재기반을 조성하고, 자연적인 식생의 생장을 유도하는 특수한 경우에 적용한다.

〈그림 3-8〉 관리형

〈그림 3-9〉 저관리형

〈그림 3-10〉 비관리형

자료: (주) 한국도시녹화 http://www.biotope.co.kr/home/new_index.asp

(6) 활용성에 따른 분류

최근 인천발전연구원(2007)에서는 기존의 기술적인 분류방식을 버리고 대신 시민들이 쉽게 옥상녹화를 이해할 수 있도록 활용방식에 따라 다음과 같이 다섯가지로 분류하였다.

① 옥상정원

옥상에 식물을 식재함과 동시에 쉼터의 기능을 부여하여 건축물에 부가된 정원과 같이 이용하는 형태를 말한다. 이는 토양기반이나 수목식재, 그리고 조경시설물 등의 하중이 무거운 중량형으로 관리를 많이 필요로 하며 기존의 관리·중량형과 유사한 형태이다.

② 옥상피복녹화

건물 주인이나 건물 이용객들의 이용보다는 최근 심화되고 있는 이상고온현상, 도시열섬현상, 도시건조화 등의 저감을 위한 대안으로 제시하는 도시녹화의 한 형태로서 옥상녹화의 환경적 기능에 역점을 둔 녹화방식이다.

③ 옥상 비오톱

옥상녹화의 목적을 생물서식공간을 확보하여 도시의 생물다양성을 증진시키고 시민들에게 자연체험공간을 제공하는 데 중점을 둔 옥상녹화의 형태이다. 요즘 옥상조경의 사업대상지가 주로 공익을 우선으로 하는 유치원이나 학교 등을 중심으로 지원되고 있어 옥상 비오톱 조성이 더 중요시되고 있다.

④ 옥상화단

옥상경계부에 화단을 만들어 식물을 식재함으로서 도시경관을 향상시키려는 유형으로 과거부터 많이 시행되어온 방식이다. 현재는 유지관리상태가 불량하여 오히려 도시의 경관에 부정적인 영향을 미치고 있으므로 이들 공간에 대한 향후 활용방안에 대한 연구가 필요하다.

⑤ 옥상텃밭

옥상공간을 수목식재보다는 텃밭과 같이 실용적으로 활용하는 유형으로 개인가정의 옥상에서 많이 관찰되고 있다. 도시민들이 흙으로부터 멀어지고 농업과 육체노동에서 멀어지고 있는 현 시점에서 그 중요성이 부각되고 있는 옥상녹화의 유형이다.

이상의 옥상조경 분류에서 볼 수 있듯이 우리나라의 경우는 독일의 분류법을 많이 따르고 있고 기술적인 분류방식에 많이 의존하고 있다. 이보다 각 도시의 주민들이 현재 이용하고 또 그들이 원하는 바에 기초한, 그래서 그 지방의 환경적 특성에 맞게 분류를 시도하는 것이 그 지방에 적합한 옥상녹화정책의 수립을 위해 바람직할 것으로 생각된다. 이런 측면에서 인천발전연구원의 분류는 매우 의미가 있는 시도라고 생각된다.

3) 옥상조경의 역사[4]

옥상조경은 근대적인 개념에서 출발한 것이 아니라 긴 전통을 가지고 있으며 우리는 과거의 옥상조경 경험으로 부터 배운 유익한 지식을 지속적으로 발전시켜 나가야 한다. 오늘날 안전하고 지속가능한 옥상조경에 관한 적절한 기술이 많이 개발되어 보급되고 있다. 그런 좋은 기술을 옥상조경 현장에 적용시킨다면 그 동안 가지고 있었던 여러 가지 두려움을 날려버리고 새로운 기회가 생긴다. 옥상조경이야말로 녹지의 갈증에 목마른 도시에 자연을 공급하고 잃어버린 자연을 회복시키는 길이다. 자연보호란 자연을 위하여 보전된 지역을 자꾸 만드는 것이 최고다. 이러한 지혜를 옥상조경의 역사를 통하여 배우고 발전시켜 나가야 한다.

한편, 우리나라의 옥상조경은 1998년 분당에 지어진 경동보일러 사옥에 조성된 '하늘동산'을 그 효시로 친다. 이때부터 옥상녹화에 대한 관심이 증폭되었다고 하며, 그 이후 서울특별시에서 2002년 옥상녹화사업에 대한 지원 사업을 본격적으로 추진하면서 본격적으로 옥상조경이 진행되었다.

4_ 김수봉(2009) 참조.

(1) 공중정원(Hanging Garden)

옥상조경의 흔적은 BC 650년경의 바빌론의 공중정원(Hanging Garden)에서 찾아 볼 수 있다. 공중정원은 세계 7대 불가사의의 하나이며 그 유래를 살펴보면 다음과 같다.

네부카드네자르 2세(Nebuchadnezzar II, 605-562 BC)는 신바빌로니아의 왕이 되자 나라 사이의 동맹형성을 위하여 메디아왕국의 공주 아미스티스(Amystis of Medes)를 왕비로 맞아들였다. 그러나 산이 많고 과일과 꽃이 풍부한 메디아에서 자란 왕비는 평탄하고 비가 잘 오지 않는 바빌론에 마음을 두지 못한 채 항상 아름다운 고향의 푸른 언덕을 그리워하였다고 한다. 이 모습을 안타깝게 여긴 왕은 왕비를 위하여 메디아에 있는 그 어떤 정원보다 아름다운 정원을 바빌론에 만들 것을 결심하고 뛰어난 건축가, 기술자, 미장공들과 함께 왕궁광장의 중앙에 가로·세로 각 400m, 높이 15m의 토대위에 총 면적이 2,000평방미터에 이르는 계단식 건물을 만들었다. 맨 위층의 평면 면적은 60평방m에 불과했지만 정원의 높이가 105m로 오늘날의 30층 건물의 높이와 비슷하다. 정원은 우선 한 층이 만들어 지고나면 그 위에 수천 톤의 기름진 흙을 채우고 여러 가지 꽃과 덩굴나무 구리고 과실수를 심어 만든 넓은 화단을 만들었고 전체의 모양이 피라미드형인 정원은 마치 녹색 깔개를 걸어 놓은 듯 아름다웠다. 이것이 바로 기원전 500년경에 세워진 세계7대 불가사의의 하나로 옥상녹화의 시초인 바빌론의 공중정원이다(윤국병, 1978, 32쪽).[5] 그러나 공중정원이라는 말은 케이블이나 로프에 매달아 하늘에 걸려 있다는 뜻이 아니며, 그리스어의 'kresmastos' 나 라틴어의 'pensilis'의 오역에서 출발했다고 한다. 이는 'hanging'의 의미보다는 테라스의 발코니처럼 'overhanging', 다시 말해서 위에 '걸리다' 혹은 '돌출하다'의 의미로 보아야 할 것이다. 그리스의 지리학자 스트라보(Strabo)는 공중정원에 대해 다음과 같이 언급했다. "공중정원은 (홈이 파인)나선형 테라스가 하나씩 쌓여 올라간 것으로 구성되어 졌으며, 입방체 모양의 기둥에 기대고 있는 모습을 하고 있다. 여기의 정원들은 큰 수목들이 잘 자랄 수 있게 기름진 흙들로 채워졌다. 정원의 기둥과 둥근 천장 그리고 테라스는 장 구워진 벽돌과 아스팔트로 만들었다"(The Seven Wonders of the World 2004).[6] 메소포타미아 지역에서는 돌을 구하기가 어려웠기 때문에 바빌론의 대부분의 건축물들

5_ 윤국병(1978), 조경사, 일조각.

6_ http://www.cleveleys.co.uk/wonders/gardensofbabylon.htm

은 진흙과 지푸라기를 썩어 만든 벽돌을 강렬한 햇볕에 구워 사용하였다. 이 벽돌은 모르타르처럼 끈적끈적한 역청과 섞여있어서 물에 젖으면 빠르게 용해되지만, 비가 거의 오지 않는 바빌론지역의 기후적인 특성으로 인해 크게 문제가 되지는 않았다고 한다. 그러나 공중정원은 관개(물대기)를 위해 계속적으로 물에 노출되어 있었으므로 그 기초를 보호해야 했다(김수봉, 2008, 조경변천사, p. 57).

한편 바빌론의 공중정원은 주로 미적인 역할에 중점을 두고 만들어 졌다고 알려져 있다. 그러나 그리스의 역사가인 디오도로우스 시치루스(Diodorous Sicilus)는 이 공중정원의 실질적인 디자인 디테일에 대한 그의 의견을 제시했다. 그는 정원을 바치고 있는 거대한 좌대(platform)와 그 위에 심겨진 잔디류, 아스팔트 그리고 타일 등에 대하여 묘사했다. "납판으로 좌대 상부를 막아서 토양으로 스며든 수분으로 인해 그 정원의 기초부분이 썩는 것을 방지했다. 좌대의 위에는 거대한 수목들이 자랄 수 있도록 적당한 높이로 흙을 채웠다. 균질하고 부드러운 흙들로 채워진 화단은 온갖 종류의 나무를 심어 보는 이들의 눈을 즐겁고 놀라게 했다"(The Seven Wonders of the World 2004).[7]

이렇게 만들어진 정원의 아래 부분에는 항상 서늘함을 유지하는 방을 만들었으며 이 방의 창에서 바라보이는 정원의 모습은 매우 아름다웠다고 한다.

결국 이러한 공중정원의 모습은 이 지역의 기후, 건축 재료 그리고 사람들의 생활방식이 종합되어 건축형태이다.

(2) 아도니스정원(adonis garden)

그리스 시대에는 중정식 정원 외 오늘날 옥상정원과 같은 아도니스정원이 만들어 졌다고 한다. 이 정원양식은 고대 시리아지방에서 행해지던 하나의 양식을 모방하여 아테네의 부인들이 아도니스의 영혼을 위로하기 위하여 아도니스축제(Festival for Adonis) 당일 옥상에 아도니스의 상을 세우고, 그 주위에 회향을 비롯하여 상치, 밀, 보리 등 쉽게 싹트는 식물을 웃자라게 한 화분을 창가나 지붕 위에 올려놓아 갑자기 시들게 함으로써 아도니스의 죽음을 애도하고 봄이 되어 회생하기를 기원하는 풍습에서

7_ http://www.cleveleys.co.uk/wonders/gardensofbabylon.htm

비롯되었다고 한다(김수봉 외, 2008, 63쪽).

리차드 서넷(1999)에 따르면 아도니스축제란 그리스에서 죽음과 관련이 있는 농경의 례이다. 그리스의 여자들의 활동공간은 집안으로 제한되었으며, 그들의 방은 주택 내에서도 집 바깥의 길이나 안마당에서 접근하기 힘든 2층에 배치되는 경우가 대부분이었다. 따라서 여성들은 축제기간 중 평소에 집에서 사용하지 않는 공간인 지붕에서 그들의 평소 욕망을 자유롭게 표현하고자 하였다. 실제로 그리스 남성의 축제인 심포지아와 다른 그리스축제는 도시당국에서 공인하고 있었지만, 여성들의 아도니스축제는 용인되지 않았다. 아도니스축제는 그리스 여인들의 유일한 자생적인 축제였으나, 오히려 플라톤을 비롯한 지식인들로부터 비판받는 축제였다. 그리스연인들이 아도니스의 죽음을 애도하기 위해 매년 7월 축제 때 옥상의 화분에 '양상치'를 심고 그 화분을 '아도니스정원(Garden of Adonis)'이라고 불렀다. 이 양상치가 시들 무렵 축제가 시작되며 시든 식물은 아도니스의 죽음을 상징하였다. 플라톤은 7월만 되면 반복되는 여인들의 양상치 파종을 신랄(辛辣)하게 비판하고 하였다고 한다. 왜냐하면 고대 그리스 농촌 공동체에 만연되었던 오르페우스축제나 디오니소스축제와 달리, 이들의 양상치 재배는 파종, 재배, 파종으로 순환되지 않았기 때문이다. 그리스의 여인들이 양상치 씨앗을 파종하고 싹이 시들기를 바란 것은, 그리스의 영원한 꽃미남 아도니스의 재탄생을 기원하기 위해서였다(리차드 서넷, 살과 돌, 1999, 75-82쪽).[8]

(3) 중세 이후 르네상스

프랑스의 몽생 미셸(Mont Saint Michel)은 중세시대로 부터의 옥상조경의 예를 제시하고 있다(Grant et al. 2003). Marvel이라고 알려진 수도원은 13세기에 새롭게 만들 당시 기숙사 옥상을 녹화했다고 한다.

한편, 유럽 남부의 온화한 기후와 아파트형식의 건물 덕분에 일상생활 공간으로 건물의 옥상을 사용해 왔다. 그래서 옥상정원 문화는 부유층에게만 국한되지 않고 농부나 중산층까지 파급되었다. 어떤 이들은 옥상정원을 '남쪽지방에서 전해져온 중요한

8_ 리차드 서넷(1999), 살과 돌, 문화과학사

생산품(product)' 이라고까지 표현했다. 후에 이 옥상정원은 근대건축의 일부로 유럽의 북부지방까지 보급되었다. 근대건축은 옥상을 사용할 수 있게 오늘날처럼 옥상옥화를 할 수 있는 방식대로 포장해 줄 것을 주문했다.

수세기동안 옥상녹화와 옥상정원은 사람들의 마음속에서 잊혀져갔으나, 그리스와 로마의 정원문화는 르네상스시대가 도래하면서 다른 고대의 문화와 더불어 되살아나기 시작했다. 아주 거대한 옥상정원은 플로렌스와 로마 그리고 베니스에 만들어 졌고 이어 유럽의 다른 대도시에도 도입되었다. 그 당시 식물과 정원에 관한 지식이 증대되어 외국에서 식물 도입하여 이용하기도 하였다. 재미있는 옥상정원이 많이 만들어 졌는데 예를 들면 1400년경에 만들어진 빌라 카레기(Villa Careggi)와 1530년에 만들어진 안드레아 추기경의 로마 박물관(Roman Museum of Cardinal Andrea della Valle)과 베로나에 있는 마펠공작의 궁전 등이 있다(Palace of Duke Maffel in Verona).

독일 뉴렘베르크의 카이저버그에 있는 프리드리히 3세(Nuremberg Kaiserburg of Friedrich III)의 테라스정원과 이태리 마지오레 호수지방(Park of Borromeo at Lago Maggiore)의 보로메오공원은 마치 공중정원처럼 만들었다고 한다. 그곳의 정원도 공중정원에서 영감을 받아 교목과 포도나무 그리고 아름다운 관목을 심고 향신료로 이루어진 정원도 만들었다.

실제 우리가 흔히 말하는 옥상녹화의 뿌리는 전문적인 용어로 저(비)관리형(extensive) 옥상녹화를 말하는데 인간의 간섭이 없어도 식물이 저절로 잘 자라는 형태를 말한다.

저관리형(extensive) 옥상녹화의 기원은 아이슬란드와 스칸디나비아의 흙집에서 유래되었다고 하며, 이는 필시 자연재료가 부족해서 집의 옥상을 집 주변에서 쉽게 구할 수 있는 재료를 사용하야 집을 지었기 때문이라고 한다(Greenroofs101, 2004). 그 흙집의 두꺼운 바깥벽은 벽돌을 차곡차곡 쌓고 이와 함께 잔디로 만든 벽돌과 긴 잔디 떼를 번갈아 가며 입혀서 만들었다고 한다. 그리고 지붕은 튼튼한 나무로 만든 들보로 아래를 지탱한 다음 언제나 두꺼운 잔디로 만든 덮개로 마무리 하였다고 한다. 튼튼한 바침은 잔디에 의해 증가되는 무게를 지탱하기 위해서는 필수였으며, 이러한 지붕의 설계는 겨울철 강설에 대비하기 위해서였다.

이러한 설계방식은 후에 "자연 온도조절장치"라 불리는데 이는 지표면을 특별한 구조물로 덮었기 때문에 생긴 별명이며 옥상녹화의 새로운 장점으로 등장했다 (Pearson, 1989). 원래는 자연자원이 부족해서 만들어진 이 옥상녹화형태는 전적으로 미적인 이유를 넘어선 장점을 창출했다고 하겠다. 피어슨(Pearson, 1989)은 이렇게 옥상녹화로 자연스럽게 만들어진 단열재는 집 내부공간의 온도를 사계절 안정적으로 유지시켜주었다고 결론지었다. 이 옥상녹화의 구조는 잠재적인 미적·환경적 편익 외에 현대 생태 옥상녹화의 기준을 제공했다. Rohrbach(2004)[9]에 따르면 옥상녹화는 제정(帝政) 러시아 모스코바의 크렘린과 상 페테스부르그의 수도원에 옥상정원이 도입되었다고는 하지만 17세기와 18세기에는 거의 만들어지지 않았다. 그러나 19세기에 접어들어 옥상녹화는 건축가나 건물주인의 마음속에 다시 인식되기 시작했다.

베를린의 칼 라비츠(Carl Rabitz)는 대중들에게 평평한 옥상의 불편함에 대하여 알리고 그 옥상이 가지고 있는 아주 다양한 이용에 대하여 거들고 나섰다. 그는 화산재로 만든 시멘트를 지붕의 표면 처리용으로 사용할 것을 제안했다고 한다. 왜냐하면 이 시멘트는 기존에 사용하는 모전(毛氈)에 비하여 값은 좀 비싸지만 슬레이트나 타일 그리고 아연도금재료 보다는 훨씬 저렴했기 때문이라고 한다.

1867년, 라비츠는 파리 국제 박람회에 옥상정원을 겸비한 그의 개인빌라 모델을 출품하여 옥상정원의 개념을 대중들에게 각인시켰다. 라비츠는 옥상정원의 미적인 혜택에 관심이 있었을 뿐만 아니라 그는 또한 주택의 내부 온도에 영향을 주는 옥상녹화의 환경적인 장점을 잘 알고 있었다고 한다.

한편, 1988년 로란드 스티퍼(Roland Stifer)는 그의 책 "옥상정원(Roof Garden)"에서 뮌헨(Munchen)의 아주 멋진 옥상정원에 대하여 언급하고 있다.[10] 1874년 루드비히 2세

9_ http://www.ecoroofsystems.com/history_files/c_historycont.html

10_ http://www.ecoroofsystems.com/history_files/c_historycont.html

(King Ludwig II)는 온실을 소유하고 있었는데 길이가 70여 미터나 되는 이 온실을 뮌헨에 있는 그의 저택 연회장 옥상에 지었다. 그 온실은 상상을 초월하는 다양하고 풍부한 싱싱한 열대지방의 식물로 가득 채웠다. 그리고 주인의 취향에 맞추어 무어양식의 갤러리를 통하여 인도식 신비한 마술정원으로 접근할 수 있게 만들었다고 한다. 멀리 풍경화를 배경으로 하고 그 앞은 낙원에 사는 새들, 나이팅게일, 공작과 벌새들과 야자수, 대나무, 난 그리고 이국적인 식물 등으로 꾸몄다고 한다. 그 중 가장 주목해야 할 것은 수련과 폭포 그리고 아치형의 다리로 장식한 연못이었다. 그리고 왕자가 기거할 수 있게 텐트를 설치한 작은 언덕과 그 언덕 뒤는 괴상한 바위로 이루어진 풍경이 펼쳐졌다고 한다. 그러나 기술적인 문제와 막대한 비용으로 인하여 20년 후에 그 공사는 중단되어야만 했다.

20세기 초기에는 옥상녹화는 디자인과 시공분야에 많은 진전이 있었다. 20세기 초기 15년간 르 코르뷔제(Le Corbusier)나 프랭크 로이드 라이트(Frank Lloyd Wright) 그리고 월터 그로피우스(Walter Gropius)와 같은 이들이 그들의 작품에 옥상정원을 도입했으며, 그 결과 다른 건축물에도 점차로 옥상정원을 많이 만들었다. 1914년 라이트는 시카고에 아주 큰 그의 레스토랑을 디자인했고, 같은 해 그로피우스에 의해 고안된 옥상정원 레스토랑이 독일 의 퀼른 'Werkbund" 전시회장 건물 옥상에 만들어 졌다.

1923년 르 코르뷔제 저서인 "Five Points of New Architecture"는 옥상정원을 옹호하고 근대 건축디자인에 옥상녹화를 도입한 선주주자로서 그의 지위를 굳건하게 해주었다.

그는 "옥상정원은 집안에서 가장 사랑 받는 장소가 되었으며, 도시를 위한 부가적인 장소로서 건축공간으로 인해 잃어버린 장소를 되찾게 해주었다"라고 주장했다.

비록 옥상녹화 이용의 장점이 소수의 집단에 의해 인정받기는 했으나, 아직 다수는 옥상녹화의 장점을 받아들이기 거부하고 그러한 부정적인 분위기는 계속되고 있다. 이러한 부정적인 분위기를 이끄는 쌍두마차는 옥상정원으로 인한 건설비용의 증가와 건축구조와 관련한 적용에 따른 문제였다.

이러한 부정적인 분위기에도 불구하고 많은 유럽 국가들은 이러한 옥상정원을 도입하고 있다. 독일은 수십 년 간 옥상녹화를 지속적으로 권장하고 있으며 1920년 만들어진 옥상정원이 베를린에 오늘날 까지 남아있다.

1936년 초 스위스의 수도 베른(Bern)의 카지노 파티오는 옥상정원을 기획한 야심찬 녹화 프로젝트였다. 오늘날 이 곳은 수관 폭이 170센티에 이르는 20그루의 밤나무가 그 위용을 과시하고 있다. 영양분이 풍부한 두꺼운 토양으로 채워진 정원은 따로 관수(灌水)나 시비(施肥)를 할 필요가 없다.

한편 런던(London)의 하이 스트리트(High Street)에 있는 한때 데리 & 톰스(Derri & Toms)백화점이었던 6층 건물의 옥상정원에도 1930년대에 수목을 심었다고 한다. 이 정원은 면적이 6,000평방미터로 스페인과 영국식풍의 정원, 튜더양식으로 만들어진 정원의 안뜰 그리고 수(水)정원 외에 다른 많은 정원 요소들로 이루어 졌다고 한다. 이 정원에 쓰이는 물은 120미터 깊이의 우물에서 공급했다고 한다. 이 백화점은 그 이후 1978년 엘리베이터 탑의 개조와 같은 부분적인 수리는 있었지만, 백화점의 옥상정원으로서의 원형을 간직한 가장 오래된 것이라고 한다. 옥상은 당초 900kg/m²의 하중에 견딜 수 있게 설계되었으나, 이를 2배까지 증가시켜 큰 나무의 이식도 가능하게 하였다. 옥상은 약 1%의 경사를 가지고 있으며, 아래쪽으로는 두꺼운 유기질 층이 있다. 개수할 때 스프링클러를 설치하였고, 수목의 성장이 왕성한 곳은 그 높이가 10m에 이르는 나무도 있다.

이 옥상정원이 런던의 쇼핑가 중심부 그것도 35미터 높이에 위치한 것으로 보아도 이는 마치 꿈에서나 볼 수 있을 것 같은 멋진 조경이며 오늘날에 보아도 매우 인상적인 경관임에는 분명한 사실이다.

그럼에도 불구하고 앞에 언급한 옥상정원은 매우 특별한 본보기들이다. 왜냐하면 이러한 옥상녹화는 (옥상정원을 위한)추가 건축비용 혹은 아주 심각한 구조적인 위험성 등과 같은 옥상녹화의 실행을 방해하는 모든 위험요소들을 극복하고서 만들어졌기 때문이다.

독일에서는 2차 대전 후에는 개별적인 옥상정원이 만들어졌으며. 다른 유럽 국가들의 경우는 스위스의 베른(Bern)의 "Schanze" 나 바즐(Basle)의 "Kantonskapitel"과 같은 잡지에서 그 예를 찾아 볼 수 있다. 1970년대 말까지 옥상녹화라는 말은 지하주차장이나 지하철공사로 인해 생기는 인공지반의 녹화를 지칭했다. 그러나 이러한 인공지반녹화는 사람의 이용이 가능한 녹지공간으로서 새로운 주거지역에 통합되곤 했다. 인공지반녹화 사업은 수목의 뿌리 침투로 인하여 발생하는 건물의 누수현상으로 인하여 대규모 보수작업을 필요로 했다. 옥상녹화를 위한 특별한 누수방지처리공법이 이때까지는 개발이 되지 않았고, 공사에 사용된 수목의 종류와 관련되어 발생되는 식물문제 또한 대개 무시되었다.

1980년대 초까지 옥상녹화의 가능성에 대하여 아무도 주목하지 않았으며, 다음과 같은 확신들이 널리 퍼져있었다.

① 평평한 옥상은 항상 부가적인 하중에 견딜 수 없게 만든다.

② 옥상녹화를 위해서는 부가적인 건축비용이 적어도 평방미터당 150-300DM(당시 독일 마르크화)이상 들어간다.

③ 옥상녹화를 위해서는 일반 건축물의 건축기준 이상의 건축구조를 필요로 한다.

④ 옥상녹화를 위한 옥상의 구조, 적합한 수종 그리고 관리에 대한 지식이 부족했다.

한편, 독일의 경우 옥상정원 시스템은 1980년대 들어와서 제대로 확립되었다. 이전까지 옥상녹화의 경우 지붕옥상의 하중과 관련된 공통된 문제가 자주제기 되었다. 더하여 옥상녹화관련 재료의 이력(履歷)나 수목의 적합성에 관련된 다양한 문제들에 관한 좀 특별한 연구가 부족했다.

1977년 독일연방가든쇼는 옥상녹화의 인기를 급상승시키는 촉매제 역할을 했다. 그 행사는 옥상녹화관련 디자인의 환경적 편익에 초점을 맞추었다. 이때가 되어서야 독일 옥상녹화공사 관련 업계는 혁신적인 개발을 시작했다. 이러한 분위기는 대학과 연구소를 자극하여 옥상녹화 관련 연구에 불을 지폈다. 배수와 관수분야가 대부분의 옥상녹화관련 연구를 주도했다.

한편 1980년대에는 생태건축에 대한 방법에 대하여 많은 이야기들이 오고 갔다. 옥상녹화와 관련하여 에너지절약형 및 환경친화형 건축에 대한 연구도 진행되었다. 아주 뛰어난 옥상녹화의 예를 80년대 이후로 부터 살펴보면 아마도 가장 멋진 녹화의 모습은 빈의 훈데르트바써(Hundertwasser)[11] 하우스라고 생각된다. 실제로 초기에는 매우 논쟁의 여지가 많은 프로젝트였으나 현재는 아주 훌륭한 사례로 소개되고 있다.

(4) 독일 FLL의 등장에서 오늘날까지

독일 환경문제의 주체인 FLL(Forschungsgesellschaft Landschaftsentwicklung Landschsftsbau e.V-The Research Society for Landscape Development and Construction)은 1975년에 설립되어 옥상녹화의 조성방법에 대한 평가를 시작했다.

1982년 FLL에서 발간한 '옥상녹화의 기본(Principals for Roof Greening)'에서 관리형옥상녹화(intensive green roofing) 문제를 본격적으로 취급하였다. 그리고 1984년에는 비관리형 옥상녹화(extensive greening)에 관하여 연구를 하였는데 이것이 오늘날 우리가 이야기하는 관리형(intensive) 그리고 비(저)관리형(extensive) 옥상녹화 시스템이다.

독일의 FLL에서 발간한 옥상녹화의 지침(Guidelines for the Planning, Execution and Upkeep of Green-roof sites)은 옥상녹화 건설의 생태적인 문제와 관련하여 중요한 역할을 하고 있으며, 옥상녹화를 만든 후 발생할 수 있는 안전문제와 신뢰문제에 관련하여 이용자들에게 기술적 상세한 지침을 제공하고 있다.

동시에 이 당시부터 독일의 시민환경단체들(Bürgerinitiativen)이 도시 내의 환경문제에 대하여 적극적인 관심을 보이기 시작했다. 당시 아주 심각한 도시화와 녹지의 고갈과 같은 문제에 적절하게 대응하지 못하는 무능한 정부가 그 단체들로 하여금 그들의 발톱을 세우게 만들었다. 이때부터 많은 풀뿌리 환경단체들은 자연을 도시로 불러들이는 역할을 했는데 예를 들면 안마당 녹화와 건물 전면 녹화 그리고 도시 내 불투성 포장면적을 줄이는 운동 등이다. 이러한 환경운동은 대중적인 인기를 등에 업고 1980

11_ 훈데르트바써(1928~2000)는 오스트리아 빈에서 태어났다. 화가 · 건축가 · 환경주의자 · 평화주의자 등으로 다양한 활동을 하였다. 사람과 자연의 조화를 꿈꾸며, 자연과 닮은 모습을 가장 이상적으로 생각했다. 대표 건축물에는 훈데르트바써 하우스, 쿤스트 하우스, 블루마우 리조트, 슈피텔아우 쓰레기 소각장 등이 있다. 훈데르트바써는 '백개의 강'이라는 뜻으로 스스로 지어 부른 이름이라고 한다(바바라 슈피트 지음(김경연 옮김) Hundertwasser für Kinder by Barbara Stieff(훈데르트바써)에서 참조).

년대에 강력한 정당인 녹색당(the Greens)의 탄생을 가져왔다.

1980년대에는 몇몇 지자체와 정부가 주도하여 시행한 도시 내에 자연을 공급하는데 목적을 둔 많은 인센티브 프로그램을 볼 수 있었다. 이러한 유인정책은 도시 내의 많은 녹지를 공급하는데 동기를 부여하는 역할을 해주었는데 그 중에는 옥상녹화를 할 경우 비용의 50에서 100퍼센트까지를 지원해주는 정책 등도 포함하고 있었다. 적어도 24개의 독일의 도시들은 1983년까지 어떤 형태의 도시녹화에 보조금을 지원했다. 이러한 재정의 지원은 최첨단 옥상녹화공법에 들어가는 비용을 상쇄할 수 있었기 때문에 매우 중요했다. 그러나 점차 옥상녹화가 독일 전역에 널리 행해지자 옥상녹화 공법에 드는 비용도 떨어졌다고 한다.

독일은 1980년대 중반 연방건축법(Baugesetzbuch)과 연방자연보전법(Bundesnaturschutzgesetz)에 '생태보상과 대체방법(Ecological Compensation and Replacement Measure)'의 내용을 포함시키는 법의 수정을 단행했다. 이 수정 내용의 핵심은 환경의 훼손은 우선적으로 피하거나 혹은 최소화해야하며 최후의 방법으로는 완화시켜야할 것을 요구하고 있다. 이 방법은 지자체들에게 보상의 성질을 결정하고 이를 법으로 보장된 지방의 각종 개발계획에 강제집행 할 수 있는 권한을 부여하였다. 그 이후로 옥상녹화는 개발업자들에게 그들의 녹지조성 의무를 이행하기위해 선호되는 자연환경 저감방안으로 등장했다.

1984년에는 연방법원에서는 옥상녹화를 수용하는 개발에 있어서 물의 비용은 또 다른 개발임으로 투명하게 할 것을 판결했다. 이 판결이 있기 전에는 상·하수도비용이 하나였다. 그러나 이 판결 후에 몇몇 지자체에서는 하수비용을 따로 분리하였는데 특히 건물 소유주에게 그들의 건물에서 하수처리장으로 직접 흘러들어가는 폭우에 대한 비용을 따로 징수하였다. 이 폭우방지세는 입방미터 당 약 300원에서 3,000원 정도이었으며, 옥상정원을 포함하는 그 건물의 불투성포장면적의 비율에 따라 다르게 징수 되었다. 폭우의 통제를 권장하기 위하여 불투성 포장을 제거한다던지, 빗물의 일시 저장을 위해 연못을 만든다던지 혹은 옥상녹화 등의 방법으로 폭우를 하수처리장으로 바로 가는 것을 막아줄 경우 지자체에서는 폭우방지세를 할인하여주었다. 옥상녹화의 할인율은 30~50% 정도였다.

"오염자부담"원칙을 따르고 있는 하수세의 분리징수는 매우 성공적이었으며 잘 고안된 제도였다. 예상하건대 10만 명 이상의 인구를 가진 독일의 도시의 절반 혹은 그 이상의 지자체에서 하수세를 분리징수하고 있다. 이 세금은 하수처리장의 부하를 줄이는데도 크게 기여했다.

지자체들은 도시녹화프로젝트를 줄이거나 보조금을 점차 줄여 나가면서 아주 벅찬 재정문제를 해결하기 위하여 이를 조례나 혹은 세금이나 요금의 조합으로 대체하였다. 옥상녹화의 조성사업의 활력이 떨어지자 옥상녹화 지지자들은 새로운 방법으로 시장에 활력을 불어 넣었다. 두 가지 아이디어가 있었는데 중 하나는 완성된 옥상녹화의 양질의 관리시스템과 또 하나는 옥상녹화의 "허가인증"제 이었다. 옥상녹화를 조선한 후에 점검하는 것은 FLL의 지침과 그것이 요구하는 생태적 요구사항을 얼마나 잘 수용하고 있는가에 대한 확신을 주는 아주 중요한 방법이었다.

마침내, 1990년대에 이르러 옥상녹화의 질에 대한 확신과 향상에 관한 중요성이 강조되었다. 이는 옥상녹화 계획과 관련된 법에 대한 면밀한 검토와 그 실행에 관한 철저한 점검에 대한 확신을 포함한다는 것을 의미한다.

1997년 FLL은 옥상녹화에 대하여 중재/보상 법안에 대한 면밀한 고려를 포함하는 평가절차시스템을 개발했다. 이 시스템은 각 계획절차를 위해 판단과 평가를 제공함으로써 이는 결국 정책결정자, 개발업자 그리고 건축가들은 명확한 정보와 좋은 예를 이용하여 올바른 결정을 내리는데 도움이 되었다. 그리고 이 시스템의 특징은 명확한 건축, 계획 그리고 생태적 질의 기준을 제시했는데, 이 기준은 기능에 의존하는 기존의 옥상녹화를 대체 혹은 보완하는 매개 역할을 했다.

최근에 사람들은 옥상을 이용함으로써 그들에게 부여되는 여러 가지 기회를 마침내 이해하기 시작했다. 도시민들 중에서 차츰 옥상녹화의 환경적·경제적 가치에 대해 인식하기 시작한 사람들은 도시의 자연에 좀 더 다가가길 원했다. 옥상녹화는 도시경관을 시각적으로 향상시킬 뿐만 아니라 도시환경 속의 조그만 이 녹지공간들이 도시민의 심리적 안정에 영향을 주며 이는 결국 도시인의 삶의 질과 밀접한 관계를 가지는 매우 중요한 요소라는 것이다.

4) 옥상조경의 효과[12]

필시 도시민들은 옥상을 이용함으로써 그들에게 부여되는 여러 가지 기회를 마침내 이해하게 되었다. 그들 중에서 차츰 옥상녹화의 환경적 · 경제적 가치에 대해 알기 시작한 이들은 도시의 자연에 좀 더 다가가길 원했다. 이는 도시경관을 시각적으로 향상시킬 뿐만 아니라 도시환경 속의 조그만 녹지공간들이 도시민의 심리적 안정에 영향을 주며 이는 도시인의 삶의 질에도 매우 중요하다는 것이다.

이러한 옥상녹화는 도시의 녹지로서 여러 가지 기능이 있으나 이러한 기능들은 서로 중복되는 것도 많으나 크게 환경적(environmental), 경제적(economic), 사회적(social) 그리고 미적(amenity & aesthetic)효과 등 크게 네 가지로 나눌 수 있다.

환경적 기능은 생태적 기능과 기온저감 및 도시열섬완화기능 등이 있고, 미적효과는 레저와 녹지공간, 시미각적 기능, 건강과 치유기능 그리고 식량생산기능 등을 포함하며, 경제적 기능은 증가하는 옥상생활, 건물단열효과, 그리고 에너지 절약 그리고 녹색빌딩 평가와 대인관계의 향상 등을 포함한다.

(1) 환경적 효과(Environmental Benefits)

① 야생동물 서식처로서의 생태적 기능

옥상녹화의 활용을 통하여 생물다양성을 증진시키기 위해서는 옥상에 어떤 종의 식물을 도입하는가가 매우 중요하다. 만약 생태계에 매우 적합한 식물이 도입되면 옥상정원은 주변 동식물들에게 적절한 서식지를 제공할 수 있다. 특히 조류가 필요로 하는 기초적인 먹이나, 물, 피난처 그리고 번식장소 등을 제공한다면 가능할 것이다.

12_ 김수봉(2009) 참조.

비록 개별적인 옥상녹화가 이런 모든 기능을 다하지는 못하더라도 그와 같은 옥상의 녹지가 '징검다리'역할을 하여 근처의 도시자연공원이나 동네근처의 산, 혹은 근린공원 등과 같은 면적이 큰 생물서식공간을 연결시켜줄 수 있을 것이다. 야생동식물이나 생태적인 편익은 토양 깊이, 도입하는 식물의 종류와 특성의 다양성이 많을수록 저관리형 옥상녹화에 비하여 관리형옥상녹화 더 많은 편익을 제공할 것이다. 저관리형의 경우 토심이 얕고 비교적 덜 비옥한 토양에서 자라는 많은 종류의 식물에게는 좋은 서식공간이다. 좀 더 비옥한 토양에서는 연약한 수종들이 성장이 왕성하고 공격적인 성향을 가진 식물이 우점당하고 또한 경쟁에 밀려서 정착하지 못하기 때문에 이 들이 공존 할 수 있게 좀 다양한 종들이 살 수 있도록 해주어야 한다. 지금까지 옥상녹화의 종다양성과 야생동식물의 서식처로서의 가치에 관한 많은 연구들이 수행되었다. 그 중 스위스 바젤에서 17개의 옥상정원을 대상으로 곤충과 조류의 생태를 면밀하게 관찰한 연구(Dunnett & Kingsbury, 2004)가 수행되었다. 이 연구에 의하면 지표와 옥상에서 발견된 거미와 딱정벌레의 종수는 별다른 차이가 없었으며 조류들은 주로 먹이를 얻기 위해 옥상을 찾아오고, 도시인근 조류보다는 도시 내에 사는 조류들의 방문이 더 빈번했다고 하면서 조류의 먹이 공급처로서의 옥상의 중요성을 연구결과를 통하여 시사했다. 한편, 송태갑 등(1994)은 옥상녹화의 식재형태와 조류의 출현의 상관관계에 관한 연구를 통하여 옥상녹화를 할 경우 단위 면적당 조류의 출현 개체수와 다양성이 증가함을 규명하였다.

이러한 연구들이 우리에게 주는 중요한 메시지는 옥상녹화의 계획과 시공의 다양성은 결국 생물의 종 다양성으로 이어진다는 것이다. 결국 옥상녹화를 할 때 다양한 높이와 경사, 개방된 돌로 채워진 비식재공간, 다양한 식재의 종류 그리고 배수가 양호하거나 그렇지 않거나 이러한 것들이 생태적 가치를 최고로 만든다.

이러한 옥상녹화의 생태적 가치는 대개 옥상녹화를 만들 때 실제로 얻고자하는 편익, 즉 위락적효과와 같은 편익에 더불어 생기는 효과다. 그러나 몇몇 옥상녹화는 순전히 생태적인 가치를 목적으로 만들어지는 경우도 있다. 예를 들면 캘리포니아의 The Gap at Cherry Hill에 위치한 사무실건물용 집합 캠퍼스의 건물 옥상의 경우는 그쪽 해안지역에서 만 생존하는 초지군락의 초지들을 이용하여 건물과 인근 경관을 연결시키고 도시지역의 자연 식생군락까지 연장시킨 계획으로 상까지 받았다.

그러나 이러한 자유방임적인 생태적 식재양식을 채택할 경우 잠재적 결점의 한 가지는 일반적인 정원을 가꾸는 방법보다는 그냥 자연스럽게 자라도록 내버려두는 생태적인 식재양식을 수용해야한다는 것이다. 이것은 시각적 혹은 거시적 측면에서 볼 때 이런 작은 규모의 옥상녹화에서의 생태적 식재방식은 좀 지저분한 느낌을 주는데 이는 좀 깨끗하고 잘 정돈된 조경을 원하는 많은 사람들에게는 비판의 대상이 된다. 특히 한국의 도시처럼 생태적 식재에 대해 친숙하지 않는 곳에서는 더욱 더 사람들의 비판이 대상이 될 가능성이 많다.

한편 옥상녹화의 생태적 가치는 개별 건물에서는 얻을 수 없는 커뮤니티 차원의 편익으로 간주하는 것이 옳다고 본다.

② 도시열섬저감 및 기온저감 효과

도시열섬현상은 일반적으로 도시의 교외지역 보다 중심부의 기온이 열을 흡수하는 건물군, 불투성 재료로 포장된 도로와 인도, 녹지의 부족, 자동차에서 발생되는 대기오염, 바람통로의 부족 그리고 건물에서 배출되는 각종 인공열 등과 같은 이런 여러 가지 이유로 더 높아지는 현상을 말한다.

예를 들면, 베를린의 중심부의 경우 맑고 바람한 점 없는 밤 온도가 교외지역에 비해 무려 섭씨 9도가 더 높았다. 그리고 시카고의 경우도 도심부의 온도가 교외에 비해 1°C에서 2.7°C까지 높았다고 한다. 또 도쿄는 최근 도심의 평균기온이 지난 100년간 2°C나 상승하였다. 홍콩의 경우도 홍콩 기상대에 따르면 지난 118년간 지구온난화의 경향을 반영하듯 꾸준하게 기온이 상승하였으며, 최근 10년간 도심과 교외의 기온이 각각 0.6°C와 0.2°C 상승하였다고 하는데 교외와 도심의 기온차인 0.4°C는 바로 도시화의 영향 때문이라고 한다. 이렇듯 도심부와 도시의 교외지역의 온도가 다른 것은 많은 이유가 있지만 대표적인 요인들을 종합해보면 알베도, 증발산작용, 간극률, 음지의 정도, 풍속, 인공열, 에너지수급 및 보유의 효율성, 열용량 그리고 대기오염(Oke, 1982; Barry and Chorley, 1968) 등이다.

많은 연구에 따르면 도시의 녹지는 더워진 도시의 온도를 증발산작용을 통하여 낮추는데 기여한다고 한다. McPherson은 도시의 전형적인 두터운 두껍고 어두운 지붕 표면 등과 같이 알베도가 낮은 재료들이 도시의 열섬현상에 기여하며 녹지는 직·간접적으로 이 열섬현상을 감소시키는 역할을 한다고 주장하였다(McPherson, 1994). 그리고 Meir(1991)에 따르면 녹지는 먼저, 창문을 그늘지게 하고, 부가적인 열저항 재료를 공급하고, 외부로 부터의 열의 직접적인 침투를 막고 또 (수목의 증발산작용으로 생기는)잠열(latent heat)의 이동 등을 통하여 건물의 온도를 낮추어 준다고 하였다.

우선 Eumorfopoulou와 동료들(1988)은 옥상녹화가 열로부터 건물을 보호하는 효과를 가지고 있으며, 이는 옥상에 식물을 식재하여 복사열을 낮추고, 아울러 옥상의 열 변동을 저감시킴으로서 나타나는 현상이라고 주장했다. 그들의 주장에 따르면 옥상녹화는 토양과 잎의 밀도에 의하여 열의 유동량을 줄일 수 있고, 건물 내부의 온도를 낮추어 주는 냉각효과를 가지고 있다고 하며, 미기후적인 측면에서 풍속이 빠른 빌딩의 옥상에서 좀 더 효과적인 냉각효과를 기대할 수 있을 것이라고 한다.

Theodore(2003)는 여름철 옥상녹화의 수동적인 냉각효과에 관한 연구를 수행하였다. 이 연구는 컴퓨터로 건물을 분석한 것을 기본으로 옥상늑화 시뮬레이션을 행하였다. 분석에 따르면 옥상녹화의 토심이 증가함에 따라 온도변화의 유동이 감소하였고, 온도의 변화에 가장 중요한 영향을 미치는 변수는 수목의 잎 면적 지수인 잎의 밀도였고, 바람의 세기는 잎의 수증기를 빠르게 증발산 시키는 것으로 나타났다.

그리고 일본의 도시녹화기술개발기구(1995)에 따르면 동경도 23구 전체 옥상면적 86%를 녹화할 경우 최고기온이 0.2°C~1.4°C정도 떨어진다는 연구결과를 보고하였다. 이는 녹지에 의한 햇볕이 반사 및 증발산의 작용으로 인하여 건축물 냉난방 에너지 사용을 줄임으로 인해 건물 외부로의 열 발산을 낮추어 결과적으로 도시의 열섬현상을 상당히 완화시킬 수 있음을 보여 주었다.

한국기술연구원(1997)은 옥상녹화시스템의 열성능 평가를 통하여 옥상부의 표면온도 변화를 실험한 결과 일반주택에 비하여 옥상표면온도가 11.7K(°C) 정도의 안정된

변동특성을 보였고, 이를 바탕으로 1999년 주택옥상의 표면온도에 관한 실험을 통하여 여름철 옥상녹화공법을 적용한 실험주택이 콘크리트 표면 주택에 비하여 하루 평균 약 2K(℃)정도의 온도저감 효과가 있는 것으로 나타났다.

이동근(2005)은 옥상녹화조성에 따른 온도저감효과를 실험 분석한 결과 여름철의 경우 콘크리트 실험구보다 옥상녹화를 조성한 실험구의 온도가 낮아짐을 밝혔는데, 온도저감효과는 토양과 토심 그리고 식물피도에 따라서도 달라짐을 보여 주었다.

한편, 조현길(1999)은 도심에서 식생과 토양 대신에 콘크리트건물 및 아스팔트 포장 등과 같은 불투성포장이 우점하고 있어, 알베도가 낮은 인공구조물이 주간에 복사열을 흡수하고 야간에 서서히 그 열을 방출하여 야간이 온도를 높인다고 주장하였다. 또한 불규칙한 스카이라인으로 구성된 고층건물의 밀집은 통풍을 제한하고, 도심에서 대기 중에 오염물질의 운집으로 인하여 열을 가두어 도시 내의 열 축적에 기여하며 이의 해결방안으로 투수성 포장과 녹지공간의 확충을 제시하였다. 그는 도시 내 수목의 증산 량이 미기후 조절에 큰 영향을 준다고 보았다. 실례로 플라타너스나 단풍나무 한 그루의 8월 하루 증산 량은 5,100 kcal/h 로 (15평형)냉방기 2대를 약 13시간 가동하는 것과 같은 효과를 준다고 하였다. 또한 인공구조물의 열 축적 및 방출에 의한 열섬현상을 완화하기 위해 밝은 색 계통의 색채로 구성하는 것이 도움이 된다고 주장하였다. 그는 수목피도 10%의 증가는 여름철 온도 0.5~1℃ 감소시킨다고 하였다.

진병화(2000)는 지표면이 식생으로 피복되어 있을 경우, 증발 및 증산작용은 식물체 표면에서 일어나고 열수지 평형이 식피층(vegetation canopy)의 수관부 표면에서 이루어진다고 하면서, 식피층이 존재하면 오아시스효과와 녹음효과가 나타난다고 주장하였다. 그는 녹지면적이 10% 증가할수록 주변의 평균최고기온은 0.9℃, 평균 최고지온은 2.3℃ 감소한다고 그의 연구결과를 제시하면서, 도시지역의 녹지는 열섬의 강도를 약화시키는 주요한 역할을 한다고 주장하였다.

그리고 김수봉 등(2002)은 대구시의 3년간(1991~1993) 여름철 1일 최고 기온은 최근

30년간(1961~1990)과 비교하여 1.2°C 낮아진 반면, 타 도시는 오히려 1~2°C 높아진 것으로 분석하였다. 이는 대구시의 광범위한 십 수 년간의 도시녹화사업 및 신천의 유지수 등으로 인한 국지적인 미기후환경의 변화라고 주장하였다. 그리고 김수봉 등(2006) 최근 도시녹지의 기온저감효과를 토지피복, 개발밀도, 식생지수 등의 인자를 고려하여 분석하였다. 그들의 연구결과에 의하면 도시 지표면의 온도가 그 주변 지역의 토지이용현황에 따라 열 분포패턴이 명확히 달라진다는 사실을 밝혀내었다. 특히 도시 지표면의 온도와 식생지수 사이에는 뚜렷한 부(-)의 상관관계가 있음일 확인하여 도시녹지가 지표면의 온도 저감에 긍정적인 역할을 하고 있다고 주장하였다. 그들은 여름철 도시기온의 저감을 위해서는 도시 내 녹지공간의 확보가 우선적으로 이루어 져야 하며, 도시 공간 중 열섬강도가 비교적 큰 도심의 상업지역의 경우 녹지공간으로 개발할 수 있는 토지가 거의 개발완료 되거나 지가가 매우 높기 때문에 도시녹지 확보를 위하여 특히 옥상 및 벽면녹화 등 인공구조물에 대한 녹화에 대한 방안을 적극 검토할 것을 주문하였다.

따라서 도시의 열섬현상이 집중적으로 나타나는 도시 중심부의 경우 도시녹지의 일종인 옥상녹화를 적극 조성하는 것은 도시열섬현상을 완화시키는데 크게 기여한다고 하겠다.

③ 단열효과 및 에너지절감 효과

한편, 옥상녹화와 단열효과 및 에너지절감 효과와의 관계를 구명한 몇몇 연구를 살펴보면 다음과 같다.

우선 興水(1994)에 따르면 여름철 외부온도가 30°C를 넘어가면 콘크리트표면온도가 최고 50°C까지 올라가며, 콘크리트 아래 부분은 40°C까지 온도가 상승한다고 하였다. 옥상녹화를 실시할 경우 옥상표면의 온도는 26~27°C정도로 유지된다고 하며, 온도가 일정하게 유지되면 콘크리트 표면이 열에 의한 팽창 및 수축을 하지 않으므로 균열을 방지할 수 있다고 주장하였다.

한편 강재식(2000)은 그의 옥상녹화 시스템의 열 성능 평가에 관한 연구에서 환경친화적인 건축기반기술 개발의 일환으로 옥상녹화시스템의 열적 특성과 에너지 절감 부분에 대한 평가를 현장실험을 통해 고찰하였다. 이 실험에서 옥상녹화 시스템은 여름철에는 아주 뚜렷한 열전달 지연효과와 단열성능을 지닌 것으로 나타났다. 그리고 동계의 경우에도 기존의 연구에서 정확한 실험분석 없이 막연하게 열적으로 불리할 것으로 예측했으나 이와는 달리 상당한 열적 효과를 보였다.

Niachou et al.(2001)은 그의 옥상녹화 온도특성과 에너지효율에 관한 연구에서 옥상녹화를 실시한 곳은 평균, 최저, 최고 온도가 일반 옥상에 비하여 낮게 나타났다. 특히 옥상녹화는 기존의 옥상에 비하여 건물 내외부의 기온을 안정되게 유지시켜줌으로서 건물의 냉난방 비용을 절약 할 수 있었다고 한다.

싱가포르대학교의 Wong(2002)교수 연구팀은 다양한 종류의 옥상녹화(면적 966㎡)가 이루어진 싱가포르의 5층짜리 상업건물의 에너지효율에 관한 연구에서 옥상녹화 건물의 에너지 소비를 저감시켜 냉방비용을 절약할 수 있음을 밝혀내었다. 그의 연구에 따르면 옥상녹화에 사용되는 식물과 토양층으로 인하여 싱가포르의 독특한 기후특성하에서 연간 에너지 소비량은 감소했는데 특히 토양의 종류에 따라 에너지소비감소가 다양했음을 밝혀내었다. 옥상녹화의 식재의 경우 매년 0.6%에서 14.5%의 에너지 절감효과가 잇는 것으로 나타났고, 토양층은 토양의 종류에 따라 다르나 최고 2.9%까지 에너지 절감효과 있는 것으로 보고하였다.

한편 한국건설기술연구원(1997, 1999)은 옥상녹화시스템의 열성은 평가를 통하여 옥상부의 단면온도 변화실험을 두 차례에 걸쳐 실시하였다. 실험결과 슬라브 상·하의 표면온도가 콘크리트 실험주택보다 옥상녹화시스템을 이용한 실험주택이 외부기온과 상관없이 일정한 온도를 유지함을 보여주어 옥상조경이 온도 유지효과가 있음을 확인하였다. 한편 옥상녹화시스템의 난방 에너지소비량은 1일 1.51kWh(1999년 실험은 1.49kWh)과 1.485kWh(1999년 실험은 1.38kWh)로 일반주택의 1.586kWh(1999년 실험은 1.59kWh)에 비하여 상대적으로 낮았다. 그리고 일일 에너지 소비량은 콘크리트 주택을 100%로 하였을 때 옥상녹화 주택은 최저 91.43%와 89.51%로 최대 8.5% ~ 10.5% 정도의 에너지 절감효과가 있는 것으로 나타났다. 1999년의 실험에서 콘크리트주택의 총에너지소비량은 17.5kWh, 옥상녹화 주택은 16.4kWh와 15.2kWh로 나타나 결과적으로 옥상녹화주택이 6.4%~13.3% 정도의 난방에너지 절약효과가 있음을 밝혀내었다.

박찬필 등(2004)은 옥상녹화에 따른 콘크리트 건축물의 열환경 개선효과 연구에서 일사량을 차폐하여 건축물의 내부 환경을 개선하고자 공기층을 가지고 있는 일사차폐 블록 위에 잔디밭을 설치할 경우 실내의 온열환경이 어느 정도 개선될 수 있는지를 밝혀 기존 건축물의 실내 온열 환경의 개선에 응용해야 할 일사처리 방법을 제안하고자 하였다. 연구결과 일사차폐블록 위에 옥상녹화를 함으로써 일사차폐 블록은 실내 온열환경을 개선하여 여름은 시원하고 겨울에는 따뜻한 실너 환경을 창출할 수 있는 것으로 나타났다.

오승환(2006)은 저관리·경량형 옥상녹화의 온도저감효과 븐석연구에서 저관리·경량형 옥상녹화의 온도저감효과 분석연구에서 저관리·경량형 옥상녹화를 구성하는 구성요소의 변화에 따른 온도저감의 관계를 찾아내고 저감효과의 관련 있는 변수 중 중요변수를 대상으로 구체적이고 정량적인 온도저감효과를 제시하였다. 그 결과 옥상녹화의 식생과 토심이 온도저감의 주요한 변수로 작용하고 있는 것으로 평가되어 건물주위의 미기후를 개선할 뿐만 아니라 건물 내부의 온도도 낮추어 주는 것으로 나타났다.

이상의 연구에서 미루어 볼 때, 옥상녹화는 여름철뿐만 아니라 겨울철에도 열환경을 개선해주는 역할을 수행하는 것으로 나타났으며 이로 인하여 건물 주변의 미기후를 개선하고 실내의 온도를 낮추어주어 건물의 냉·난방으로 인한 에너지사용을 절감하는데 크게 기여하는 것으로 예상된다.

④ 이산화탄소 저감기능

식물은 광합성작용을 통하여 이산화탄소를 흡수하고 산소를 대기 중으로 배출되며, 따라서 대기의 안정은 식물에 의해서 유지된다. Kuhn(1996)은 155m²의 녹지에서 광합성 작용을 통하여 하루 한사람에게 필요한 산소를 생산해낸다고 주장하였다. 그리고 너도밤나무 한그루는 매시간 10명에게 필요한 양의 산소를 만들어 낸다고 한다

(Minke & Witter, 1982).

1980년 이후, 우리나라의 1인당 이산화탄소 배출량과 에너지 사용량 증가율이 30개 경제개발협력기구(OECD) 회원국 가운데 가장 높은 것으로 나타났다. OECD가 2001년 5월 16일 프랑스 파리에서 개최한 OECD 환경각료회의에서 발표한 "10대 핵심환경지표"에 따르면, 1998년 한국의 이상화탄소 배출량은 지난 80년보다 144%증가해 회원국 가운데 가장 높은 증가율을 보였다고 한다. 최근 신문보도(연합뉴스 2009년 2월 2일) 지난 2006년 기준으로 우리나라의 연간 온실가스 배출량이 6억t에 육박한 것으로 집계됐다고 한다. 특히 그간 매년 줄어들던 배출량 증가폭이 다시 늘어나고 있어 이에 따른 대책이 필요한 것으로 지적되고 있다고 한다. 한편, 최근 지식경제부가 국가 온실가스 인벤토리 협의회와 민간 전문가들의 검토를 거쳐 내놓은 온실가스 배출량 통계에 따르면 2006년 우리나라가 배출한 온실가스는 5억9천950만 이산화탄소톤(tCO_2.각종 온실가스를 이산화탄소 기준으로 환산한 톤단위)으로 2005년보다 510만tCO_2, 0.9% 늘어났다고 한다. 이 배출량은 선진국들의 온실가스 의무감축 기준년도인 1990년 배출량(2억9천81만tCO_2)보다 101.1%늘어난 것으로, 연평균 증가율이 4.5% 선이다. 우리나라의 온실가스 배출량 증가율은 1999년 9.7%까지 치솟은 뒤 꾸준한 감소노력으로 매년 낮아져 2005년에는 0.7%까지 떨어졌으나 2006년에는 다시 증가폭이 늘어났다. 이에 대해 지경부는 "총배출량의 10.6%를 차지하는 산업공정부문이 1.8% 감소하기는 했지만 2005년 감소폭이 5.3%였던 것에 비해 감소폭이 둔화된 점과 2005년 9.5% 줄어들었던 폐기물 부문 온실가스 배출이 2006년 2.9% 늘어난데 따른 결과"라고 해석했다고 신문은 보도했다.

한편, 세계 인구 25위인 우리나라의 이산화탄소 배출량은 2008년 기준 세계 10위이며, 90년 이후 온실가스 배출량은 연평균 5.1%씩 증가하고 있으며, 지속되는 고유가 상황과 국제적으로 온실가스 배출규제 등 환경규제가 강화되고 있어 우리나라는 큰 도전에 직면하고 있다. 이 같은 상황에서 개발위주의 산업구조의 개선과 더불어 녹지에 의한 이산화탄소 저감방안을 적극 검토해야할 시점이다. 특히 온실가스 중 이산화탄소 배출의 진원지인 우리나라 주요 도시에서 이산화탄소의 주요 흡수원인 도시녹지의 적극적인 도입에 관한 연구는 이 시점에서 매우 의미가 있는 접근방법이라고 생각한다.

조현길은 도시녹지율의 확보와 적합한 수종의 배식은 대체에너지의 개발보다 대기 중의 이산화탄소 농도를 효과적으로 감소시킬 수 있어 시간과 비용 면에서 경제적이라고 주장하였다. 또한 삼림훼손의 영향을 상쇄시키기 위한 대체적인 역할의 일부를 담당할 수 있을 것이라고 주장하였다. 그의 2000년에 발표된 논문 "강원도 일부도시의 경관 내 탄소흡수 및 배출과 도시녹지의 역할"에 따르면 수목에 의한 단위 면적당 탄소저장량(1994년~1996년 3년간 평균)은 자연지에서 춘천시26.0t/ha 및 강릉시 46.7t/ha이었고, 도심지에서는 연구대상 도시에 따라 각각 4.7-6.3t/ha로 나타났다. 한편 수목에 의한 단위면적당 연간 탄소흡수량은 자연지에서 1.60-1.71t/ha이었고, 도심지에서는 0.56-0.71t/ha로 조사되었다. 에너지소비에 따른 인구 1인당 연간 탄소배출량은 춘천시에서 1.3t/yr 그리고 강릉시에서 1.8t/yr으로 나타났으며 주 배출원은 차량 및 산업시설이었다. 도시녹지의 총 탄소저장량은 춘천에서 연간 배출양의 66%, 강릉시에서 101%에 이르렀다. 또한 도시녹지는 연간 흡수를 통해 연 탄소배출량의 약 4%를 상쇄시켰다. 기후변화의 원인을 근본적으로 막기 위해서는 화석연료를 효율적인 이용과 절약이나 대체에너지 개발 등 기술적인 대책을 필요로 하지만, 연구결과에서처럼 도시녹지의 이산화탄소 흡수원 으로서의 역할을 제대로 수행시키기 위해서는 도시 내의 자연지의 훼손을 최소화하고 도시 내 불투수성 면적을 줄이고 수목 식재면적을 늘릴 것 등을 제안하여 도시 내 이산화탄소 흡수원으로서 도시옥상녹화의 중요성을 새삼 인식하게 하였다.

한편 도시녹지는 세 가지 기능적인 측면에서 대기 중 이산화탄소 농도를 감소시킬 수 있다. 첫째는 광합성작용에 의한 대기 중 이산화탄소의 직접적인 흡수다. 식생은 이산화탄소흡수와 관련된 광합성으로 탄수화물의 축적을 통허 성장한다. 식생은 죽거나 벌채되기 전까지 계속적으로 대기 중의 이산화탄소를 축적한다.

둘째는 건물의 냉·난방 에너지 절약을 통한 대기 중으로의 이산화탄소 배출을 저감시키는 것이다. 주택건물 주변이나 옥상조경 등으로 적절히 배치된 식생은 그늘제공 및 증·발산작용을 통하여 여름철 냉방에너지를 절약하며, 풍속감소를 통하여 겨울철 난방에너지의 소비를 절약할 수 있다. 냉·난방에 필요한 화석연료의 절약은 결국 이산화탄소의 대기로의 배출을 낮추어 주는 결과로 연결된다.

셋째는 토양의 탄소축적기능이다. 식물의 광합성으로부터 축적된 생체량의 일부는 해마다 생장기반인 토양에 이입되며, 미생물에 의한 분해량을 제외한 유기탄소는 토양에 축적된다. 불투성 면적의 증가는 토양의 탄소저장을 막는다. 특히 도시 내 식재는 잔디에 의한 지피식재, 교목 도는 관목의 열식 또는 잔디면 위 교목의 단식 등과 같은 단층구조로 대표된다고 하겠다. 단위 면적당 식물생체량과 이산화탄소 흡수량을 증가시키기 위해서는 잔디공간은 곡 필요한 용도 외에는 줄이고 자연 식생지에서 발견되는 지피식물, 관목 및 교목으로 구성되는 다층구조의 식생경관을 조성해야 한다. 이러한 수직적 다양성의 창출은 대기오염 완화, 물의 재순환 그리고 생물 종 다양성의 유지 등 녹지의 기타 생태적 기증도 함께 증가 시킬 수 있다고 한다(조현길 외, 2000).

따라서 도시 내 수목의 환경적 기능을 향상시키기 위해서는 옥상조경 조성 특히 관리·중량형의 도입 시 이러한 다층구조의 식재 패턴을 도입하는 것이 가장 바람직 할 것으로 생각된다.

⑤ 환경오염저감 기능

옥상녹화는 이 외에 대기질의 개선과 같은 환경오염저감 기능이나 유수유출 저감 및 유출량 지연효과와 같은 다른 환경적인 기능도 있다.

옥상녹화의 식생은 대기 중의 오염된 공기를 잎과 줄기를 통하여 정화시켜 도시 내 대기 질을 향상 시킨다(Peck et al., 1999). 그 예로 독일 프랑크푸르트에서의 조사에 따르면 가로수가 있는 도로의 인근 마을의 경우에는 오염 된 미세먼지가 1리터의 공기 속에 3,000개 정도 존재했으나 가로가 없는 도로의 마을에서는 무려 10,000~20,000개의 오염된 미세먼지가 존재하는 것으로 나타났다(Minke & Witter, 1982). 그리고 뜨거운 도심지역의 대기는 수직으로 상승하는데 이 때 오염된 미세먼지를 동반하여 올라간다. 이때 도심에 키가 큰 교목은 표면온도를 낮추어서 간접적으로 대기 질을 개선하여 상승온난기류의 이동의 강도를 줄여준다고 한다(Peck et al., 1999).

한편, 스모그(smog)현상은 오존과 관계된 광화학적 스모그와 이산화황이 원인이 되는 런던형 스모그로 나눌 수 있는데 보통 스모그라 하면 광화학적 스모그를 의미한다. 스모그를 일으키는 일산화질소와 이산화황은 빗물에 녹아 산성비가 되기도 하며 토양, 호수나 강의 산성화를 유발하여 생태계가 변하는 원인이 되기도 한다.

광화학적 스모그는 자동차의 배기가스 속에 들어있는 일산화질소가 원인이 되는데 일산화질소가 공기 중으로 배출되면 산소와 결합하여 이산화질소가 된다. 이때 생성된 이산화질소가 햇빛의 영향을 받아-이러한 햇빛의 영향 때문에 광화학이라고 명한다- 다시 일산화질소가 되면서 불안정한 산소 원자를 내놓는데 이 산소원자가 공기 중의 산소와 결합하여 오존이 된다. 오존이 생성되면 공기 중에 떠도는 탄화수소와 화학 반응을 하여 옥시던트라고 하는 유독한 산화물이 되는데 이것이 대기오염 물질로 작용한다. 그래서 오존이 일정량 이상 되면 오존주의보라 하여 사람들에게 조심하라는 메시지를 보내는 것이다.

이처럼 옥상 표면위의 기온이 상승된 대기는 스모그현상의 주범인 저기압 오존을 생성하는 화학적인 반응을 일으키는데 아주 결정적인 역할을 한다(Schloz-Barth, 2000). 그러나 이러한 오존은 도시의 식생이 기온을 저감시킴으로 인해 그 양이 줄어들며 그 결과 대기 질이 개선된다. 그러나 이를 위해서는 도시 내 수목을 식재할 때 수종의 선택에 신중해야한다. 왜냐하면 어떤 수종들은 VOCs(Volatile Organic Hydrocarbons: 휘발성 유기화합물)를 배출하여 이 물질이 질소 산화물과 반응하여 스모그를 형성(Rosenfeld et al., 1997)하기 때문이다.

일본 도시녹화개발기구(1995)의 연구에 따르면 인산화탄소의 경우 4m 높이의 수목 한 그루가 1년간 고정 흡수하는 이산화탄소의 양은 약 11.5kg으로 성인 한 명이 배출하는 이산화탄소의 양을 같은 기간에 약 60kg으로 볼 때 4m높이의 나무 5-6그루면 성인 1명의 이산화탄소의 처리가 가능할 것으로 보고했다. 그리고 4m 높이 나무가 1년간 흡수하는 질소산화물의 양은 약 108g 으로 자동차가 1km주행 시 약 0.25g 의 질소산화물을 배출하기 때문에 이와 같은 크기의 수목이면 432km 주행에 해당하는 질소산화물을 처리할 수 있다고 한다.

⑥ 우수유출저감 및 우수유출량 지연효과

이 밖에도 소량의 비가 내릴 경우 옥상에서 빗물을 함유하여 다시 대기로 증발 시키므로 하나의 작은 물 순환체계가 이루어지기도 한다.

자동차 배기가스와 먼지로 인해 공기 중의 더러운 미세먼지 분진이 초기 우수에 섞여 바로 배수 관거를 통해 빠른 속도로 유출될 경우 하천오염과 토양침식 등의 문제가 발생되는데 옥상녹화는 이러한 초기 우수를 토양층을 통하여 여과시키고 우수의 흐름을 일시적으로 지연시키는 작용을 함으로써 토양침식을 막아주고, 수질오염을 경감시켜 수중 동·식물 생태계의 참살이를 향상시키는 역할을 하는 이점이 있다.

한국건설기술연구원의 1999년도 연구에 따르면 옥상녹화시스템의 도입으로 인하여 총강우량에 대한 우수유출 저감비율이 약 70% 이상임을 확인했으며, 단 기간 집중 홍수에 대해서도 상당한 우수유출저감 효과가 잇는 것으로 나타났다.

이동근 등(2006)은 옥상녹화 조성 시 토심과 식생유무에 따른 우수유출량 저감 효과와 우수지연 효과에 관한 분석을 통하여 시멘트 실험구에 비하여 옥상조경 실험구가 우수유출 저감효과가 높은 것으로 나타났으며, 최고 강우량인 228mm에서 17.5%(39.81mm), 여름철 최저 강우량인 16.23mm와 가을철 강우량 5.33mm의 경우 100% 우수유출저감 효과를 보였다고 한다. 또한 우수유출 지연속도에 있어서는 옥상녹화 실험구보다 시멘트 실험구가 짧은 것으로 나타났는데, 특히 장마철 우수시 우수유출 지연시간은 1시간 15분에서 2시간 24분으로 나타났다고 한다. 비장마기인 가을철의 경우 지연시간이 5시간 20분에서 10시간 41분으로 나타났다고 보고했다.

베를린의 경우 옥상녹화가 평균 우수의 75%를 흡수하여 우수의 일시적인 지연과 집중 홍수의 위험을 줄여주며, 직접적인 우수의 방출을 25%까지 감소시켜 준다고 한다(Liesecke, 1989).

브라질의 리우 데 자네이로에서는 옥상조경이 폭우기간 중 최고 강우량을 줄여주는 아주 중요한 역할을 하였다고 하며, 연간 빗물저장 능력은 65%로 예상된다고 한다(Kohler et al., 2001). 특히 Kohler et al.(2001)은 열대지방의 기후 특성상 옥상녹화의 우수지연효과에 미치는 두 가지 특성에 대해서 언급했다. 먼저 빈번한 폭우로 인하여 새로 조성된 옥상조경에는 잠재적인 토양침식과 토양 중 효소의 작용으로 화학반응을 일으키는 물질(기질)이 빠르게 빗물에 녹아들 가능성이 높다는 것과 두 번째는 열대의 기온 특성은 옥상녹화의 높은 증발량의 원인이 되며 이 증발은 생물체에서 만들어지기 때문에 이는 필시 옥상조경이 강우의 지연을 증가 시킬 것으로 예상된다고 하였다. 이 주장은 우리나라처럼 여름철 강우가 집중되고 기온이 높은 지역에 많은 시사점을 준다고 하겠다.

이 외에 옥상녹화의 토양은 소리파장을 흡수하여 분쇄시킴으로써 소음을 경감시키는 효과가 있다. 실제 옥상녹화의 토양이 12cm정도의 두께면 40dB정도, 20cm의 토양층은 46~50dB정도의 소음을 경감시킨다 한다(Albrecht, 1995; Green Roof for Healthy Cities 홈페이지). 이는 기존 콘크리트 옥상은 소리파장을 그대로 반사시키지만 토양은 소리파장이 표층에 도달하면 일단 내부로 흡음시키는 효과가 있기 때문에 단파장이 장파장으로 변하여 퍼지기 때문이다.

(2) 경제적 효과(Economical Benefits)

기본적으로 옥상녹화는 건물의 크기나 기후조건 그리고 옥상조경의 종류 등에 따라 약간의 차이는 있지만 단열작용을 통하여 여름철 건물의 온도를 저감시켜 냉·난방비를 절약시켜준다. 마이크로 엑세스 시뮬레이션 모델(Micro Axess Simulation model)을 이용하여 캐나나 환경국에서 조사한 결과에 따르면 전형적인 일층주택 지붕에 10cm 토양에 일반적인 잔디녹화를 할 경우 여름철 냉방비용의 25%를 절약할 수 있다고 한다. 그리고 Karen Lliu 박사가 Ottawa에서 현장 실험한 연구결과에 의하면 토양 두께 15cm정도의 저관리경량형 옥상녹화를 했을 경우 비교 실험한 일반 옥상에 비해 열손실은 26%정도 낮추어 주었고 열유입의 95%를 막아주었다고 보고했다(Green Roof for Healthy Cities 홈페이지).

또 다른 연구에 따르면 옥상녹화의 부가적인 토양이나 식생층으로 인하여 일반주택의 옥상에 비하여 적어도 10%의 전열효과가 발생한다(Johnston & Newton, 1996). 한편 도쿄의 경우 옥상녹화의 전열효과로 인하여 냉·난방비를 무려 25%까지 절감할 수 있다는 보고가 있다(Hitoshi, 2000). 독일에서의 연구에 의하면 20cm의 토양층과 20~40cm길이의 잡초를 아주 조밀하게 식재한 옥상정원은 15cm 길이의 광물면의 전열효과와 비슷하다고 한다(Kuhn, 1996). 그리고 옥상녹화를 한 건물의 내부온도는 외부온도에 비하여 적어도 3~4°C 낮다. 그리고 부가적인 전열효과로 인하여 지붕으로부터의 열전도를 막아주어 냉방비용을 절약할 수 있다(Liesecke et al., 1989).

Gaudet(1985)는 기온이 1°C 증가할 때 마다 부가적으로 냉방 에너지 3~4%가 필요하다고 주장하였다. 그래서 그는 수목의 그늘을 이용하여 외부온도를 6°C 낮출 수 있다면 이로 인하여 에어컨 사용량을 50~70% 줄일 수 있을 것이라고 제안하였다. Hitosh(2000)에 따르면 도쿄의 도심의 옥상 50%를 식생과 잔디로 옥상녹화 할 경우 도쿄의 도심 온도를 0.11~0.84°C 낮출 수 있으며, 이는 전기세 하루 16억 원을 절약하는 결과를 가져온다고 주장하였다.

싱가포르의 연구(2002)에 따르면 5층 상업건물에 조성된 옥상녹화로 인하여 매년 약 15% 에너지 비용 절감효과를 가져오며, 최고 80%까지 냉방비용을 절약시켜주어 에어컨시스템 설치를 대폭 줄임으로 인해 결국 전체적인 재정투자에 있어서 비용을 절감시켜준다고 하였다.

한편, 옥상조경은 버려진 옥상을 녹화작업을 통하여 옥상에 휴식공간이나 정원을 만드는 기회를 우리에게 제공한다. 이러한 직업은 지붕바닥의 막을 방수층등으로의 전환을 통하여 자외선, 극심한 기온변화 그리고 물리적 손상으로 부터 건물의 수명을 더 2배정도 연장할 수 있어 관리비를 절감하고 개수비용을 절감할 수 있다(Liesecke et al.,1989; Peck et al., 1999). 그리고 옥상녹화는 시민들에게 잃어버렸던 공간을 되찾아 초록공간을 제공해준다(Willmert, 2000). 이러한 아주 매력적인 옥상공간의 활용은 (상업용)건물의 점유율과 임대료를 높여주고 특히 부동산의 가치를 상승시켜준다(Knepper, 2000). 미국과 영국의 조사에 따르면 멋진 수목으로 주위가 덮인 건물은 보통 부동산 가치가 6-15%정도 상승한다고 한다(Peck et al.,1999). 그리고 다른 연구에서도 옥상옥화에 의한 새로운 녹음공간의 조성으로 인하여 주위의 시선을 집중시키고, 건물의 선

전효과를 높여 상업시설이나 레크리에이션 시설에서는 사람들의 이목을 끄는 집객효과가 기대되며 이로 인하여 기업이나 관공서의 이미지를 상승시키거나 건물의 상업적 가치를 상승시킨다(Velazquez, 1999)고 보고되었다. 아울러 일반적으로 사람들은 사회적으로 환경적으로 분별력이 있는 건물에 매력을 느낀다고 하며, 옥상녹화는 건물에 그러한 매력을 부여한다(Knepper, 2000). 그리고 옥상공간을 사람들의 만남의 장을 제공하는 테라스나 정원 혹은 광장 등으로의 이용으로 인하여 도시공간의 재생에 기여한다(Valazquez, 1999). 일반적으로 관리중량형 옥상녹화가 저관리경량형에 비하여 사람들이 훨씬 쉽게 접근할 수 있고 또 많은 식물이나 시설물을 도입할 수 있게 만들어지기 때문에 훨씬 효과적이다. 다른 한편으로 옥상녹화 조성지는 도시민을 위하여 건강하고 귀중한 농업 생산물을 생산할 수 있는 소중한 장소이다. 실제 싱가포르 창이병원(Changi Hospital)의 옥상에서는 150kg의 체리 토마토를 포함하여 여러 종류의 농산물과 과일을 생산하였다(Graneme, 1998; Nathan, 1999a). 한편 러시아, 태국, 콜롬비아, 아이티 그리고 캐나다 등이 나라에서 옥상정원을 농산물을 생산하는 도시농업의 장으로 이용하는 것으로 보고되었다(Dunnett & Kindbury, 2004). 캐나다 밴쿠버에 있는 페어마운트호텔에서 시용하는 허브는 자체 옥상에서 생산하여 25,000-30,000CAD$에 이르는 식품 구매비용을 절약한 것으로 나타났다. 그곳의 옥상은 이용객들에게 쾌적한 공간을 제공함과 아울러 그 정원 근처의 객실의 사용률을 높여주는 역할도 하였다고 한다.

이처럼 옥상조경의 조성으로 인하여 바로 가시적이며 다양한 경제적인 효과로 직결됨을 보여준다.

(3) 사회적 효과(Social Benefits)

옥상녹화의 조성으로 인한 사회적 효과에는 먼저 시민들의 스트레스를 해소시켜주는 생리·심리적 효과가 있다. 즉 옥상조경으로 조성된 정원의 수목과 잔디 그리고 화초 등과의 시각적 및 직접적인 접촉으로 인하여 일반적으로 수목은 사람들에게 이용자들에게 정신피로와 긴장감의 해소, 정신의 안정, 육체피로의 화복 촉진 등의 효과가 기대된다. 연구에 의하면 수목은 치료기능을 가지고 있어서 환자들의 스트레스를 감소시켜 회복을 빨리 시키며, 병에 대한 저항력도 더 높여주는 기능을 한다(Ulrich &

Parsons, 1992)고 한다. 한편 Johnston과 Newton(1996)도 이와 같은 맥락에서 발코니와 테라스에 정원을 가지고 있는 사람들은 고층밀집환경 속에 살아도 다른 이들에 비해 병에 걸릴 확률이 적다고 주장하였다. 그리고 식물의 '감각적인 차원'은 옥상정원 이용자들의 건강을 증진시켜주는 역할도 한다(Dwyer et al., 1994). 시내에 위치한 병원의 옥상정원에서 그 곳의 환자들에게 아주 긍정적인 "원예치료"효과가 있음이 발견되었다(Kuhn, 1996). 그리고 식물의 향은 시각적인 자극 보다 더욱 잘 기억된다고 하며, '가짜소음(white noise)'은 바람결에 들리는 나뭇잎 소리와 비슷한데 병원의 병실에서는 이 소리를 병원 주위의 소음 대신에 이용하고 또한 이 소리는 심장질환환자를 편안하게 해주는 기능을 한다고 한다(Porteus, 1985). 도시의 고온은 여러모로 사람들의 행복한 삶에 생리적으로 물리적으로 부정적인 영향을 주고 있다. 열섬현상으로 인한 인공적인 고온은 직간접적으로 인간의 수명을 줄이는데 결정적인 역할을 한다(Weihe, 1986). 그래서 옥상정원 식생의 잠재적인 열섬저감기능은 고온으로 인해 도시에서 발생하는 여러가지 질병과 그로 인하여 사망하는 도시민을 구원해 주는 역할을 한다.

옥상정원은 아울러 그 곳에 거주하는 사람들에게 교류의 장을 제공하고, 옥상정원을 이용함으로서 공유의식을 가지게 되어 지역 공동체에 소속감을 가지게 해주는 역할을 한다. 한편, 오피스빌딩의 옥상정원은 그 곳에 근무하는 근무자들이 아주 편하게 모여서 쉴 수 있는 대체 공간으로서의 기능도 한다(Wong, 2002). 옥상에 마련된 도시의 자연은 특히 장애우, 노년층 그리고 젊은 층에 이르기까지 도시민들이 집에서 쉽게 다가갈 수 있는 즐거움을 제공하는 잘 조경된 레크리에이션 공간이라고 할 수 있다(Dwyer et al., 1994). 옥상에 조성된 자연을 통하여 도시는 시민들에게 쉽게 다가갈 수 있는 주목할 만한 양의 녹지를 만들어주며 좀 더 생동감이 있는 옥외 레저 공간 그리고 쾌적한 공간을 제공한다(Peck et al., 1999). 그리고 옥상정원은 도시의 가로공간의 아주 우수한 녹지로서 일반 공원과는 달리 소음이나 대기오염에서 조금 자유로우며 훨씬 안락하게 비공식적인 레크리에이션을 즐길 수 있는 기회를 제공한다(Johnston & Newton, 1996).

옥상녹화의 사회적 기능은 결국 지구 온난화와 도시열섬현상으로 변화하는 도시생태계로 인하여 알 수 없는 질병의 위험에 노출된 도시민의 삶을 건강하게 지켜 줄 수 있는 대안이 될 수 있음을 잘 보여준다고 하겠다.

(4) 미적효과(Aesthetic Benefits)

마지막으로 옥상녹화의 효과로 미적효과가 있다. 옥상녹화의 명확하고 아주 중요한 효과는 우리가 건물을 바라보았을 때 사람들에게 주는 매력적이고 아름다운 경관이다. 이것은 바로 옥상녹화의 식생이 제공하는 도시의 밀집된 화색건물과는 차별되는 시각적인 대비 때문 일 것이다(Dwyer et al., 1994)

보통 대도시의 건물 옥상이 더러운 쓰레기의 집하장 혹은 회색 콘크리트 슬라브, 또는 전기선이나 각종 기계배관이나 관리도구들과 같은 잡동사니가 가득한 곳으로 흔히 인식되는 것에 비추어 볼 때 이러한 옥상의 경관은 서울, 홍콩, 그리고 도쿄와 같은 대도시에서는 아주 중요한 도시환경 요소라고 할 수 있다. 그렇지만 현실적으로 도시 고층건물 사무실의 직원이나 아파트의 주민들이 바라볼 수 있는 것은 옥상위에 아주 넓게 펼쳐진 천박한 모양의 타일이나 슬레이트 그리고 아주 평범한 옥상 그 자체이다(Johnston & Newton, 1996). 옥상의 녹화는 아주 평범한 옥상의 모습을 더 보기 좋게 커버해주고 향상된 시각적 흥미를 제공한다.

시각적 미적효과는 관리중량형과 저관리경량형 옥상녹화 모두에서 얻을 수 있는 혜택이다. 그렇지만 경량형보다는 중량형이 잠재적으로는 훨씬 시각적 효과가 크다고 할 수 있다. 왜냐하면 후자를 조성할 때는 전자에 비하여 아주 성장한 교목과 관목위주로 조경을 하기 때문에 3차원적인 녹음을 느낄 수 있는 효과를 주지만 전자의 조경은 하늘에서 볼 때만 그 녹색을 볼 수 있는 2차원적인 표면적인 '피부 같은 것'에 불과 하기 때문이다. 한국의 경우 대부분의 옥상녹화는 관리중량형으로 아즈까지 잠재적인 저관리경량형 옥상조경의 시각효과에 대한 시도는 많이는 이루어 지지 않고 있다. 이는 아마도 저관리경량형 옥상조경의 경우 그것을 개발하는데 투자하는 개발업자에게는 별 이익이 없고 그것을 바라보며 즐길 이웃 주민들에게 더 값은 혜택이 돌아가기 때문에 개발을 꺼리는 것은 아닐까? 이러한 잠재적 시각효과를 가진 경량형 옥상녹화를 조성할 경우 그 곳에 살 주민들의 시각적 혜택 말고는 개발업자에게 어떠한 재정적인 인센티브가 없다.

그렇지만 옥상의 식재는 건물의 아름다움을 더 해주고 아울러 추한 건물의 단점을 보완해 주는 역할도 한다(Johnston & Newton, 1996). 아울러 식생은 아주 평범함 시멘트 혹은 벽돌 담장에 시각적인 흥미감을 더 해주고 공장지대나 상업지역의 건물의 직선적인 경계 부분을 아주 부드럽게 해준다(Liesecke et al., 1989).

옥상조경의 시각적인 효과는 개인 혹은 공동체 모두에게 돌아가던지 아니면 두 그룹 모두에게 돌아가는데 이는 옥상녹화의 혜택을 단지 그곳 주민들만 누리는지 아니면 일반대중 모두가 혜택을 보는지 여부에 따라 다를 것이다. 만약 도시에 광범위하게 옥상녹화를 할 경우 이는 도시전체에 녹지의 시각적인 혜택을 부여할 잠재적인 가치를 가지고 있다고 하겠다.

(5) 옥상조경의 한계점

옥상녹화를 먼저 실시했거나 지금 실시하려는 나라의 연구를 살펴보면 옥상녹화의 경우 앞에서 언급한 장점뿐만 아니라 이러한 정책을 실시하는데 있어서 여러 가지 장애가 있음을 시사하고 있다. 이러한 옥상녹화의 장애 혹은 한계점은 대체로 '옥상옥화에 대한 이해의 부족', '옥상옥화에 대한 장려대책이나 관련법조항의 부족', '조성비용이 많이 소요되는 경제적인 한계', '옥상녹화를 할 수 있는 옥상면적의 부족', 그리고 '옥상녹화의 불확실성과 관련된 기술적인 한계와 위험성'(Urbis, 2007). 그리고 '옥상녹화는 조성비용이 비싸다', '옥상조경은 관리비용이 많이 든다', '불에 약하다', 그리고 '옥상녹화를 하면 지붕이 샌다'(ABG, 2008). 또 다른 연구에 따르면, '비용', '수리', '아름다움', 전문적 기술의 부족', 그리고 '연구와 기준의 부족'(Ngan, 2004) 을 옥상녹화를 조성하는 제약사항으로 들었다.

① 비용과 장려대책문제

우선 비용문제의 경우 옥상녹화로 얻을 수 있는 여러 편익비용이 공사비용을 초과해야 한다. 하지만 정원이나 공원조성 프로젝트와 마찬가지로 그 편익을 정량화하기는 쉽지가 않다. 중량형옥상옥화의 비용편익분석은 프로젝트 별로 이루어 져야 한다고 한다. 비용분석은 옥상옥화조성이 옥상의 바닥을 보호하여 옥상면의 수명을 연장시키는 것과 같이 전체적인 라이프 사이클을 반영하여야 한다. 옥상녹화의 표면은 수리하는데 보통 40-50년이 걸리는데 반하여 그냥 자갈만 깐 옥상은 수리하는데 25년이 걸리는 것으로 나타났다(Krupka, 2001). 한편 독일에서는 옥상녹화의 조성으로 매년 지출하는 폭우 비용을 면제 받는다고 한다. 이럴 경우 경량형 옥상녹화를 하는 것이 그냥 자갈을 옥상에 까는 것 보다고 비용이 적게 든다고 할 수 있다. 생물다양성에서부터 대기정화에 이르기까지 다양한 경량형옥상녹화의 환경적인 혜택을 정량적으로 분석하기란 쉽지 않다. 현재 베를린에서 비용편익적인 요소와 그렇지 않은 지속가능성 요소를 포함한 비용편익분석의 툴을 개발해서 시험 중이라고 한다(Reichmann, 2003). 비용변익분석은 옥상녹화를 조성하고자하는 개발업자 혹은 건물 주인에게 믿음을 준다(Ngan, 2004)고 하겠다.

그리고 경량형옥상의 경우 비교적 자급적으로 관리가 이루어지기 때문에 관리 비용이 적게 든다고 하는데 조성 초기 일 년에 두 번 정도 관리해주고 그 다음엔 일 년에 한번 씩만 해주면 된다고 한다. 그렇기 때문에 전체적인 관리비용을 절감할 수 있으며 비교적 적다(ANG, 2008)고 한다.

한편, 유럽의 옥상녹화사업의 경우 1989년 독일에서 통과된 '새로운 건물을 만들 땐 반드시 옥상녹화를 조성해야한다'는 조례의 결과에 크게 기인한다고 하겠다. 이러한 법적인 요구조건이 없었다면 초기에 제기된 옥상녹화의 인식부족이라던가 기술적인 결함문제는 극복하기가 어려웠을 것이다.

더 나아가, 앞에서 언급했던 옥상녹화의 여러 가지 혜택은 건물을 만들어 파는 개발업자들에게는 별로 돌아가는 혜택이라 볼 수 없는 아주 개별적이거나 공동체 단위의 혜택이라고 할 수 있다. 따라서 이러한 개발업자들에게 옥상녹화로 인하여 직접적인 혜택이 돌아 갈 수 있는 유인책이 반드시 필요하다고 하겠다.

② 이해부족에 관한 문제

우리나라의 경우 홍콩과 마찬가지로 비록 중량형 옥상녹화에 대한 인식이나 지식은 많이 알려져 있다하더라도 경량형 옥상녹화의 기술에 대한 인식은 아직 많이 부족한 실정이다. 홍콩의 경우 경량형 녹화가 크게 인기가 없는 이유는 업계 내부에서 비용과 편익에 대한 확고한 믿음이 없었고, 그 지역에 적합한 별로 관리가 필요치 않는 식물 수종과 사람들이 접근 할 수 없는 경량형 옥상녹화의 실용성에 관한 연구가 부족했으며 그리고 이용자와 고객 모두 저관리경량형 옥상녹화에 그리 호감을 갖고 있지 않았으며 이것을 조성하는 데 하나같이 도움을 주는 역할을 하지 못했기 때문이다.

실제 경량형 옥상녹화에 대한 지식을 원하는 이해당사자들은 다음과 같다.

먼저 정책 입안자들인 정치가들이나 관련 공무원들은 옥상녹화에 대한 비용편익에 대한 지식을 필요로 한다. 그리고 건설전문업 혹은 건축물 관리 산업에 종사하는 전문가들의 경우는 현재의 관리중량형 옥상녹화 조성 기술에 대한 지식을 필요로 하며, 이 기술을 각 나라의 필요에 적합하도록 수정해야 한다. 그리고 경량형 옥상녹화에 적합한 수종이나 사용하는 기초토양에 대하여 그 나라나 지역에서의 연구가 많아져야 하겠다. 마지막으로 일반 대중의 옥상녹화의 편익에 대한 지식은 정부의 옥상녹화에 대한 유인책을 만들어 낼 수 있는 정치적인 요구뿐만 아니라 옥상녹화를 건축물 공사할 때 꼭 포함시켜야 한다는 시장(market)의 요구 또한 만들어 낼 수 있다(Urbis, 2007).

③ 기타 기술적인 제약 및 불확실성과 관련된 리스크에 관한 문제

비록 기술적인 면에서의 제약이긴 하지만 옥상의 면적이 적으면 적을수록 옥상녹화를 조성할 면적은 점점 줄어 들 것이고, 옥상에 반드시 있어야 할 여러 가지 시설물들과 함께 효과적인 옥상녹화를 한다는 것은 점점 더 어렵게 된다. 이러한 기술적인 고려는 한국이나 홍콩과 같이 옥상의 면적이 넓지 않은 곳에서는 매우 중요하다고 하겠다.

아주 작은 관리중량형 옥상정원의 경우 레저나 어메니티를 위한 유용한 공간을 만들기 때문에 아주 필요한 혜택을 제공하고 아울러 아주 작은 공간에서의 수목으로부터 비교적 풍성한 푸르름을 만들어낸다.

다른 한편으로 작은 이차원의 경관인 경량형 옥상공간은 같은 크기의 삼차원 경관을 제공하는 중량형 정원에 비하여 시각적인 혜택과 레저나 어메니티 공간으로서의 이익은 적다. 하지만 앞에서 언급했던 환경적인 편익을 생각해 볼 때는 비관리경량형 옥상공간이 훨씬 효과적이다.

한편 옥상녹화 조성에 있어서 고도에 따른 기술적인 제약은 아직까지 없는 것으로 (왜냐하면 식생은 조성하는 상황에 따라 선택하기 때문이다) 보이지만, 고도가 높아짐에 따라 환경적인 미기후적인 요소들이 변화가 심하기 때문에 옥상녹화의 디자인 요구사항과 기회에 있어서 상당한 제약사항이 따를 것으로 보인다. 옥상녹화는 고도가 높은 지상에 위치하기 때문에 그 곳에 쓰이는 식생은 찬 기온, 바람, 일사 위치 등에 적합하며 인간의 이용과는 동 떨어진 수종을 선택해야 한다.

그리고 옥상녹화 시 아무런 기술적인 제한이 없음에도 튼튼한 구조물이 충분하게 설치되지 않는 이유는 적합한 구조물을 설치할 경우에 따르는 비용을 고려하였기 때문일 것이다. 이는 경량형 옥상녹화에서 보다는 더 무거운 구조물을 필요로 하는 중량형 옥상녹화 조성의 경우에 더 많은 사례가 있을 것으로 사료된다.

그리고 기술적인 면에서 볼 때 보통의 옥상녹화 시스템의 경우에서도 옥상에서 물이 새는 경우가 발생할 이유가 없지만(변화하는 기후로부터 보호해주기 때문에 옥상이 덜 새었으면 새었지….)만약 누수가 발생할 경우 그것을 추적하기는 참으로 어렵다.

만약 옥상 구조물을 새것으로 바꿀 경우 수목이나 자라고 있는 식생을 제거하거나 혹은 교체해야 하기 때문에 매우 세심한 절차를 필요로 할 것이다. 사람의 접근이 가능한 옥상녹화의 경우는 지속적인 관리를 필요로 한다. 식생 계획이 복잡하면 할수록 더 세심한 관리(예를 들면 전정 등 등)를 필요로 한다. 그렇지만 이는 홍콩이나 그 외의 나라의 중량형 옥상녹화 조성 시에 잘 이해되고 또 시행되고 있다고 한다.

접근이 가능한 옥상녹화 조성의 경우 충분한 주변부의 안전보호 장치를 가지고 있어야 한다. 적절한 안전 보호 대책은 관리 스텝이 맡아야 한다.

더하여 중량형 옥상녹화시 수목의 종류는 그 지역 조경업자들이 잘 알고 있지만 대부분 옥상 정원 조성 시에는 매우 다양한 지피식물과 관목 그리고 교목 등이 사용되고 있음을 상기할 필요가 있다. 우리나라의 경우 옥상녹화 조성에 쓰이는 다양한 식생에 대한 꾸준한 연구가 싱가포르의 경우(Tan and Sia, 2005)처럼 수행되어져야 할 것이다.

5) 대구 옥상녹화 사례

(1) 고층건물

2007년 7월, 한 달 동안 대구광역시의 고층건물 옥상 녹화지를 조사하였는데 대상지의 대부분이 관·교목 위주의 대규모 옥상녹화가 되어 있었으며, 시민 및 건물 이용객들의 휴식장소로 이용되고 있었다.

① **대백프라자**(대구광역시 중구 대봉동)

〈그림 3-11〉 대백프라자 옥상녹화 전경

백화점 12층 옥상에 조성된 정원으로 1993년에 준공됐다. 경량형과 중량형의 복합적인 형태로 주로 이용적 측면에 주안점을 두었으며, 불특정 다수의 대중이 찾는 공간인 백화점만의 특징을 살려 어린이 놀이터에서부터 전시, 공연, 식음료와 상품판매 및 화재 시 대피기능까지 갖추었다. 지역 최초로 '하늘공원'이라 명명된, 대구시민이 가장 즐겨 찾는 정원으로 다양한 수종이 식재되어 있고 음악회, 전시회, 패션쇼 등 다양한 이벤트가 진행되는 활용도가 높은 옥상정원이다. 이용율이 높은 관계로 식재나 시설물 유지에 집약적 관리가 필요하다.

② **한 패밀리병원**(대구광역시 수성구 지산동)

〈그림 3-12〉 한 패밀리병원 옥상녹화 전경

대구 수성구 지산동에 위치한 노인전문병원이다. 2006년 1월 문을 연 이 병원은 원래 예식장건물(구 코리아나)을 리모델링한 것이다. 경량형과 중량형의 복합적인 형태이며 주로 이용적 측면에 주안점을 두어 옥상공간을 조성해 환자들이 치료과정에서 받는 심리적 스트레스를 푸는 휴식공간으로 이용되고 있다.

③ 대한주택공사 대구경북지역본부 신사옥(달서구 도원동)

〈그림 3-13〉 대한주택공사 대구경북지역본부 신사옥 옥상녹화 전경

2006년 6월 말 준공을 마친 대한주택공사 대구경북지역본부 신사옥 건물 4, 5층에 걸쳐 야외공연장과 녹지공간이 조성되었다. 342평 규모의 2개층으로 조성된 이곳 옥상정원은 저관리·경량형 전면포설형태로 조경전문업체를 통해 6개월에 걸쳐 관목류 나무를 식재, 바닥은 목재데크로 마무리되어 있다.

④ 성서 롯데시네마

〈그림 3-14〉 성서 롯데시네마 옥상녹화 전경

2005년 1월에 개관한 성서 롯데시네마 건물 옥상에 조성되었으며, 중량형 부분 포설식의 전형적인 형태이다. 플랜터 박스형 녹화 방법으로 인공호-단에 흙을 깔아 나무를 심고 목재를 바닥에 깔아 영화 관람객들의 편안한 쉼터로 즈성되었으나 체계적인 관리와 홍보 부족으로 관람객들의 외면을 받고 있다.

⑤ 국민연금 대구회관(달서구 신당동)

〈그림 3-15〉 국민연금 대구회관 옥상녹화 전경

달서구 이곡동 국민연금 대구회관 옥상은 중량형 부분 포설식의 형태인 플랜터 박스형 녹화 방법으로 조성되었으며, 녹화공간 주위의 가벽 처리로 방풍, 안전성 문제를 해결하였다. 오두막집같은 쉼터를 커다란 나무가 둘러싸고 있어 직원들과 외부 고객들의 휴식장소로 활용되고 있다.

⑥ 궁전라벤더 스카이라운지(동구 신암동)

〈그림 3-16〉 궁전라벤더 스카이라운지 옥상녹화 전경

대형 예식장으로 활용되는 건물을 찜질방으로 개조한 뒤, 옥상정원으로 조성하였다. 경량형과 중량형의 복합적인 형태이며 주로 이용적 측면에 주안점을 두었다. 이곳 5층에 조성된 옥상정원은 찜질방을 이용하는 고객들이 휴식을 취할 수 있도록 다양한 부대시설을 갖췄으며, 그늘을 많이 만들기 위해 갓이 큰 나무를 심고 지붕은 반사율이 높은 소재를 사용하였고 간이 골프장도 조성되어 있다.

(2) 가정주택

2007년 8월 한 달 동안 대구광역시의 가정주택을 대상으로 조사하였으며, 이 중 옥상녹화가 잘 이루어진 곳과 옥상녹화를 실시하였으나 체계적인 관리 부족으로 인해서 실패한 사례를 조사하였다.

가. 옥상녹화 우수 사례

① 달서구 상인3동 3층 다세대주택

〈그림 3-17〉 달서구 상인3동 3층 다세대주택 옥상녹화 전경

1994년 3층 건물 옥상 전체를 텃밭으로 조성하였고 2002년에 텃밭의 일부를 덜어내 집을 지었다. 현재 정원의 크기는 10×6.3m이고 50종이 넘는 각종 채소류 및 유실·관상수가 심겨져 있다. 본 주택의 옥상은 텃밭으로의 활용이 가장 높았으며 출입문 오른편에 있는 텃밭의 크기는 6.3×2.3m으로 배추, 상추, 열무, 무, 쑥갓, 아욱, 근대, 도라지 등을 재배한다고 한다.

② 북구 산격4동 2층 다세대 주택

〈그림 3-18〉 북구 산격4동 2층 다세대 주택 옥상녹화 전경

본 가정의 옥상은 약 10년 전 부터 조성되기 시작하였으며, 화분 및 벽돌을 쌓아서 흙을 채우는 방식을 이용해서 조성되었다. 옥상 전체에 걸쳐서 사람이 다닐 수 있는 통로를 제외한 모든 부분에 식재가 이루어져 있으며, 대추나무 석류나무 등의 과실수와 관목, 화초류를 중심으로 식재되어 있다.

③ 북구 산격4동 2층 주택

〈그림 3-19〉 북구 산격4동 2층 주택 옥상녹화 전경

2층 건물로 2층의 주택을 제외한 전체에 식물을 식재하였으며, 식물이 너무 무성해서 사람이 들어갈 수 없을 정도였다. 대부분 식재식물이 과실수였으며 화분을 이용해서 화초류가 식재되어 있었다. 멀리서 주택을 관찰할 경우, 주택의 2층 전체가 숲으로 보일 정도로 식물들이 무성하게 식재되어 있었다.

본 조사에서 일반 가정 주택의 옥상녹화는 관목 및 화초 위주의 식재가 이루어져 있었으며, 과실수 재배와 텃밭으로 이용되고 있었다. 또 조사 대상이 된 건물들이 새로 신축된 주택이 아니라 대부분 20~30년 된 주택들로 약간의 누수 문제가 지적된 곳도 있었으나 옥상녹화로 인한 큰 문제점은 발견되지 않았다.

나. 옥상녹화 실패 사례

2000년~2001년, 대구광역시 동부여성문화회관의 지원으로 10개 가정주택 옥상에 옥상 녹화를 실시하였다. 2007년 현재, 10개 주택 중 소재 파악이 가능했던 5개 주택을 조사한 결과 3개 주택은 누수문제로 인해서 옥상녹화를 완전 철거하였고, 2개 주택은 기존 옥상녹화를 철거 후, 화분으로 대체하였다. 이는 옥상녹화에 대한 법적 근거 부족 및 체계적인 지원 및 관리가 이루어지지 못했기 때문으로 파악된다.

① 북구 산격4동 2층 다세대 주택

〈그림 3-20〉 북구 산격4동 2층 다세대 주택 옥상녹화 전경

〈그림 3-21〉 북구 산격4동 2층 다세대 주택 기존 옥상녹화 위치

② 동구 신암4동 3층 다세대 주택

〈그림 3-22〉 동구 신암4동 3층 다세대 주택 옥상녹화 전경

〈그림 3-23〉 동구 신암4동 3층 다세대 주택 기존 옥상녹화 위치

6) 옥상녹화에 대한 시민의식 조사

(1) 조사 과정

① 조사방법

조사방법은 설문지법으로 하였고, 조사대상자는 대구광역시에 거주하는 시민으로 정하였으며, 조사기간은 2007년 10월 한 달간 수행하였다. 조사의 진행과정은 다음과 같다.

우선, 옥상녹화에 대한 기존의 관련 문헌과 연구 자료를 수집하고, 전문가 면담을 실시하였으며, 2007년 7월과 8월 두 달간 고층건물 및 가정주택 등 대구시 옥상녹화 사례지를 방문하였다.

이를 토대로 조사하고자 하는 설문내용의 범주를 정하고, 개별문항을 작성하였다.

여러 차례 예비조사와 전문가 자문을 거친 후 설문문항의 수정보완 작업을 통해 본 조사에 이용할 설문지를 완성하였다. 완성된 설문지는 50명을 대상으로 사전조사를 실시한 후에 최종적으로 확정하였다.

설문의 조사는 5명의 훈련된 조사원이 옥상녹화 이용자와 비이용자를 골고루 포함시킬 수 있도록 방문지 목록을 사전에 작성하고, 현장을 직접 방문하여 일 대 일 면접 방법으로 실시하였으며, 400부 배부하여 전부 회수하였다. 특히 옥상녹화에 대한 구체적이고 실질적인 응답을 얻기 위해서, 개인 주택, 관공서, 아파트를 방문하는 경우는 미리 협조를 구하여 응답 거부를 줄이고자 노력하였다.

회수된 설문조사지는 편집과 코딩과정을 거친 후 400명 중에서 질문에 대하여 응답 누락, 이중응답, 부수질문에 불확실한 응답 등 25명을 불성실 응답자로 간주하여 분석에서 제외시키고, 375명에 대하여 SPSS 통계프로그램을 이용하여 빈도분석과 교차분석을 실시하여 그 결과를 알아보았다.

② 조사 내용

설문내용은 아래의 〈표3-1〉에서 보는바와 같이 4개 부문으로 구성하였다. 우선 조사대상자의 일반적인 사회경제적 배경에 대한 질문으로 성별, 연령, 학력, 직업, 소득, 주거형태를 물어보았고, 두 번째로 옥상녹화에 대한 인식에 관한 질문으로 6문항, 세 번째로 옥상 및 옥상녹화 이용실태에 대한 질문으로 8문항, 마지막으로 옥상녹화의 개선방향에 대한 질문으로 10문항 등 총 30문항으로 옥상녹화에 대한 전반적인 내용을 파악하고자 하였다. 옥상녹화에 대한 인식수준은 시민들의 전반적인 생각과 개인적 만족도 및 사회적 효과를 조사하고, 남녀별, 연령별, 소득수준별로 구분하여 종합적으로 파악하였다.

옥상녹화 이용실태는 가정 또는 직장에 옥상녹화가 되어있거나, 옥상녹화 장소 방문 경험이 있는 사람들을 대상으로 구체적인 의견을 파악해 보고자 하였다.

그리고 옥상녹화에 대한 시민의 의지와 지자체의 지원, 우선적으로 시행되어야 할 장소, 선호하는 옥상녹화 형태와 식재형태 등에 대한 의견을 조사하고, 특히 성별, 연령별, 소득수준별로 종합적으로 파악해 봄으로써 옥상녹화사업 활성화를 위한 정책에 기초자료를 제공하고자 하였다.

〈표 3-1〉 설문의 구체적 내용

범주	구체적 내용	문항수
사회경제적 배경	성별, 연령, 학력, 직업, 소득, 주거형태	6문항
옥상녹화에 대한 인식	지식, 관심, 규모, 유형, 개인적 만족도, 사회적 효과	6문항
옥상 및 옥상녹화 이용실태	옥상녹화 여부, 옥상녹화 이용여부, 규모, 이용빈도, 이용이유, 유형, 식재형태, 문제점	8문항
옥상녹화의 개선방향	옥상녹화 의지, 활성화 안 되는 이유, 우선 시행 장소, 지원할 경우 옥상녹화 의지, 희망하는 지원형태, 원하는 재료지원형태, 본인 부담금액, 문제점, 옥상녹화 형태, 식재형태	10문항
전체	-	30문항

③ 조사대상

설문조사는 현재 거주지 또는 직장 소재지가 대구광역시인 성인들을 대상으로, 7개구 지역과 달성군 지역에서 수행되었다.

전체 375명에 대한 그룹별 분포특성을 살펴보면, 성별로는 남자가 50.4%(189명), 여자가 49.6%(186명)이고, 연령별로는 20대와 30대가 100명씩으로 26.7%이고, 40대가 24.8%, 50대 이상이 21.9%로서 대체로 고른 표본분포를 나타냈다.

학력별로는 대학교 졸업 또는 대학생이 전체의 56.7%로 과반수를 넘고, 고등학교 졸업이 38.2%이며, 중학교 졸업이하와 대학원 졸업이 일부 포함되었다. 직업별로는 다양한 직업군별로 조사대상자를 골고루 선정하였으며, 특히 각 계층의 의견을 모두 수렴하기 위하여 공무원 14.4%, 대학(원)생 16.0%, 조경업 8.3%, 주부 10.9%를 조사대상자에 포함시켰다.

조사대상자의 소득수준은 200~300만원이 34.0%로 가장 많고, 300~400만원이 25.5%, 200만원 미만이 22.5%, 400만원 이상은 18.0%이었다. 그리고 주거형태는 아파트가 55.9%로 반 이상을 차지하였고, 단독주택 27.8%, 연립주택 14.7%, 기타 1.6% 순으로 조사대상자 분포특성을 나타냈다.

(2) 조사결과

① 옥상녹화에 대한 인식

가. 옥상녹화에 대한 지식, 관심

시민들에게 "옥상녹화에 대해 들어본 적인 있습니까?"라고 물어본 결과 〈표3-2〉에서 보는바와 같이 65.2%가 옥상녹화를 알고 있는 것으로 조사되었고, "평소 옥상녹화에 관심이 있습니까?"라고 물어본 결과 30.8%만이 긍정적으로 응답하였으며, 40.5%는 중립, 28.7%는 부정적으로 응답하였다.

시민들이 옥상녹화에 대하여 아는 것과 관심을 가지는 것에 연관성이 있는지 알아보기 위하여 교차분석과 카이제곱 검정을 실시한 결과, p〈0.001에서 매우 유의한 차이를 나타냈다. 옥상녹화를 알고 있는 시민들은 44.8%가 관심을 보였으나, 옥상녹화를 모르는 시민들은 단지 4.6%만이 관심을 나타내고 반 이상이 '관심없다'에 응답하였다.

따라서 옥상녹화에 대한 활성화를 위해서는 시민들을 대상으로 옥상녹화를 알리는 홍보활동을 우선적으로 실시하여야 한다고 생각된다.

〈표 3-2〉 옥상녹화에 대한 시민들의 지식과 관심 수준(N=375, 결측 2명)

관심 / 지식	매우 많다	관심있다	보통이다	관심없다	전체	x2 (Prob)
안다	37	72	98	36	243	91.39 (0.001**)
	15.2%	29.6%	40.3%	14.8%	65.2%	
모른다	3	3	53	71	130	
	2.3%	2.3%	40.8%	54.6%	34.8%	
전체	40	75	151	107	373	
	10.7%	20.1%	40.5%	28.7%	100.0%	

나. 옥상녹화의 규모와 형태에 대한 인식

시민들이 생각하는 옥상녹화 면적을 조사한 결과, '규모에 상관없다'가 33.4%, '옥상면적의 반 이상'이 32.6%, '옥상면적의 1/3'이 23.5%를 차지하였다. 그리고 옥상녹화의 형태를 조사한 결과, '수목 식재와 휴게공간 조성'이 57.6%로 시민의 반 이상이 응답하였고, '꽃 채소류 등 화단 조성'도 27.1%로 다수가 응답하였다(〈표 3-3〉).

따라서 시민이 생각하는 옥상녹화는 "규모에 상관없이 수목이 식재되고 휴게공간 또는 화단이 조성 된 곳"이라고 할 수 있다.

〈표 3-3〉 옥상녹화의 규모와 형태에 대한 시민들의 인식(N=375, 결측 1명, 2명)

규모	명	%	형태	명	%
옥상면적 전체	39	10.4	수목 식재와 휴게공간 조성	215	57.6
옥상면적 반 이상	122	32.6	화단(꽃, 채소류) 조성	101	27.1
옥상면적 삼분의 일	88	23.5	잔디 식재	30	8.0
규모에 상관없다	125	33.4	화분으로 조성	27	7.2
합계	374	100.0	합계	373	100.0

다. 옥상녹화의 개인적 만족감

시민들이 생각하는 "옥상녹화를 통한 가장 큰 개인적 만족감"을 조사한 결과, '식물의 공기정화를 통한 상쾌함'과 '여가선용을 통한 스트레스 해소'가 각각 32.4%, 31.8%로 1, 2순위를 차지하였다. 그리고 다른 항목에 대해서도 모두 10% 이상으로 응답하여, 시민들이 옥상녹화를 통하여 다양한 형태의 개인적인 만족감을 느끼고 있었다(〈표 3-4〉).

〈표 3-4〉 옥상녹화를 통한 개인적 만족감(N=375, 결측 1명)

구 분	명	%	순위
식물의 성장을 통한 교육적 효과	39	10.4	
채소류 재배를 통한 수확의 기쁨	50	13.4	3
여가선용을 통한 스트레스 해소	119	31.8	2
식물의 공기 정화를 통한 상쾌함	121	32.4	1
시각적(미적) 만족감	45	12.0	
합계	374	100.0	

시민들이 옥상녹화를 통해 느끼는 개인적인 만족도를 성별, 연령별, 소득수준별로 구분하여 구체적으로 알아보았다. 분석결과는 〈그림 3-33〉~〈그림 3-35〉와 같다.

성별 비교에서 큰 차이는 없으나, 여성은 '식물의 공기정화를 통한 상쾌함'이 34.9%, '채소류 재배를 통한 수확의 기쁨'이 15.1%로 남성의 29.8%와 11.7%에 비해 다소 높게 응답하였고, 남성은 '여가선용을 통한 스트레스 해소'가 34.6%로 높게 나타났다.

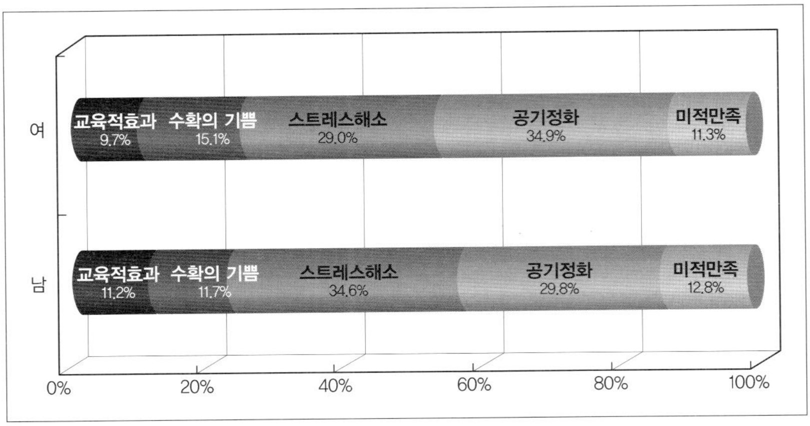

〈그림 3-24〉 옥상녹화의 개인적 만족도 성별비교

연령별 비교에서 가장 응답이 많았던 '식물의 공기정화를 통한 상쾌함' 항목은 50대 이상의 응답이 38.3%로 가장 많고, 타 연령층은 비슷하게 응답하였다. 그러나 '여가선용을 통한 스트레스 해소' 항목은 20대 38.0%, 30대 33.0%, 40대 32.3%, 50대 이상 22.2%로 연령이 낮을수록 만족도가 큰 것으로 조사되었다. 또한 '채소류 재배를 통한 수확의 기쁨' 항목의 경우 20대는 7.0%로 타 연령의 15.1~16.0%에 비해 절반이하 수준이었다(〈그림 3-24〉).

소득수준별 비교에서 가장 응답이 많았던 '식물의 공기정화를 통한 상쾌함' 항목은 400만원 이상 고소득층의 응답이 46.3%로 가장 많고, 소득이 낮을수록 32.6%, 29.1%, 25.3% 순으로 응답 비중이 낮았다. 반대로 '채소류 재배를 통한 수확의 기쁨'

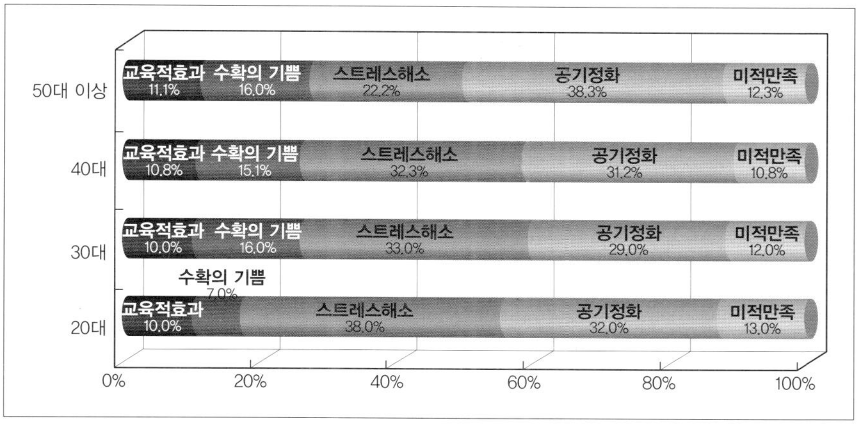

〈그림 3-25〉 옥상녹화의 개인적 만족도 연령별 비교

항목의 경우 소득이 낮을수록 6.0%, 12.6%, 14.2%, 19.3% 순으로 응답 비중이 높았다(〈그림 3-25〉).

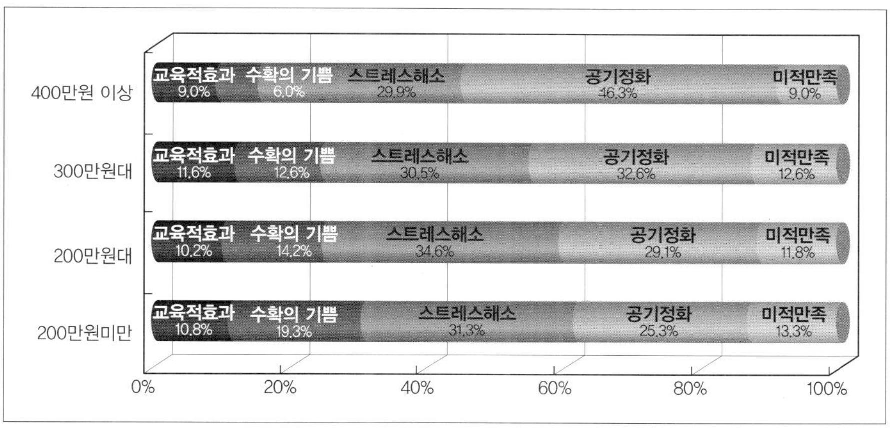

〈그림 3-26〉 옥상녹화의 개인적 만족도 소득수준별 비교

따라서 옥상녹화에 대한 개인적인 만족도를 성별, 연령별, 소득수준별로 비교·종합해보면, '식물의 공기정화를 통한 상쾌함'은 남성보다 여성이, 타 연령에 비해 50대 이상이, 그리고 소득이 많을수록 더 크게 느끼고, '여가선용을 위한 스트레스 해소'는 여

성보다 남성이, 연령이 적을수록 더 크게 느끼며, '채소류 재배를 통한 수확의 기쁨'은 남성보다 여성이, 소득이 적을수록 더 크게 느끼는 것을 알 수 있다(〈그림 3-26〉).

라. 옥상녹화의 사회적 효과

시민들에게 옥상녹화의 가장 큰 사회적 효과를 물어본 결과 '대기정화 효과'와 '휴식 공간 확보' 항목이 26.2%(98명)로 가장 많이 응답하였고, 다음 순위로 '녹지 확충'이 15.0%, '기온조절 효과'가 14.4%, '도시미화'가 11.2%로서 10%이상 응답하였다(〈표 3-5〉).

〈표 3-5〉 옥상녹화를 통한 사회적 효과(N=375, 결측 1명)

구 분	명	%	순위
기온 조절 효과	54	14.4	3
대기정화 효과	98	26.2	1
녹지 확충	56	15.0	2
휴식공간 확보	98	26.2	1
도시미화	42	11.2	
과채류 공급	20	5.3	
동 · 식물 서식지 제공	1	0.3	
건물의 안정에 기여	3	0.8	
기타	2	0.5	
합계	374	100.0	

시민들이 옥상녹화를 통해 느끼는 사회적 효과를 성별, 연령별, 소득수준별로 구분하여 구체적으로 알아보았다. 분석결과는 〈그림 3-27〉~〈그림 3-29〉과 같다.

성별 비교에서 여성은 '대기정화'와 '과채류 공급'에 각각 32.8%, 7.0%로 남성보다 응답이 많았고, 남성은 '휴식 공간 확보'와 '녹지 확충'에 각각 30.9%, 17.6%로 여성보다 응답이 많았다. '기온조절' '도시미화' 효과에 대해서는 남녀가 비슷한 응답을 하였다.

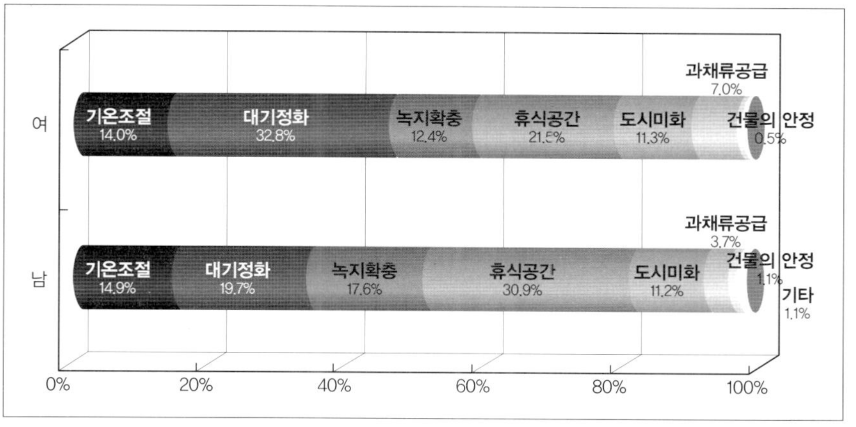

〈그림 3-27〉 옥상녹화의 사회적 효과 성별비교

연령별 비교에서는 옥상녹화에 대한 사회적 효과의 응답에 차이를 나타냈는데, '대기정화 효과'는 20대, 30대 보다 40대, 50대 이상의 응답이 많고, '과채류 공급'도 연령이 높을수록 응답이 많았다. 그러나 '휴식 공간 확보'와 '녹지 확충'은 연령이 낮을수록 응답이 더 많았다. '휴식 공간 제공'은 20대가 35.0%로 50대 이상의 응답이 16.0%인 것에 비해 두 배가 넘게 응답하였고, '녹지 확충'도 20대가 19.0%로, 50대 이상의 응답 7.4%의 두 배가 넘게 응답하였다.

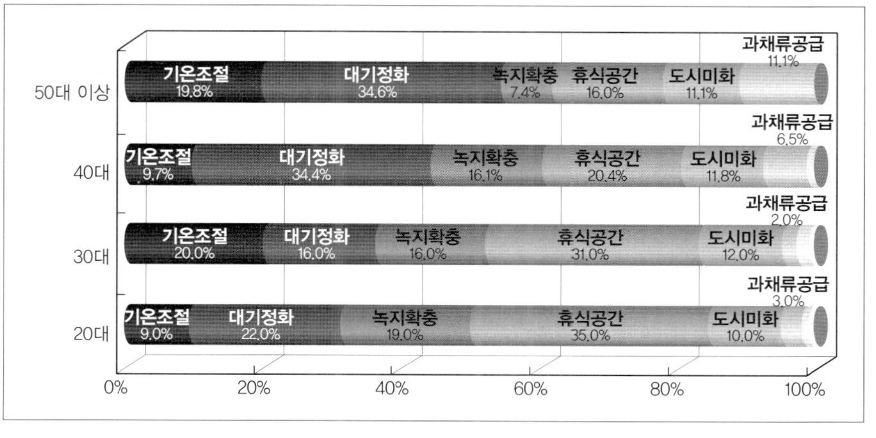

〈그림 3-28〉 상녹화의 사회적 효과 연령별 비교

소득수준별 비교에서도 옥상녹화의 사회적 효과에 차이가 나타났는데, '기온조절 효과'는 10.2~20.9%, '대기정화 효과'는 16.5~38.9%로, 300만원을 기준으로 소득이 많을수록 응답 비중이 높았다. 그러나 '휴식 공간 확보'는 19.4~33.7%이고, '과채류 공급'은 4.5~7.2%로 소득이 낮을수록 응답이 많았다.

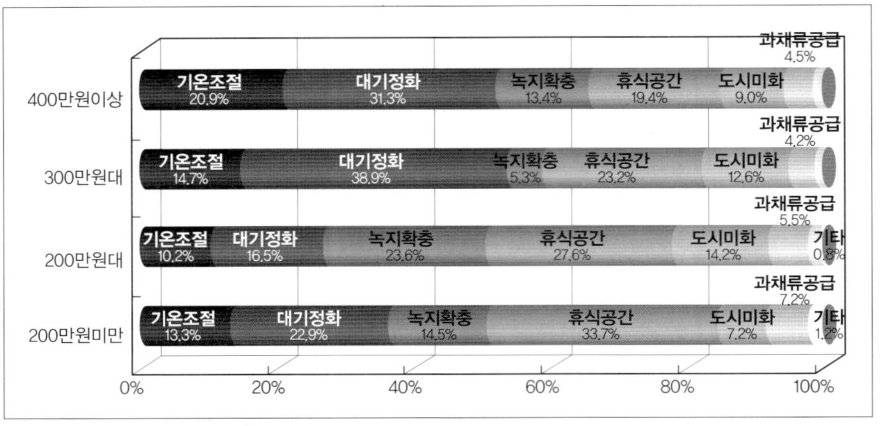

〈그림 3-29〉 옥상녹화의 사회적 효과 소득수준별 비교

옥상녹화에 대한 사회적 효과를 성별, 연령별, 소득수준별로 비교·종합해보면, '대기정화효과'는 남성보다 여성이, 20, 30대보다 40, 50대 이상이, 소득수준이 높을수록 더 크게 인식하고, '휴식 공간 확보' 효과와 '녹지 확충' 효과는 여성보다 남성이, 연령이 낮을수록, 소득이 낮을수록 더 크게 인식하는 것을 알 수 있다.

② 옥상녹화의 이용실태 조사결과

시민들의 옥상녹화 이용실태를 알아보기 위하여 가정이나 직장에 옥상녹화가 되어 있는지, 혹은 옥상 녹화지를 방문한 경험이 있는지를 알아보고, 이용자를 대상으로 옥상녹화 현황 및 이용실태를 조사하였다.

가. 옥상녹화지 이용실태

옥상녹화 현황을 파악할 목적으로 "가정이나 직장에 옥상녹화가 되어있는지?"와

"옥상녹화가 되어있는 곳을 방문한 적이 있는지?"를 물어본 결과, 가정의 경우 375명 중에서 78명, 20.8%가 '있다'고 응답하였고, 직장의 경우도 375명 중에서 68명, 18.1%가 '있다'고 응답하였다. 이 중 5명은 가정과 직장에 모두 옥상녹화가 되어 있어, 본 연구의 조사대상자 375명 중에서 141명이 옥상녹화 이용자라 할 수 있다.

또한 옥상녹화지 방문자도 152명, 41.1%가 '있다'로 응답하여 전체 응답자의 약 40%가 '있다'고 응답 하였으므로 대구시민 10명중 4명은 옥상녹화 이용자라 할 수 있다(〈표3-6〉).

〈표 3-6〉 옥상녹화 이용실태

옥상녹화 여부	명	%	옥상녹화 장소 방문여부	명	%
가정	78	20.8	있다	152	41.1
직장	68	18.1	없다	218	58.9
없다	234	62.4	합계	370	100.0
합계*	380	101.3	결측값	5	–

나. 옥상녹화 장소의 녹화 면적

옥상녹화 이용자를 대상으로 한 옥상녹화 면적 현황을 살펴보면, 30%가 '전체의 일부분만 녹화'로 응답하였고, 24.3%가 '옥상면적의 반만 녹화', 22.1%가 '옥상면적의 1/3쯤 녹화'로 응답하였다(〈3-7〉).

〈표 3-7〉 옥상녹화 면적 현황(N=140, 결측 1명)

구 분	명	%	순위
옥상 전체에 녹화	14	10.0	
옥상 면적의 반만 녹화	34	24.3	2
옥상 면적의 삼분의 일쯤 녹화	31	22.1	3
옥상 면적의 일부분만 녹화	42	30.0	1
화분으로 부분적으로 식물이 식재	19	13.6	
합계*	140	100.0	

가정과 직장으로 구분하여 옥상녹화 면적 현황을 조사한 결과, 가정의 경우 '옥상전체'가 5.1%로 가장 적고, '일부분 녹화', '1/3 녹화', '반 이상 녹화' 순으로 각 항목이 20%이상 고르게 분포하였다. 그러나 직장의 경우는 '옥상전체'가 14.9%이고, '화분으로 부분'이 6.0%로 가장 적었으며, '일부분 녹화', '반 이상 녹화', '1/3 녹화' 순으로 조사되었다(<그림 3-30>).

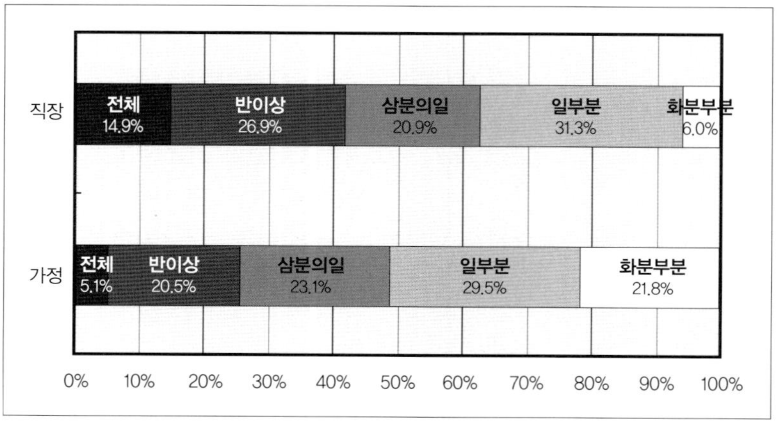

<그림 3-30> 가정과 직장의 옥상녹화 면적 현황

다. 옥상녹화 장소 이용 빈도

옥상녹화 이용현황 조사결과 141명 중에서 '매일'이 40명, 28.4%로 가장 많고, 반대로 '이용안함'이 38명, 27.0%로 2순위를 차지하였다. 대체로 항목별로 비슷한 응답비중을 가지나, 이용자와 비이용자의 양극화 경향을 볼 수 있다(<표 3-8>).

<표 3-8>. 옥상녹화 장소 이용 빈도(N=141)

구 분	명	%	순위
매일	40	28.4	1
주1회	33	23.4	3
월1, 2회	30	21.3	
이용안함	38	27.0	2
합계*	141	100.0	

가정과 직장으로 구분하여 옥상녹화 장소 이용 현황을 조사한 결과, 가정의 경우 '매일'과 '이용안함'이 25.6%, 24.4%로 비슷하게 조사되었고, 직장의 경우도 '매일'과 '이용안함'이 똑같이 30.9%로 조사되었다. 가정과 직장의 이용 빈도는 많이 다르지 않으나 '월 1, 2회 이용'의 경우 직장은 11.8%로 비중이 가장 적고, 가정은 29.5%로 비중이 가장 크게 조사되었다(〈그림 3-31〉).

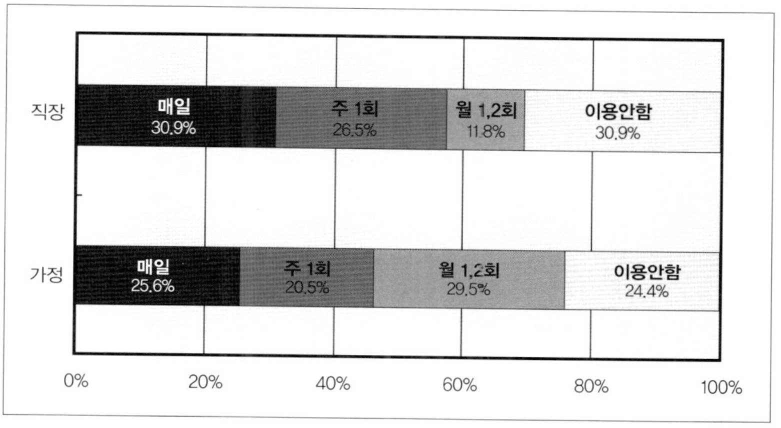

〈그림 3-31〉 가정과 직장의 옥상녹화 장소 이용 빈도

라. 옥상녹화 장소 이용 목적

옥상녹화 장소 이용자들에게 이용목적을 물어본 결과, 1순위가 '담배를 피우거나 휴식을 취하려고'가 28.5%, 2순위가 '옥상에 올라가면 다른 곳보다 공기가 맑은 것 같아서'가 23.4%로 조사되어 스트레스 해소와 맑은 공기를 기대하고 녹화된 옥상을 찾는 것을 알 수 있다. 그리고 '텃밭을 관리하고 채소류 등을 채취', '식물을 관리하기 위하여'도 각각 13.9%와 12.4%로 다수의 이용자가 응답하였다(〈표 3-9〉).

〈표 3-9〉 옥상녹화 장소 이용목적(N=141, 결측 4)

구 분	명	%	순위
주변경관을 구경하러	13	9.5	
식물을 관리하기 위하여	17	12.4	4

구 분	명	%	순위
세탁물을 말리고 또는 장독대 관리를 위하여	10	7.3	
담배 피우거나 휴식을 취하려고	39	28.5	1
아이들의 동 · 식물 관찰 등의 교육적 이유	3	2.2	
옥상에 올라가면 다른 곳보다 공기가 맑은 것 같아서	32	23.4	2
텃밭을 관리하고 채소류 등을 채취	19	13.9	3
기타	4	2.9	
합계*	137	100.0	

가정과 직장의 옥상녹화 이용자를 구분하여 이용목적을 조사한 결과, 옥상녹화지 이용목적에 상당한 차이가 있었다. 직장의 경우 '담배 피우거나 휴식을 취하려고'가 44.6%, '옥상에 올라가면 다른 곳보다 공기가 맑은 것 같아서'가 32.3%로 상당한 비중을 차지하였는데 반해, 다른 항목의 비중은 낮게 조사되었다.

그러나 가정의 경우 '텃밭을 관리하고 채소류 등을 채취'가 23.7%, '식물을 관리하기 위하여'가 21.1%로 비중이 크고, '담배 피우거나 휴식을 취하려고'는 13.2%, '옥상에 올라가면 다른 곳보다 공기가 맑은 것 같아서'는 15.8%, '주변경관을 구경하러'와 '세탁물을 말리고 장독대 관리를 위하여'는 10.5%로 다양한 목적으로 이용되고 있으며 직장과 다른 경향을 나타내었다(〈그림 3-32〉).

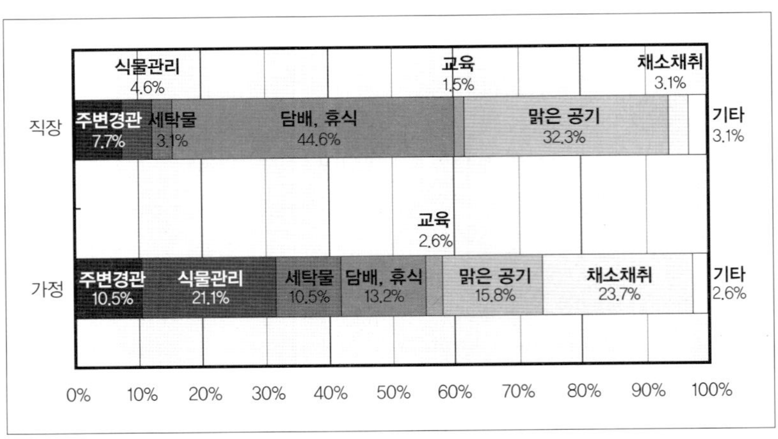

〈그림 3-32〉 가정과 직장의 옥상녹화 장소 이용 목적

마. 옥상녹화 장소의 형태

옥상녹화 장소 이용자를 대상으로 자신의 가정이나 직장의 옥상녹화 형태를 물어본 결과 '수목식재 및 휴게공간 조성'이 45.9%로 가장 많았고, 다음으로 '화분을 이용'이 29.3%, '텃밭 및 화단'이 22.6%로 조사되었다. '잔디(지피식물)'는 2.3%로 매우 적었다(<표 3-10>).

〈표 3-10〉 옥상녹화 장소 형태(N=141, 결측 8명)

구 분	명	%	순위
화분을 이용	39	29.3	2
텃밭 및 화단	30	22.6	3
잔디(지피식물)	3	2.3	
수목식재 및 휴게공간조성	61	45.9	1
합계*	133	100.0	

가정과 직장의 옥상녹화 형태를 비교해 본 결과, 상당히 다른 형태로 옥상녹화가 조성되어 있음을 알 수 있었다. 직장의 경우 조성형태가 단순하고, '수목 식재 및 휴게공간 조성'이 76.9%로 대부분을 차지하였으며, '화분을 이용'하는 경우가 18.5%로 일부 있었다.

그러나 가정의 경우는 조성형태가 다양하고, '화분을 이용'과 '텃밭 및 화단'이 40.3%로 많았고, '수목 식재 및 휴게공간 조성'은 16.7%로 일부 있었다(<그림 3-42>).

'잔디(지피식물)'는 두 대상지 모두 소수의견으로 조사되었고, 특히 '텃밭 및 화단'의 경우에는 가정과 직장이 상당히 다른 경향을 나타내었다.

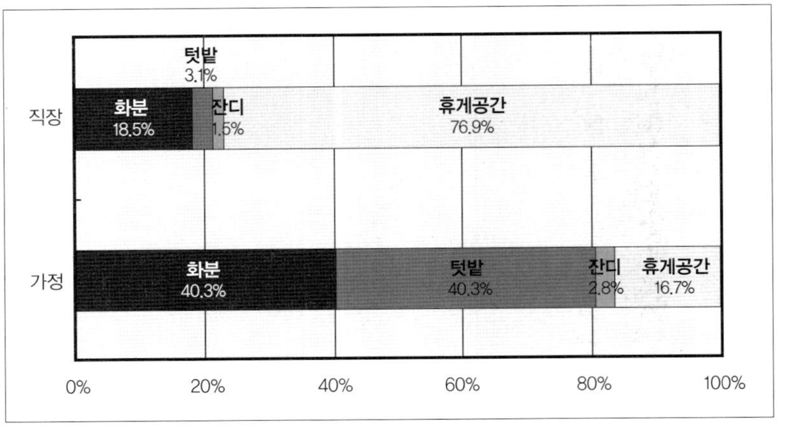

〈그림 3-33〉 가정과 직장의 옥상녹화 형태

바. 옥상녹화 장소의 식재 종류

옥상녹화 이용자들에게 자신의 옥상에 어떤 식물이 심겨져 있는지를 물어본 결과, '관·교목류'가 39.7%로 가장 많고, '화초류(야생화)'와 '채소류(무, 배추, 고추, 파, 마늘 등)'도 32.4%로 다수 차지하였다. 특이한 점은 '지피식물(잔디, 민들레, 기린초, 바위채송화 등)'도 25.7%가 심겨져 있다고 응답하였다는 점인데 옥상녹화 형태에서는 2.3%로서 소수 의견으로 조사되었지만, 식물의 종류 측면에서는 25.7%로서 상당수의 지피식물이 심겨져 있는 것을 알 수 있다(〈표 3-11〉).

〈표 3-11〉 옥상녹화 장소의 식재 종류(N=141, 복수응답)

구 분	명	%	순위
화초류(야생화)	44	32.4	2
채소류(무, 배추, 고추, 파, 마늘 등)	44	32.4	2
지피식물(잔디, 민들레, 기린초, 바위채송화 등)	35	25.7	3
관 · 교목류	54	39.7	1
과실수(석류나무, 대추나무 등)	14	10.3	
기타	4	2.9	
합계*	195	143.4	

이용자를 대상으로 옥상녹화 식재식물에 대하여 가정과 직장별로 구분하여 조사한 결과 서로 다른 유형을 나타냈다. 직장의 경우 관·교목류, 지피식물, 화초류, 채소류 순으로 심겨져 있고, 가정의 경우는 채소류, 화초류, 지피식물, 관·교목류, 과실수 순으로 심겨져 있는 것으로 조사되었다. 특히, 직장옥상에는 관·교목류와 지피식물 식재가 많고, 가정옥상에는 채소류와 화초류 식재가 큰 비중을 차지하였다(〈그림 3-34〉).

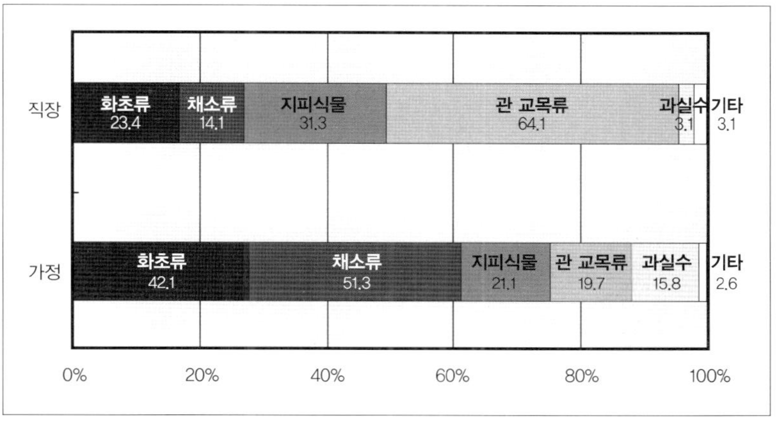

〈그림 3-34〉 가정과 직장의 옥상녹화 식재 식물

사. 자신의 옥상녹화 장소의 문제점

옥상녹화 이용자에게 옥상녹화의 문제점 또는 개선할 점에 대한 의견을 물어본 결과 다양한 의견을 들어 볼 수 있었다. '옥상에 식재된 식물과 흙으로 인한 하중문제를 개선', '옥상에 물이 고여서 천정으로 물이 스며든다(방수문제 개선)', '나뭇잎 등 쓰레기 처리문제'가 모두 22.6%로 가장 큰 문제점으로 지적되었다. 그리고 '휴게공간(벤치, 파고라)의 정비'가 15.8%, '식물 등 녹지의 확충'이 12.8% 순으로 조사되었다(〈표 3-12〉).

따라서 기존의 방식으로 조성된 옥상녹화의 경우에 많은 이용자들이 하중문제, 방수문제, 쓰레기처리 문제를 공통적으로 인식하고 있으므로 이에 대한 해결 방안 마련과 기술 및 관리정보 제공이 옥상녹화사업 활성화를 위해서는 반드시 필요하다고 생각된다.

〈표 3-12〉 옥상녹화 문제점(N=141, 결측 8명)

구 분	명	%	순위
옥상의 식재된 식물과 흙으로 인한 하중문제를 개선	30	22.6	1
옥상에 물이 고여서 천정으로 물이 스며든다(방수문제 개선)	30	22.6	1
나뭇잎 등 쓰레기 처리문제	30	22.6	1
식물 등 녹지의 확충	17	12.8	3
휴게 공간(벤치, 파고라)의 정비	21	15.8	2
기타 시설물(조명, 쓰레기통)등의 개선	3	2.3	
기타	2	1.5	
합계*	133	100.0	

옥상녹화의 문제점을 보다 구체적으로 알아보기 위하여 가정과 직장으로 구분하여 의견을 물어보았다. 가정의 경우 가장 큰 문제점은 '방수문제'로 27.3%가 지적하였고, '하중문제' 26.0%, '쓰레기 문제'도 22.1% 지적하였다. 그러나 '녹지 확충 문제'는 13.0%, '휴게공간 정비'는 10.4%로 비중이 적게 조사되었다.

그러나 직장의 경우 가장 큰 문제점은 '쓰레기 문제'로 23.3%가 지적하였고, '휴게공간 정비'도 21.7%가 지적하였다. 그러나 가정과 달리 '하중문제'와 '방수문제'는 18.3%로 이용자에게는 차 순위로 인식되는 것을 알 수 있었다. '녹지 확충 문제'와 '조명, 쓰레기통 등 시설물 개선 문제' 등도 소수이용자가 문제점을 지적하였다(〈그림 3-35〉).

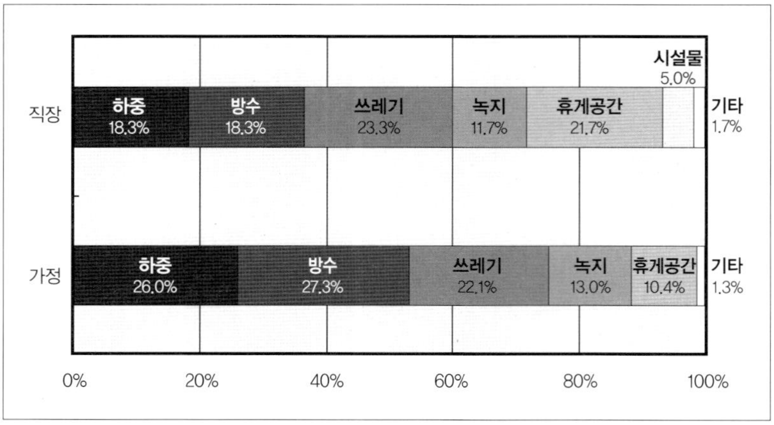

〈그림 3-35〉 가정과 직장의 옥상녹화 문제점

③ 옥상녹화 개선방향에 대한 인식

도시환경 개선을 위한 옥상녹화 활성화 방안을 제안하기 위해서 대구시민의 지자체 지원 여부에 따른 옥상녹화 의지, 옥상녹화의 제약사항, 옥상녹화 우선 시행 대상지에 대한 의견을 알아보았다.

그리고 희망하는 지자체의 지원 및 구체적인 옥상녹화 재료지원의 요구를 조사하고 자신이 부담할 수 있는 옥상녹화 비용과 옥상녹화 형태 및 심고 싶은 식물의 종류를 알아봄으로써, 향후 대구시에서 옥상녹화 활성화를 위한 정책 결정시에 옥상녹화 전반에 대한 시민의 의견을 제공하고자 하였다.

가. 옥상녹화 의지

대구시민의 옥상녹화 의지를 본인 부담과 지자체 지원이 있는 경우로 구분하여 조사한 결과, 73.3%와 83.3%가 옥상녹화 의사가 있는 것으로 조사되었다. 이는 대구시민 10명 중 7, 8명이 옥상녹화 의사가 있다는 것으로 볼 수 있으며 앞으로 여건이 주어진다면 옥상녹화 활성화 가능성이 충분히 있음을 보여주는 결과이다(〈표 3-13〉).

〈표 3-13〉 대구시민의 옥상녹화 의지(N=375, 결측 2, 3명)

구 분 (본인 부담시)	명	%	구 분 (지원있을 시)	명	%
있다	275	73.7	있다	310	83.3
없다	98	26.3	없다	62	16.7
합계	373	100.0	합계	372	100.0

나. 옥상녹화가 잘 이루어지지 않는 이유

시민들에게 옥상녹화가 잘 이루어지지 않는 이유를 물어본 결과 '건물의 여건부족'이 26.4%로 가장 많았고, 다음으로 '시민들의 관심부족'이 23.7%, '비용과다'가 22.1%로 응답하였다. 또한 소수 의견으로 '필요성을 느끼지 못함'과 '시의 홍보부족'을 이유로 지적하였는데, 앞으로 옥상녹화를 위한 관심을 증가시킬 수 있는 시의 적극적인 자세가 요구된다.

옥상녹화가 잘 이루어지지 않는 이유를 옥상녹화 이용자와 비이용자로 구분하여 의견을 조사하였는데, 이용유형에 따라 차이를 나타냈다. 비이용자의 경우 막연하게 '비용과다', '시민의 관심부족', '건물여건 부족' 순으로 응답하였으나, 가정과 직장의 옥상녹화 이용자는 현 상황을 반영하는 실질적인 원인을 제시하였다.

가정의 경우 '건물여건 부족'이 37.7%, '관리 및 위생문제'가 24.7%, 그리고 '시민의 관심부족'과 '비용과다 문제' 순으로 옥상녹화 제약사항을 지적하였다. 직장의 경우는 가정과 마찬가지로 '건물여건 부족'이 35.3%로 가장 많이 응답하였고, 그 다음 순으로 '시민의 관심부족'이 25.0%, '비용과다'가 19.1% 순으로 옥상녹화가 잘 이루어지지 않는 원인을 지적하였다(〈표 3-14〉).

이용자별 분석을 통하여 활성화되지 않는 가장 큰 원인은 '비용과다' 문제가 아니라 '건물의 여건부족'임을 알 수 있고, 가정의 경우 '관리 및 위생문제'가 해결되어야 할 과제임을 시사한다. 또한 비이용자의 경우 시의 홍보를 통해 '도시환경 개선을 위하여 옥상녹화가 필요하다'는 것에 대한 인식을 높이는 노력이 요구된다.

〈표 3-14〉옥상녹화 제한사유(N=375, 결측 4명)

구 분	명	%	순위
시민들의 관심 부족	88	23.7	2
비용과다	82	22.1	3
건물의 여건부족	98	26.4	1
시의 홍보부족	15	4.0	
관리 및 위생문제	57	15.4	
필요성을 느끼지 못함	30	8.1	
기타	1	.3	
합계	371	100.0	

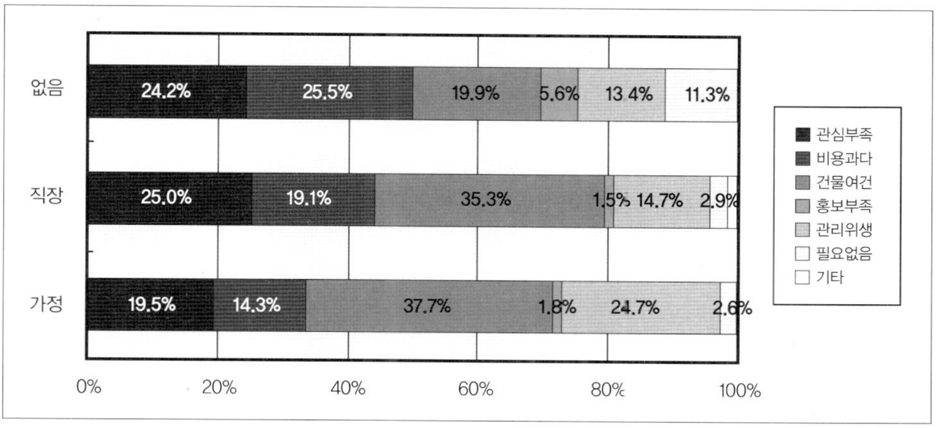

〈그림 3-36〉 이용자 형태별 옥상녹화 제한사유

다. 옥상녹화시 우려사항

옥상녹화 활성화를 위한 기술적 관리적 측면의 문제점을 파악하고 개선방안에 대한 정책제안을 위하여 시민들에게 "옥상녹화를 하려고 할 때 가장 우려되는 점은 무엇입니까?"라고 물어보았다.

조사결과 '비용문제'와 '누수문제'가 각각 35.6%, 32.1%로 큰 비중을 차지하였고, '하중문제'도 15.0%로 조사되었다. 이는 옥상녹화가 잘 이루어지지 않는 이유에 대한 질문에서 '건물의 여건부족'이라는 응답이 가장 많았다는 점과 연결하여 말할 수 있으며, 시민의 경제적 부담능력과 건물의 여건에 맞는 다양한 형태의 옥상녹화 형태와 기술개발이 필요하다 할 수 있다(〈표 3-15〉).

〈표 3-15〉 옥상녹화시 우려사항(N=375, 결측 1명)

구 분	명	%	순위
누수문제	120	32.1	2
비용문제	133	35.6	1
위생문제	31	8.3	
하중문제	56	15.0	3
식물 및 토양의 구입 문제	33	8.8	4

구 분	명	%	순위
기타	1	0.3	
합계	374	100.0	

옥상녹화 이용자 형태별로 옥상녹화 개선방안에 대한 시민의 의견을 구체적으로 물어 보았는데 이용자 여부에 따라 다소 차이를 보였다. 가정 이용자와 비이용자는 비용문제를 32.5%와 39.7%로 가장 많이 지적하였으나 직장 이용자는 누수문제가 48.5%로 가장 크다고 응답하였다(〈그림 3-37〉).

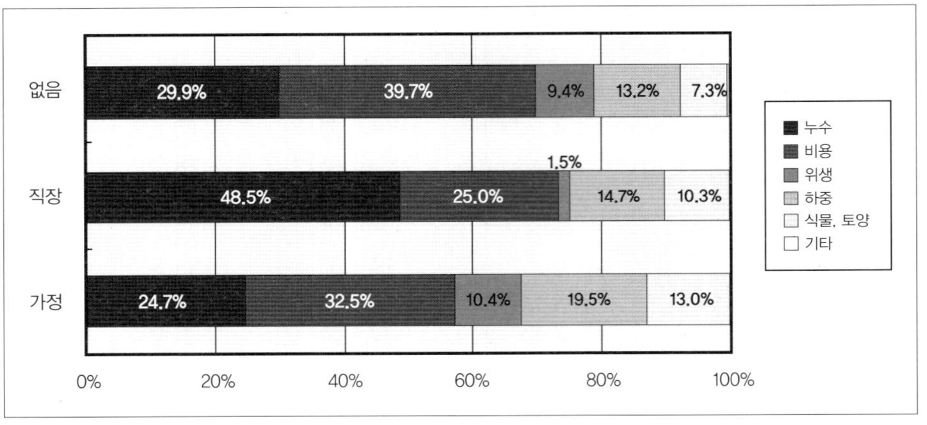

〈그림 3-37〉 이용자 형태별 옥상녹화시 우려사항에 대한 의견

이는 가정 옥상녹화의 경우 직장에 비해 위생문제, 하중문제, 식물 및 토양 구입문제 등의 어려움이 있으므로 향후 옥상녹화 보급을 위해서는 옥상의 규모와 안정성을 고려하여 다양한 옥상녹화 형태와 적합한 기술이 제공되어야 할 것으로 보인다.

시민들의 옥상녹화 개선방안에 대한 의견을 성별, 연령별, 소득수준별로 구분하여 구체적으로 알아보았다. 그 결과는 〈그림 3-38〉~〈그림 3-40〉과 같다.

성별 비교에서 큰 차이를 보이지는 않으나 여성은 남성에 비해 누수문제와 하중문제를 중요하게 여기고 있고, 남성은 비용문제, 위생문제, 식물 및 토양 구입문제를 중요하게 여기는 것을 알 수 있다. 이를 통하여 여성들은 건물의 옥상 여건을 개선하거나 옥상의 상황에 적합한 옥상녹화 유형을 희망하고, 남성들은 옥상녹화 설치 및 관리 시에 경제적 지원 또는 물질적, 기술적 지원을 희망하는 것을 알 수 있다.

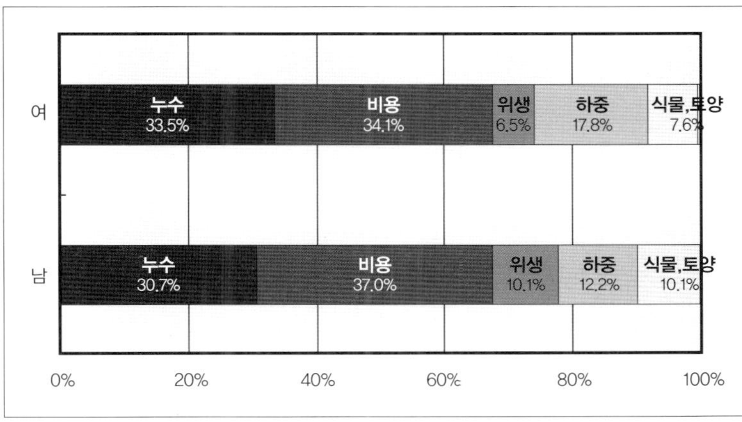

〈그림 3-38〉 옥상녹화시 우려사항에 대한 성별 의견

연령별로 옥상녹화 개선방안에 대한 의견을 비교해 보면, '누수문제'는 연령이 높을수록, '비용문제'는 연령이 낮을수록 중요하게 생각하였다. 또한 '위생문제'는 20대, 30대가 40대와 50대 이상보다 더 중요하게 여기고, 하중문제는 반대로 40대 이상에서 더 중요한 문제로 생각하였다.

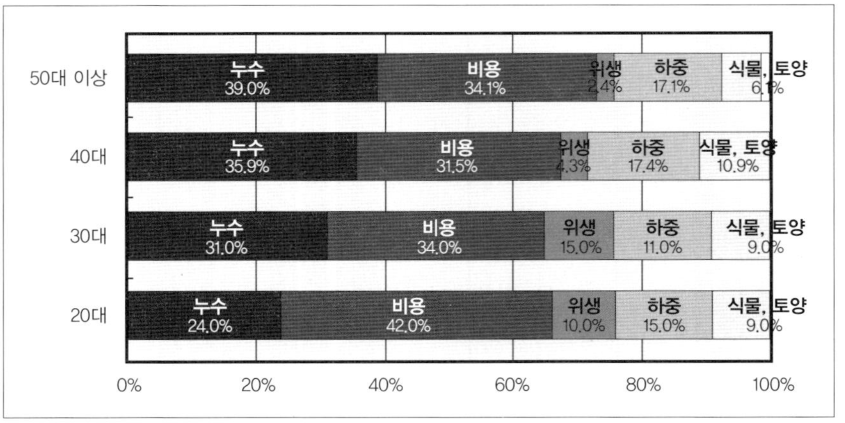

〈그림 3-39〉 옥상녹화시 우려사항에 대한 연령별 의견

소득수준에 따라 옥상녹화 개선방안에 대한 시민들의 의견을 물어본 결과, 의미 있는 경향성을 나타냈다. 400만원 이상 고소득일수록 누수문제와 하중문제 응답 비중이 크고, 200만원 미만 저소득일수록 위생문제와 식물 및 토양 구입문제 응답 비중이 크게 조사되었다. '비용문제'는 34.3%~36.2%로 큰 차이를 보이지 않았으나 옥상녹화 계획 시에 획일적인 지원이 아니라 건물의 여건과 함께 옥상녹화를 희망하는 사람의 사회·경제적 특성도 고려하여 시민의 요구를 적극적으로 수용한 차별화되고 다양한 형태의 지원을 제공하는 것이 바람직하다.

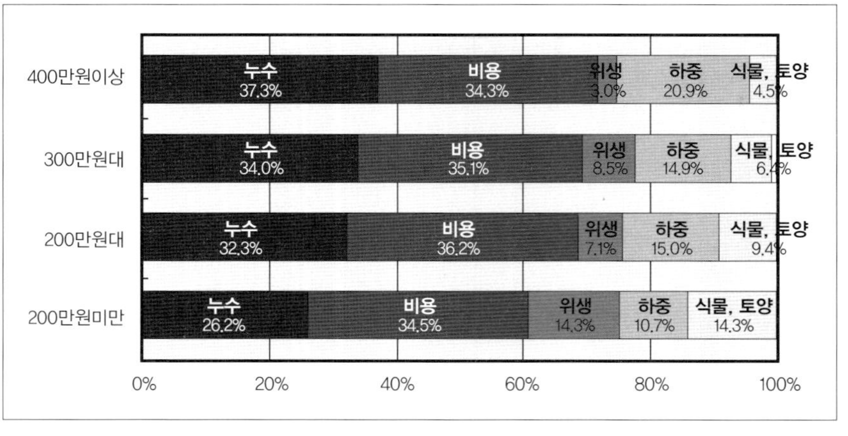

〈그림 3-40〉 옥상녹화시 우려사항에 대한 소득수준별 의견

라. 옥상녹화를 가장 먼저 시행해야 하는 장소

시민들에게 옥상녹화를 우선적으로 시행해야 할 장소를 물어본 결과, 전체 응답자의 반 이상이 '관공서 및 학교'로 대답하였다. 다음 순위로 '개인주택' 12.9%, '대규모 상업시설' 12.4%, '의료시설' 11.3% 순으로 대답하였다(〈표 3-16〉). 본 조사 결과에 따라, 공공기관 또는 공공건물에 시범적으로 옥상녹화를 조성하고, 개인주택의 경우 희망자 신청을 받아서 우선적으로 옥상녹화를 조성하는 것이 바람직할 것으로 판단된다.

〈표 3-16〉 옥상녹화 우선 시행 대상지(N=375, 결측 4명)

구 분	명	%	순위
관공서 및 학교	189	50.9	1
대규모 상업시설	46	12.4	3
기차역 및 버스터미널	32	8.6	
의료시설	42	11.3	4
개인주택	48	12.9	2
일반빌딩	12	3.2	
기타	2	0.5	
합계	371	100.0	

옥상녹화 이용자 형태별로 이용자와 비이용자로 구분하고 우선 시행 대상지에 대한 의견을 조사하였다. 직장 이용자와 비 이용자는 '관공서 및 학교', '의료시설', '대규모 상업시설' 순으로 의견을 제안하였고, 가정 이용자는 '관공서 및 학교', '개인주택', '대규모 상업시설' 순으로 의견을 제안하였다(〈그림 3-41〉).

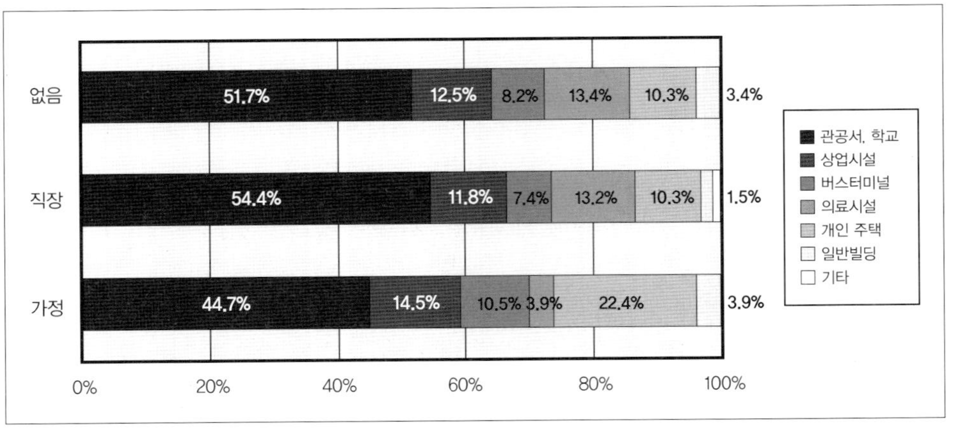

〈그림 3-41〉 이용자 형태별 옥상녹화 우선 시행 대상지에 대한 의견

조사대상자의 성별, 연령별, 소득수준에 따라 옥상녹화 우선 시행 대상지에 대한 의견에 차이가 있는지 교차분석을 통하여 알아보았다.

성별로는 의견에 차이를 보였는데, 가장 응답이 많았던 '관공서 및 학교'와 '일반빌딩'은 여성보다는 남성의 응답률이 57.2%와 4.8%로 더 높게 조사되었고, '대규모 상업시설', '의료시설', '개인주택', '기차역 및 버스터미널' 등 다른 곳은 모두 여성의 응답률이 더 높게 조사되었다(〈그림 3-42〉).

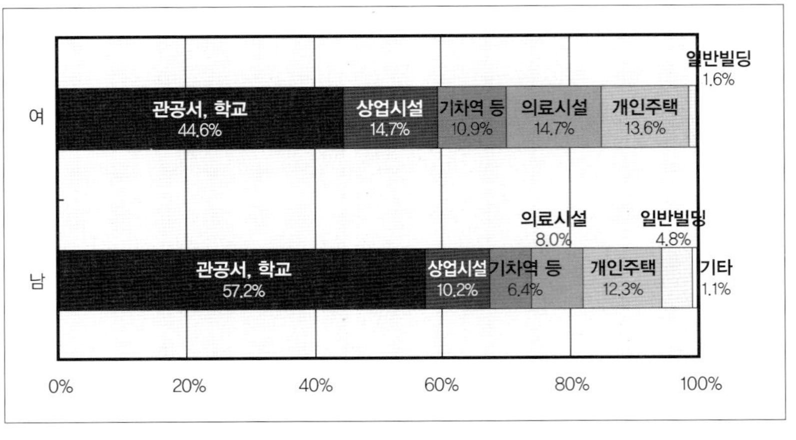

〈그림 3-42〉 옥상녹화 우선 시행 대상지에 대한 성별 의견

연령에 따라서도 다른 의견을 보였는데 '관공서 및 학교'와 '대규모 상업시설'은 타 연령에 비해 50대 이상의 응답이 45.7%와 7.4%로 적었고, 반대로 '개인주택'과 '일반빌딩'은 18.5%와 8.6%로 응답이 많았다(〈그림 3-43〉).

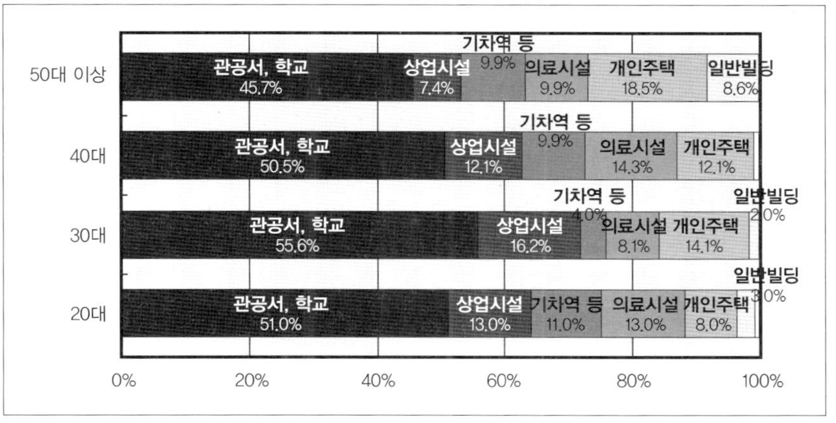

〈그림 3-43〉 옥상녹화 우선 시행 대상지에 대한 연령별 의견

이와 반대로 30대는 '관공서 및 학교'가 55.6%, '대규모 상업시설'이 16.2%로 타 연령에 비해 응답률이 높고, '기차역 및 버스터미널'과 '의료시설'은 응답이 가장 적게 조사되었다. 그리고 20대와 40대의 우선 시행 대상지에 대한 의견은 비슷했다.

소득수준에 따른 의견의 차이를 분석한 결과, 200만원 미만은 '관공서 및 학교' 43.2%, '일반빌딩' 1.2%로 타 집단보다 적게 응답하였고, '기차역 및 버스터미널'과 '의료시설'은 13.6%와 14.8%로 타 집단보다 다소 높은 응답을 나타냈다(〈그림 3-44〉).

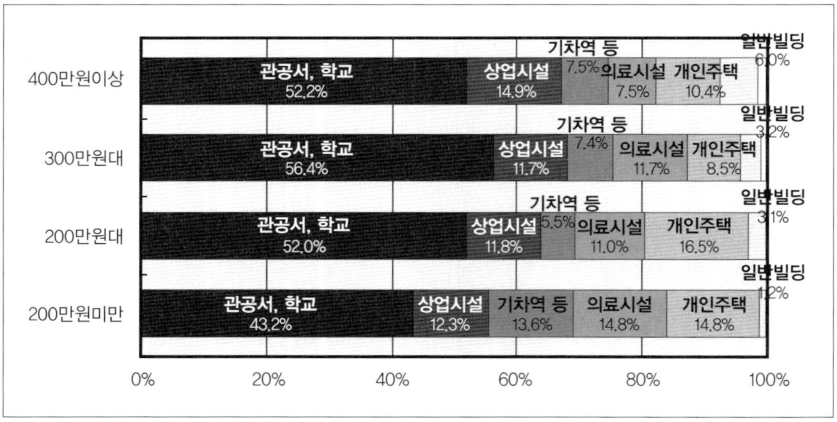

〈그림 3-44〉 옥상녹화 우선 시행 대상지에 대한 소득수준별 의견

옥상녹화 이용자 형태별 분석결과를 종합해보면, 공공기관이나 공공건물에 우선적으로 옥상녹화를 조성해야 한다는 경향은 일치하지만, 옥상녹화 이용여부에 따라서, 대상자의 사회·경제적 특성에 따라서 대상지별로 차지하는 비율이 다소 차이를 보였다. 본 조사를 통하여 일반적으로 시민들은 자신이 주로 머무는 곳이나 이용하는 장소에 옥상녹화가 우선적으로 이루어지기를 희망하는 것을 알 수 있다.

마. 지자체의 지원형태

시민들에게 "지자체에서 옥상녹화에 대해서 지원을 할 경우 어떤 형태의 지원을 원하십니까?"라고 물어본 결과 '옥상녹화 재료지원'이 41.6%로 가장 많은 사람들이 희망했고, '보조금지원'이 39.1%로 2순위였다(〈표 3-17〉).

80%이상 시민들이 옥상녹화의 가장 기본적인 사항인 재료문제와 비용문제를 가장 중요하게 생각하므로 옥상녹화 활성화를 위해서는 지원체계에 관한 법적·제도적 준비가 필요하다고 생각한다.

〈표 3-17〉 지자체 지원형태에 대한 의견(N=375, 결측 7명)

구 분	명	%	순위
옥상녹화 재료 지원	153	41.6	1
보조금 지원	144	39.1	2
설계 지원	25	6.8	
융자금 지원	8	2.2	
관리정보 제공 지원	33	9.0	3
기타	5	1.4	
합계	368	100.0	

옥상녹화 이용자 형태별로 이용자와 비이용자를 구분하고 지자체의 지원형태에 대한 의견을 조사하였다. 이용자 여부에 따라 다소 차이를 보였는데, 비 이용자의 경우 '옥상녹화 재료지원'보다는 '보조금지원'에 응답이 더 많았고, 반대로 이용자의 경우는 '옥상녹화 재료지원'을 더 많이 응답하였다. 특히 가정 이용자는 '옥상녹화 재료지원'에 46.8% 응답하였고, '설계지원'도 9.1% 희망하였다. 직장 이용자는 타 이용자와 비교하여 '관리에 관한 정보의 제공'에 18.2%로 높은 응답을 나타냈다(〈그림 3-45〉).

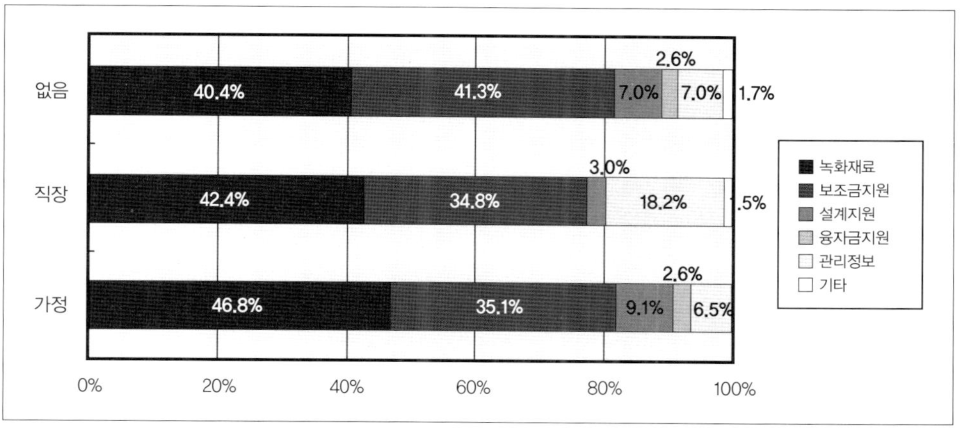

〈그림 3-45〉 이용자 형태별 옥상녹화를 위한 지자체 지원에 대한 의견

시민들이 가장 필요로 하는 지자체의 지원 중 '옥상녹화 재료지원'에 대해 구체적으로 알아보기 위하여 시민들에게 물어본 결과 절반 가까이 '완벽한 방수작업'을 요구하였고, '다양한 옥상녹화 식물지원' 30.4%, '식재를 위한 토양지원' 17.3% 순으로 요구하였다(〈표 3-18〉).

옥상녹화 이용자 형태별로 이용자와 비이용자로 구분하여 옥상녹화 재료지원에 대한 의견을 구체적으로 물어 보았는데 이용자 여부에 따라 다소 차이를 보였다.

비 이용자는 방수작업과 식물지원 비율이 46.7%와 33.9%이었으나, 이용자의 경우는 가정과 직장 모두 방수작업이 53.2%와 57.6%로 많았고, 식물지원은 24.7%와 22.7% 정도가 필요로 하였다(〈그림 3-46〉).

〈표 3-18〉 재료지원 형태에 대한 의견(N=375, 결측 10명)

구 분	명	%	순위
완벽한 방수 작업	181	49.6	1
식재를 위한 토양지원	63	17.3	3
다양한 옥상녹화 식물지원	111	30.4	2
기타	10	2.7	
합계	365	100.0	

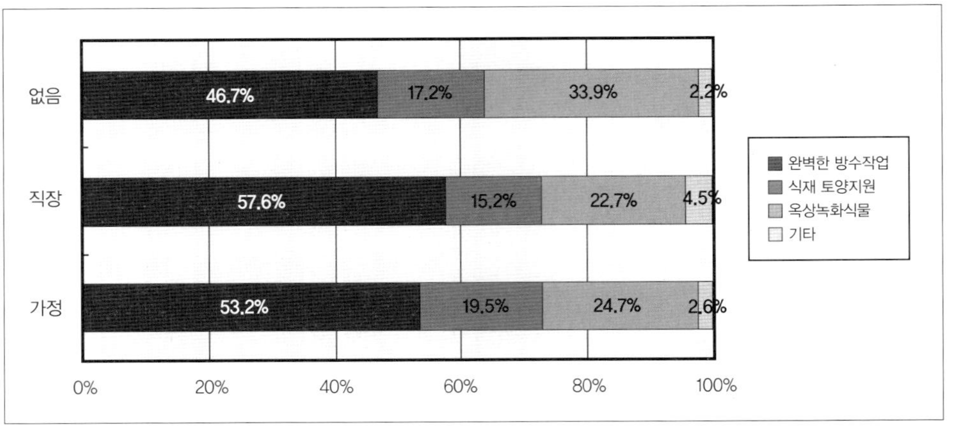

〈그림 3-46〉 이용자 형태별 옥상녹화를 위한 재료지원 형태에 대한 의견

바. 희망하는 옥상녹화 형태와 식재 형태

대구시민이 희망하는 옥상녹화의 형태를 조사한 결과, 옥상녹화에 대한 인식과 같은 결과로 조사되었다. 그러나 이용실태의 응답결과와 비교하여 '화분을 이용'과 '텃밭 및 화단' 항목의 순위는 다르게 조사되었다.

인식과 이용실태, 개선방향을 종합해서 '수목식재 및 휴게공간 조성'을 우선적으로 고려하고, 상황에 맞도록 '화분을 이용'과 '텃밭 및 화단'을 조화롭게 배치하는 형태가 시민들이 가장 희망하는 옥상녹화 형태라고 할 수 있다(〈표 3-19〉).

〈표 3-19〉 대구시민의 희망하는 옥상녹화 형태(N=375, 결측 3명)

구 분	명	%	순 위
화분을 이용	48	12.9	3
텃밭 및 화단	129	34.7	2
잔디(지피식물)	39	10.5	4
수목식재 및 휴게공간 조성	156	41.9	1
합계	372	100.0	

옥상녹화 이용자 형태별로 옥상녹화 형태에 대한 시민의 의견을 구체적으로 물어보았는데, '수목식재 및 휴게공간 조성'은 42.1%와 47.8%로 비이용자와 직장에서 희망하는 형태라 할 수 있고, '화분을 이용'과 '텃밭 및 화단'은 각각 14.3%와 44.2%로 가정에서 희망하는 옥상녹화 형태라 할 수 있다. 그리고 '잔디(지피식물)'의 경우 가정에서는 5.2%로 낮은 비율이지만 직장에서는 17.9%가 희망하는 옥상녹화 형태인 것으로 조사되었다(〈그림 3-47〉).

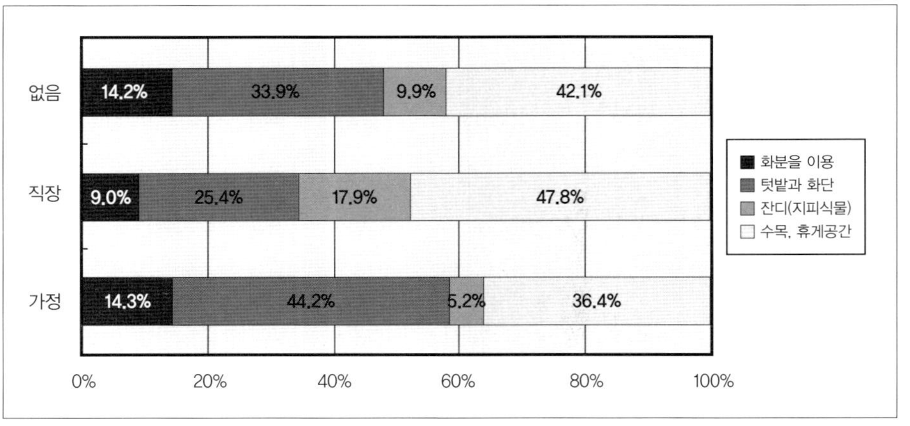

〈그림 3-47〉 이용자 형태별 희망하는 옥상녹화 형태에 대한 의견

시민들이 희망하는 옥상녹화 형태에 대한 의견을 성별, 연령별, 소득수준별로 구분하여 구체적으로 알아보았다. 그 결과는 〈그림 3-48〉~〈그림 3-56〉과 같다.

성별 비교에서 다소 차이를 보였는데 여성은 남성에 비해 '텃밭 및 화단'을 선호하고, 남성은 다른 항목에 대해 선호하였다. 특히 '화분을 이용'과 '텃밭 및 화단'의 경우 남성과 여성 간에 6~7%의 차이를 보였는데, 남성의 경우 지속적인 관리와 수확의 기쁨을 얻을 수 있는 '텃밭이나 화단형태'보다 관리가 용이한 '화분을 이용'을 더 선호하는 것을 알 수 있었다.

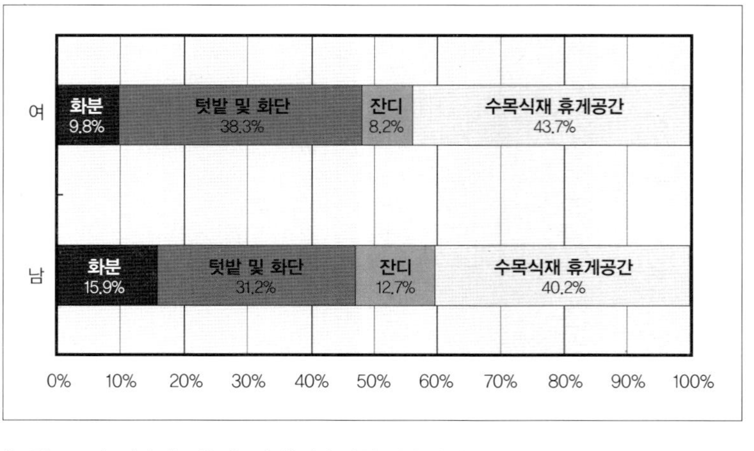

〈그림 3-48〉 희망하는 옥상녹화 형태에 대한 성별 의견

시민들의 연령에 따라 희망하는 옥상녹화 형태를 조사한 결과, 20대와 타 연령 간에 차이가 있었다.

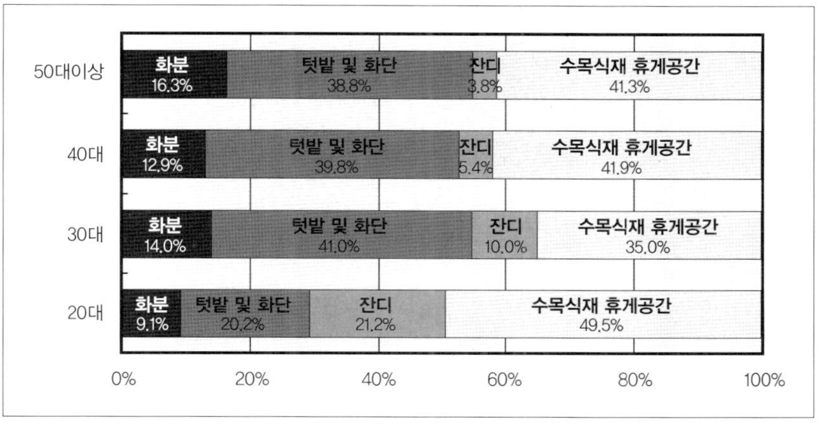

〈그림 3-49〉 희망하는 옥상녹화 형태에 대한 연령별 의견

20대는 절반정도가 '수목식재 및 휴게공간 조성'을 희망하고, 21.2%가 '잔디(지피식물)'를 희망하였으며, '화분 이용'과 '텃밭 및 화단'은 9.1%와 20.2%로 타 연령대와 큰 차이를 보였다. 따라서 주 이용자 연령을 고려한 옥상녹화 형태도 옥상녹화 활성화를 위한 정책마련에 중요한 요인으로 생각된다.

소득수준별로 구분하여 희망하는 옥상녹화 형태를 조사하였는데 의미 있는 경향성을 나타냈다. 가장 선호하는 형태인 '수목식재 및 휴게공간 조성'은 31.3~67.2%로 소득에 따라 두 배 이상 차이를 보였는데, 소득이 많을수록 응답 비중이 높은 것으로 조사되었다. 두 번째 선호 형태인 '텃밭 및 화단'은 25.4~39.8%로 소득이 적을수록 응답 비중이 크게 조사되었다. 그리고 '화분 이용'은 3.0~18.1%로 소득수준에 따라 6배 이상이나 차이를 보였다. 특이한 점으로 '잔디(지피식물)'의 경우, 4.5~10.8%로 조사되었는데 소득이 많을수록 선호하는 비중이 낮게 조사되었다.

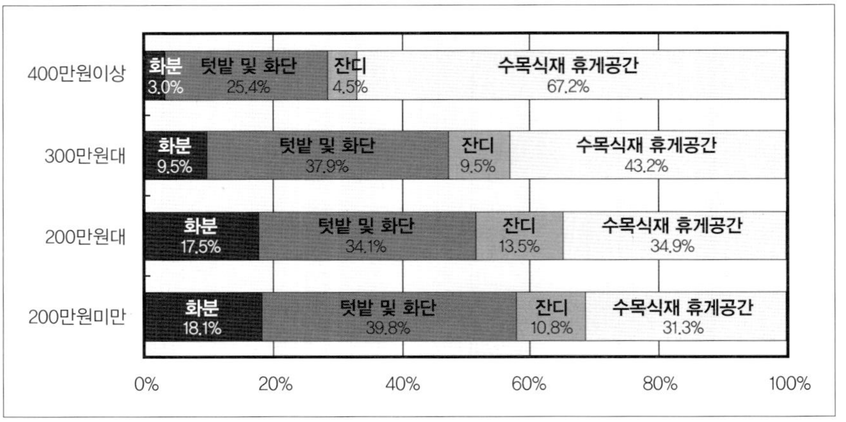

〈그림 3-50〉 희망하는 옥상녹화 형태에 대한 소득수준별 의견

시민들이 옥상녹화 조성 시에 심고 싶은 식물의 종류를 1순위, 2순위, 3순위로 응답하게 한 후, 1순위는 300%, 2순위는 200%, 3순위는 100%로 가중치를 부여하고, 전체 응답을 합산하여 순위를 매겨 비교하였다.

가장 심고 싶은 식물 1순위는 채소류(무, 배추, 고추, 파, 마늘 등)이고, 2순위는 지피식물(잔디, 민들레, 기린초, 바위채송화)과 화초류(야생화)로 조사되었으며, 3순위는 관·교목류였다(〈표 3-20〉).

〈표 3-20〉 대구시민의 희망하는 옥상녹화 식물 종류 (N=375, 1, 2, 3순위 종합)

구 분	명	%1)	%2)	순 위
화초류	460	130.4	21.7	2
채소류	528	146.7	24.5	1
지피식물	461	130.4	21.7	2
관 · 교목류	409	115.7	19.3	3
과실수	265	75.9	12.7	
기타	3	0.9	0.2	
합계@	2126	600	100.0	

1) : 가중치 합산한 값, 2) : 백분율로 환산한 값

2. 옥상조경식물[1]

옥상녹화에 적합한 수목으로는, 건조에 강한 수목, 바람에 강한 수목, 뿌리가 얕은 수목, 성장이 느린 수목, 관리가 용이한 수목이어야 한다. 일반적으로 침엽수는 뿌리가 얕고 빨리 자라지만 쉽게 죽을수 있다. 활엽수는 성장이 느린 반면 뿌리의 부착은 양호하다.

그러나 수목도 환경에 대한 순응성이 있기 때문에 뿌리가 깊은 나무라도 60cm정도를 성토하고 어릴 때부터 키우게 되면 보다 잘 자랄 수 있다.

특히 건조와 바람에 잘 견디는 식생을 우선으로 선정하여야 한다.

녹화의 목적에 따라 전체의 배치와 수종, 배식 등을 결정하게 되는데 이용방법이나 관리형태 등을 포함하여 식재계획이 이루어질 필요가 있다.

① 해당 옥상부분의 환경압 파악
② 일상적인 이용상황 설정
③ 관리형태, 내용, 방법, 비용의 설정
④ 식재상의 문제점 파악과 해결방법의 검토
⑤ 수분공급, 수분보호, 배수방법의 설정
⑥ 토양의 압력, 토양의 종류, 토양구성의 설정
⑦ 바람에 대한 대책설정
⑧ 수종의 선택, 나무높이의 선택, 식재위치, 식재구성의 설정
⑨ 관리용 기기의 설정

1_ 한국인공지반녹화협회 〈http://www.ecoearth.or.kr/〉

〈표 3-21〉 옥상녹화 적합 식물

구분	식물종
숙근초	맥문동, 관중, 초롱꽃, 패랭이류, 은쑥, 기린초, 돌나물, 수크령, 범부채, 붓꽃, 원추리, 두메부추, 부처꽃, 매발톱꽃, 양지꽃, 비비추, 옥잠화, 바위취, 돌단풍, 수호초 등
관 목	화살나무, 조팝나무, 철쭉류, 수수꽃다리, 산수국, 작살나무, 댕강나무, 병꽃나무, 흰말채나무, 앵두나무, 백당나무, 회양목, 눈주목, 병아리꽃나무, 좀눈향 등
교 목	단풍나무, 복자기, 자작나무, 소사나무, 산딸나무, 이팝나무, 산수유, 살구나무, 매실나무, 산사나무, 반송, 배롱나무 등

1) 옥상녹화 적합수종 선정과정

국외의 옥상녹화 관련 선진사례를 살펴보면 식물생육에 열악한 옥상환경의 특성에 따라 옥상녹화자재, 특히 식물소재에 대한 표준화 연구를 통하여 각 지역에 적합한 식물재료의 개발과 적절한 관리의 중요성에 대하여 명시하고 있으며, 이를 옥상녹화의 지침서로 활용하고 있다. 하지만 국내에서는 지역 환경을 고려한 식물소재에 대한 연구나 지침서에 대한 연구가 전무한 현실이다.

따라서 옥상녹화의 활성화를 위하여 조례의 개선과 함께 각 지역 환경에 적용이 가능한 식물소재의 표준화 연구가 필요한 시점이라 사료된다.

이와 관련하여 2010년 계명대학교 녹지환경디자인연구실에서 진행한 대구시 옥상조경정책방향 및 옥상유형별 적합한 수종선정에 관한 연구에 대하여 소개하고자 한다.

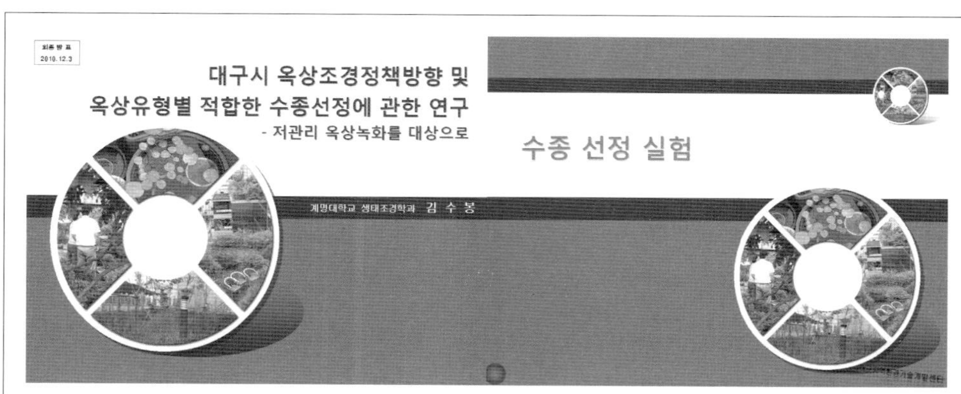

수종 선정 실험 - 실험설계 및 방법

실험개요(1)

- 500㎜×500㎜×100㎜의 식재모듈 활용.
- 하나의 식재모듈에 한 종류의 식물을 9포기 식재.
- 총 4개의 실험군 배치(총 4개 실험군, 식재모듈 40개 활용).
- 총 10종의 초화류 식재
- 분석내용 : 생육상태(초장, 초폭, 엽수)/개화여부/고사여부/피복율 분석.
- 실험기간 : 2010. 5. 7 ~ 9. 31 (정식기간 2주, 5월 21일 측정시작)
- 대상지 : 계명대학교 오산관 옥상 구조물 상부.

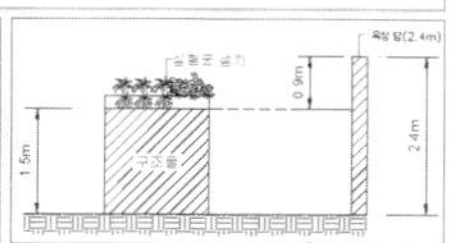

대구지역환경기술개발센터

수종 선정 실험 - 실험설계 및 방법

실험군 배치도

대구지역환경기술개발센터

수종 선정 실험 - 실험설계 및 방법

실험군 설치모습(1)

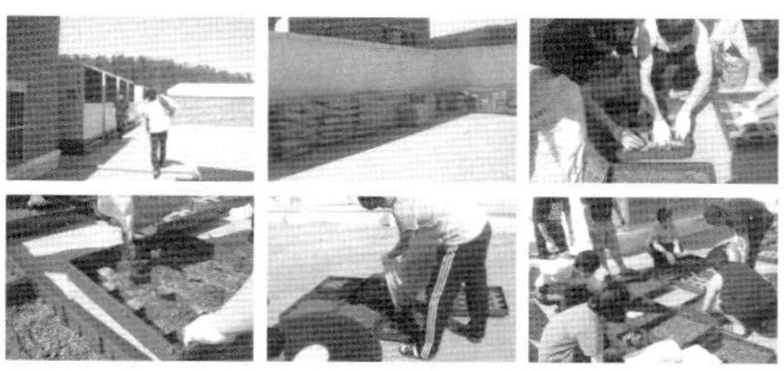

대구지역환경기술개발센터

수종 선정 실험 - 실험설계 및 방법

실험군 설치모습(2)

대구지역환경기술개발센터

수종 선정 실험 - 실험설계 및 방법

실험군 설치모습(3)

대구지역환경기술개발센터

수종 선정 실험 - 실험설계 및 방법

식재모듈

- 옥상녹화용으로 E사에서 고안된 식재판 모듈.
- 모듈규격 : 500㎜ X 500㎜ X 100㎜
- 도심 10cm 적용 : 건물의 하중과 경제적인 요인 및 안정적인 식물 생육에 적합

  [한·일 옥상녹화기술 교류회(2010년 10월), 한국건설기술연구원 장대희]
- 모듈특성 : 밑바닥에 요철이 있어 토양이 수분을 함유할 수 있도록 고안되었으며, 수분이 과다할 경우 배수될 수 있도록 작은 구멍이 있음.

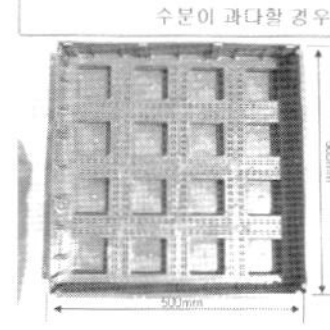

대구지역환경기술개발센터

수종 선정 실험 - 실험설계 및 방법

실험수종

- 기존의 옥상녹화에 적용이 되고 있고, 타 연구에서 생육이 인정이 된 식물종을 중심으로 계획
- 동일한 환경에서 재배된 수량의 확보가 가능한 지생초화류 4종과 외래종 및 개량종 6종의 총 10종을 실험수종으로 선정

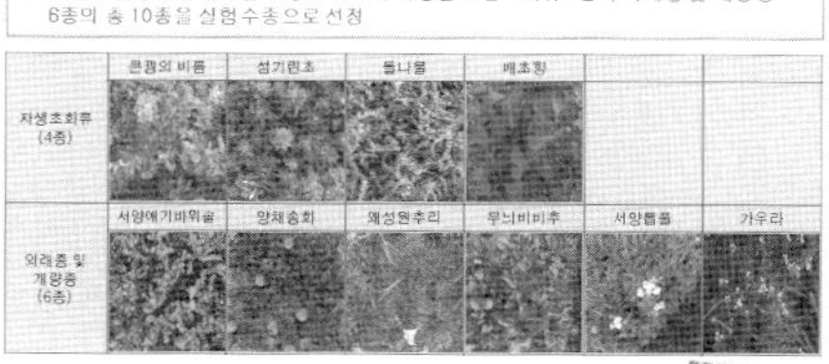

대구지역환경기술개발센터

수종 선정 실험 - 실험설계 및 방법

식재토양조건

- 토양은 인공토 실험군(A, C)과 일반토 실험군(B, D)으로 구분하여 비교실험 진행.

· 인공토	옥상의 환경조건을 고려하여 E사의 인공토인 eco-soil 사용 ※ eco-soil 성분 및 배합비율 → 펄라이트(6) 질석(버미큘라이트)(2) 코코피트(1) 유기물(1)
· 일반토	일반 녹화환경에 적합한 토양인 밭흙을 사용 ※ 계명문화대학 골프코스 원예학부의 원예관에서 밭흙 확보

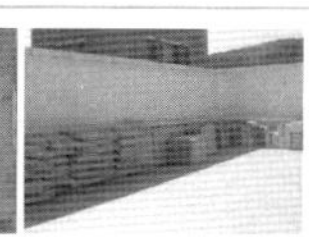

대구지역환경기술개발센터

수종 선정 실험 - 실험설계 및 방법

관수조건

✧ 관수는 관수 실험군(A, B)과 무관수 실험군(C, D)으로 구분하여 비교실험 진행.

· 관 수	1회 / 2일 관수(모듈에서 배수가 충분히 될 정도의 양, 약 5.6ℓ)
· 무관수	1회 / 6일 관수(모듈에서 배수가 충분히 될 정도의 양, 약 5.6ℓ)

※ 초화류 정착기간 : 전 실험군 동일하게 2일에 1회씩 관수 실시. (5월 7일 ~ 21일)

※ 관수주기 변화 : 무관수 실험군 4일에 1회씩으로 변경. (6월 2일 ~ 실험 종료)

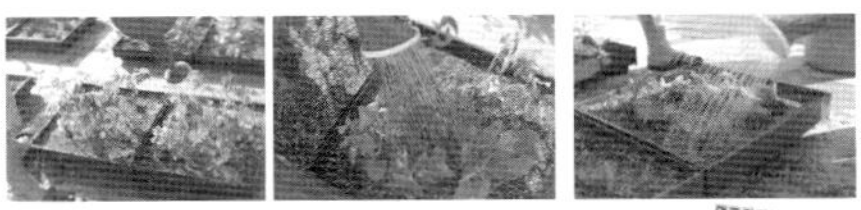

대구지역환경기술개발센터

수종 선정 실험 - 실험설계 및 방법

조사항목(1)

구분	초장	초폭	잎수	잎장	잎폭	개화 여부	고사 여부	결가 지수	피복률
측정 주기	1회/7일	1회/7일	1회/7일	1회/7일	1회/7일	1회/7일	1회/7일	1회/7일	1회/14일
측정 도구	줄자, 직자	줄자, 직자	육안	줄자, 직자	줄자, 직자	육안	육안	육안	카메라
분석프로그램	Microsoft Excel2007								Autocad 2010

대구지역환경기술개발센터

수종 선정 실험 - 실험설계 및 방법

조사항목(2)

✧ 피복률 분석방법

1. 실제 모듈과 동일한 크기(500mm×500mm)의 사각형을 cad도면상에 작성.
2. 14일 간격으로 촬영한 모듈사진을 불러옴.
3. 기준을 설정하여 비율과 위치를 조정.
4. 피복면적 산정 – PolyLine, Boundary, Area 명령어를 사용하여 피복면적산정.
5. 피복률 산정 및 그래프 작성 – Microsoft Excel프로그램을 사용하여 일자별 피복율과 피복율 추이 그래프 작성.

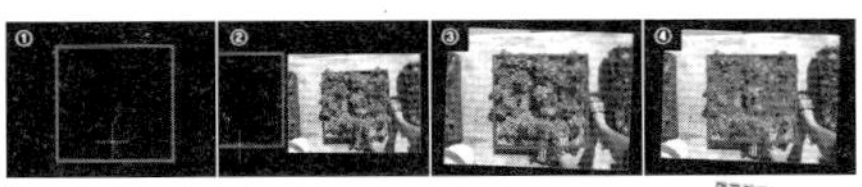

대구지역환경기술개발센터

수종 선정 실험 - 실험설계 및 방법

기본지침 작성

✧ 관수 주기와 토양 종류별로 생육상태를 비교 · 분석하여 평가.
✧ 각 요인별 결과를 종합적으로 분석하여 4개의 식물종 그룹으로 분류.
✧ 대구시 저관리 · 경량형옥상녹화에 적합한 식물 소재의 선정과 이에 대한 기본지침 작성.

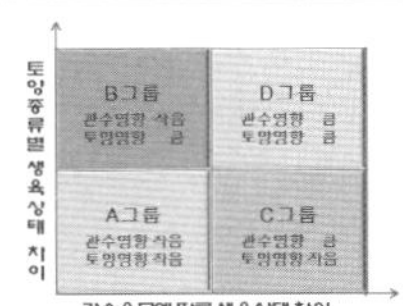

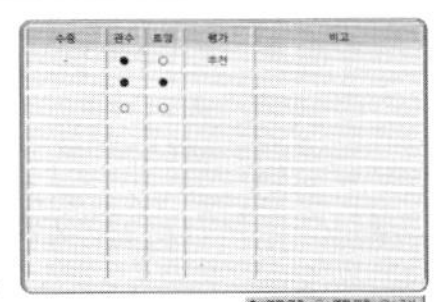

대구지역환경기술개발센터

수종 선정 실험 – 관수주기에 따른 생육상태

큰꿩의비름

인공토 조건에서의 초장 비교

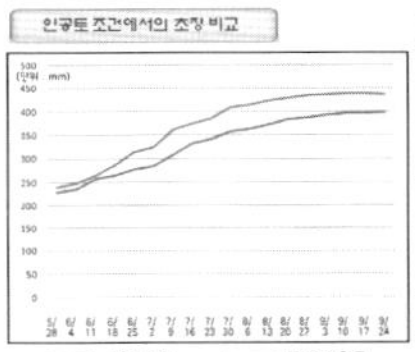

일반토 조건에서의 초장 비교

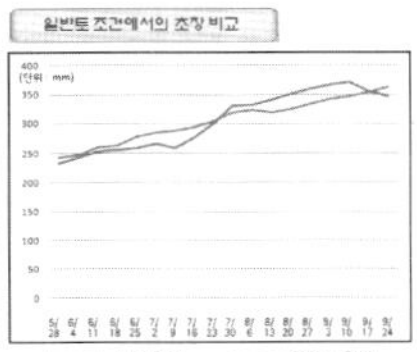

✧ 인공토 조건과 일반토 조건에서 관수 유무에 따른 생육상태의 차이는 크지 않았다.
✧ 인공토 조건에서 관수 실험군이 무관수 실험군에 비해 생장률에서 다소 양호한 모습을 보였으나, 일반토 실험군에서는 평균적으로 균일한 양상을 보였다.

수종 선정 실험 – 관수주기에 따른 생육상태

섬기린초

인공토 조건에서의 초장 비교

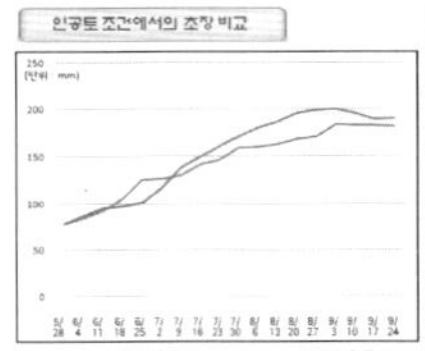

일반토 조건에서의 초장 비교

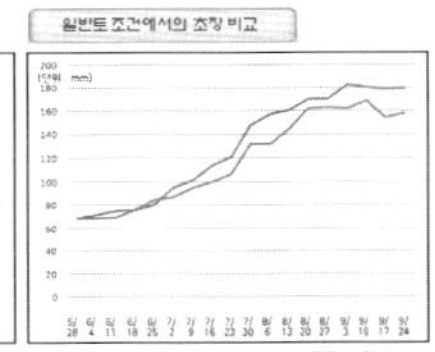

✧ 섬기린초는 인공토 조건과 일반토 조건에서 관수 유무에 의한 생육상태의 차이가 크지 않았다.

수종 선정 실험 – 관수주기에 따른 생육상태

서양애기바위솔

인공토 조건에서의 초장 비교

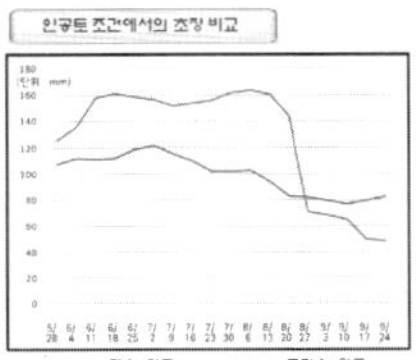

일반토 조건에서의 초장 비교

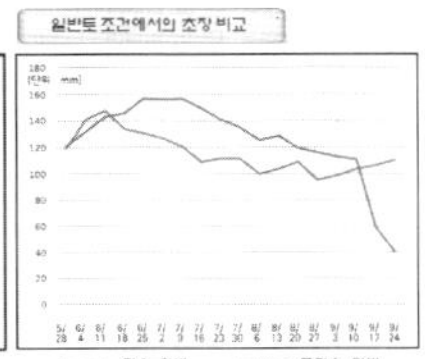

✧ 서양애기바위솔은 관수와 무관수에 의한 차이가 확연하게 드러났다. 그러나 인공토 조건과 일반토 조건에서 다소 상이한 결과가 나타났다. 인공토 조건에서는 관수 시에 양호한 생장율을 보여주었고, 일반토 조건에서는 오히려 무관수 시에 더욱 양호한 생장율을 보여주었다.

수종 선정 실험 – 관수주기에 따른 생육상태

양채송화

인공토 조건에서의 초장 비교

일반토 조건에서의 초장 비교

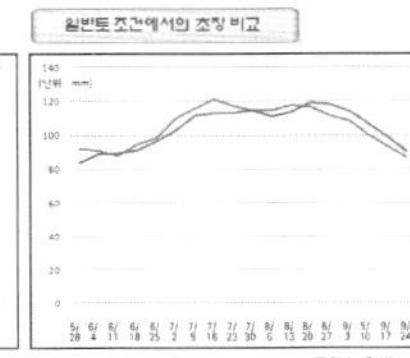

✧ 양채송화는 관수와 무관수에 의한 차이가 크지 않았다. 소폭의 차이가 있었으나 눈에 띌 정도로 급격한 것은 아니었으며, 각 실험군에서 생육상태의 큰 차이는 없었다.

수종 선정 실험 – 관수주기에 따른 생육상태

왜성원추리

인공토 조건에서의 초장 비교 / 일반토 조건에서의 초장 비교

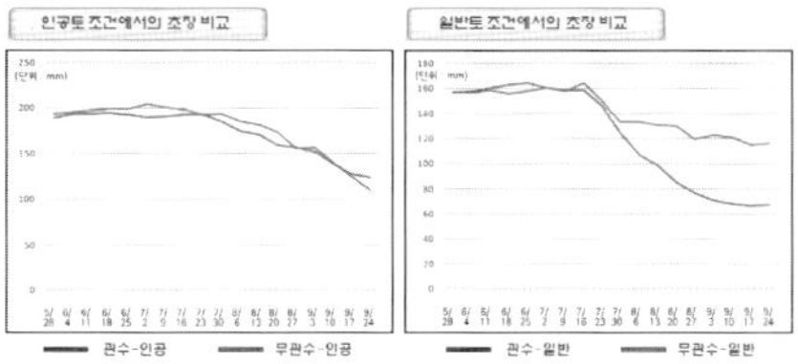

✧ 왜성원추리는 인공토 실험군과 일반토 실험군에서 각각 상이한 결과를 나타내었다. 인공토 조건에서는 큰 차이를 보이지 않았으나, 일반토 조건에서는 관수 유무에 의한 차이가 확연하게 나타났다.

수종 선정 실험 – 관수주기에 따른 생육상태

돌나물

인공토 조건에서의 초장 비교 / 일반토 조건에서의 초장 비교

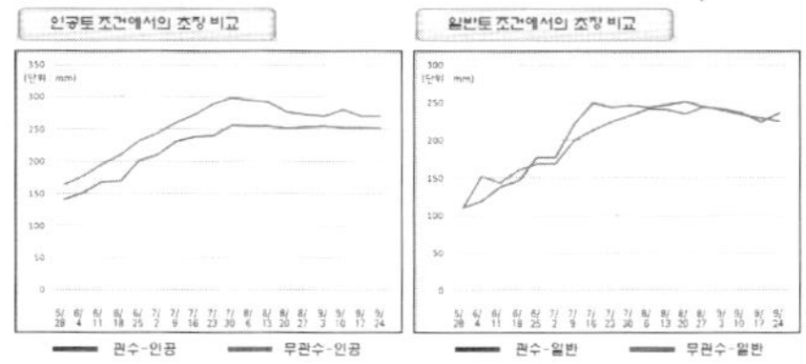

✧ 돌나물은 인공토 조건과 일반토 조건에서 상반된 결과를 나타내었으나, 전 실험군이 양호한 생장율을 보였다. 인공토 조건에서는 관수 실험군이 다소 양호한 생장상태를 보였으나, 일반토 조건에서는 오히려 무관수 실험군이 양호한 생장율을 보였다.

수종 선정 실험 – 관수주기에 따른 생육상태

가우라

인공토 조건에서의 초장 비교 / 일반토 조건에서의 초장 비교

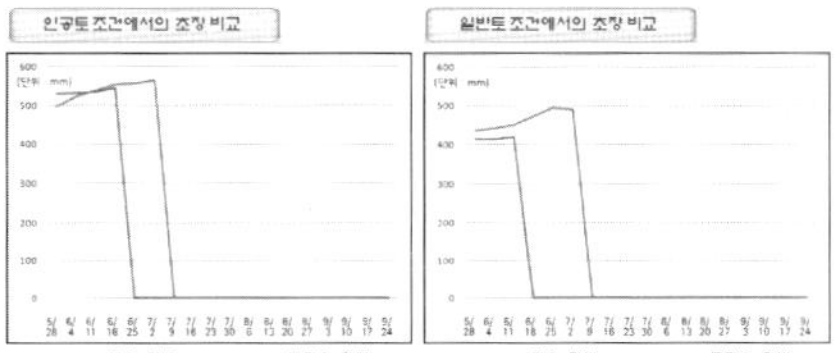

✧ 가우라는 관수 유무에 의한 생장율의 차이가 크지 않았다. 각 실험군 별로 초기에 고사하여 관수 유무에 의한 생장율의 비교가 무의미하였다.

수종 선정 실험 – 관수주기에 따른 생육상태

서양톱풀

인공토 조건에서의 초장 비교 / 일반토 조건에서의 초장 비교

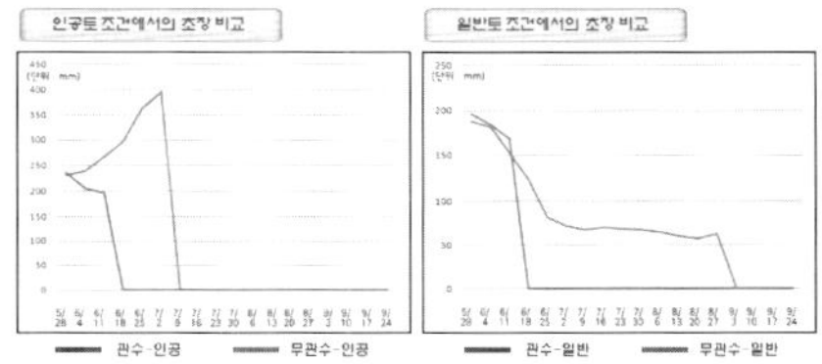

✧ 서양톱풀은 관수 실험군과 무관수 실험군 간에 비교적 큰 격차를 나타냈다. 양 실험군에서 모두 관수 시에 양호한 생장율을 보였으나, 무관수 실험군이 4주만에 관수 실험군이 7주만에 대부분 고사하였다.

수종 선정 실험 – 관수주기에 따른 생육상태

배초향

인공토 조건에서의 초장 비교 / 일반토 조건에서의 초장 비교

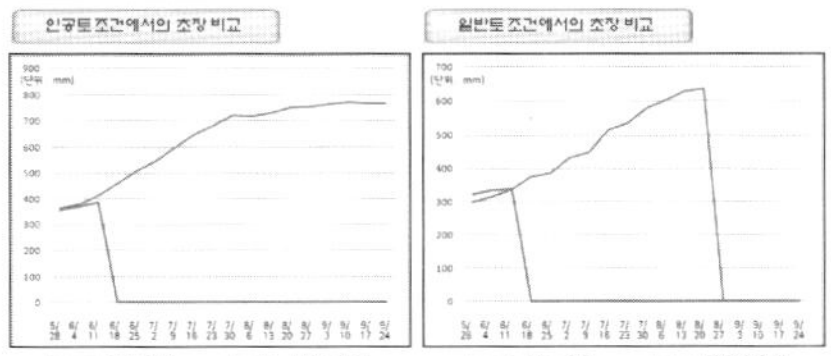

✧ 배초향은 관수 유무에 의한 차이가 가장 크게 나타난 종 중 하나였다. 무관수 인공토 실험군은 측정이 시작된 후 4주만에 고사하였으나, 관수-인공토 실험군은 측정 내내 왕성한 생육상태를 보였다. 그러나 무관수-일반토 실험군은 8월 말에 일제히 고사하였다.

수종 선정 실험 – 관수주기에 따른 생육상태

무늬비비추

인공토 조건에서의 초장 비교 / 일반토 조건에서의 초장 비교

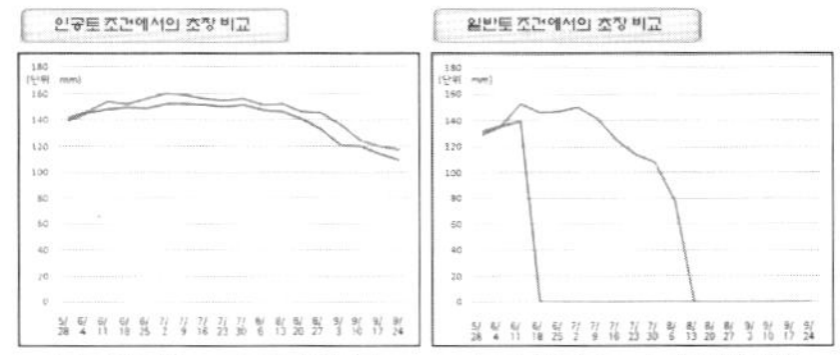

✧ 무늬비비추는 인공토 조건과 일반토 조건에서 상이한 결과를 나타내었다. 인공토 조건에서는 관수 유무에 의한 차이가 거의 없었으나, 일반토 조건에서는 무관수 시 조기에 고사하였다. 그러나 일반토에서는 약 2달간 생존이 지속된 후 고사하였다.

수종 선정 실험 – 관수주기에 따른 생육상태

소결

✧ 관수 주기에 따른 대상 식물의 생장률 비교・분석 결과.

✧ 생육상태의 차이가 작고, 양호한 생육을 나타낸 식물종

– 큰꿩의비름, 섬기린초, 양채송화, 무늬비비추, 돌나물

✧ 생육상태의 차이가 크거나, 다소 불량한 생육을 나타낸 식물종

– 서양애기바위솔, 왜성원추리, 배초향

✧ 전체 고사한 식물종

– 가우라, 서양톱풀

수종 선정 실험 – 토양종류에 따른 생육상태

큰꿩의비름

관수 조건에서의 초장 비교 / 무관수 조건에서의 초장 비교

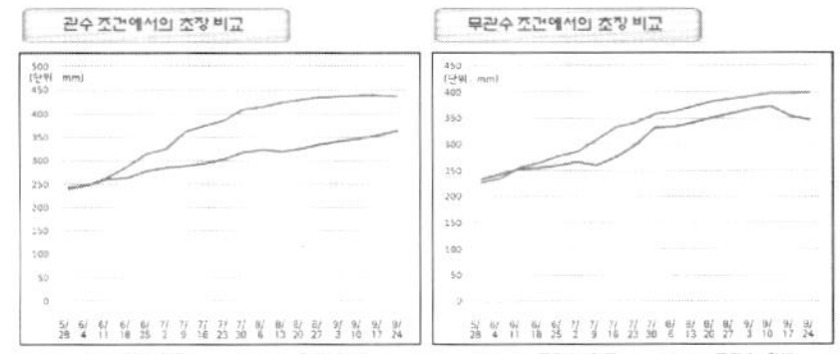

✧ 큰꿩의비름은 토양 종류에 의한 생장율의 차이가 컸다. 전체적으로 일반토에 비해 인공토에서 양호한 생장율을 보였으며, 이러한 결과는 실험기간 동안 동일하게 나타났다.

수종 선정 실험 - 토양종류에 따른 생육상태

섬기린초

관수 조건에서의 초장 비교

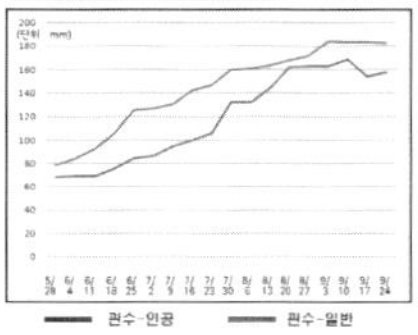

무관수 조건에서의 초장 비교

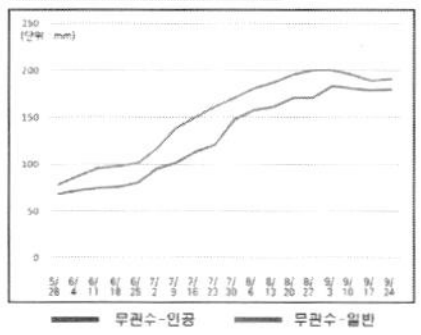

- 섬기린초는 토양 종류에 의한 생장율의 차이가 컸다. 전반적으로 일반토에 비해 인공토에서 양호한 생장율을 보였으며, 이러한 결과는 실험기간 동안 동일하게 나타났다.

수종 선정 실험 - 토양종류에 따른 생육상태

서양애기바위솔

관수 조건에서의 초장 비교

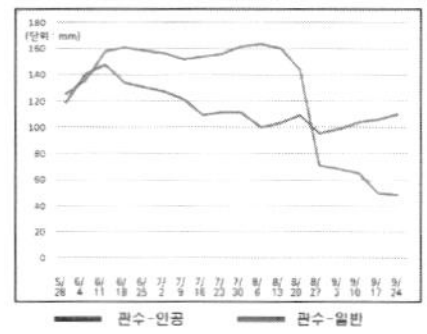

무관수 조건에서의 초장 비교

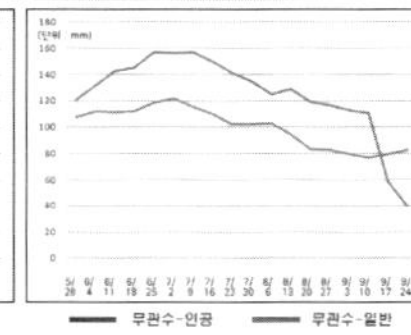

- 서양애기바위솔은 관수 조건과 무관수 조건에서 각각 상이한 결과를 보여주었다. 관수 조건에서는 인공토의 생장율이 일반토에 비해 우수했으나, 무관수 조건에서는 오히려 일반토가 인공토에 비해 우수한 생육 상태를 나타내었다.

수종 선정 실험 - 토양종류에 따른 생육상태

양채송화

관수 조건에서의 초장 비교

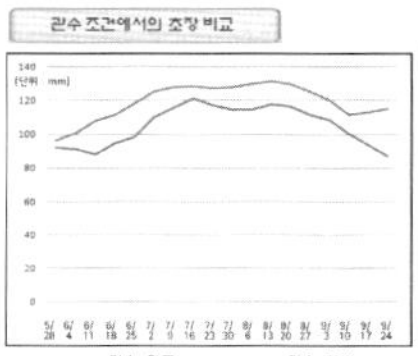

무관수 조건에서의 초장 비교

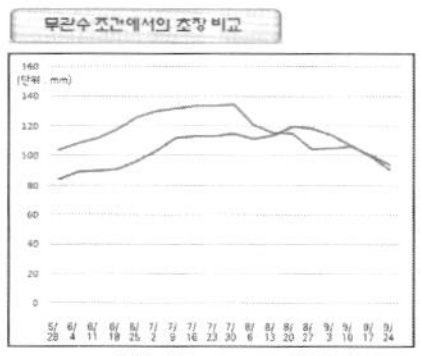

- 양채송화는 관수 조건과 무관수 조건에서 각각 상이한 생육 상태를 보여주었다. 먼저 관수 조건에서는 일반토에 비해 인공토가 양호한 생장율을 보였다. 무관수 조건에서는 초기 활착기의 차이를 감안해 볼 때 일반토의 생육 상태가 양호한 것을 알 수 있다.

수종 선정 실험 - 토양종류에 따른 생육상태

왜성원추리

관수 조건에서의 초장 비교

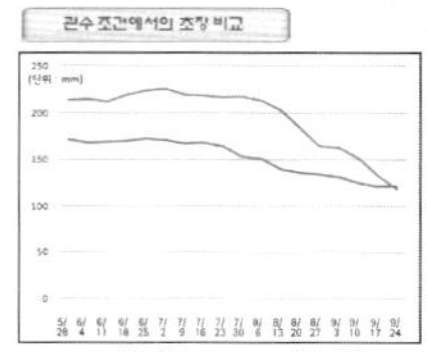

무관수 조건에서의 초장 비교

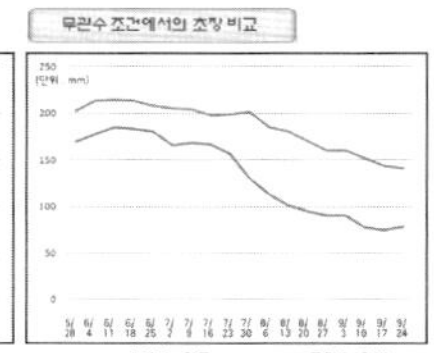

- 왜성원추리는 토양종류에 따라 차이가 명확하게 나타났다. 전반적으로 인공토에서의 생장율이 일반토에 비해 양호하였다.

수종 선정 실험 - 토양종류에 따른 생육상태

돌나물

관수 조건에서의 초장 비교

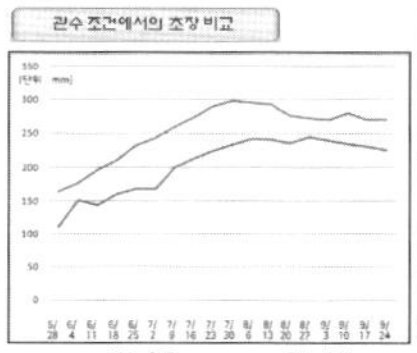

무관수 조건에서의 초장 비교

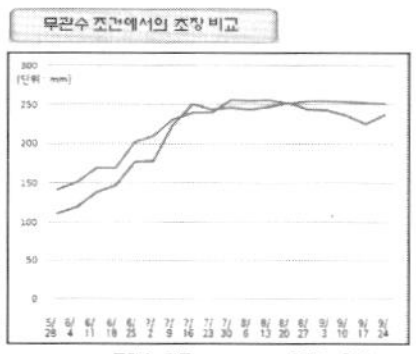

- 돌나물은 관수 조건과 무관수 조건에서 각각 상이한 결과를 나타내었다. 관수 조건에서는 인공토가 일반토에 비해 우수한 생장율을 보였으나, 무관수 조건에서는 큰 차이가 없었다.

수종 선정 실험 - 토양종류에 따른 생육상태

가우라

관수 조건에서의 초장 비교

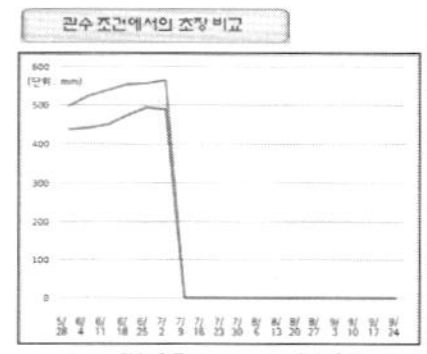

무관수 조건에서의 초장 비교

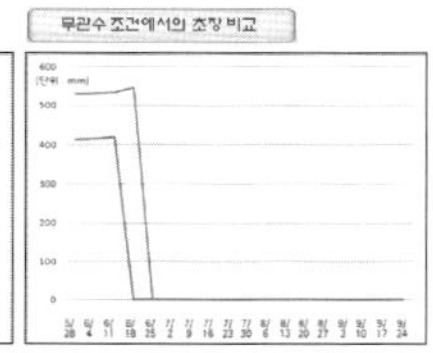

- 가우라는 관수 조건에서는 7월 초, 무관수 조건에서는 6월 말에 고사하여, 토양환경에 따른 식물의 생육 상태에 대한 의미있는 결과를 도출하기가 어려웠다.

수종 선정 실험 - 토양종류에 따른 생육상태

서양톱풀

관수 조건에서의 초장 비교

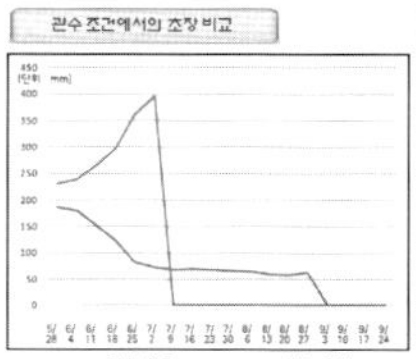

무관수 조건에서의 초장 비교

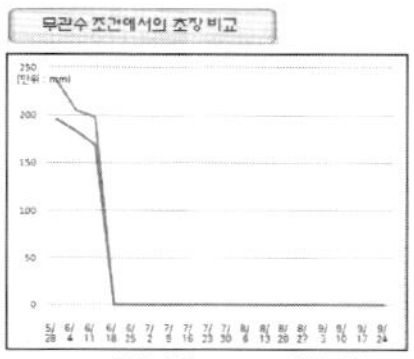

- 서양톱풀은 관수 인공토 실험군에서 초기에 왕성한 생장율을 보였으나, 7월 초에 고사하였으며, 다른 실험군 역시 조기에 고사하여 토양 환경에 따른 식물의 생육상태에 대한 의미있는 결과를 도출하기가 어려웠다.

수종 선정 실험 - 토양종류에 따른 생육상태

배초향

관수 조건에서의 초장 비교

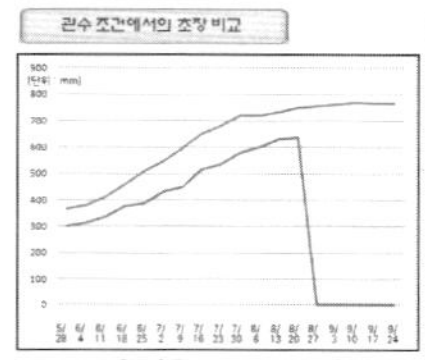

무관수 조건에서의 초장 비교

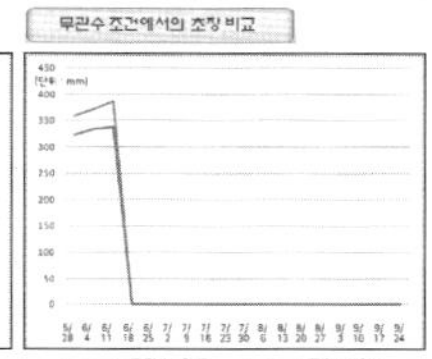

- 배초향은 토양에 따른 차이가 큰 종으로 나타났다. 관수 조건에서는 인공토가 일반토에 비해 양호한 생장율을 보였고, 무관수 조건에서는 인공토 실험군과 일반토 실험군 모두 조기에 고사하였다.

수종 선정 실험 - 토양종류에 따른 생육상태

무늬비비추

관수 조건에서의 초장 비교

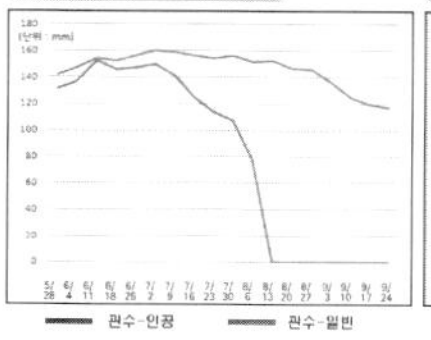

무관수 조건에서의 초장 비교

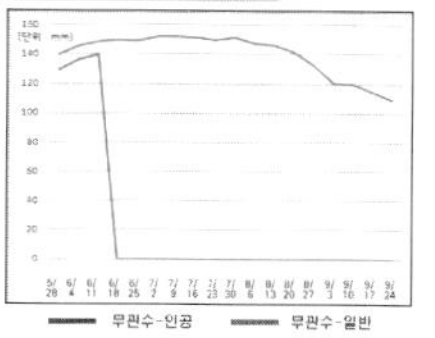

- 무늬비비추는 토양에 따른 생장율의 차이가 가장 확연하게 나타난 종 중 하나였다. 관수 조건과 무관수 조건 관계없이 인공토에서 양호한 생장율을 보였다.

수종 선정 실험 - 토양종류에 따른 생육상태

소결

- 토양 종류에 따른 대상 식물의 생장률 비교 · 분석 결과.
- 생육상태의 차이가 작고, 양호한 생육을 나타낸 식물종
  - 돌나물
- 생육상태의 차이가 크거나, 다소 불량한 생육을 나타낸 식물종
  - 큰꿩의비름, 섬기린초, 서양애기바위솔, 양채송화, 왜성원추리, 배초향, 무늬비비추
- 전체 고사한 식물종
  - 가우라, 서양톱풀

수종 선정 실험 - 종합고찰

대구시 저관리 · 경량형 옥상녹화 식물소재 선정

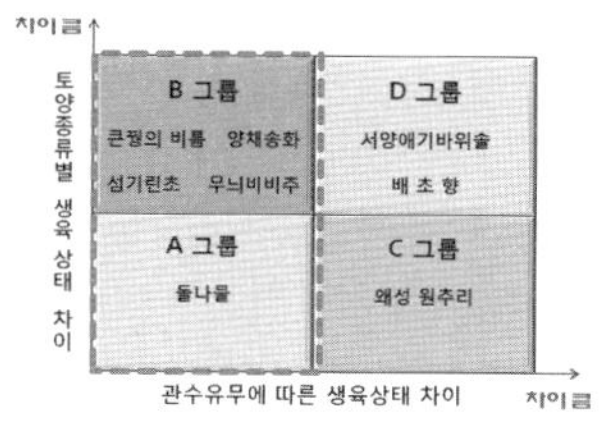

수종 선정 실험 - 종합고찰

대구시 저관리 · 경량형 식물소재의 선정에 대한 기본지침 작성

수종	관수	토양	평가	비고
큰꿩의비름	●	○	추천	인공토 환경의 조성이 필요함
섬기린초	●	○	추천	인공토 환경의 조성이 필요함
서양애기바위솔	○	○	비추천	인공토 환경의 조성과 지속적 관리가 필요함
양채송화	●	○	추천	인공토 환경의 조성이 필요함
왜성원추리	○	●	보통	지속적인 관리 요망
돌나물	●	●	적극추천	환경 적응력 매우 우수
가우라	ⓧ	ⓧ	부적합	대구시 옥상환경에 부적합함
서양톱풀	ⓧ	ⓧ	부적합	대구시 옥상환경에 부적합함
배초향	○	○	비추천	인공토 환경의 조성과 지속적 관리가 필요함
무늬비비추	●	○	추천	인공토 환경의 조성이 필요함

●: 영향 없음 ○: 영향 있음 ⓧ: 고사

결론

2007년 연구개발사업

5. 결론

연구의 한계점

- 식물소재를 대상으로 한 연구임을 감안할 때 연구기간이 상당히 짧음.
- 풍속, 음영, 습도 등 다양한 변수를 적용하지 못하였음.
- 옥상녹화 보급의 활성화를 위해서는 기존 건축물에도 적용할 수 있는 저관리 · 경량형 옥상녹화 시스템에 대한 관심이 필수적이며, 지역에 적합한 옥상녹화 수종을 위한 연구 또한 장기적인 관점에서 이루어져야 할 것으로 사료된다.

5. 결론 - 정책적 제언

실험결과를 통한 정책적 제언

- 저관리 · 경량형 옥상녹화에 적합한 대구시 수목도감의 기초자료 제공.
- 본 연구결과를 통해 대구시 조경조례의 조경소재 지원에 대한 구체화 가능.

사례분석을 통한 정책적 제언

- 대구시에 적용 가능한 다양한 세제감면 등의 인센티브를 법제화.
- 신축건물에 대한 옥상녹화 의무의 조례화.
- 사후관리(모니터링) 프로그램 개발.

2) 옥상조경식물

NO	1	성상	낙엽활엽관목	수목명	화살나무	학명	*Euonymus alatus Sieb.*
		과	노박덩굴과				

사진 및 설명

전체	일부

외형적 특성

잎	잎은 대생하고 도란형 또는 장타원상 난형이고 길이 2~7㎝, 넓이 1~3㎝로 둔한 거치가 있으며 예두, 예저이고 길이 1~3㎝의 엽병이 있다. 가을 단풍이 매우 아름답다.
꽃	취산화서는 액생하고 3개의 꽃이 달리며, 꽃은 5월에 황녹색으로 지름 1㎝의 작은 꽃이 은은하게 피며, 꽃잎, 꽃받침, 수술은 각각 4개이다.
열매	열매는 10월에 붉은 색으로 익으며 12월까지 나무에 달려 있고 종자는 황적색 종의로 싸여 있으며 흰색이다.
수피 및 가지	가지는 녹색으로 세로로 2~4줄의 뚜렷한 콜크질의 날개가 있다.
비고	회잎나무(for. Ciliato-dentatus Hiyama): 줄기에 날개가 없는 것 털화살나무(for. Pilosus Ohwi): 잎뒷면에 털이 있는 것 당회잎나무(for. Apterus Rehder): 회잎나무처럼 가지에 날개가 없으면서 잎 뒷면에 털이 없는 것

조경가치 및 용도

공원수, 정원수, 하목식재용, 경계식재용, 차폐식재용
1. 가을에 붉게 물드는 단풍과 꽃으로 착각할 정도로 아름다운 주홍색의 루비 같은 열매 그리고 화살모양 같은 가지에 쌓이는 설화가 매우 아름답다. 2. 공원, 정원에 적당하며 적어도 1~2그루는 심어 놓음직한 수종이다. 3. 자연공원에서의 하목식재용, 경계식재 및 차폐식재용으로 쓰이며 군식하면 아름답다.

생육적 특성

생육지역	전국에 자생.			원산지	한국, 일본, 중국		
성상	낙엽활엽관목	수형	선형	개화기	5~6월	화색	황녹색
수고	1.5~3m	단풍색	적색	결실기	9~10월	열매색	적색

생태적 특성

내공해성	중	음양성	음수	맹아력	강	비옥도	비옥	뿌리	천근성
내한성	강	내염성	강	내건성	건조	이식력	용이	번식	실생, 삽목

병충해 및 약제

병충해	그을음병, 깍지벌레
약제	이병주제거, 진딧물구제, 스프라사이드 1,000배, 기계유유제 15-20배

NO	2	성상	낙엽활엽관목	수목명	조팝나무	학명	*Spiraea prunifolia var. simpliciflora Nakai*
		과	장미과				

사진 및 설명

전체	일부

외형적 특성

잎	잎은 호생하고 타원형으로 길이 2.0~3.5㎝이고 첨두, 예저로서 가장자리에 잔 톱니가 있으며 양면에 털이 없다.
꽃	윗부분의 측아는 모두 꽃으로 되고, 전년도의 짧은 가지에서 나온 傘形화서에 4~6개씩 달리며 4~5월에 지름 0.8㎝내외의 백색꽃이 개화한다. 꽃잎은 5개로 도란형 또는 타원형이고 길이 4~6㎜이다.
열매	열매는 골돌로 털이 없고 9월에 익는다.
수피 및 가지	밑에서 많은 줄기를 내어 큰 포기를 형성한다. 어린가지는 갈색으로 단모가 있고, 줄기는 곧게 자라며 뚜렷하지 않은 능선이 있고 윤채가 난다.
비고	만첩조팝(Spiraea prunifolia s. et Z.) : 꽃이 만첩인 것. 긴잎조팝(Spiraea media Sohm) 반호테조팝(S. × vanhouttei)

조경가치 및 용도

경계식재용, 생울타리용, 첨경수
1. 4–5월경 잎이 나오기 전에 흰 꽃이 줄기를 따라 달려 나무 전체를 뒤덮는다. 경계식재 또는 생울타리용으로 적합하다. 2. 가는 줄기가 많이 모여 수형이 전체적으로 자유로우면서도 균형이 잡혀있고, 순백색의 아름다운 꽃이 가지마다 송이송이 피어 백설의 설화가 핀듯하여 눈부시다. 3. 군집생활을 좋아하는 조팝나무는 10~15일간이나 개화하므로 생울타리로 차폐식재를 하거나 첨경수로 단식하면 훨씬 아름답다.

생육적 특성

생육지역	우리나라 전역에 생육가능. 전국의 표고 100~1,000m에 이르는 산야에 자생.			원산지	한국		
성상	낙엽활엽관목	수형	피복형	개화기	4~5월	화색	백색
수고	1.5~2.0m	단풍색	적갈색	결실기	9월	열매색	–

생태적 특성

내공해성	약	음양성	중용수	맹아력	강	비옥도	–	뿌리	천근성
내한성	강	내염성	약	내건성	적윤	이식력	곤란	번식	실생, 삽목

병충해 및 약제

병충해	–
약제	–

NO	3	성상	상록활엽관목	수목명	수수꽃다리	학명	*Syringa dilatata Nak.*
		과	물푸레나무과				

사진 및 설명

전체	일부

외형적 특성

잎	잎은 대생하며 길이5~12cm로서 넓은 난형 또는 아심장저로서 거치가 없다. 잎의 양면에 털이 없으며 길이 7~12cm이다.
꽃	전년지 끝에 원추화서가 달리며 연한 자주색의 꽃이 4~5월에 피고 향기가 강하다. 화축에 선상의 돌기가 있다. 화관통은 길이 12~20mm이며 끝부분이 4개로 갈라진다.
열매	삭과로서 타원형 첨두이고 길이 9~15mm로서 9월에 익는다.
수피 및 가지	지상부에서 많은 줄기가 올라온다.
비고	-

조경가치 및 용도

정원수, 공원수
1.전년지 끝에 대생으로 달리는 담자색의 원추화서가 아름다우며 짙은 향기가 특징이다. 2.난형 또는 심장형의 잎도 시원한 느낌을 준다. 3.내한성, 병충해에도 강하며 조해, 토질도 별로 가리지 않는다. 4.보도 주변에 열식하거나 차폐식재, 생울타리용으로 쓰이며 군식할때의 아름다움도 있다.

생육적 특성

생육지역	전국			원산지	한국, 중국		
성상	낙엽활엽관목	수형	타원형	개화기	4~5월	화색	담자색
수고	4m	단풍색	-	결실기	9월	열매색	-

생태적 특성

내공해성	강	음양성	중용수	맹아력	강	비옥도	비옥	뿌리	-
내한성	강	내염성	강	내건성	내건	이식력	용이	번식	실생, 삽목

병충해 및 약제

병충해	-
약제	-

NO	4	성상	상록활엽관목	수목명	회양목	학명	*Buxus microphylla var. koreana Nak.*
		과	회양목과				

사진 및 설명

전체	일부

외형적 특성

잎	잎은 타원형 또는 도란형으로 둔두 또는 미요두, 예저이고 거치가 없으며 약간 뒤로 젖혀진다. 잎표면은 녹색이고 중륵하반부에 털이 있으며 뒷면은 황록색으로 엽병에 털이 있다.
꽃	4~5월에 담황색의 꽃이 정생 또는 액생하며 양성화로서 1~4개의 수꽃이 모여나고 그 중앙에 한 개의 암꽃이 있다. 잎은 대생 · 윤생하며 혁질로서 길이 12~17㎜이다.
열매	열매는 6~7월에 갈색의 삭과가 익으며 난형으로 길이 1㎝이고 털이 없으며 셋으로 갈라져 흑색의 종자를 갖는다.
수피 및 가지	소지는 녹색으로 네모가 지고 털이 있다. 가지는 산생하나 지엽이 밀생한다.
비고	섬회양목(var. insularis Nak.) : 잎의 길이 12~22㎜, 넓이 4~11㎜로서 엽병에 털이 없는 것. 좀회양목(B. microphylla Sieb. Et Zucc.) : 회양목과 비슷하여 잎에 털이 없으며 질이 얇은 것.

조경가치 및 용도

정원수, 공원수, 하목, 생울타리용, 경계식재용
1. 회양목은 상록으로 수형이 아름답고 맹아력, 이식력이 좋으며 수형조절이 자유로워 정원, 공원 구역의 경계지, 생울타리 등 여러 용도로 쓰인다. 2. 이식력, 내한성, 내공해성이 있고 마음대로 수형조절이 가능하여 우리나라에서 가장 많이 식재하는 상록관목이다. 광택이 있는 잎이 특징이며 겨울에 기온이 강하하면 황토색으로 잎이 변색 되기도 한다. 3. 목질이 단단하여 인장용으로 사용하여 도장나무라고도 한다.

생육적 특성

생육지역	전국의 석회암지대 지표식물로 자생.			원산지	한국		
성상	상록활엽관목	수형	원형	개화기	4~5월	화색	황색
수고	0.5~3m	단풍색	–	결실기	6~7월	열매색	녹색

생태적 특성

내공해성	강	음양성	중용수	맹아력	강	비옥도	보통	뿌리	천근성
내한성	강	내염성	중	내건성	적윤	이식력	용이	번식	실생, 삽목

병충해 및 약제

병충해	갈빈병, 회양목명나방, 흑응애
약제	다이센 M-45 500배, 디프테렉스 1,000배, 록숀 500배

NO	5	성상	상록침엽관목	수목명	눈주목	학명	*Taxus cuspidata var.nana Hort*
		과	주목과				

사진 및 설명

전체	일부

외형적 특성

잎	상록성의 선형으로 불규칙하게 배열하며 길이 1.5~2.5㎝, 나비 0.2~0.3㎝로서 표면은 짙은 녹색이나 뒷면에 두 줄의 연한 황색의 기공조선이 있고, 주맥은 양쪽으로 튀어 나왔으며, 잎은 2~3년간 가지에 달려 있다.
꽃	꽃은 자웅일가화로 4월에 피며 암꽃은 녹색이고, 수꽃은 갈색이다.
열매	9~10월에 도란형의 붉은 열매가 컵모양으로 달리며 붉은 종의 속에 갈색의 종자가 들어있다. 과실에 독이 있어 먹으면 설사를 한다.
수피 및 가지	줄기는 밑에서 여러대로 갈라지고, 곁가지가 길게 나온다.
비고	☞설악눈주목(T. caespitosa Nakai) : 원래 줄기는 한 개이고 가지가 땅에 닿으면 뿌리가 내린다.

조경가치 및 용도

공원, 정원, 추운지방의 생울타리
1. 주목과 용도는 비슷하다. 2. 주목보다 생장이 느리고 폭이 높이의 2배 정도로 옆으로 퍼지며, 줄기가 내부를 꽉 채우기 때문에 지표면을 피복하는 데 많이 이용된다. 3. 군식해서 정원이나 공원의 조경식재로 이용. 4. 특히 종모양의 빨간 열매는 매우 관상가치가 높다. 5. 외형적인 특성은 주목과 비슷하나 키가 크지 않다.

생육적 특성

생육지역	우리나라 전지역			원산지	일본		
성상	상록침엽관목	수형	피복형	개화기	4월	화색	황녹색
수고	1~2m	단풍색	–	결실기	9~10월	열매색	적색

생태적 특성

내공해성	중	음양성	음수	맹아력	강	비옥도	비옥	뿌리	천근성
내한성	강	내염성	중	내건성	적윤	이식력	용이	번식	실생, 삽목

병충해 및 약제

병충해	솔송나무깍지벌레, 삼나무깍지벌레
약제	스프라사이드 1000배

NO	6	성상	낙엽활엽관목	수목명	흰말채나무	학경	*Cornus alba Linne*
		과	층층나무과				

사진 및 설명

전체	일부

외형적 특성

잎	대생하며 길이 5~10㎝인 계란모양의 타원형으로 첨두, 원저이며, 표면은 녹색이고 복모가 있으며, 뒷면은 백색이고 잔털이 있다. 측맥은 6쌍이고 엽병은 길이 1~2.5㎝이다.
꽃	산방상 취산화서가 5~6월에 황백색으로 핀다.
열매	타원형이고 8~9월에 유백색으로 익으며 종자는 양끝이 좁고 편평하다.
수피 및 가지	가지가 밑에서부터 많이 갈라지며, 여름에는 수피가 청색이나 가을부터 붉은 빛이 돈다.
비고	아라사말채(var. sibirica Lodd) : 가지가 선홍색인 것. 노랑말채나무(C. alba 'Aurea') : 가지가 노란색인 것.

조경가치 및 용도

관상수, 정원수
1. 수고가 3m밖에 안되는 흰말채나무는 말채나무와 성질이 다르며 가을부터 가지에 붉은 빛이 돌아 아름답다. 2. 겨울의 눈사이로 보이는 진홍색가지의 아름다움은 너무나 매혹적이다. 원산지는 함북 해산진이나 중부 지방에서도 생육 가능하며 가지의 아름다움을 관상하기 위해 일반에서 식재하고 있다. 공원, 정원에 적당하다. 3. 설경을 배경으로 한 붉은 가지는 너무나 매혹적이어서 조경수로서 관상가치가 매우 높다.

생육적 특성

생육지역	평북 및 함북 해산진의 표고 350~1,800m 사이의 산복			원산지	한국		
성상	낙엽활엽관목	수형	선형	개화기	5~6월	화색	황색
수고	3m	단풍색	–	결실기	8~9월	열매색	유백색

생태적 특성

내공해성	약	음양성	중용수	맹아력	강	비옥도	비옥	뿌리	천근성
내한성	강	내염성	약	내건성	적습	이식력	보통	번식	실생, 삽목

병충해 및 약제

병충해	작은 민갈고리나방, 황다리독나방
약제	디프수용제 1,000배

NO	7	성상	상록침엽관목	수목명	반송	학명	*Pinus densiflora 'Multicaulis'*
		과	소나무과				

사진 및 설명

전체	일부

외형적 특성

잎	상록성의 침엽으로 2개씩 속생하고 다소 비틀어졌으며, 길이는 8~9㎝, 나비는 1.5㎜이고, 밑부분은 담갈색의 신초로 둘러싸여 2년간 가지에 달려 있다.
꽃	자웅이가화이나 자웅일가화인 것도 있으며, 수꽃은 길이 1㎝내외로 새가지 밑부분에 달리며 장타원형으로 황색이고, 암꽃은 난형으로 2~3개가 새가지 끝에 윤생하며 자색이다. 5월에 개화하고 꽃가루는 식용으로 사용한다.
열매	솔방울이 소나무에 비하여 훨씬 작다(2~3㎝).
수피 및 가지	원둥치부근에서 거의 같은 크기의 가지가 많이 나와 나무 전체가 반원형이다.
비고	-

조경가치 및 용도

정원수, 공원수, 독립수
1. 소나무에 비해 수고가 낮고 수형이 정형적이며, 수간이 밑부분에서 갈라지는 특성을 지녀 주로 정원의 독립수로 이용된다.

생육적 특성

생육지역	우리나라 전지역			원산지	-		
성상	상록침엽교목	수형	하수형	개화기	4월	화색	황갈색
수고	1~5m	단풍색	-	결실기	다음해 9월	열매색	흑갈색

생태적 특성

내공해성	중	음양성	중	맹아력	강	비옥도	보통	뿌리	천근성
내한성	강	내염성	중	내건성	적윤	이식력	보통	번식	실생, 삽목

병충해 및 약제

병충해	입고병, 엽고병, 송충이
약제	세빈분제 10a당 3~4㎏, 마라치온유제 1500배

NO	8	성상	낙엽활엽관목	수목명	작살나무	학명	*Callicarpa japonica Thunb.*
		과	마편초과				

사진 및 설명

전체	일부

외형적 특성

잎	대생. 길이 6~12㎝, 2.5~4.5㎝로서 난형, 도란형 또는 장타원형이다. ㄷ 점첨두이고 예저이며 가장자리 전체에 거치가 있다. 뒷면은 연녹색으로 선점이 있으며 털은 있거나 없다.
꽃	취산화서가 액생하며 연한 자주색의 꽃이 8월에 핀다. 화관통은 길이 2~2.5㎜로서 겉에 잔털과 선점이 있고 4개의 수술과 1개의 암술이 있다.
열매	핵과로 둥글며 지름 4~5㎜로서 10월에 자주색으로 익는다.
수피 및 가지	소지는 둥글고 성모가 있으나 점차 사라진다.
비고	☞민작살(var. glabra Nakai) : 열매가 백색인 것. ☞왕작살(var.luxurians Rehder) : 잎의 길이 10~20㎝, 넓이4~7㎝로서 화서가 크고 가지가 굵으며 해안성인 것. ☞흰작살나무(var. leucocarpa Nakai):열매가 흰색인것.

조경가치 및 용도

생울타리, 공원수
1. 가을에 열리는 열매색이 자주색으로 관상가치가 매우 높다. 2. 야조류 유치를 위한 수종으로 사용된다. 3. 열매가 달린 가지는 꽃꽂이 소재로 쓰고 조경수로 식재를 한다.

생육적 특성

생육지역	전국의 표고 100~1,200m의 산록 및 산복부			원산지	–		
성상	낙엽활엽관목	수형	난형	개화기	8월	화색	자주색
수고	2~3m	단풍색	노랑	결실기	10월	열매색	자주색

생태적 특성

내공해성	강	음양성	–	맹아력	강	비옥도	–	뿌리	천근성
내한성	강	내염성	–	내건성	내건	이식력	–	번식	실생

병충해 및 약제

병충해	–
약제	–

NO	9	성상	낙엽활엽관목	수목명	병아리꽃나무	학명	*Rhodotypos scandens Makino*
		과	장미과				

사진 및 설명

전체	일부

외형적 특성

잎	잎은 대생하며 난형 또는 넓은 난형이고, 점첨두, 원저로서 길이 4~8㎝, 넓이 2~4㎝이다. 표면은 짙은 녹색으로 주름이 많고, 뒷면은 연한 녹색이며 털이 있다. 복거치가 있고 2~3㎜의 아주 짧은 엽병이 있다.
꽃	꽃은 4~5월에 백색으로 핀다. 지름 3~5㎝의 소담한 꽃이 새가지 끝에 1개씩 달리며 꽃받침은 편평하다. 꽃받침과 꽃잎은 각각 4개씩이다.
열매	열매는 길이 8㎜정도로 4개씩 8~9월에 흑색으로 익으며 광택이 있다.
수피 및 가지	가는 줄기가 많이 나오며, 수형은 아래로 처져 옆으로 퍼져나간다.
비고	–

조경가치 및 용도

정원수, 공원수, 첨경수
1. 봄에 피는 하얀꽃은 봄철의 다른 꽃들처럼 색상이나 모양이 화려하지는 않으나 4장의 꽃잎이 둥글게 모여핀 모습은 은은하고 청순한 아름다움을 주며, 주름진 진녹색 잎과 가을에 익는 '브로우치'같은 검은 열매도 관상가치가 있어 조경소재로 훌륭하다. 2. 순백의 하얀꽃을 병아리에 비유하여 붙혀진 예쁜 이름이다.

생육적 특성

생육지역	중부이남의 표고 700m이하 인가 주변과 해안가에 자람.			원산지	한국, 중국, 일본		
성상	낙엽활엽관목	수형	선형	개화기	5월	화색	백색
수고	2m	단풍색	–	결실기	9월	열매색	흑색

생태적 특성

내공해성	강	음양성	양수	맹아력	중	비옥도	비옥	뿌리	천근성
내한성	강	내염성	강	내건성	적윤	이식력	용이	번식	실생, 삽목

병충해 및 약제

병충해	–
약제	–

NO	10	성상	낙엽활엽관목	수목명	철쭉나무(철쭉꽃)	학명	*Rhododendron*
		과	진달래과				

사진 및 설명

전체	일부

외형적 특성

잎	호생하지만 가지 끝에서는 5개씩 총생하며 길이 5~10㎝의 넓은 도란형인데 톱니가 없다. 표면은 녹색이고 처음에는 털이 있으나 없어지며 뒷면은 담녹색으로 액상에 털이 있다.
꽃	양성화이고 산형화서로서 가지 끝에 3~7개씩 달리며 잎과 더불어 5월어 피는데 향기가 있고 연한 홍색이다. 꽃잎의 윗부분에 적갈색의 반점이 있고 소화경과 꽃받침에 털이 있다.
열매	긴타원상 난원형이며 길이 1.5㎝의 삭과로서 선모가 있고 10월에 익는다.
수피 및 가지	줄기는 직립생장하지만 굵은 가지를 많이 내고 수피는 황갈색으로 털이 많다.
비고	흰철쭉(for. Albiflorum T. Lee) : 철쭉나무의 특성과 같으나 백색의 꽃이 피는 것.

조경가치 및 용도

정원수, 공원수
1. 꽃은 독성이 있어 먹지 못하므로 개참꽃나무라고도 한다. 공원, 정원에 적당하나 0 식력이 약한 점을 감안해야 한다. 유사종으로는 흰 꽃이 피는 것이 있는데 대단히 귀하다. 2. 5월에 피는 담홍색 꽃은 불완전한 색깔을 가지고 있어 보면 볼수록 매력적이고 감미로운 정감을 느끼게 한다. 3. 내음성이 강하여 숲 밑에 하목 식재하면 복층적인 아름다움을 감상할 수 있다.

생육적 특성

생육지역	전 지역의 산지 또는 산능선부의 양지바른 곳			원산지	한국		
성상	낙엽활엽관목	수형	선형	개화기	4~5월	화색	연분홍색
수고	2~5m	단풍색	적갈색	결실기	10월	열매색	-

생태적 특성

내공해성	약	음양성	음수	맹아력	약	비옥도	보통	뿌리	천근성
내한성	강	내염성	강	내건성	적윤	이식력	곤란	번식	실생, 분주

병충해 및 약제

병충해	잿빛점무늬병, 탄저병, 방패벌레, 깍지벌레
약제	D.D.V.P 1,000배, 스미치온 1,000배, 사리치온 1,000배, 다이센 M-45,500배

NO	11	성상	낙엽활엽교목	수목명	베롱나무	학명	*Lagerstroemia indica L.*
		과	부처꽃과				

사진 및 설명

전체	일부

외형적 특성

잎	잎은 대생 또는 호생하고 두꺼우며 난상 타원형으로 길이 2.5~7.0㎝, 넓이 2~3㎝에 이른다. 잎의 표면은 윤채가 있고 털이 없으며, 뒷면은 엽맥을 따라 털이 있고 가장자리는 거치가 없으며 엽병이 거의 없다.
꽃	원추화서는 가지 끝에 나고 길이 10~20㎝이다. 꽃은 양성으로 7~9월에 적색으로 아름답게 無限花序로 피며 꽃잎은 둥글며 주름살이 많다. 꽃받침, 꽃잎은 6개이고 수술은 30~40개이며 그중 6개가 특히 길다.
열매	열매는 삭과로 넓은 타원형이고 길이 1.0~1.2㎝로서 6실이지만 7~8실인 것도 있으며 10월에 익는다.
수피 및 가지	원줄기는 홍갈색으로 평활하나 껍질이 벗겨진 자리는 흰빛이고, 소지는 사각형이다.
비고	흰배롱나무(for. Alba Rehder) : 흰색의 꽃이 피는 것.

조경가치 및 용도

정원수, 공원수, 경관수, 첨경수, 사찰경내 조경
1. 진 주홍색의 영롱한 꽃이 배롱나무 특유의 빛을 내어 멀리서도 감상할 수 있으며 100일 이상 피어 있어 목백일홍이라 부르기도 한다. 2. 잔잔한 가지의 배열, 얼룩진 수피, 각이 지고 붉은 빛이 도는 소지가 특색있다. 3. 사찰경내에 많이 심으며, 단식 · 군식 모두 잘 어울린다. 4. 차폐식재나 생울타리, 가로수로도 간혹 쓰이며, 도심의 중앙분리대에도 많이 식재한다. 5. 잔디밭에 어울리며 전통정원에서도 흔히 볼 수 있다.

생육적 특성

생육지역	중부, 남부, 남해안, 제주도			원산지	한국, 중국		
성상	낙엽활엽교목	수형	원정형	개화기	7~9월	화색	적색
수고	5~6m	단풍색	적색	결실기	10월	열매색	갈색

생태적 특성

내공해성	약	음양성	양수	맹아력	강	비옥도	비옥	뿌리	천근성
내한성	약	내염성	중	내건성	적윤	이식력	용이	번식	실생, 삽목, 분주

병충해 및 약제

병충해	흰가루병, 갈반병, 그을음병, 진딧물, 깍지벌레
약제	다토닐 800배, 톱신 1000배, 메타시스톡스 1000배

NO	12	성상	낙엽활엽교목	수목명	산수유	학명	*Cornus officinalis S. et Z.*
		과	층층나무과				

사진 및 설명

전체	일부

외형적 특성

잎	대생하며 길이 4~10㎝, 너비 2.5~6㎝로서 긴타원형 또는 난상피침형이고 긴 점첨두이며 넓은 예저이다. 6~7쌍의 뚜렷한 측맥이 활처럼 굽는다. 잎의 표면은 광택이 있고, 뒷면은 연한 녹색이거나 흰빛이 돌며 맥사이에 갈색의 강한 털이 있다.
꽃	양성화로 3월에 잎이 나오기 전 산형화서에 20~30개의 작은 황색꽃들이 뭉쳐 퍼지면서 핀다.
열매	핵과이며 길이 1.5~2㎝인 타원형으로 8월부터 빨갛게 익기 시작하여 10월에 완숙한다.
수피 및 가지	우산모양의 수형을 이루며, 수피가 잘 벗겨지고, 소지는 자갈색이다.
비고	-

조경가치 및 용도

관상수, 독립수, 첨경수
1. 풍년화와 함께 노란꽃으로 봄을 알리는 산수유는 갈라져 떨어져 나가는 회갈색 수피의 특이함과 여름철에 결실하는 빨간 열매가 아름답다. 2. 경기도 광릉지방에 자생지가 있다. 첨경수, 독립수로 이용하며 열매는 약용한다. 3. 산골짜기에 얼음이 풀리고 아지랑이가 이는 3월 중순경이면 화려한 황금색 꽃이 피어 약 보름 간 계속되며 가을에 진주홍색으로 익는 열매는 겨울내내 붙어있어 아름다운 관상수라 할 수 있다.

생육적 특성

생육지역	경기도 이남 지역			원산지	한국, 중국		
성상	낙엽활엽교목	수형	선형	개화기	3월	화색	황색
수고	7m	단풍색	-	결실기	10월	열매색	적색

생태적 특성

내공해성	약	음양성	양수	맹아력	강	비옥도	비옥	뿌리	천근성
내한성	강	내염성	약	내건성	적윤	이식력	용이	번식	실생

병충해 및 약제

병충해	반점병, 흰불나방, 좀나방
약제	다이센스텐데스 800배, 포리옥신수화제 500배, 디프테렉스 1,000배

NO	13	성상	낙엽활엽교목	수목명	복자기	학명	*Acer triflorum Kom.*
		과	단풍나무과				

사진 및 설명

전체	일부

외형적 특성

잎	잎은 대생하며 소엽은 3개로 긴 타원상 도란형 또는 타원상 피침형이다. 거치는 밑부분에는 없으나 끝부분에 2~4개가 있고, 잎 뒷면의 맥상에 미모가 있다. 잎의 길이는 7~8cm, 폭은 5cm 정도이고, 엽병은 5㎝로 털이 있다.
꽃	꽃은 자웅이가화이나 때로는 잡성도 있으며 5월에 개화하고, 가지끝의 산방화서에 3개씩 달리며 화경에 갈색 털이 있다.
열매	열매는 9~10월에 익고, 시과로서 회백색이며 날개가 예각 또는 둔각으로 벌어지며 밀모가 있다. 열매의 길이는 5cm, 폭은 1.5cm 정도이다.
수피 및 가지	수피는 자웅 모두 황갈색이며 가지에 붉은 빛이 돈다. 피목은 백색이고 동아는 흑색이며 난형이다.
비고	젖털복자기(for. Subcoriacea Kom.) : 잎이 두껍고 표면에 乳頭狀의 털이 있는 것.

조경가치 및 용도

정원수, 공원수, 산간조경용, 산악고속도로 주변 식재용
1. 수림하에서 자생하는 수목으로 내음력이 강하고, 건조한 사질양토에서도 잘 적응한다. 2. 이른 봄 노랗게 피는 꽃이 아름답다. 3. 수피가 황갈색으로 美麗하고 가을의 단풍이 불붙는 듯하여 단풍나무류 중에서도 제일 색이 곱고 진하여 세계적으로도 널리 알려져 있는 조경수이다.

생육적 특성

생육지역	경남 · 북, 전북 및 경기도 이북 지역에 자생.			원산지	한국, 만주		
성상	낙엽활엽교목	수형	난형, 원형	개화기	5월	화색	황색
수고	20m	단풍색	황색, 적색	결실기	9~10월	열매색	–

생태적 특성

내공해성	중	음양성	음수	맹아력	중	비옥도	보통	뿌리	심근성
내한성	강	내염성	중	내건성	적윤, 내건	이식력	용이	번식	실생

병충해 및 약제

병충해	검은무늬병, 흰가루병, 흰불나방, 솜깍지벌레
약제	다이센 Z-78 400~800배액, 스프라사이드 1000배액

3. 외국 도시의 옥상조경정책사례[1]

이 장에서는 옥상녹화 정책 프로그램 개발단계에 대하여 먼저 살펴 본 후, 세계 여러 도시 중에서 독특한 옥상녹화 정책 프로그램을 시행중인 슈투트 가르트, 홍콩, 싱가폴을 대상으로 옥상녹화정책을 고찰해 보았다.[1]

옥상녹화의 선진국인 독일의 주요 도시들 중 슈투트가르트(Stuttgart)홍콩(Hong Kong), 싱가포르(Singapore)를 중심으로 각 도시 옥상녹화정책의 주요 추진정책현황 그리고 시사점에 대하여 논해보기로 한다. 특히 홍콩의 경우는2007년에 발간된 Study on Green Roof Application in Hong Kong(홍콩의 옥상녹화적용)에서 연구된 홍콩의 옥상정책방향을 중심으로 소개한다. 우리나라 지자체처럼 최근에 와서 옥상녹화 사업에 관심을 보이기 시작한 홍콩의 경우는 우리에게 많은 교훈을 줄 것으로 믿는다.

1) 옥상녹화정책발전단계

Canada Mortgage and Housing Corporation(CHMC: 캐나다 주택융자위원회)에서는 Green Roofs -A Resource Manual for Municipal Policy Makers(옥상조경-지자체정책결정자를 위한 자료)를 2006년에 발간하였다.

이 자료에 따르면 옥상녹화 정책 및 프로그램 개발단계를 다음과 같은 6단계로 나누고 있다; 제1단계: 도입 및 인식단계(Introductory and awareness) ➡ 제2단계: 지역 공동체와의 결속(Community engagement) ➡ 제3단계: 실천계획의 수립과 이행(Action plan development and implementation) ➡ 제4단계: 기술적용여부조사(Technical research) ➡ 제5단계: 프로그램 및 정책개발(Program and policy development) ➡ 제6단계: 지속적인 개선(Continuous improvement)

1_ CHMC(2006), Green Roofs -A Resource Manual for Municipal Policy Makers의 내용을 참고하였음.

이처럼 옥상녹화의 정책의 수립에는 6단계가 있다. 옥상녹화를 시작한 모든 지자체의 옥상녹화정책 단계는 아마 이 6단계 중 어느 단계에서 위치해 있다. 여기 소개하는 이 정책 단계는 고정된 것이 아니며, 각 국가별 도시의 상황에 따라 현재의 단계가 다를 것이다. 그리고 만약 필요하다면 도시별로 초기 단계로 돌아 갈 수도 있다. 구체적인 정책발전 6단계를 살펴보면 다음과 같다.

① 제1단계: 도입 및 인식단계(Introductory and awareness)

이 단계는 각 지자체가 옥상녹화의 장점과 환경적인 혜택이 무엇인지를 살펴보는 단계이다. 지자체는 옥상녹화 관련 워크숍을 열거나, 담당공무원을 옥상녹화 토론회에 보내거나, 혹은 그들을 다른 도시의 옥상녹화 성공사례를 견학시키거나 그 곳의 성공적인 정책사례를 수집하게 한다.

"건강도시를 위한 옥상녹화(Green Roof for Healthy Cities, greenroof.org)"라는 모임에서는 북미 여러 지자체들이 그 지방의 관련 종사자들과 함께 옥상녹화 워크숍을 개최하는데 많은 도움을 주었다고 한다. 이 단계에서는 지방의 옥상녹화 지지자들은 대체적으로 지자체를 위한 대변인역할을 한다. 캐나다의 Winnipeg와 Ottawa는 바로 이 단계에 해당되는 지자체라고 볼 수 있겠다(www.Greenroof.com를 가보면 옥상녹화 첨단 기술에 대한 전반적인 논평을 볼 수 있다).

② 제2단계: 지역 공동체와의 결속(Community engagement)

지방의 옥상녹화지지자나 옥상녹화관련단체들은 옥상녹화의 이미지를 향상시키기 위해 다양하고 창조적인 방법을 찾고 있다. 옥상녹화에 대한 관심을 이끌어 내기 위해 그들은 지역 공동체의 지도자들, 시장, 건축가, 조경관련전문가들, 건물 소유주 그리고 환경단체들과 지속적인 모임을 갖고 있다. 이러한 일련의 모임을 통하여 옥상녹화를 위한 정부 프로그램이나 공공사업, 그리고 옥상녹화사업체들로부터 재정지원을 받을 수 있는 방법에 대하여 모색을 하고 있다.

지방의 지지자들이나 위원회는 지자체의 옥상녹화개발에 대한 SWOT(Strength 강점, Weakness 약점, Opportunity 기회, Threat 위협)에 관한 대략적인 윤곽을 그리고 있다. 특히 어떤 지역의 아주 혹독한 기후는 잠재적인 위협이며, 다수의 보통 평지 옥상은 기회일 수 있다. 캐나다의 경우 Halifax와 Calgary는 제2단계이나, 옥상녹화시법사업을 위한 부지와 연구에 대한 준비를 갖춘 거의 3단계에 와 있다.

③ **제3단계: 실천계획의 수립과 이행**(Action plan development & implementation)

지자체나 지역 공동체는 주요 공동체의 지도자들을 위하여 옥상녹화자문위원회를 구성할 수 있다. 옥상녹화시법사업은 지역 연구사업의 데이터에 근거하여 특별한 모니터링도구를 가지고(혹은 없이도) 시작할 수 있다. 옥상녹화방문사업 혹은 계속적인 계획모임을 통하여 아주 다양한 형태와 디자인을 가진 옥상녹화 건물을 방문하여 옥상녹화관련 데이터베이스나 평가요소를 만든다. 이 단계에서는 기존의 정책의 선택권과 정책도구에 대한 재평가를 행하고 아울러 다양한 프로그램과 정책 기회에 관하여 규명해본다. 미국 Minnesota주의 Minneapolis-St. Paul의 경우가 이 단계의 대표적 사례다.

④ **제4단계: 기술적용여부조사**(Technical research)

지방 옥상녹화 자문위원회나 지방의 옥상녹화 지지자들 혹은 두 단체가 동시에 민간 및 공공 단체와 함께 협력관계를 맺어 옥상녹화 연구를 위한 공동부지 마련을 할 수 있다. 예를 들면 Toronto 나 Chicago시청사의 옥상과 같은 아주 잘 알려진 곳에 옥상녹화를 하거나 옥상조경 시범사업을 통하여 기술관련 연구를 수행 할 수 있다. 지자체에서는 옥상녹화정책을 잘 정착시키기 위한 단계로서 옥상녹화를 연구하고, 이 옥상녹화정책은 그 연구결과에 근거한 데이터를 필요로 한다. 이 데이터에 근거한 옥상녹화정책은 지자체의 주요 도시정책에 부분적으로 혹은 전부가 우선적으로 반영되어야 한다. 캐나다의 국립연구위원회(National Research Council)는 다수의 연구 과제에 기술적인 도움을 제공하고 있다.

기술단계의 연구진들은 옥상녹화의 혜택(혹은 편익)에 대하여 정확하게 밝혀내고 또 정량화해야한다. 이는 옥상녹화 정책과 디자인(시행) 지침의 일부가 되기 때문이다. 특히 연구에서는 반드시 옥상녹화의 폭우 관리 능력을 측정, 도시열섬현상의 완화, 그리고 옥상녹화가 제공하는 가능한 모든 환경적인 혜택을 포함시켜야 한다. 대부분의 지자체에서는 옥상녹화 시범지역의 모니터링을 통하여 국제 옥상녹화 학술대회에 참석하여 발표할 내용을 수집하고 준비한다. 국제학술대회에서 지자체에서 발견한 옥상녹화 관련 내용을 발표하고 의견을 교환하는 것은 기술단계에서 매우 중요하다. Toronto, Waterloo, Vancouver, Montréal 그리고 New York은 이 4단계에 와있는 지자체들이다.

⑤ 제5단계: 프로그램 및 정책개발(Program and policy development)

옥상녹화 자문위원회의 위원은 조경디자인, 원예전문가, 디자이너 그리고 지자체의 도시계획담당자 등으로 그 전문분야를 좀 더 확대해서 포함시킬 수 있다. 이 단계에서는 지방과 지역에서의 연구결과를 정책도구 혹은 정책의 선택사양(옵션)으로 적용시켜야 한다. 제5단계는 건축 도급업자, 부동산 개발업자 그리고 건물 소유주 에게 유인책을 제공하여 그들의 건물에 옥상녹화를 새로 조성하게 만들던지 아니면 신축건물에 옥상녹화를 계획하게끔 하는 것도 포함된다. 유인책이라 함은 보조금지급, 세금할인 또는 용적률 혜택 등을 말한다. Chicago, Portland, 그리고 Singapore 등이 이 단계에 와있다.

⑥ 제6단계: 지속적인 개선(Continuous improvement)

이 제6단계의 지자체들은 아주 숙달되고 아울러 정통한 옥상녹화기술을 갖추고 있어야 한다. 이때 지자체들은 정책과 프로그램의 효율성에 대하여 평가하고 지금 수행중인 옥상녹화 정책을 계속 밀고 나갈지 아니면 다른 정책을 수립해야할지를 결정해야 한다. 이 단계에서는 프로그램의 성공 여부에 대한 정보를 수집하고 또 평가하기 위해서는 이용자, 전문가 그리고 건축 관련단체로부터 건설적인 피드백을 수집하고 평가하는 체계가 이루어 져 있어야 한다. 이 제6단계는 현재 정책의 원활한 수행을 위해서 다른 정책 대안 혹은 계속적인 연구 사업을 개발하고 수행해야 한다. 어떤 독일의 지자체는 특정기간동안 옥상녹화의 유지관리에 대한 책임을 요구하는 내용을 그들의 옥상녹화 정책내용에다가 구체적으로 표현을 해놓았다. 왜냐하면 옥상녹화관리에 무심한 몇몇 건물 소유주들 때문에 옥상녹화로 얻어야 할 환경적인 목표달성을 어렵게 하기 때문이다. 독일의 슈투트가르트(Stuttgart), 뮌스터(Münster), 베를린(Berlin) 등의 도시들과 노르트라인베스트팔렌(North Rhine Westphalia)지방 등이 이 단계에 속한다.

2) 슈투트가르트(Stuttgart)

(1) 주요 추진정책현황

슈투트가르트의 옥상녹화는 오랜 역사와 전통을 가지고 있다. 이 도시의 첫 번째 옥상녹화는 1920년대에 조성되었으며 오늘날 까지 존재한다.

슈투트가르트는 1985년 독일도시 중 최초로 지방개발계획 속에 옥상녹화를 포함시켰다. 이어서 1986년 재정지원 유인정책을 수립했으며 이 정책은 아직까지 유효하며, 공공건물은 옥상녹화를 의무감을 가지고 자발적으로 추진한다. 슈투트가르트는 옥상녹화개발정책 제6단계에 위치하며 옥상녹화의 향상된 질적 관리와 조사를 수행하고 있다. 슈투트가르트의 유인정책은 매우 성공적이며, 유인정책을 위한 비용은 매년 다 소모된다. 슈투트가르트의 옥상녹화정책을 좀 더 자세하게 살펴보겠다.

앞에서 언급했듯이 슈투트가르트는 Weiler Park공업단지를 조성할 때인 1985년 지방개발계획에서 처음으로 옥상녹화를 의무화 하였다. 그 의무규정에 따르면 모든 평지 옥상과 경사도 8도에서 12도까지의 경사진 옥상은 반드시 저관리 경량형 옥상녹화를 적어도 토양 12cm깊이를 가진 식수대에 조성해야 한다고 명시하고 있다. 식물의 뿌리성장 깊이에 대하여 상세하게 기술한 것은 매우 중요한 의무조항이며 이것은 후에 승인을 확인하기 위한 조치이다.

옥상녹화는 연방 생태보상과 대체수단(Federal Ecological Compensation and Replacement)에 의하여 또 규제되는데, 여기에 따르면 환경훼손은 반드시 피해야하며, 최소화하던지 완화해야 한다고 정하고 있다.

슈투트가르트의 경우 Stuttgart-Plieningen에 그 중재와 완화에 관한 내용이 담겨져 있는데, 그 주요 내용은 어떤 단지의 개발 전후의 다양한 생태적인 특징에 대한 값을 부여하고 있다. 이 두 숫자 사이의 차이가 어느 정도까지 완화 혹은 보완이 필요한지를 결정한다.

만약 건축공사 전의 어떤 지역의 가치가 268,000점이고; 제안된 개발 후의 점수가 193,250점(완화 수단을 사용한 후에도)이 되는데, 이것은 증가한 불투수성 포장면적 때문이다. 평가에 따르면 개발된 지역은 단지 72%의 원래의 생물적 특징만을 보유하고 있으며 이는 다른 지역에 대체수단을 필요로 한다는 것이다.

이는 도시의 다른 지역에 녹지를 조성하거나 자연화를 통한 수단을 이용하여 이룰 수 있다.

이 경우 옥상녹화는 그 값이 1로 정해져 있고 보통 옥상은 그 값이 0이다. 만약 옥상녹화가 이 개발프로젝트에 포함되지 않는다면, 개발지역은 단지 164,450의 가치를 가지며 61%의 원래 생물적 특징만 계산되며 그 차이는 11%이다. 옥상녹화는 아주 단지에서 행해지는 완화와 대체 수단이 허락하는 독특한 보상의 기회이다.

옥상녹화에서 개발업자들과의 교환조건 혹은 협상은 일반적인 속성이다. 예를 들면, 예외는 건축적인 이유로 만들어지는데 아치형 옥상은 비록 녹화되었다 하더라도 미적인 이유로 조건에서 제외된다. 보상은 전형적으로 동일 평면에 수목식재를 하듯 식생을 여기저기에 심는 것을 포함한다.

그리고 1986년에 슈투트가르트 시는 옥상녹화를 위한 재정유인책 프로그램을 도입했다. 이 프로그램은 시의 계획부서에서 담당했다. 이 프로그램을 위해 연간 €51,000을 확보 했으며 옥상녹화 조성비용의 50%를 지원하거나 ㎡당 €17.90를 지원한다. 녹화비용을 지원받기 위해서 지원자는 단지계획, 옥상녹화 계획 내용과 예상비용 을 같이 제출해야한다. 시의 공원 및 묘지담당과 직원이 비용과 관련된 자문을 해준다. 시정부는 옥상녹화 관련 "방법(how to)에 관한"책자를 발간하며, 그 내용은 옥상녹화의 혜택, 경량형과 중량형 옥상녹화, 중량과 방수, 옥상녹화시스템, 식물 선택방법(목록포함), 그리고 유지관리 등을 포함하고 있다. 이 책자는 특히 옥상녹화가 가져야 할 스펙(특기사항)이나 기능 등에 관하여 기술하고 있는데 예를 들면 옥상녹화의 30% 우수 유지능력이나 FLL에서 제안하는 디자인(시공) 표준 등 이다.

슈투트가르트에서도 옥상녹화가 처음부터 환영을 받은 것은 아니었다. 공통적인 논의의 대상은 고층에 조성되는 옥상녹화의 비용과 공사 후의 누수문제에 관한 것이었다. 이러한 문제는 처음으로 전체 주거단지의 모든 옥상에 녹화를 의무적으로 실시했던 공업단지 Weiler Park의 경우에서 명백해졌다.

공업단지 Weiler Park의 개발은 매우 논쟁적인 요소가 많았는데 왜냐하면 개발이 제안된 지역이 바로 주요 농업지대였기 때문이다. 이곳은 개발비용이 너무 비싸 추가적인 투자를 할 사업자를 찾기가 어려울 것으로 전망되었다. 수차례의 회합을 가진 결과 경량형 옥상녹화를 하는 조건으로 개발이 승인되었다. 옥상녹화로 인하여 미기후가 향상되고, 폭우를 관리해주며 그리고 개발지 주위의 경관을 아름답게 개선 해주었다. 이 공업단지는 두 개의 주요한 고속도로와 한 개의 철도노선이 교차하는 움푹 들어간 작은 골짜기 같은 곳이어서 그 곳의 모든 지붕을 다 볼 수 있었다.

슈투트가르트는 공공건물을 옥상녹화하고, 공공건물이나 개인건물을 위한 재정적인 유인정책을 제공하고, 지방개발계획에 옥상녹화를 의무화함으로서 옥상녹화를 활성화 시켰다. 아주 오랜 전통과 역사를 가진 슈투트가르트의 옥상녹화 정책개발단계는 제6단계로서 현재의 정책을 질적인 관리와 조사방법을 통하여 끊임없이 현재의 프로그램을 개선하고 있다.

(2)시사점

① 지금까지 슈투트가르트에서 옥상녹화를 권장하기 위한 모든 접근방법은 성공적이었으며, 지금까지 105,000㎡의 옥상녹화가 이루어졌다.

현재까지 재정적인 유인책 프로그램으로 55,000㎡의 옥상을 녹화했다. 보조금에 대한 요구는 점점 높아지면서 부족한 재정으로 인하여 옥상녹화 지원자의 요청을 거부하는 경우가 종종 생긴다.

건축의 의무조항에 의해 만들어진 옥상녹화의 면적은 데이터가 없어 알 수가 없다.

② 한편, 옥상녹화 의무조항을 도입할 경우에는 주의할 필요가 있다. 그렇지만 이 방법이 옥상녹화의 면적을 확대하는 방법으로는 가장 효과적인 방법이기는 하나 장기적으로 볼 때 의무적으로 설치한 옥상녹화는 유지관리를 소홀히 하는 경우가

많은 단점이 있다. 관리가 소홀한 옥상녹화는 옥상녹화 활성화에 부정적인 이미지를 준다. 건물 소유주-개발업자들에게 단순히 강제로 해야 하는 것과는 다른 자산으로서 간주되어야함은 매우 중요하다. 옥상녹화가 완공되어서 사람들이 그 모습을 보고 더하여 그 공간을 이용한다면 옥상녹화를 수용하는(유지관리까지도) 개발업자나 건축업자들이 더 많아 질 것이다.

③ 결론적으로 슈투트가르트의 옥상녹화 개발에 가장 큰 영향을 준 것은 재정적인 지원 유인책 프로그램과 옥상녹화 의무사항제도 이다. 더하여, 옥상녹화가 대중에게 아름다운 경관으로 다가가기 위해서는 기술적인 바탕이 꼭 있어야 한다.

3) 홍콩(Hong Kong)

(1) 옥상녹화의 기회

홍콩의 도시 형태나 배경 그리고 기후는 매우 독특하다. 중심업무지구(CBD)지역의 건물은 높고 손가락처럼 길쭉하기 때문에 옥상녹화를 하기엔 매우 불리한 조건을 갖추고 있다. 그럼에도 불구하고 도시의 다른 지역은 대부분 가로지역과 옥상녹화에 유리한 조건을 갖춘 건물들로 이루어져 있다. 홍콩은 아울러 옥상녹화를 조성할 수 있는 조건을 갖춘 콘크리트 보도, 방음막, 페리부두, 양수장 그리고 통풍구 등과 같은 건물의 옥상을 대체하는 다양한 건물구조를 가지고 있다.

따라서 홍콩의 옥상녹화의 잠재적인 기회는 하늘정원, (새로운 건물)주위의 기단정원(基壇庭園, podium garden), 그리고 기존/낮은 수준의 유지관리요구건물과 같은 세 가지 측면으로 나눌 수 있다.

ㄱ.하늘정원은 적어도 20층 이상의 고층건물 옥상에서 자주 볼 수 있는 옥상정원유형이다. 하늘정원은 대개 건물의 한 부분으로 디자인되며 그 이용에 따라 경량형과 중량형으로 나눌 수 있다.

ㄴ.기단정원은 대부분 2층에서 5층 사이의 건물에 주거단지나 사무용건물의 일층바닥면에 주로 조성한다. 이곳의 정원은 건물의 소유주나 일반 이용자들이 쉽게 접근

할 수 있으며 그렇기 때문에 대부분 관리중량형으로 조성된다.

ㄷ.낮은 수준의 유지관리요구건물은 기존의 사무용건물이나 주거용 아파트 그리고 공공 구조용 건물 등을 포함한다. 이곳은 중량의 제한과 낮은 수준의 관리를 요구 건물이기 때문에 저관리경량형 옥상녹화가 주류를 이룬다.

(2) 옥상녹화의 제약

홍콩의 경우 관리중량형 옥상녹화가 아주 널리 보급되고 있는데, 이것은 관리중량형 옥상녹화를 시공하는데 있어 기존의 여러 가지 제약사항을 이미 극복했음을 보여주는 것이다. 관리중량형 옥상녹화와 관련된 기술적인 문제들은 이미 이곳의 옥상녹화 전문건설사들에 의해 잘 인식되어있다. 다른 한편으로 옥상녹화를 위한 유인책 혹은 앞으로 떠오르는 새로운 옥상녹화 기술에 관한 지식들이 없기 때문에 저관리경량형 옥상녹화에 대한 사례는 거의 찾아 볼 수가 없다.

옥상녹화를 조성하는데(중량형과 경량형 옥상녹화에 다른 차원으로 적용할 수 있는) 있어서 제한요소라든가 장애요소를 살펴보면 다음과 같은 4가지 유형으로 나눌 수 있다.

ㄱ.인식 및 지식 부족: 일반적으로 경량형 옥상녹화에 대한 지식이 부족하다. 그리고 건물의 디자인이나 결정 단계에서 옥상녹화의 혜택에 대하여 통합적으로 혹은 효과적으로 인지된 적이 없다. 도시 내의 녹화는 일반적으로 어메니티 혹은 장식의 관점에서만 접근되어 왔다.

ㄴ.유인정책 및 법적 수용 미비: 건물을 지어서 바로 파는 부동산 개발업자들에게는 옥상녹화의 다양한 혜택이 보이지가 않았다;

ㄷ.경제적 제한요소: 경량형 옥상녹화의 장기적이고 눈에 보이는 장점에 대한 이해가 부족하다. 옥상녹화를 위한 구조물은 부가적인 건설비용이 필요로 하며 아울러 추가적인 유지관리 비용도 필요하다;

ㄹ.유용한 옥상공간의 부족: 많은 홍콩의 건물 예를 들면 CBD지역의 건물은 높고 손가락처럼 길쭉한 고층건물은 옥상의 여러 가지 건물유지 시설들 때문에 옥상녹화는 사실 비현실적이다;

ㅁ.불확실성과 관련한 기술적인 문제와 위험성: 이 문제는 특히 저관리경량형 옥상녹화(특히 기존 옥상 건물에 태양에너지를 보급하기 위해 태양열전광판 등을 설치하는 것과 같이 옥

상에 새로운 시설물을 재배치하는(retro-fitting) 작업)와 관련이 있는 문제이다.

(3) 홍콩의 옥상녹화 설치를 위한 고려요소

지형적이고 기후적인 관점에서 볼 때, 홍콩의 옥상녹화는 거센 바람, 여름철 철의 높은 강수량과 겨울철 낮은 강수량, 햇볕에 많이 노출된 고층건물, 그리고 홍콩은 저관리형 옥상녹화에 적합한 관리가 쉬운 식생을 사용해 본 경험이 없다는 것 등과 같은 그들만의 특별한 어려움이 있다. 그리고 또 다른 매우 중요한 옥상녹화 조성의 난점으로는 재정확보와 정기적인 관리비용을 들 수 있다.

(4) 홍콩의 옥상녹화 비용

홍콩의 옥상녹화 비용(관리형과 저관리형 모두 포함)은 건축 비용에 비하면 비교적 낮으며, 대략 (2009년 4월 기준) 저비용 주택 625,932원/㎡에서 고급주택 3,077,499원/㎡정도다. 비교를 위해 다음에 제시한 옥상 녹화비용에는 옥상녹화에 들어가는 모든 자재와 재료를 포함한 가격이다.

ㄱ. 중량형 옥상녹화는 대략 ㎡당 173,870원에서 869,350원 사이며 시장평균 가격은 ㎡당 347,740원이다.

ㄴ. 경량형 옥상녹화는 대략 ㎡당 69,548원에서 173,870원 사이며 시장평균 가격은 ㎡당 86,935원이다.

한편 정기적인 비용도 그리 높지는 않다. 중량형 옥상녹화와 관련된 노동은 직접적으로 쉽게 접근할 수 있는 곳에서부터 접근이 어려운 멀리 떨어져있는 곳의 평면인 공원의 운영과 관련된 유지관리와 비교할 수 있겠다. 홍콩의 경량형 옥상녹화 유지관리에 대한 요구사항에 대해서 조사된 바는 없다. 베이징과 상하이의 경험에 비추어 볼 때 경량형 옥상녹화의 경우 유지관리에 년 간 ㎡당 1에서 3분 정도면 충분함을 보여 주었다(잘 시공되고, 낮은 수준의 유지관리가 필요한 식재를 했을 경우). 이를 바탕으로 홍콩의 현실에서 계산해보면 관리중량형 옥상녹화의 경우 1,130원/㎡/년에서 6,954원/㎡/년(평균 3,477/㎡/년)정도이고, 저관리경량형은 139원/㎡/년에서 391원/㎡/년 정도다.

(5) 옥상녹화정책 방향제안

① 홍콩의 옥상녹화 정책 방향

옥상녹화는 모든 건물과 개인 이용자의 특별한 용도를 객관적으로 평가를 기초로 조성되어야 하지만, 아직까지는 도시의 환경적 요구를 충족시키기 위해 노력하고 있다. 균형감각 있는 옥상녹화 조성비용과 효율성에 대한 이해가 필요하다.

옥상녹화의 비용과 기술적인 측면을 종합적으로 조사해본 바에 따르면, 홍콩에서 옥상녹화(경량형, 중량형 모두)는 경제적으로나 실용적으로나 실행 가능성이 있는 것으로 나타났다. 그러나 몇몇 옥상녹화의 장점(편익)의 효율성은 불행하게도 정량화하기가 매우 어렵다. 이는 몇 가지 경제적이며 환경적인 장점을 다루어야 하기 때문에 정량화하기가 어려운 것이다.

옥상녹화의 일반적으로 사회적 편익은 시민들과 계획가들에게 공통적으로 홍콩을 좀 더 쾌적하며 보행자들이 걷기 편리하고 아울러 더 푸른 도시환경을 위한 욕구를 인식하고 또 강조하고 있는 것으로 이해하고 있다.

불행하게도 대기의 개선 혹은 열섬현상의 저감과 같은 옥상녹화의 환경적 편익은 매우 정량화하기가 복잡하다. 옥상녹화가 어느 정도 규모의 저감 효과를 가졌는지를 결정하는 것은 말할 것도 없고, 이러한 도시환경문제에 대한 모든 원인을 밝힌다는 것은 불가능하다. 여기에 대한 추가적인 연구가 반드시 필요하다고 하겠다.

몇몇 건물 보온효과 혹은 에너지절감과 같은 옥상녹화의 경제적인 편익은 이 역시 아주 잘 분석된 요인을 가지고 비용편익 분석을 실시하기 전에 그 지역에 대한 아주 철저한 지식을 필요로 한다. 모든 이용 가능한 첨단 기술(태양전지배전판, 옥상녹화 등)이 갖추어져 있지만, 홍콩의 현 상황에서 어떤 기술이 가장 비용 편익적인가를 결정까지는 기다려야 한다. 그렇지만 이러한 알려지지 않은 원인으로 인해 옥상녹화의 설치가 연기되어서는 안 된다.

도시나 건물에서 내부의 문제를 해결하기 위해 채택해야 할 모든 기술 중에서 옥상녹화가 그 편익을 제공할 수 있을 것으로 보인다. 옥상녹화의 어메니티(쾌적성) 및 미적 편익은 기술이 도시에 기여하지 못하는 또 다른 매우 중대한 혜택이다.

이전의 공해의 관리 및 도시열섬 현상의 저감에 관한 연구는 도시환경의 개선을 위해서 대규모의 옥상녹화가 주목할 만한 기여를 하고 있음을 밝히기 시작했다. 외국에서의 이 분야의 연구는 조만간 좋은 결과를 보여줄 것 같다.

건물의 에너지 절약의 연구에서 보여주듯이 살아있는 피부처럼 옥상녹화는 일반적인 백색지붕보다는 더 비용 편익 적이었음을 보여 주었다. 옥상녹화는 건물 내부 온도를 낮추어주며 아울러 태양전지배전판은 건물 내부 온도를 낮추어주는데 효과적이기 때문에 이는 옥상녹화를 필수적인 기술로 채택해야 함을 제시하고 있다. 아울러 옥상녹화는 에너지 수요를 줄여준다는 것은 에너지의 효율적인 이용의 분야에서는 단순히 건물의 에너지 요구를 관리하기 위해 부가적인 부품이나 유지시설을 단순히 부착하는 것 보다 훨씬 더 건전한 방법으로 간주된다.

직관적으로 느낄 수 있는 것은 (아주 사소한 방법이더라도) 자연 시스템으로 돌아간다면 우리의 도시에 환경적인 혜택을 가져다준다는 것이다.

위의 사실들을 고려한다면 옥상녹화는 홍콩을 위해 현저한 혜택을 가져다 줄 것임이 분명하며, 아울러 도시의 문제를 해결해 주는 필수적인 요소가 될 것이다. 지금부터 주요 옥상녹화의 편익의 주요 목적은 도시의 외관과 쾌적성을 개선, 이용 가능한 옥상녹화의 증가, 그리고 건물 에너지 소비의 개선 등을 고려해야 한다.

홍콩의 장래를 위한 옥상녹화는 관리중량형이 그 주요한 조성 방향이 되어야한다. 저관리경량형 옥상녹화는 관리형 옥상녹화가 실용적이지 않는 곳이나 새로운 시설물을 재배치하는 리트로피팅 프로젝트일 경우에 고려하는 것이 좋겠다.

옥상녹화의 정기적인 목적은 도시의 전역에 옥상녹화의 설치를 통하여 종합적인 환경 편익을 얻기 위함이다. 이를 얻기 위해서는 다양한 단계가 필요하다. 이에 대해서는 다음 장에 상세하기 살펴보기로 하며 이는 단기 및 중·장기 목표로 나눌 수 있겠다.

② 홍콩의 옥상녹화를 위한 단기정책 제안

ㄱ.언론사를 통한 정보 제공은 적극적으로 옥상녹화를 활성화시키고 그것이 가진 잠재적인 혜택에 대한 이해를 증진시키기 위함이다.

ㄴ.옥상녹화의 기슬 품평회(trade show)는 홍콩을 위한 옥상녹화의 기술을 직접 보여줄 수 있다.

ㄷ.(부동산 전문가, 건설업계대표, 개발업자 그리고 시설 공급업자 등과 같은)이해당사자들과의

정기적 회합은 홍콩의 옥상녹화를 권장하기 위해 추천할 만하다.

ㄹ. 정부는 새로운 모든 건물에 옥상녹화를 조성하고, 기존의 건물에는 새로운 시설물을 재배치하는 리트로피팅 시에 옥상녹화를 설치를 검토하는 등과 같은 지속적인 모범사례 프로젝트를 통해 옥상녹화 사업을 진두지휘해야 한다.

ㅁ. 평가시스템의 도입 및 경쟁의 요소는 CEPAS(Comprehensive Environmental Performance Assessment Scheme for Buildings, 종합건축물 환경수행평가제도)와 HK-BEAM(Hong Kong Building Environmental Assessment Method, 홍콩 건축물환경평가방법)의 인증시스템 속에서 옥상녹화의 역할을 확장시킴으로서 유지되고 더 강화되어야 한다.

ㅂ. 예비계획 및 추후연구는 더 많은 지역의 정보를 수집하기 위해 필요로 한다. 정보는 주변 온도, 건물 표면, 실내 온도에 대한 변화, 공해 및 공해미립자의 변화, 그리고 우수의 변화 등과 관련하여 더 정확한 결정을 내릴 때 필요하다. 이것의 목적은 홍콩 고유의 기후와 건물형태에 적합한 건물 에너지 효율성을 정확하게 결정하기 위함이다. 더 나아가 저관리경량형 옥상녹화에 필요한 다양한 식생의 생존능력을 결정하기 위해서 원예에 관한 연구가 꼭 필요하다.

③ 홍콩의 옥상녹화를 위한 중 · 장기정책 제안

ㄱ. 옥상녹화에 관한 도시 전역의 과학적 자료정리가 필요하다. 옥상녹화에 관한 도시 전역의 과학적 자료정리가 필요하다. 이것에는 홍콩에서 옥상녹화를 조성할 수 있는 지역적인 범위의 결정 및 지역 공동체가 얻게 될 결과적인 혜택을 위한 비용편익분석연구를 포함한다. 이 자료는 GIS연구의 형태를 취한다. 정기적인 옥상녹화의 점검 역시 필요하다. 이로 얻은 자료는 오랜 기간에 걸친 옥상녹화관련 정보의 진행과정을 알게 해 주며, 옥상녹화를 권장하기 위한 효과적인 정책과 유인책을 수립하는 것을 도와준다.

ㄴ. 독일의 FLL지침과 유사한 믿을 수 있는 기준을 개발(혹은 따르게)하는 것은 옥상녹화 산업을 증진시키고 아울러 지금 부상하고 있는 옥상녹화 시장에서 저질 시설물의 생산품과 부실시공을 방지하기 위해 필수적이다. 비록 포디엄정원(기단정원)은 홍콩에서 널리 설치되어 있음에도 품질을 보증하는 기준은 마련되어 있지 않다. 기준의 개발은 저관리경량형 옥상녹화나 관리중량형 옥상녹화 모두를 포함해야한다.

ㄷ. 정부정책의 검토는 종합적인 환경/경제적인 편익이 자문위원회로부터 인정을 받고 또 지지를 얻은 후에 도시 내의 유효한 녹지의 양을 최대화하기 위하여 제안된다. 그리고 홍콩의 요구에 부응하는 정책은 세계의 여러 도시에서 만들어진 수많은 옥상녹화정책을 고려하여 채택할 수 있다. 그러나 외국에서 사용하고 있는 정책은 반드시 각 도시의 지리적요소나 사회적 가치 그리고 개별 사례지의 환경조건 등을 면밀히 검토해야 한다. 더하여 홍콩의 경우 옥상녹화의 정책 및 규제의 방향과 요구사항을 평가하기 전에 비용편익, 기술적 기준, 원예적 요구 사항 그리고 독특한 시장경제에 대한 이해를 필요로 한다. 그래서 이러한 미성숙단계에서는 정책에 관한 권고안을 만드는 것이 좋은데, 이를 위해 여기저기의 많은 내용들을 살펴보았으며 그것들이 고려되었다. 그것을 살펴보면 다음과 같다;

* 민간부분에 대한 직접적인 지원, 예를 들면 자본비용에 대한 현금지원
* 민간부분에 대한 간접적인 지원, 예를 들면 옥상녹화 설치 시 GFA(건물바닥총면적)감면 혹은 그와 유사한 보너스
* 오염자부담원칙의 도입, 이 원칙은 환경을 오염시키는 자들에게 부과하는 "생태세금/이산화탄소세"에 기초하며 옥상녹화를 조성한 건물에 대해서는 옥상녹화가 에너지 절약에 기여했기 때문에 이 부분에 대해서 세금을 감면시켜주는 것

4) 싱가포르(Singapore)

(1) 싱가포르의 옥상녹화정책

싱가포르의 경우 옥상녹화는 상업용, 호텔, 개인용, 건물과 HDB아파트의 주차장 옥상을 중심으로 개발되어 왔다. 지금부터 40~50년 후의 인구목표를 5백5십만으로 하는 조그만 섬나라인 싱가포르는 불가피하게 초고층 밀집주택에서 최적 토지이용 쪽으로 방향을 선회하고 있다. 위에서 언급하였듯이 콘셉트플랜 2001은 좀 더 푸른 싱가포르를 요구하고 있으며, 이 청사진에 따르면 앞으로 50년 이내에 싱가포르를 세계수준의 풍요롭고 더욱 푸르른 도시로 변화시킬 것을 목표로 하고 있다. 따라서 싱가포르에서는 이러한 목표를 이루기 위하여 이용가능한 모든 곳의 녹화를 넘어서 전

면적인 녹화개념으로 그 방향을 바꾸어 녹지공간을 하늘로 수직으로 이동시킨 하늘정원의 확대와 보급에 힘쓰고 있다. 이 장에서는 마지막으로 싱가포르의 이러한 옥상녹화정책의 동향에 대하여 살펴보고자 한다.

① 싱가포르 옥상녹화정책요약

싱가포르의 옥상녹화는 주로 도시경관의 미적향상을 목표로 "Skyrise Greening"에 초점을 맞추고 있으며 정책의 추진 주체는 정부다.

싱가포르의 옥상녹화는 "그린시티"라는 도시의 이미지를 부각시키기 위한 정부의 모든 결정사항에 적합해야 한다. 싱가포르는 잘 아시다시피 열대지역에 위치한 강우량이 많은 작은 섬이다. 사용할 수 있는 토지가 제한되어 있기 때문에 고밀도 개발은 아주 당연하다. 그래서 옥상녹화는 이러한 고밀도 개발에 있어서 녹지조성전략으로 아주 적합한 사업으로 간주되었으며, 이곳에서는 이러한 옥상녹화사업을 "하늘녹지(Skyrise Greening)"사업이라고 부른다.

하늘녹지사업과 옥상녹화의 추진력은 바로 공공영역에서 비롯된다. 정부 내의 다양한 조직에서 이 사업의 성공을 위해서 서로 협력해 왔다. 싱가포르정부의 대표들은 옥상녹화를 공부하기 위하여 세계의 이곳과 저곳을 둘러보았고 특히 독일과 캐나다를 방문했다.

싱가포르정부는 생애주기비용(life cycle cost) 및 에너지편익과 연계한 엄청난 기술적 용여부조사와 밀도보너스를 위한 적절한 방법으로서 옥상녹화를 포함시키기 위한 제5단계로 이동했다. 제 5단계의 일부는 교육과 그 이상의 것이며, 싱가포르의 국립공원위원회는 매우 상세한 옥상녹화의 지침을 마련해놓고 있다.

② HDB단지국가

싱가포르는 전형적인 열대우림 기후를 가지고 있으며 계절의 구분이 없다. 싱가포르는 북위 1°09'~29', 동경 103°38'~104°06'에 위치하며, 적도에서 북쪽으로 불과 136.8km에 떨어져 있다. 기온은 보통 섭씨 22도에서 34도 사이(화씨 72~93도)이며, 습도는 60~90% 사이이다. 역사상 가장 추웠을 때는 섭씨 18.4도(화씨 65.1도)였으며, 가장 더웠을 때는 섭씨 37.8도(화씨 100.0도)였다. 하루 중 비가 올 때가 잦으며, 이때는 습도가 100%에 달하기도 한다. 평균 강우량은 2,250 mm이며 대부분의 강우는 북동 몬순 기간인 11월부터 3월까지다. 싱가포르는 도시국가의 형태를 띠고 있다. 마치 다이아몬드 심벌 형태를 가진 싱가포르는 서부, 북부, 북동부, 동부, 중부의 5개 지역으로 크게 나누어지며 퀸즈타운, 센트럴에리어 등 66개 도시 계획 구역으로 이루어진다.

싱가포르 현지 영문일간인 '더 스트레이츠 타임스'가 2008년 8월 1일 보도에 따르면 싱가포르에 거주하는 외국인 수가 작년 6월 현재 처음으로 100만 명을 넘어섰다고 한다. 그리고 최근 발간된 싱가포르 연감에 따르면 2007년도에 20만 명의 인구가 더 늘어 총인구는 459만 명이며 이중 외국인 수는 100만5천500명으로 4.5명당 1명이 외국인으로 집계됐다. 이들 외국인은 영주권자이거나 취업, 학생 비자로 입국해 체류하고 있다. 내국인 수는 여성이 180만 명으로 남성에 비해 3만 명이 더 많은 것으로 나타났다. 또 작년에 2만3천966쌍이 결혼해 전년에 비해 260쌍이 증가하고 신생아 수는 3만9천490명으로 1천100명이 더 늘었으나 정부의 목표(5만 명)에 비해서는 크게 미치지 못했다. 출산율 저하로 고민하고 있는 싱가포르 정부는 향후 40~50년 후에 현 인구의 절반 가량인 200만 명의 인구를 더 늘리기 위해 외국의 고급인력을 겨냥한 이민 장려책을 10년 전부터 펴고 있다.

한편 싱가포르의 특징을 가장 잘 설명할 수 있는 부분은 인구의 85%이상이 HDB 아파트에 살고 있다는 것이다. 나머지 15%도 대부분은 민간아파트(콘도미니엄)와 단독주택, 연립주택 등에 살고 있으며, 아주 소수는 캄퐁(kampong)하우스에 살고 있다. 캄퐁은 말레이어로 "마을"을 뜻하며, 1960년대까지 주민 대부분이 싱가포르 내 각지의 캄퐁 초라한 목조 건물에서 여러 세대가 함께 살아 왔다. 그러나 1970년대부터 1980년대까지의 기적적인 연평균 10%의 경제성장과 함께 그들은 캄퐁의 생활을 버리고 고층 아파트가 즐비한 뉴타운의 주인이 되었다.

싱가포르의 집권당인 인민행동당(PAP)은 공동주택 건설정책을 적극적으로 추진해서 HDB(주택개발위원회)가 주체가 되어 1985년까지 25년간 58만 5천호의 주택을 건설하고 그 후 연간 2-3만호를 계속해서 건설하고 있다. HDB에는 거실, 주방, 방의 수에 따라 여러 가지 형태가 있다. HDB 콘도미니엄도 등장했으며, 더 고급스럽고 세련된 디자인의 주택이 늘어나고 있다. HDB가 등장하기 전에는 각 민족이 분리해서 살고 있었으나, 뉴타운 건설이후 뉴타운 입주 시 정부가 민족·출신지역·종교에 관계없이 추첨으로 가구를 민족의 비율에 따라 가구를 강제로 배정함으로써 여러 민족이 한 곳에 뒤섞여 재정착할 수 있게 되었다. 편협한 민족의식을 버리고 '싱가포르'국민이라는 의식을 조성해서 뉴타운을 중심으로 새로운 공동체를 구성코자했던 정부의 방침이 성공을 거둔 것이다. 이것은 "실험국가" 싱가포르다운 야심적인 시도였다. 이어서 이웃사랑이라는 캠페인을 전개하고 방범과 네트워크를 조직하는 등 정부는 뉴타운 지역공동체의 기반을 강화하는데 노력하였다.

뉴타운의 중심부에는 정부산하 부동산 개발기구에 의하여 슈퍼마켓이나 각종 우체국이나 공공 도서광과 같은 각종 부민 편익시설을 겸비한 대형 쇼핑센터를 만들어 HDB주민들의 생활의 중심지 역할을 하게 했다. 또한 생활수준의 향상으로 인한 주민들의 높아진 스포츠 및 레저 욕구를 충족시키기 위하여 시민들의 사교장인 커뮤니티 센터를 만들었다. 풍요로운 뉴타운 주민들이 편협한 개인주의와 인종간의 갈등을 벗어나 싱가포르국민으로서 동질감을 느낄 수 있는 지역공동체를 창조해나가는 모습은 "단지국가" 싱가포르의 장래를 예측하는데 있어서 아주 중요한 바로미터가 될 것이다.

③ 핵심정책목표

싱가포르는 '청결녹색(clean & green)'도시다. 싱가포르 정부의 지속적인 녹지개발정책이 오늘날 "가든시티"를 만들었다. 하늘녹화정책과 함께 싱가포르의 콘크리트구조물은 입체적인 녹화사업을 통하여 '가든시티 싱가포르'의 중요한 요소가 되었다. 싱가포르의 경우 옥상녹화는 특히 도시열섬현상의 완화와 냉방에너지 사용 절감과 같은 혜택을 포함하고 있다.

④ 주요추진정책수단

일반적으로 싱가포르에서는 건물의 FLA산정할 때 녹화면적에 포함되지 않게 하여 옥상녹화를 권장하고 있다. 이러한 정책은 URA에서 시용하고 있는 정책의 일부분이다. 다음은 이 정책의 구체적인 수단들을 보여주고 있다.

ㄱ.하늘 테라스 설치 시 GFA(Gross Floor Area)에서 면제

건물의 중간에 설치하는 하늘 테라스는 건물의 한쪽 면에 구조물이나 바닥 등에 식재한 수목으로 건물에 그늘을 제공하고 사람들이 쉽게 접근할 수 있는 공용의 공간으로 GFA에 포함 시키지 않는다. 하늘테라스는 중층 혹은 고층 건물에 공용공간이나 녹지공간을 제공하고 있다. 아울러 하늘녹지는 빌딩의 건축 과 디자인에 시각적 흥미를 부여한다.

ㄴ.주거단지개발에서 발코니를 권장하는 지침

주거단지 개발 시 발코니를 권장하여 "가든시티환경"을 떠받치고 있다. 주거단지의 발코니 GFA는 마스터플랜(MP)에서 허용하는 GPR(Gross Plot Ratio, 총면적(㎡)/대지면적(㎡))의 최고 10%보다 같거나 그 이상이다. 하늘정원에 적합한 발코니를 제공하기 위해서는 적어도 발코니의 두면은 오픈되어야 한다. 빨래를 말리기 위해 만들어 놓은 서비스 발코니는 GFA에 포함시키지 않는다. 이 정책은 현존하는 혹은 새로 만드는 주거단지에 적용된다. 혼합용도지역과 호텔 개발에는 이 정책을 수정할 수 있다.

ㄷ.옥상지역의 녹화, 공공통로 그리고 공공 공간의 GFA의 면제

옥상녹화 디자인과 이용을 권장하기 위하여 다음의 경우는 GFA의 산정에서 제외한다; 옥상의 정자 혹은 건물의 중간에 설치되어 있는 수목이 그늘을 제공하며, 건물의 구조물이나 바닥의 오픈된 면이 사람들이 쉽게 접근할 수 있는 공용의 공간으로 이용되거나 조경이 되어 지속적으로 사람들의 출입이 가능한 하늘 테라스.

ㄹ.건축물의 공용공간과 녹화공간에는 GFA를 면제

건물에 더 많은 녹지를 도입하기 위한 목적으로 다음의 경우에는 GFA를 산정하지 않는다; 조경을 한 상업용 건물 일층, 50%는 반드시 담으로 둘러싸여있으되 공동체 행사시에는 이용이 가능한 곳, 아주 다양한 식생으로 조경을 하여 실질적인 녹지환경을 만든 곳, 개별 개발을 통하여 블록을 이어주는 공용 하늘다리, 진입로 혹은 물품내리는 공간으로 생긴 건물 일층의 빈터를 공용을 위해 조경한 곳. 반드시 공용장소이며 조경을 한 곳.

ㅁ.옥상 휴게소를 위한 지침

옥상에서의 활동을 적극 장려하기 위하여 개인소유용 주택개발이 아닌 건물에만 GFA를 보장한다. GFA면제를 받기 위해서는 다음과 같은 몇 가지 조건을 충족해야한다; 위에 떠받치고 있는 건물이 없는 옥상과 최대 50%가 둘러싸인 정자를 가진 높이가 6미터 이하인 일층건물, 정자는 부분적으로 주 건물에 부속될 수 있으며 주 건물 경계에 최대 50%는 부속되어야 한다, 정자는 적어도 50%는 반드시 조경되어야하며 공공공간에서 쉽게 접근할 수 있고 공공의 활동을 위해 쓰여야한다, 정자가 상업적 목적으로 쓰이면 GFA에 포함된다, 개인소유건물의 정원은 공용이 아니기 때문에 적용되지 않는다.

ㅂ.교육연구 프로그램

국립공원위원회는 옥상을 포함한 고층건물의 정원의 조성을 장려하기 위하여 일련의 하늘정원관련 전시회를 기획했다. 개발위원회와 국립공원위원회는 공동으로 공공주택건물에 옥상녹화를 적용하기 위한 연구프로젝트를 수행하고 있다.

더하여 국립공원위원회는 고층건물의 녹화에 관한 혜택을 증진시키기 위하여 하늘녹화에 관한 일련의 연구서를 출간했다.

국립공원위원회 웹사이트(http://www.nparks.gov.sg)를 방문하면 이 연구서에 관한 더 많은 정보를 얻을 수가 있다.

⑤ 정책수립절차

GFA규정의 완화는 싱가포르의 하늘녹지를 개선하기 위한 노력의 결과다.

교육과 연구 프로그램은 시범프로젝트와 두 권의 옥상정원 안내서의 발간을 통하여 진행되고 있다. 연구프로젝트에서 얻은 결과는 국립공원위원회의 웹사이트를 통해 시민들이 쉽게 그 자료를 쉽게 다운받을 수 있도록 하고 옥상녹화 실무자들을 위한 세미나도 개최한다.

⑥ 실효성

옥상녹화의 실효성을 측정하기 위한 수단은 마련되어 있지 않다. 비공식적인 관찰에 따르면 새로운 상업용 및 주거단지 개발에 옥상녹화를 조성하는 경향이 있음을 보여 주었다. 증가하는 옥상녹화조성의 분위기를 발견할 수 있는 한 가지 예로 현재 싱가포르에 옥상녹화관련 기술자들이 점차 많이 등장하고 있다는 것이다.

⑦ 시사점

지리적으로나 기후적 관점에서 볼 때 싱가포르는 한국과 그리 많은 유사점은 없는 것으로 보인다. 그럼에도 불구하고 우리 지자체에서 고밀도개발지역의 접근 방법이나 이곳에 옥상녹화를 조성하여 부동산 가치를 높이는 것 등은 주목할 가치가 있다. 옥상녹화를 장려하기 위하여 개발요구사항의 완화와 같은 유인책은 옥상녹화의 조성으로 아름다운 녹지공간이 창조되고 아울러 개발하는 건물자체의 미적 가치를 향상시킬 수 있는 곳에서 추진이 가능하다. 개발요구를 완화시켜주는 유인책과 강력한 옥상녹화 관련 교육 및 개선 프로그램은 싱가포르 옥상녹화의 매우 중요한 성공요소로서 우리나라에도 충분히 적용이 가능하다고 하겠다.

(2) 옥상녹화의 식물소재와 관리에 관한 연구서

앞에서도 언급했지만 싱가포르의 국립공원위원회는 고층건물의 녹화에 관한 장점을 증진시키기 위하여 하늘녹화에 관한 일련의 연구서를 출간하고 있다. 최근 싱가포르의 국립공원위원회에서는 하늘정원의 가장 적합한 식생에 관한 연구를 바탕으로 책을 출간하였다. 이 책에 따르면 옥상녹화의 조성에서 에서 가장 중요한 요소는 결국 그 지역에 적합한 식물 재료의 개발과 적절한 관리라는 것이다. 이에 대한 연구가 수반되지 않으면 아무리 공들여 조성한 옥상정원도 모두 쓸모없는 도시의 흉물로 변할 것이기 때문이다.

공원위원회에서 출간한 책의 이름은 "Green Roofs: Skyrise Gardening on Highrise Homes(3판, 35,000원)이다. 마침 이곳의 유력지인 〈Strait Times〉주말 판 home&garden섹션에 하늘정원의 조성과 관리에 관한 독자들의 궁금증과 관련하여 이 책을 언급한 Andrew Tan기자의 글을 요약해본다:

최근 우리 신문의 하늘정원(고층건물의 발코니, 벽 그리고 옥상 등의 녹화)과 관련한 일련의 기사에 대해 독자들이 많은 관심을 보여 주고 있다. 특히 독자들이 이메일로 보내오는 주요 내용 중 중요한 질문은 첫째가 어떤 종류의 식물을 심어야하는지 둘째는 그 식물을 어떻게 관리해야하며 그 비용은 얼마나 드는지에 관한 내용이다. 이러한 독자들의 질문에 가장 잘 대답해줄 책이 출간되었는데 그것이 바로 국립공원위원회의 이 지역출신 정원전문가들에 의해 집필된 '고층건물의 하늘정원'에 관한 책이다. 나는 싱가포르의 옥상정원은 다른 곳에 비하여 적도의 태양과 폭우에 노출되는 빈도가 높다고 늘 생각하고 있었기 때문에 이 새로 출판된 책을 Botanical Garden의 선물코너에서 발견했을 때 너무 기쁘고 놀랐다. 이 책은 저자들이 직접 실험한 내용을 바탕으로 만들었기 때문에 그 제목을 "A Selection of Plants For Green Roofs in Singapore(싱가포르 하늘정원의 식물선정에 관하여)"라고 정했다. 이 책은 국립공원위원회에 근무하는 Tan Puay Yok박사와 Angelia Sia씨가 공동으로 집필했으며 이 책의 내용을 요약하자면 도시녹화를 위한 'know-how(실질적인 지식)'에 관한 것이다.

예를 들면 녹화한 벽이나 옥상정원은 태양열의 약 15-25퍼센트를 흡수해주기 때문에 실내를 시원하게 해주고 냉방비용을 절감시켜준다. 그리고 이 옥상 및 벽면녹화의 도움으로 바깥 건물 창문으로 부터의 섬광을 감소시켜주고 외부로 부터의 차량 소음과 경적소리 등을 흡수해 준다.

이 책은 옥상녹화에 대한 짧은 소개와, 조성방법에 대한 소개로 시작하지만 모든 독자들이 정말 관심을 가지고 읽는 내용은 저자들이 싱가포르의 가혹한 환경에도 잘 견디는 식물 소재를 찾아내어 그것을 정리해서 소개한 내용이다.

그 정리한 내용을 보면 76종의 다양한 포복식물에서부터 관목뿐만 아니라 그들이 직접 내성을 위해 실험한 꽃과 잎에 관한 소개를 하고 있다(실제 실험에서 이 꽃과 입들은 물을 주지 않고 일주일을 버텼다고 한다).

모든 식물에 관하여 어떻게 키우고 번식시키는지에 대한 설명을 곁들인 칼라사진을 첨부했다. 더하여 이 책에 소개한 대부분의 식물은 옥상 테라스나 발코니 위의 아주 작은 화분에서도 키울 수 있다는 것이며, 녹화를 위한 특별한 공사가 필요 없다는 것이다. 아마 이 책 최고의 내용은 이 식물을 쉽고 사게 가까운 식물원에서 구할 수 있다는 것이다. 가정용으로 이용되는 몇몇 식물은 그들이 얼마나 다양한 목적으로 쓰일 수 있는지를 보여 준다.

처음에 독자 여러분들의 집에 심은 식물이 들불처럼 확 자라 주지 않는다고 너무 걱

정하지말기를 바란다. 이 책의 공동 집필자인 Tan박사도 그의 아파트 발코니에 만든 조그만 정원의 몇 몇 식물을 보살피는데 많은 애로가 있었다고 한다.

하지만 그는 "발견의 짜릿함을 맛보고, 새로운 식물을 한 번 새로 심어보고, 그리고 그들이 어떻게 자라는지를 바라보는 것이 바로 정원을 조성하는 흥미로움이 아니겠어요?"라고 말했다(The Strait Times. Saturday, April, 25 2009 PAGE E14).

(3) '가든시티'에서 '가든 속의 시티'로

다음은 2005년 국토개발성(Ministry of National Development) 차관(Second Minister)인 Lim Swee Say씨가 '하늘정원 싱가포르 2005' 세미나에 참가하여 행한 연설 전문으로서 장래 싱가포르의 녹지정책 철학을 잘 보여주고 있다.

① '가든시티'에서 '가든 속의 시티'로

이미 가든시티 싱가포르의 위상정립은 잘 되어있는 것으로 안다. 그렇지만 우리는 여기 중단해서는 안 되며, 그렇게 하지도 않을 것이다. 현재 우리의 장래 목표는 '가든시티'에서 '가든 속의 시티'로의 전환이다.

국립공원위원회에서는 다음과 같은 세 가지 방향으로 이 정책을 추진하고 있다.

먼저, 원예 산업계에서는 원예기술과 전문적인 기술을 한 단계 향상시켜야 한다. 우리는 원예종사자들의 기술을 발전시키고 또 재개발 시킬 것이며, 그들의 기술을 종합적인 기술 인증제도로 편입시키고 아울러 그들의 직업을 재개편할 것이다.

두 번째로는 마리나 시내에 두 번째 국립정원을 만들어 원예의 수준을 상승시키는데 노력하고, 국제가든쇼를 유치할 것이다. 이러한 일련의 움직임이 싱가포르를 국제원예 및 조경 분야에서 강자로 군림하게 만들 것이다.

마지막(물론 중요성은 마지막이 아닌)으로 우리의 녹색자본과 녹색인프라를 더 강화하기 위해서 공원, 공원 코넥터(연결녹지), 일반녹지 그리고 자연지역 등을 하나로 묶어야 한다.

② 싱가포르의 녹색자본의 경쟁력 강화를 위하여

이 녹색자본이야말로 앞에서 언급한 세 가지 내용 중 가장 중요하다고 하겠다. 싱가포르가 앞으로 정원속의 도시가 되기 위해서는 우리는 더 많은 공원과 멋진 정원을 조성해야만 한다. 국립공원위원회에서는 벌써 2010년까지 20여개의 공원을 개선하고 조성할 계획을 가지고 있으며, Sengkang의 오챠드공원 조성과 East Coast 혹은 West Coast공원의 재개발 등을 그 예로 들 수 있겠다.

싱가포르 전역에 작은 소공원이나 녹지를 여기 거지에 산재해서 조성하는 것이 필요하며, 이렇게 해도 '가든시티'에서 '가든 속의 시티'로 전환시키기에는 부족하다. 우리는 싱가포르의 모든 녹지요소들을 연결시켜 정원 속의 정원(Garden of Gardens)으로 만들어야 한다. 몇몇 중요한 새로운 시도들이 진행되고 있다.

③ 공원연결망(Park Connector Network)

공원을 서로 연결하는 첫 번째 방법은 공원연결망(Park Connector Network)을 통해서이다. 2015년까지 싱가포르의 현재의 공원과 새로운 공원들은 170km에 이르는 연결녹지로 서로 연결시킬 것이다.

④ 가로경관 녹지 마스터플랜

공원연결망과는 별도로 우리의 도로경관의 녹지는 또 다른 중요한 연결녹지이다. 도로경관녹지마스터플랜(The Streetscape Greenery Master Plan) 줄여서 SGMP는 현존하는 도로경관을 따라 녹지를 증강시키려는 우리의 청사진이다. 앞으로 2년간 SGMP의 예비프로젝트가 싱가포르의 165개 노선과 주거단지 그리고 매우 중요한 간선도로를 따라 수행될 것이다. 공원연결망과 도로녹지는 평범한 녹지(ground level)에서 우리의 녹지자본으로 편입될 것이다.

⑤ 하늘녹화

그렇지만 싱가포르는 고층건물의 도시이기 대문에, 우리가 지면에서 접할 수 있는 녹지는 매우 훌륭하지만 아직 충분하지는 않다. 고층건물의 개발은 그 건물의 유리, 철, 콘크리트표면 등으로 인해 아직 우리의 '가든시티'가 콘크리트정글의 모습으로 묘사된다.

이로 인하여 하늘녹지(Sky Greenery)를 증대시키는 노력이 앞으로 매우 유용할 것이다. 높은 곳의 하늘녹지는 공원연결녹지의 하나인 지표면의 도로녹지와 함께 정원 속의 도시라는 목표를 진정으로 이루게 해줄 매우 창의적이고 혁신적인 접근방법으로 삼차원적으로 싱가포르의 모든 정원을 고르게 묶어줄 것이다.

나는 매우 다양한 위원회에서 벌써 이 하늘녹지의 개념을 실천에 옮기고 있음을 매우 기쁘게 생각한다. URA(도시재개발위원회)에서는 개발업자에게 추가적인 GFA(건물바닥총면적)의 면제를 해주기 위하여 하늘테라스에 관한 검토를 최근에 했다고 한다. 이 정책은 하늘테라스의 조성으로 인해 발생한 부가적인 건설경비를 상쇄시킬 수 있는 유인책이라고 하겠다. 이 인센티브는 개발업자와 공동체 모두에게 혜택이 돌아간다고 하겠다.

⑥ 옥상녹화실험 프로젝트

하늘녹지의 개념을 우리들의 주거지 가까이에 도입하기 위해서 주택개발위원회(HDB)와 국립공원위원회(NParks)에서는 옥상녹화 실험 프로젝트를 가동했다. 이 프로젝트는 Punggol(푼골)주택단지의 복층 주차장 옥상에 위치하고 있으며, 싱가포르 최초로 옥상녹화 기술을 대규모로 실험했다. 이 실험의 목적은 아주 적은 유지관리 하에서도 자생할 수 있는 식생 군락을 만들어 내기 위함이었다.

온대성 기후를 가진 나라에서 시작된 이 실험방법은 몇몇 지역에서는 벌써 시행되고 있다. 북미와 일본 그리고 유럽의 일부 지역에서 옥상녹화는 폭 넓게 수용되고 있다. 내가 듣기로 독일은 전체 보통옥상의 14%를 이미 옥상녹화가 설치되었다고 한다. 우리에게 주어진 수많은 고층건물 속의 고밀도의 도시환경은 또한 싱가포르가 이루 헤아릴 수 없는 옥상녹화의 가능성을 가지고 있음을 말한다. 이 실험프로젝트는 옥상녹화가 지표면과 대기의 온도를 낮추어 주고 주택단지의 옥상의 섬광을 막아주는 것으로 나타났다. 이 옥상녹화는 아울러 아주 삭막한 콘크리트 환경에 생물의 다양성을 가져다 주고 황량한 주위 환경을 부드럽게 만들어 준다. 옥상구조를 새롭게 바꾸지 않고 사람이 거주하고 있는 기존의 옥상에 아주 가벼운 옥상녹화재료를 설치해도 된다고 한다.

이 예비프로젝트를 통해 얻은 경험을 가지고 우리는 더 많은 것을 할 수가 있다. 그 시작으로서 앞으로 몇 년 간 Sengkang과 Punggol과 같은 몇몇 HDB아파트단지의 복층 주차장 옥상에 HDB와 Nparks가 합동으로 옥상녹화를 도입하려고 한다. 앞으로 수년간 우리의 생활환경 속의 모든 녹색자본의 가치를 드높이고 지표면의 녹지를 보완하기위하여 우리는 더 많은 옥상녹화를 볼 수 있기를 기대한다.

⑦ 한편 2009년 4월 30일자 〈The Straits Times〉의 More 'sky gardens' set to blossom(더 많은 하늘정원이 만개하다)라는 제하의 기사에서 어제 BCA(Building Construction Authority)와 URA에서 공동으로 발표한 하늘정원 조경 관련 내용에 따르면 "싱가포르의 시내 중심가인 오차드로드(Orchard Road), 레플스플레이스(Raffles Place), 싱가포르리버(Singapore River)의 주변지역 그리고 서부지역의 상업중심지로 떠오르고 있는 칼랑리버(Kallang River)와 주롱게이트웨이(Jurong Gateway)의 신축건물은 12월부터 반드시 옥상정원, 플랜트박스, 혹은 하늘 테라스 등의 방법으로 조경을 하고, 개발업자들은 건물의 평지도 조경을 해야 한다고 발표했다. 기존의 건물도 예외가 없다. 오차드로드와 중심업무지구의 건물의 옥상에는 의무적으로 휴식공간을 설치해야한다. 이를 위해서 그 건물의 주인들은 추가로 옥상면적의 50% 혹은 최고 200m^2의 면적을 GFA(총(연)면적)에 추가로 제공 받는다. 아울러 BCA가 부여하는 그린빌딩인증을 받는 건물에 대해서도 추가적인 GFA를 받는다. URA에서 새롭게 시작하는 이 프로그램의 이름은 Landscaping for Urban Space and High-Rise(도시공간 및 고층건물의 조경)라고하며 줄여서 Lush라고 부르는데, 이는 지난 월요일(4월 27일) 열린 "정부 내 부서통합회의(Inter-Ministerial Committee)"에 의해 출범한 "국가지속가능성청사진(National Sustainability Blueprint)"계획의 일부이기도 하다. 이 청사진은 앞으로 20년간 싱가포르를 에너지 효율적인 국가로 만들기 위해 오염기준, 에너지 사용과 공원녹지에 관한 국가목표에 관한 내용을 담고 있다. 그리고 Lush프로그램에 더하여 국립공원위원회에서도 어제(4월 29일) 기존건물에 옥상녹화조성을 하는 개발업자들에게 제공하기 위하여 S$8,000,000(80억 원)의 재원을 확보했다고 발표했다. 이 재원은 올해 9월부터 개발업자들에게 옥상조경 비용으로 통상 m^2당 조경비용 S$150에서 S$180의 반에 해당하는 S$75를 상쇄비용으로 제공하기로 했다고 한다. 오차드로드와 시내 중심가 건물의 주인들은 이 돈을 지원받기 위해 지원이 가능하다고 한다.

5) 해외 옥상녹화 사례[2]

시카고 청사

waldspirale (독일)

뉴욕 5번가 빌딩

Singapore, Nanyang Technological University, school of Art, Design & Midea

뉴욕 배터리공원

맨하탄

2_ 디자인 동작 (http://dd.go.kr/)

richad bruson's private rooftop garden

Califoria Academy of the Sciences (캘리포니아)

스탭가든 (후쿠오카)

난바파크 (일본)

카제르 주차장 (독일)

카르스루에 도로 (독일)

미네아폴리스 상가 (미국)

마르셀 섬바고등학교 (프랑스)

그린디자인 강의진행 과정 IV

그린디자인 1

계명대학교
건축학대학
생태조경학과

김수봉교수

dola
environment & landscape design

계명대학교
KEIMYUNG UNIVERSITY

PT의 목적:

1학기 〈공간의 이해〉에서의 강의 경험을 바탕으로
2학기 〈그린디자인〉의 강의 진행에 대하여 과정을
설명드리고 의견을 나누기 위함입니다.

dola
environment & landscape design

계명대학교
KEIMYUNG UNIVERSITY

그린디자인 강의 목적:

1학기 〈공간의 이해〉가 인간의 이해에 목적을 두었다면 2학기 〈그린디자인〉은 자연과 환경의 이해가 그 목적입니다.

dola
environment & landscape design

계명대학교
KEIMYUNG UNIVERSITY

자연과 환경은 근대프로젝트였던 20세기 디자인의 탄생에서는 전혀 고려되지 않았던 문제이며, 근대 디자인으로 인하여 야기된 도시와 지구의 환경문제와 인간에게 미치는 직간접적인 영향을 우리는 눈으로 보고 몸으로 체험하고 있다.

dola
environment & landscape design

계명대학교
KEIMYUNG UNIVERSITY

따라서 본 과목은 근대디자인에서 소홀히 했던 **자연과 환경과 디자인의 관계**에 대하여 다음과 같은 과정을 통하여 학습합니다.

이론 ⇒ 현장답사 ⇒ 프로젝트 ⇒ 크리틱 ⇒ 전시

dola

계명대학교 KEIMYUNG UNIVERSITY

그린디자인 강의 진행 방법:

이론: 6주

현장답사: 2주

프로젝트: 5주

크리틱: 1주

전시: 1주

합 15주

dola

계명대학교 KEIMYUNG UNIVERSITY

이론: 읽고 쓰고 말하기 그리고 토론을 통하여
현장을 이해할 수 있는 논리를 준비하는 과정

dola

계명대학교
KEIMYUNG UNIVERSITY

교재: 그린디자인의 이해
(계명대학교 출판부, 2012)

dola

계명대학교
KEIMYUNG UNIVERSITY

목차

인간과 자연을 화해시키는 방법

Ⅰ. 그린의 이해

-환경의 개념

-지구적 환경문제

-지속가능한 개발

-생태도시

-도시녹지

-인공지반의 녹화

-도시열섬

-도시열섬 사례연구

Ⅱ. 그린디자인의 이해: 조경디자인을 중심으로

-조경디자인

-조경디자인의 변천

-조경디자인 설계과정

-조경디자인 수목 패턴

Ⅲ. 옥상조경의 이해

-옥상조경의 개념

-옥상조경식물

-외국 도시의 옥상조경정책사례

dola

계명대학교 KEIMYUNG UNIVERSITY

Ⅳ. 그린디자인 강의진행 과정

참고문헌

dola

계명대학교 KEIMYUNG UNIVERSITY

읽기

dola

계명대학교 KEIMYUNG UNIVERSITY

프리뷰

dola

계명대학교 KEIMYUNG UNIVERSITY

PT준비

dola

계명대학교 KEIMYUNG UNIVERSITY

PT

dola

계명대학교 KEIMYUNG UNIVERSITY

PT

dola

계명대학교 KEIMYUNG UNIVERSITY

토론

dola

계명대학교 KEIMYUNG UNIVERSITY

강의후기

dola

계명대학교
KEIMYUNG UNIVERSITY

dola

계명대학교
KEIMYUNG UNIVERSITY

리뷰 - 이민주(실내환경디자인과)

소생하는 봄을 위하여-이주민 주소복사

이주민

소생하는 봄을 위하여

5119464 이주민

지속가능한 설계철학이라는 책을 가지고 처음 듣게 되는 발표였는데요.
서론과 추천의 글, 그리고 1, 2 장을 읽고 지속가능이라는 말의 개념과
그를 둘러싸고 있는 이야기들을 읽으며 많은 생각이 들었습니다.
그래서 그에 대해 써보고자 합니다.

지속가능한 설계에 관한 이념을 품은 계기가 드러나는 서론에서는 그 배경으로
저자의 고향 서드베리에 관한 이야기가 나옵니다.
캐나다의 탄광촌 서드베리에서 직접 지켜보았기에 느낄 수 있었던 인간의 파괴력과 무지함.
수년에 걸친 광업경제는 성공의 그늘을 드러내기 시작했고,
산림은 황폐해져가고 환경이 파괴되어갔습니다.
그 파괴의 '대책' 을 위해 세워진 콘크리트 굴뚝은 결국 오염을 사라지게 한 것이 아니라
다른 곳으로 떠넘겨졌습니다.
근원을 해결하지 않은 채 닥쳐오는 당장의 불편함과 피해만을 덮으려고 하기 때문에
이러한 문제가 발생한 것 이 아닐까합니다.
어떤 영역에서든 '응급처치' 는 말 그대로 응급처치일 뿐이라서 언젠간 다시 터지기 마련이며 근본적인 대책을 강구 없이는 상처는 곪아 손쓸 수 없게 된 다는 것을
발표 내용 중 '그린워시' 에 대한 이야기에서 더욱 깊이 느낄 수 있었습니다.
민둥산을 푸르게 보이기 위해 초록색 페인트를 산에 부어놓은 기업들의 위장술을 보며
생태문제에 대한 심각성을 느꼈는데요.
우리 개개인도 그런 기업과 무엇이 다를까. 남이 보지 않는 곳에 쓰레기를 버리고, 당연하게 음식을 남기며 자연을 훼손시킨다는 점에서 그들과 별반 다를 바가 없지 않은가 하는 생각이 들었습니다.

리뷰에 대한 피드백

김수봉: 보아스가 정말 존경스럽습니다 ^^...보아스는 인류학자였고 인류학자들의 주요 관심분야의 하나가 언어랍니다. 인간을 이해하는데 언어보다 더 좋은 매개는 없다고 하지요. 왜냐하면 언어는 다른 동물과 인간이 구별되게하는 것이며 자기의 감정과 의사를 표현하거나, 인간에게 언어는 추상과 사고의 능력을 갖도로하기 때문이지요. 그래서 언어가 문화형성에 영향을주고 또 문화가 언어형성에 영향을 주기도 한다고 합니다. 언어로 문화가 전달되니까요. 정말 재미있는 주제라고 생각합니다. ㅎ

└ 김현진: 네~ 이해안되는 부분도 많았지만, 보아스란 인물의 존경심이 우러났어요^-^

댓글 · 답글 인쇄

김수봉: 나는 질문을 잘 이해 못하겠어요...

└ 최정수: 문화의 본질적인 불확정성이 뭔지 모르겠어요 교수님 ㅠㅠ

└ 김수봉: 불확정성이란 물리학용어이고...시간과 위치는 동시에 측정불가능하다는...이런 측면에서 그 문장을 이해하면 쉬울 듯합니다만...즉 하이젠베르크의 불확정성 원리에 의하면 아무리 정확한 물리법칙이라 하더라도 어떤 한계 내에서는 미래를 정확하게 예측하는 일이 불가능하다. 는 뭐이런 뜻으로 보시면 이해가 될까요?? http://san.hufs.ac.kr/~hansa/lib/20c2.htm

└ 김수봉: 이와 관련된 일화 읽어 보세요 ㅎㅎㅎ http://cafe.naver.com/mastercoach.cafe?iframe_url=/ArticleRead.nhn%3Farticleid=5550

└ 최정수: 아~ 조금은 이해 할수있을 것 같습니다^^ 감사합니다.

댓글 · 수정 이동 삭제 보내기 스크랩 답글 인쇄

김수봉: 문화를 벗어나라 ? ㅋ 피드백문화 우리게겐 절실한 문화입니다. 리뷰 올리고 교수에겐 피드백을 기대하면서 교수가 지시하 내용에 대해선 대충 넘어 가버리는... 그동안 배운 내용을 피드백을 통해서 리포트나 과제에 다양하게 사용하는 것이 아주 좋은 습관이라 생각합니다. 그 동안 리뷰쓰느라 셨습니다. excellent ^^

공간의 이해:

-Personal Space

-Universal Design

-Image of the City

-POE

-Territoriality

dola

계명대학교 KEIMYUNG UNIVERSITY

그린디자인:

-환경의 특성

-지구환경문제

-도시열섬현상

-옥상녹화와 그린디자인

dola

계명대학교 KEIMYUNG UNIVERSITY

동대문디자인플라자옥상(1만 1250㎡)

dola
environment & landscape design

계명대학교
KEIMYUNG UNIVERSITY

현장: 교실에서 배운 이론의 안경을 쓰고 격물치지(格物致知)하는 과정. 즉 현장에가서 확인하고 관찰하는 과정.

dola
environment & landscape design

계명대학교
KEIMYUNG UNIVERSITY

dola environment & landscape design

계명대학교 KEIMYUNG UNIVERSITY

dola environment & landscape design

계명대학교 KEIMYUNG UNIVERSITY

dola

계명대학교 KEIMYUNG UNIVERSITY

dola

계명대학교 KEIMYUNG UNIVERSITY

dola

계명대학교
KEIMYUNG UNIVERSITY

dola

계명대학교
KEIMYUNG UNIVERSITY

프로젝트: 이론으로 배운 내용을 현장에서 확인하고 검증하는 과정. 팀 작업을 통하여 사람을 이해하고 리더로서의 역활을 수행할 수 있는 능력을 배양한다.

dola

계명대학교 KEIMYUNG UNIVERSITY

dola

계명대학교 KEIMYUNG UNIVERSITY

dola

계명대학교
KEIMYUNG UNIVERSITY

dola

계명대학교
KEIMYUNG UNIVERSITY

dola
environment & landscape design

계명대학교
KEIMYUNG UNIVERSITY

dola
environment & landscape design

계명대학교
KEIMYUNG UNIVERSITY

dola

계명대학교
KEIMYUNG UNIVERSITY

dola

계명대학교
KEIMYUNG UNIVERSITY

dola
environment & landscape design

계명대학교
KEIMYUNG UNIVERSITY

dola
environment & landscape design

계명대학교
KEIMYUNG UNIVERSITY

크리틱: 팀 프로젝트를 통하여 완성한 프로젝트를 점검하고 학생과 교수가 소통하는 과정.

학생들에게 한 학기의 성취감과 반성을 갖는 자리.

dola
environment & landscape design

계명대학교
KEIMYUNG UNIVERSITY

dola
environment & landscape design

계명대학교
KEIMYUNG UNIVERSITY

dola
environment & landscape design

계명대학교
KEIMYUNG UNIVERSITY

dola
environment & landscape design

계명대학교
KEIMYUNG UNIVERSITY

dola

계명대학교 KEIMYUNG UNIVERSITY

강의 총평

dola

계명대학교 KEIMYUNG UNIVERSITY

완성 작품

dola

계명대학교 KEIMYUNG UNIVERSITY

전시: 과제 전시회를 통하여 한 학기에 대한 회고와 반성 그리고 격려와 소통의 시간입니다.

dola

계명대학교 KEIMYUNG UNIVERSITY

dola
environment & landscape design

계명대학교
KEIMYUNG UNIVERSITY

dola
environment & landscape design

계명대학교
KEIMYUNG UNIVERSITY

dola

계명대학교
KEIMYUNG UNIVERSITY

dola

계명대학교
KEIMYUNG UNIVERSITY

dola

계명대학교
KEIMYUNG UNIVERSITY

dola

계명대학교
KEIMYUNG UNIVERSITY

dola

계명대학교
KEIMYUNG UNIVERSITY

참고문헌

강　재, 옥상녹화 시스템의 동 하계 에너지 성능, 옥상녹화 세미나 Ⅱ, 2000.

권전오, 김용훈, 생태도시 조성을 위한 옥상녹화 활성화방안, 인천발전연구원, 2000.

김경일, 건축물 입체녹화를 위한 건축기법에 관한 연구, 서울산업대학교 석사학위논문, 2005.

김기형, 대도시의 옥상조경실태와 개선방안에 관한 연구, 영남대학교 석사학위논문, 2008.

김도경, 황지환, 인공지반에서 금잔디의 증발산량 예측에 관한 연구: 퍼라이트 배합토에서 Makkink의 일사법을 이용하여, 한국조경학회지 29(1), 2001.

김수봉 외, 도시의 수목이 기온의 조절에 미치는 영향, 한국조경학회지, 30(3), 2002.

김수봉, 인간과 도시환경, 대영문화사, 2002.

김수봉 외, 옥상 녹화 활성화 방안에 관한 연구: 대구를 중심으로, 한국정원학회지 21(3), 2003.

김수봉 외, 도시열섬현상 완화를 위한 대구시 바람길 도입 및 조성방안에 관한 연구, 환경과학논집 9(1), 2004.

김수봉 외, 친환경적 도시계획: 도시열섬연구, 문운당, 2006.

김수봉, 대구시 대기환경 개선을 위한 녹지축 구축 및 옥상녹화사업 활성화 방안 연구, 대구지역환경기술개발센터, 2006.

김수봉, 대구지역 대기환경 개선을 위한 인공지반 및 옥상녹화의 도시환경 개선효과에 대한 정량적 평가에 관한 연구, 대구지역환경기술개발센터, 2007.

김수봉 외, 조경변천사, 문운당, 2008.

김수봉, 옥상조경 정책연구, 문운당, 2009.

김유일, 강석희, 이진동, 분당시범단지 인공지반 옥외환경 평가, 국토계획 34(4), 1996.

박경훈, 환경보전을 위한 종합적 녹지평가 방법론, 경북대학교 석사학위논문, 1998.

방광자, 도시의 인공지반 녹화: 인공지반 녹화의 활용화 방안, 도시문제 39425: 55~73. 2004, 2004.

서웅철, 도시의 인공지반 녹화: 도시기후와 인공지반 녹화의 효과, 도시문제 39(425), 2004.

심경구, 허근영, 인공지반의 녹화를 위해서 단용 또는 노지토양과 혼합하여 이용되는 인공토양의 특성, 한국조경학회지 28(2), 2000.

심우경, 외국의 인공지반 녹화제도, 도시문제 39(425), 2004.

심우경, 옥상정원(Roof Garden), 보문당, 2000.

안상헌, 친환경 집합주거의 외피 디자인 기법에 관한 연구: 1990년대 이후 독일, 일본, 그 외 유럽의 집합주거 중심으로, 연세대학교 석사학위논문, 2007.

오승환, 저관리 경량형 옥사녹화의 온도저감효과 분석, 서울대학교 석사학위논문, 2006.

오정은, 자연친화적 도시 환경을 위한 옥상 정원 디자인 연구, 이화여자대학교 석사학위논문, 2004.

윤소원, 생물서식지 환경평가모델 개발 및 적용에 관한 연구: 서울시내 옥상녹화 우선 조성지역 도출을 위한 지역환경평가를 중심으로, 한국환경복원녹화기술학회지 8(3), 2005.

윤용한, 공원에 의한 고온성 저감효과에 관한 연구, 한국정원학회지 18(1), 2000.

이동근, 윤소원, 오승환, 장성완, 옥상녹화조성에 따른 온도저감효과에 관한 연구: 서울대학교 실험구를 중심으로, 한국환경복원녹화기술학회지 8(6), 2005.

이영무, 하중제한이 기존건물의 옥상조경에 미치는 영향, 한국조경학회지 26(21), 1998.

이영무, 이승훈, 옥상정원의 시설물 설치기준에 관한 연구, 환경개발연구논문집, 7, 2002.

이행렬, 인공지반 녹화의 실태분석: 서울특별시 관악구, 동작구 사례, 산업과학연구 10, 2000.

임금성, 생태건축에서 옥상녹화의 설계 및 시공에 관한 연구, 연세대학교 석사학위논문, 2000.

장중근, 도심의 공원녹지 확충을 위한 옥상녹화의 환경 및 경제적 효과 분석, 석사학위논문, 계명대학교, 2004.

조현길, 안태원, 도시녹지에 의한 미기후개선의 기능, 한국조경학회지 27(4), 1999.

조현길, 조용현, 안태원, 도시녹지의 대기환경개선 효과, 한국조경학회지 31(3), 2003.

http://www.donga.com/fbin/output?n=200811190020

http://www.sisapress.com/news/articleView.html?idxno=46830

http://www.unfpa.org

http://cafe.naver.com/intogeo/2626

http://www.seoul.go.kr/envi_info/green/roof/1226526_12752.html

http://www.ecoearth.or.kr

http://www.cleveleys.co.uk/wonders/gardensofbabylon.htm

http://www.cleveleys.co.uk/wonders/gardensofbabylon.htm

http://www.ecoroofsystems.com/history_files/c_historycont.html

http://www.mt.co.kr/view/mtview.php?type=1&no=2008091520363143580&outlink=1

http://www.taxtimes.co.kr/hous01_sejeong.htm?bigcode=2&middlecode=6&r_id=122407

http://www.mdtoday.co.kr/health/news/index.html?cate=12&no=63031

http://100.nate.com/dicsearch/pentry.html?i=145271

http://www.busanilbo.com/news2000/html/2007/0627/070020070627.1022090029.html

http://news.naver.com/main/read.nhn?mode=LSD&mid=sec&sid1=114&oid=036&aid=0000002098

http://www.voanews.com/Korean/archive/2006-10/2006-10-30-voa19.cfm?moddate=2006-10-30)

http://webzine.klafir.or.kr/200803/goglobal_03.html

http://www.kyeongin.com/news/articleView.html?idxno=307470

http://www.metro.tokyo.jp/INET/20080800.htm

http://news.naver.com/main/read.nhn?mode=LSD&mid=sec&sid1=102&oid=038&aid=0000240873

저자소개

김수봉교수는 1961년 대구에서 태어났으며 경북대학교 조경학과에서 학사와 석사를 마치고, 영국 University of Sheffield 건축학부 조경학과에서 박사학위(Ph. D)를 취득하였다.

김박사는 Sheffield대학교에서 '지속가능한 도시와 주택개발'이라는 주제로 박사후기과정(Post-Doc.)과 경남발전연구원에서 책임연구원을 거쳐 1996년부터 계명대학교 환경대학 환경계획학과에서 전임강사, 조교수, 부교수, 교수로 근무했으며, 2010년부터는 신설된 건축학대학 생태조경학과에서 학과장으로 재직 중이다.

그는 생태조경학과에서 〈공간의 이해〉, 〈그린디자인〉, 〈생태환경디자인의 이해〉, 〈공간예술론〉, 〈공간마케팅〉, 〈생태조경학개론〉, 〈서양조경변천사〉, 〈현대도시공원론〉, 〈공원녹지디자인스튜디오〉, 그리고 〈졸업설계스튜디오〉 등을 가르치고 있다.

주요 경력으로 대구지역환경기술개발센터장(2004-2008년)과 National University of Singapore 건축학과 조경학석사과정(MLA)의 초빙부교수(Visiting Associate Professor, 2008-2009)를 역임했다. 현재 저자는 대구광역시 경관위원회와 녹화위원회 위원, 한국조경학회 편집위원 그리고 계명대학교 산학협력단 중소기업산학협력센터장 으로 수고하고 있다.

주요 저서로는 인간과 도시환경(2001), 공원녹지정책(2004), 도시조경의 이해(2005), 친환경적 도시계획: 도시열섬연구(2006), 새로운 도시공원녹지의 이해(2007), 옥상조경정책연구(2009) 그리고 도시생태조경디자인론(2010) 등 여러 권이 있다.